高等学校“十四五”农林规划新形态教材

畜牧概论

（第2版）

主　编　蒋思文（华中农业大学）

副主编　左　波（华中农业大学）
赵兴波（中国农业大学）
康相涛（河南农业大学）
张守全（华南农业大学）

编　者（按姓氏拼音排序）

陈丝宇（佛山科学技术学院）　程泽信（金陵科技学院）　郭爱珍（华中农业大学）
胡　江（甘肃农业大学）　蒋思文（华中农业大学）　康相涛（河南农业大学）
赖松家（四川农业大学）　李　聪（西北农林科技大学）　李东华（河南农业大学）
李家连（华中农业大学）　刘桂琼（华中农业大学）　娄玉杰（吉林农业大学）
罗　军（西北农林科技大学）　毛永江（扬州大学）　彭　健（华中农业大学）
沈水宝（广西大学）　卫恒习（华南农业大学）　魏宏逵（华中农业大学）
徐宁迎（浙江大学）　徐天乐（扬州大学）　尹福泉（广东海洋大学）
张　辉（吉林农业科技学院）　张金枝（浙江大学）　张守全（华南农业大学）
张依裕（贵州大学）　赵兴波（中国农业大学）　赵永聚（西南大学）
仲庆振（吉林农业大学）　左　波（华中农业大学）

中国教育出版传媒集团
高等教育出版社·北京

内容提要

本教材系统地介绍了畜牧学的基本理论、基本知识和生产现状。教材共十一章，分别为绪论、动物营养与饲料、动物遗传育种与畜禽遗传资源保护利用、畜禽繁殖、畜牧场规划与环境控制、养猪生产、养牛生产、家禽生产、养羊生产、养兔生产和动物福利。本教材将理论与实际相结合，内容详实，配合数字资源内容，增加了本教材的可读性。本教材可以作为高等农业院校动物科学和农学领域相关专业教材或教学参考书，也可供广大畜牧工作者参考。

图书在版编目（CIP）数据

畜牧概论 / 蒋思文主编 . --2 版 . -- 北京：高等教育出版社，2023.2

ISBN 978-7-04-059694-6

Ⅰ. ①畜… Ⅱ. ①蒋… Ⅲ. ①畜牧学 - 高等学校 - 教材 Ⅳ. ① S81

中国版本图书馆 CIP 数据核字（2022）第 257738 号

Xumu Gailun

策划编辑 李光跃　　责任编辑 陈亦君　　封面设计 杨伟露　　责任印制 耿 轩

出版发行	高等教育出版社	网　　址	http://www.hep.edu.cn
社　　址	北京市西城区德外大街4号		http://www.hep.com.cn
邮政编码	100120	网上订购	http://www.hepmall.com.cn
印　　刷	三河市吉祥印务有限公司		http://www.hepmall.com
开　　本	787mm× 1092mm　1/16		http://www.hepmall.cn
印　　张	21	版　　次	2006 年 1 月第 1 版
字　　数	450千字		2023 年 2 月第 2 版
购书热线	010-58581118	印　　次	2023 年 2 月第 1 次印刷
咨询电话	400-810-0598	定　　价	39.90元

本书如有缺页、倒页、脱页等质量问题，请到所购图书销售部门联系调换
版权所有 侵权必究
物 料 号 59694-00

数字课程（基础版）

畜牧概论

（第2版）

主编　蒋思文

登录方法：

1. 电脑访问 http://abook.hep.com.cn/59694，或手机扫描下方二维码、下载并安装 Abook 应用。
2. 注册并登录，进入“我的课程”。
3. 输入封底数字课程账号（20 位密码，刮开涂层可见），或通过 Abook 应用扫描封底数字课程账号二维码，完成课程绑定。
4. 点击“进入学习”，开始本数字课程的学习。

课程绑定后一年为数字课程使用有效期。如有使用问题，请点击页面右下角的“自动答疑”按钮。

畜牧概论（第2版）

本数字课程与纸质教材一体化设计，紧密配合。数字课程包括视频、课件、代表性品种图片和拓展阅读等，充分运用了多种形式的媒体资源，丰富知识的呈现形式，拓展教材内容。在提升教学效果的同时，也方便读者根据教学与学习需要选用。

用户名：　密码：　验证码：　5360　忘记密码？　登录　注册

http://abook.hep.com.cn/59694

扫描二维码，下载Abook应用

前　　言

《畜牧概论》第 2 版教材保持了第 1 版教材的科学性、先进性和系统性，重点论述了与畜牧业生产有关的重要组成部分，包括动物营养与饲料、动物遗传育种与畜禽遗传资源保护利用、畜禽繁殖、畜牧场规划与环境控制、养猪生产、养牛生产、家禽生产、养羊生产、养兔生产、动物福利等相关内容。第 2 版教材采用了“纸质教材 + 数字课程”的新形态教材出版形式，更加符合高校现代教育、教学思想理念。第 2 版教材将第 1 版教材的十四章内容调整为十一章内容，把原第十四章“畜牧业可持续发展”合并到绪论部分，把原第十一章“畜禽遗传资源与保护”合并到第二章“动物遗传育种”部分；把原第五章“草地管理”改为以数字资源呈现。本教材主要数字资源还包括视频、课件、代表性品种的图片等。在编写过程中，编者广泛收集资料，并借鉴国内外同类教材的优点，反映学科的研究进展和研究成果，体现教学改革的精神，以适应动物科学专业教学的需要。

本教材编者来自全国多所农业大学，已从事多年的畜牧概论课程的教学工作，具有丰富的教学科研经验，在不断地总结各自的教学实践的基础上完成了第 2 版的编写工作。教材绪论由蒋思文和李家连同志编写；第一章由彭健、魏宏逵和沈水宝同志编写；第二章由赵兴波和赵永聚同志编写；第三章由张守全、卫恒习和李家连同志编写；第四章由仲庆振、张辉和娄玉杰同志编写；第五章由左波、张金枝、张依裕和徐宁迎同志编写；第六章由康相涛、李东华、仲庆振和徐天乐同志编写；第七章由胡江、毛永江、尹福泉和徐天乐同志编写；第八章由罗军、赵永聚和李聪同志编写；第九章由程泽信和赖松家同志编写；第十章由郭爱珍、刘桂琼和陈丝宇同志编写。

在教材编写中，高等教育出版社生命科学与医学出版事业部、华中农业大学教务处、华中农业大学动物科学技术学院和动物医学院有关领导同志对编写工作给予了关心和支持，在此表示衷心的感谢。此外，本教材参考和引用了许多文献，部分已在各章后列出，限于篇幅仍有部分未加注出处或列出，在此谨向原作者表示诚挚的感谢和歉意。

由于编者水平有限，教材中难免有错讹、疏漏之处，恳请广大读者批评指正。

编者

2022 年 9 月

目　录

绪 论

畜牧业是我国农业和国民经济中的一个重要组成部分，经过改革开放四十多年的稳步发展，取得了令国人鼓舞、让世人瞩目的成就。畜牧业是指利用17种传统畜禽（如猪、牛、羊、鸡、鸭、兔等）和16种特种畜禽（鹿、驼、火鸡、番鸭、水貂等）的生理机能，通过人工饲养、繁殖，使其将饲料中的化学能转变为生物能，以取得肉、蛋、奶、皮、毛等畜禽产品的生产过程。畜牧业与种植业并列为农业生产的两大支柱产业，是人类与自然界进行物质交换过程中极其重要的环节。

一、畜牧业是人类与大自然进行物质交换的重要经济产业

种植业生产是人类通过劳动利用绿色植物光合作用转化和蓄积太阳能的过程，是第一性生产，其生产产品被人类直接利用作为生活资料的仅占25％左右。畜牧业是第二性生产，利用种植业提供的大量饲料转化为肉、奶、蛋、毛等畜禽产品或轻工业原料。种植业可以向畜牧业提供饲料，畜牧业可以向种植业提供肥料，同时为人类生产畜禽产品；种植业和畜牧业的结合可以作为干预生态系统养分再循环的手段，使未能有效、充分利用的养分得以再利用。畜禽粪便还田进入生态系统的物质循环，又促进种植业生产力的提高。以猪为例，每头猪年可产粪尿1～2 t，含有机质150 kg/t，所含各种元素可折合成硫酸铵20 kg、硫酸钾10 kg、过磷酸钙20 kg，还含有作物必需的多种微量元素。用畜禽粪便生产的有机肥能形成腐殖质，肥效期长达3～3.5年，具有促进土壤微生物活动，改善土壤团粒结构的作用，有利于作物根系的发育和吸收养分，从而降低农业生产成本，提高农业生产的经济效益。一般认为，畜牧业是最简单、最经济的将植物产品转化为动物产品的过程，是其他经济部门无法替代的。

二、畜牧业是改变膳食结构、提高人民生活水平必不可少的经济产业

衡量人的膳食结构水平，应以食谱中提供的能量和蛋白质的多少为标准。从对营养物质的需要看，人体不仅需要植物性脂肪和蛋白质，更需要动物性脂肪和蛋白质。一般而论，动物性食品的蛋白质含量比谷物食品高70%左右，且消化率极高。中国居民平衡膳食宝塔（2016）中推荐每人每天的膳食中除谷薯类、蔬菜类、水果类等食物以外，还应包括畜禽肉40～75 g、蛋白质类40～50 g。当前我国居民膳食结构中，人均动物蛋白质摄入量逐步提升，如人均蛋消费量，2019年发达国家为10.12 kg、其他发展中国家为10.35 kg、我国为21.72 kg（见表0-1）。因此，大力发展畜牧业，提高动物蛋白在居民膳食结构中的占比，对改善人民生活，增强人民体质起着极其重大的作用。

表0-1　近40年中国人均蛋消费量（kg）变化及其与发达国家、其他发展中国家的比较*

	1980	1985	1990	1995	2000	2005	2010	2015	2019	平均年增长率/%
发达国家	3.71	4.43	4.96	6.03	7.10	7.58	8.27	8.86	10.12	0.16
其他发展中国家	5.88	6.31	6.58	7.46	8.32	8.66	9.23	9.78	10.35	0.11
中国	2.29	4.04	5.45	10.80	14.33	15.46	17.02	18.27	21.72	0.49

*数据来源：联合国粮食及农业组织官方网站。

三、畜牧业是吸纳农村剩余劳动力、使农牧民实现小康的重要经济产业

畜牧业是吸纳农村剩余劳动力，增加农牧民收入的重要途径。2016年，全国农业生

产经营人员 31 422 万人，其中从事畜牧业的占比 3.5%，即 1 099.77 万人；规模农业经营户农业生产经营人员（包括本户生产经营人员及雇佣人员）1 289 万人，其中从事规模畜牧业生产经营人员 274.56 万人；农业经营单位农业生产经营人员 1 092 万人，其中畜牧业经营单位从业人员 181.27 万人（见表 0–2）。畜牧业是带动农业发展的“中轴产业”，向前带动种植业发展，为畜牧业发展提供饲料；向后拉动加工业的发展，提高畜牧业产品的附加值。据报道，在农业收入中增长最快的是畜牧业，有些地区畜牧业收入占现金收入的 25% ~ 45%。

◎ 表 0–2　2016 年全国农业生产经营人员数量和结构 *

项目	人数 / 万人	所占比例 /%
农业生产经营人员总数	31 422	100.00
农业生产经营人员从事畜牧业人数	1 099.77	3.50
农业生产经营人员从事农林牧渔服务业人数	188.53	0.60
规模农业经营户农业生产经营人员总数	1 289	100.00
规模农业经营户农业生产经营人员从事畜牧业人数	274.56	21.30
规模农业经营户农业生产经营人员从事农林牧渔服务业人数	24.49	1.90
农业经营单位农业生产经营人员总数	1 092	100.00
农业经营单位农业生产经营人员从事畜牧业人数	181.27	16.60
农业经营单位农业生产经营人员从事农林牧渔服务业人数	115.75	10.60

* 农业生产经营人员是指在农业经营户或农业经营单位中从事农业生产经营活动累计 30 d 以上的人员（包括兼业人员），数据来源于国家统计局。

四、畜牧业促进畜产品加工业的发展

在发达国家，畜产品加工占农产品加工产值的 80%，蔬菜水果类加工占 15%，谷物类加工仅占 5%；畜产品加工量占畜产品生产总量的 60% ~ 70%，我国畜产品加工量仅占总产量的 5% 左右，因此，我国畜产品加工业还有很大的发展空间和潜力。2017 年全国规模以上农产品加工业企业数为 82 472 个，主营业务收入 194 001.96 亿元，从业人员数 1 516.87 万人（见表 0–3）。

◎ 表 0–3　2017 年全国规模以上农产品加工业主要经济指标 *

指标名称	企业数 / 个	主营业务收入 / 亿元	主营业务成本 / 亿元	利润总额 / 亿元	出口交货值 / 亿元	从业人员数 / 万人
农产品加工业总计	82 472	194 001.96	160 953.44	12 925.67	10 979.82	1 516.87
饲料加工业	1 296	11 211.17	10 082.29	555.31	46.04	51.74
肉类加工业	4 263	13 417.41	12 012.31	642.20	272.94	100.22
蛋品加工业	216	334.81	290.48	18.84	10.08	2.43
乳品加工业	611	3 590.41	2 845.00	244.87	5.45	23.20
皮毛羽丝加工业	5 984	9 843.70	8 676.50	558.99	1 594.72	118.49

* 数据来源：农业农村部中国农业统计资料。

五、畜牧业发达水平是农业现代化程度的标志之一

畜牧业产值占农业总产值的比例是衡量一个国家农业现代化程度的重要标志，如法国为52%、加拿大为55%、美国为60%、德国为69%、新西兰为80%、丹麦在90%以上。2017年，我国畜牧业的产值仅占农业总产值的26.9%（见表0–4）。

◎ 表0–4 全国农林牧渔业总产值及构成*

分类	2015年		2016年		2017年	
	产值/亿元	所占比例/%	产值/亿元	所占比例/%	产值/亿元	所占比例/%
农业	57 635.80	53.84	59 287.80	52.89	58 059.80	53.10
林业	4 436.40	4.14	4 631.60	4.13	4 980.60	4.56
牧业	29 780.40	27.82	31 703.20	28.29	29 361.20	26.85
渔业	10 880.60	10.16	11 602.90	10.35	11 577.10	10.59
其他	4 323.20	4.04	4 865.80	4.34	5 353.00	4.90
总产值	107 056.40	100.00	112 091.30	100.00	109 331.70	100.00

* 数据来源：农业农村部中国农业统计资料。

第二节 我国畜牧业发展的现状

改革开放四十多年来，我国畜牧业发展取得了举世瞩目的成绩，畜牧业由弱变强、不断发展壮大，已从传统的家庭副业发展为农业农村经济的重要支柱产业之一，在畜牧业产能、产品质量、生产方式等方面都得到了巨大提升，在发展农村经济、增加农民收入、缩小城乡差别、满足肉蛋奶消费、维护生态安全等方面发挥了重要作用（见表0–5）。

◎ 表0–5 全国主要农产品人均占有量（kg）*

年份	粮食	棉花	油料	糖料	肉	蛋	奶	水产品
2015	453.20	4.10	25.80	91.20	62.90	21.90	28.20	49.10
2016	447.00	3.80	26.30	89.50	61.90	22.40	26.90	50.60
2017	477.20	4.10	25.10	82.10	62.40	22.30	22.70	46.50

* 数据来源：农业农村部中国农业统计资料。

我国畜牧业取得的伟大成就，从根本上讲是得益于改革开放，走出了一条符合中国国情的发展道路。其基本经验是：①坚持改革开放。我国在发展畜牧业政策方面有两项重要突破，一项是20世纪80年代初期推行牲畜作价到户、实行户有户养，极大地激发了生产者的养畜积极性；另一项是于1985年率先放开了畜产品价格和市场，流通渠道的畅通促进了生产的发展，同时使市场机制较早地进入畜牧业经济运行中，使生产者抵御市场风险的能力逐步增强。②坚持多种所有制和多种经济成分并存。我国重视畜牧业龙头企业、畜

牧业专业合作社、家庭农场和养殖大户等新型畜牧业经营主体的培育和壮大，推动了畜牧业多元主体的协同发展，培育和发展了新型职业农牧民和良好的农牧民组织，积极促进经营性服务组织发展，进一步完善社会分工，多元化、多层次、多形式地提升了专业化、社会化服务水平。通过体制机制的创新，充分激发出畜牧业发展潜力，为畜牧业发展奠定了深厚的基础。③增加畜牧业投入。国家逐年增加了对畜牧业的资金投入，地方各级政府对畜牧业发展在资金投入上都有一些倾斜政策。与此同时，积极引进外资，成效也十分显著。④调整产业结构，发展高产、优质、高效畜牧业。在稳定发展生猪的同时，大力推行以牛羊为主的食草类畜禽的畜牧业发展方针，提升了畜产品的品种丰富度和附加值。生猪产业在中国畜牧经济中始终占据着主导地位，但食草类畜禽的快速发展，不仅满足了人民群众对畜产品的多元化需求，而且优化了畜牧业生产结构。畜牧业生产区域布局的优化也直接促进了畜牧业结构和具体业态的优化升级，规划先行的理念和差异化的发展为畜牧业注入了大量的活力。⑤依靠科技进步。畜牧科技在畜牧业的发展中发挥着关键作用，应不断加大畜牧业科技投入力度，鼓励生物技术和信息技术等高新技术的综合研究和开发，鼓励畜牧业技术自主创新和先进技术的引进，重视基层技术推广体系建设，提高畜牧业从业人员的整体素质，提升技术装备水平，加速科技成果转化，提升畜产品市场竞争力和畜牧业综合效益。据美国农业部 1996 年统计资料，各领域科技进步对提高畜牧业经济效益的贡献率如下：遗传育种与繁殖占 50%，饲料占 20%，疾病控制占 15%，环境占 10%，其他占 5%。

一、建立畜禽良种繁育体系，提高畜禽生产性能

我国建立了相对完善的地方品种畜禽遗传资源保护体系。目前，159 个地方品种列入国家级畜禽遗传资源保护名录；截至 2021 年，我国已建立国家级保种场（区、库）205 个，省级保种场（区、库）392 个，形成了相对完善的原产地与异地保护相结合、活体保护与遗传材料保存相补充、国家与地方相衔接的畜禽遗传资源保护体系，保护能力位居世界前列。53% 的地方畜禽品种得到了产业化开发，成为产业扶贫的重要抓手和特色畜牧业发展的新引擎。

建立了配套完善的畜禽良种繁育体系。目前，我国共有各类种畜禽场、种畜站 9 500 多个，2018 年末种畜禽存栏数超过 2.3 亿头（只），形成了纯种选育、良种扩繁及商品化生产梯次推进的良种繁育体系；组织实施了猪鸡牛羊等主要畜种遗传改良计划，遴选了 240 个国家级核心育种场（基地、站），成立了多种形式的联合育种组织，良种登记、性能测定、遗传评估等基础性育种工作稳步推进，基本建立了以市场为导向、企业为主体、产学研相结合的商业化育种机制。

新中国成立以来，经过畜牧工作者的努力，利用引进的优良品种与本土品种选育，先后培育出中国荷斯坦奶牛、草原红牛、新疆细毛羊、东北半细毛羊、湖北白猪、哈白猪、新金猪、上海白猪、北京黑猪、北京白鸡等数十个新的畜禽优良品种。同时，各地较普遍地进行了良种的杂交利用，提高了畜禽良种覆盖率和个体生产性能。

二、建设生产基地，带动畜牧业商品生产发展

为了解决城市供应和出口需要，20 世纪 50 年代后期，我国在一些大、中城市郊区开始建立一批以猪禽为主的副食品基地；20 世纪 60 年代建设猪、禽、兔外贸出口基地。在基地内，饲养方式开始由传统的分散饲养，逐步转向集约化经营。2010 年到 2019 年，全国建设畜禽养殖标准化示范场 496 个，其中生猪养殖标准化示范场 163 个，奶牛养殖标准化示范场 157 个，肉鸡养殖标准化示范场 35 个，蛋鸡养殖标准化示范场 84 个，肉羊养殖标准化示范场 29 个，肉牛养殖标准化示范场 27 个，肉鸭养殖标准化示范场 1 个。

三、开发草地资源，发展草地畜牧业

草地是我国重要的可更新资源与畜牧业生产基地，是牧区畜牧业发展和经济发展的基础，是人类生存和发展繁衍的环境。草地在其生长发育过程中，可吸收大量的二氧化碳，同时释放氧气。每公顷草地可吸收二氧化碳 900 kg，同时放出氧气 600 kg，草地滞留大气尘埃的能力比裸地高 70 倍，起到调节气候、净化空气的作用。据计算，生长 2 年的草地拦蓄地表径流量和减少地表径流中含沙量的能力比生长 8 年的林地高 58.5% 和 88.5%，草地的防风固沙和保持水分的功能强于灌丛和林地。草地生物多样性高，是“天然基因库”，具有调节气温、减轻噪音、改良土壤、美化环境等作用。

我国拥有各类天然草地 3.93 亿 hm^2，其中牧区草地 1.93 亿 hm^2，半农半牧区 0.59 亿 hm^2，农区和林区 1.41 亿 hm^2。草地总面积约占国土面积的 40%，但人均占有草地仅 0.33 hm^2，低于世界人均草地面积 0.76 hm^2 的水平，属于草地资源相对贫乏的国家。

在保护草地资源的基础上应合理利用草地资源，充分挖掘草地的生产潜力，使草地畜牧业生产稳定增长，走上可持续发展的健康轨道。

四、建立畜禽疫病防控体系，保障畜牧业健康发展

新中国成立 70 多年来，特别是改革开放后，我国在畜禽疫病防控科技创新和实践领域进展显著。我国先后颁布了《中华人民共和国进出境动植物检疫法》《中华人民共和国动物防疫法》《中华人民共和国进出口商品检验法实施条例》《重大动物疫情应急条例》《生猪屠宰管理条例》《兽药管理条例》等一系列法律法规，构建起了全方位的畜禽免疫预防保障体系、疫病监测诊断体系、防疫监督体系、防疫屏障体系及疫病应急处理体系，坚实了畜禽疫病防控的制度保障，形成了畜禽疫病防控和疫情突发应急处置的机制。培养了一代又一代畜禽疫病防控的科学研究和技术服务的工作队伍。截至 2022 年，我国已消灭了牛瘟、牛传染性胸膜肺炎（牛肺疫）2 种动物重大传染病，在全国范围内有效控制了马鼻疽、马传染性贫血（马传贫）、兔病毒性出血症等几十种主要畜禽疫病的发生。

五、建设和发展饲料工业，推动畜牧业向现代化迈进

我国饲料工业的发展进程大致经历了四个阶段：20 世纪 70 年代末至 80 年代初的初创期、1983—2000 年的快速发展期、2001—2010 年的快速扩张期、2011 年至今的稳定增长及整合扩张期。形成了由饲料原料工业、饲料添加剂工业、饲料机械工业、饲料加工工

业以及饲料科研、教育、培训、质量监督、检测等构成的较为完善的饲料工业体系。2017年我国饲料总产量 221 611 682 t，其中配合饲料 196 185 892 t、浓缩饲料 18 536 529 t、添加剂预混合饲料 6 889 261 t。全国饲料工业总产值 83 935 349 万元，营业收入 81 946 484 万元，企业总数 11 233 家，职工总数 467 506 人（其中博士 1 871 人、硕士 9 018 人、大学本科 69 862 人、大学专科 110 213 人）。近几年，我国饲料工业与畜牧业、水产养殖业深度融合发展趋势明显；同时，随着新产品、新技术、新工艺、新装备不断应用，饲料工业发展质量不断提升，促进了规模化养殖业的迅速发展，提高了畜牧业生产的科技水平和经济效益。

第三节　我国畜牧业可持续发展的制约因素

畜牧生产系统本身是一个由自然、经济和社会子系统构成的有机复合体。在这个系统中，各类畜禽是系统的主角，它将各种植物性饲料源源不断地转化为动物性产品。畜牧生产系统在向社会提供肉、蛋、奶、皮、毛等畜禽产品的同时，也向环境排放了诸如畜禽粪便、污水、垫料、臭气等排泄物。畜牧生产系统的运转既受到外界环境提供的饲料、人工、水、电等各种各样的物质和能量投入的制约，也受到周围环境对畜禽排泄物容量的限制。此外，畜牧生产系统受社会、经济和文化影响很大，不同的经济水平、文化背景、社会发展阶段，直接制约着畜禽产品的市场需求和畜禽产品的生产和供应能力。由此可见，畜牧生产系统是与农田生产系统、土地生产系统以及社会经济系统等密切耦合的系统。

畜牧业可持续发展至今仍然没有十分明确的定义，只能从农业可持续发展的定义中得到理解。畜牧业可持续发展是指从可持续农业的角度和我国畜牧业发展的实际情况出发，在资源、环境、人口、技术等因素与畜牧业协调发展的基础上，寻求一条人和环境可持续发展的可行途径，以确保当代人和后代人对畜产品的需求得以满足的同时，提高农牧民生活水平、促进畜牧业全面发展。

经过改革开放四十多年来的发展，我国的畜牧业得到了迅猛发展，不仅有力地促进了我国农村经济的发展、丰富了市场供应、增加了农民收入、稳定了物价，而且带动了饲料、兽药、食品、屠宰加工、皮革、制药、冷藏贮运、纺织等相关产业的快速发展。但是，总体上我国畜牧业生产方式还比较粗放，产业体系还不完善，资源环境的约束日益加剧，保障畜产品市场有效供给任务仍面临不少压力，畜牧业可持续发展仍面临重大挑战。从国际角度看，贸易摩擦不断、贸易保护主义盛行等因素导致畜牧业发展受到威胁。从国内角度看，在需求端，人民群众对畜产品质量需求不断提升，畜产品质量和安全问题亟待解决；在供给端，畜牧生产系统污染治理刻不容缓，新旧动能转换尚需提速；在技术支持上，智慧化支撑力度不够，使得产业链升级愈发受到约束。

一、资源的匮乏对我国畜牧业可持续发展造成了巨大阻碍

畜牧业与自然资源有着密切的关系，畜牧业是以种植业的第一性生产为基础的第二性生产。目前，我国的自然资源状况，尤其是农业资源状况不容乐观。没有第一性生产为畜牧业生产提供饲草、饲料原粮，就不可能有畜牧业的发展。所以，自然资源匮乏是畜牧业生产最大的制约因素。

我国是资源总量大国，也是人均资源穷国。我国几乎所有资源的人均拥有量都低于世界的平均水平，甚至多种储量占世界第一的资源，也因人口总数庞大而使人均拥有量达不到世界人均拥有量。随着生活水平的提高，人们对畜产品质量的要求也越来越高，这对我国畜牧业发展提出了巨大的挑战。我国目前人均耕地面积仅为世界人均耕地面积的一半；2019 年，我国人均粮食占有量 475 kg，尚不到国际公认的 500 kg 安全标准；2019 年，我国人均鲜奶占有量 24.2 kg（见表 0-6），供需缺口较大，尚需大量进口。由此可见，畜牧业承受着经济发展和人口增长对畜产品需求量增加，以及用于畜牧生产的资源减少的双重压力。

表 0–6　近 40 年我国鲜奶人均占有量（kg）变化及其与发达国家、其他发展中国家和世界平均水平的比较*

	1980	1985	1990	1995	2000	2005	2010	2015	2019	平均年增长率 /%
中国	2.50	3.80	5.20	6.50	8.60	22.50	28.00	24.40	24.20	0.54
发达国家	274.90	285.40	272.90	265.80	270.60	266.10	267.20	284.90	289.10	0.36
其他发展中国家	62.60	64.20	64.70	58.00	59.50	66.90	72.70	76.50	84.50	0.55
世界平均水平	100.90	101.81	98.10	90.10	90.50	95.30	99.60	104.40	111.30	0.26

* 数据来源：联合国粮食及农业组织（FAO）官方网站。

二、生态环境污染与恶化是畜牧业持续发展面临的严重问题

生态环境污染与恶化给畜牧业可持续发展带来严重的威胁。畜牧业是重要的碳排放源，草原牧区、农耕牧区都是中国畜牧业碳排放增长的核心区，畜禽养殖是农业面源污染的一大来源，也是中国环境污染的重要来源。生态环境污染与恶化既影响人类的生存环境，又制约了畜牧业的可持续发展。2001 年以来，我国针对畜禽养殖污染防治和资源化利用颁布了一系列相关法律法规，出台了一系列标准和政策，《中华人民共和国环境保护税法》也于 2018 年 1 月 1 日起正式实施。这些措施有助于环保工作的进行，但短期内可能造成畜牧业生产成本的大幅提升，畜牧业依托低成本发展模式要快速转换为依托科技创新的差异化竞争模式。

草原畜牧业形势更加严峻，由于盲目开垦、超载放牧，草原生态系统受到严重破坏。据报道，近 30 年来“三化”（退化、沙化、碱化）面积已占可利用草原面积（3.13 亿 hm^2）的 1/3，并以每年 200 万 hm^2 的速度继续减少，导致牧草资源的极度短缺和环境条件日益恶化，致使占国土面积 52 % 的牧区为国家提供的畜产品占全国总产量的比例仅为：肉类 2%、禽蛋 1.6%、奶类 32%、绵羊毛 40%、山羊绒 48%、皮张 18%。

三、科学研究和技术推广不力制约了我国畜牧业的可持续发展

畜牧业的可持续发展，必须要有现代科学技术的支撑。但是在科学研究和技术推广方面，还存在以下问题：①我国畜牧业科研投入增长缓慢，产、学、研结合有待加强；②科学研究和技术推广不力，“高产、优质、高效”的畜禽品种培育和畜牧业资源的深度利用不足；③传统畜牧业的宝贵经验与国内外现代科学技术有待进一步优化组合；④此外还存在着基础研究不足，已研究出的科技成果转化率偏低，科技力量相对不足，从事畜牧业生产劳动的人员素质普遍偏低，使畜牧业新技术难以顺利推广等问题，制约了畜牧业生产效率的提高和畜牧业的可持续发展。当前，畜牧业发展正处于供给侧结构性改革和产业转型升级的阶段，互联网、云计算、大数据、物联网、人工智能等现代信息技术可以为畜牧业发展提供智能化的技术支持，降低企业运营维护成本。

四、产业结构不合理，不利于我国畜牧业可持续发展

由于自然条件、社会条件、经济条件以及人们生产生活习惯等原因，使得我国畜牧业产业结构不合理。畜牧业产业结构高耗低效，资源利用效率低，严重制约了畜禽产品供给能力的增长。我国现有的畜禽产品产量结构与饲料转化率呈“倒金字塔”形，即转化率高的产品产量低，转化率低的产品产量高。在畜牧业生产结构中，耗粮型的猪、禽比重过高，而草食型畜禽特别是饲料转化效率最高的奶牛比重过低，影响了畜牧业生产整体饲料转化率的进一步提高。在畜禽产品的消费结构中，猪肉消费所占比重较高，而牛肉特别是牛奶的人均消费量却远低于世界平均水平，畜禽产品的质量也不适应市场需求；精深加工还不普遍，加工企业数量少、质量低，使进入市场的畜产品大多是初级产品，而国外85%以上是深加工产品。我国畜禽产品品种单一，品种、安全性、优质化等与市场需求存在差距，满足不了市场要求；无公害畜禽产品产量偏少，大多数畜禽产品达不到质量标准要求而无法进入国际市场。以上问题不仅制约了我国居民营养水平的提高，而且大大增加了畜牧业结构调整的难度。

五、畜牧业产业化进程面临困难

培育主导产业，扶持龙头企业，发展规模养殖，积极探索和完善畜牧业产业化经营新模式，才能加快畜牧业的发展步伐。但是要进一步加快畜牧业产业化的进程所面临的困难和问题还很多，如：①加工龙头企业的带动能力不强，发展水平低、规模小、产品质量差，竞争力不强；②产业化组织大多数联系的紧密性不够，经济利益共同体的关系不牢固，利益机制不尽完善，抵御市场风险能力较弱；③以科技推广为重点的社会化服务跟不上发展要求；④产品结构中深、精加工产品比重小，产品科技含量低，名牌、“拳头”产品少，市场竞争能力低；⑤畜产品产销脱节，市场体系没有形成，发展格局上部门分割、地区封锁、行业垄断现象依然存在，低水平重复建设多。

六、畜产品安全成为人们关注的焦点之一

畜产品是人们主要的食品来源之一，畜产品的质量安全与人类的生活、健康密切相

关。从需求角度看，随着生活水平和食品安全意识的提高，人民群众对畜产品的需求从追求数量增长的满足转向追求质量提升的满足，消费水平不断升级，但当前有效供给的不平衡、不充分却影响着消费水平的升级。由于动物疫情的发生、食品供应链的环节众多、食品法律法规建设与食品标准体系等方面不够完善、食品品牌建设薄弱、食品市场监管体系尚不健全、食品安全执法不健全等食品质量和安全问题时常发生。在消费者食品安全意识提高、信息传播速度显著提高的情况下，较小的、局部的食品安全问题都可能会对整个市场和整条产业链的经营主体带来较大的负面影响，导致畜产品产量下降和价格剧烈波动，影响畜牧业的可持续发展。

第四节　我国畜牧业可持续发展的趋势和对策

今后一个时期，畜牧业可持续发展要以推进供给侧结构性改革为主线，强化政策、科技、人才、金融等全要素支撑保障，加快发展资源节约型、环境友好型和生态保育型畜牧业，持续提升畜牧业发展质量效益竞争力，为提高人民群众生活水平、乡村振兴和美丽中国建设提供坚实支撑。

一、加强法制建设

法律法规是政策运行保障体系的重要组成部分，对政策运行效果具有关键作用，应高度重视法律法规、加强法制建设。国外在依法规范畜牧业生产方面有许多成功的经验，如欧盟法规对每公顷土地载有产生粪便的畜禽头数加以限制，规定可饲养奶牛 2 头 / 犊牛 4 头 / 育肥猪 16 头 / 产蛋鸡 133 只 / 育成鸡 285 只，相当于每公顷土地可排放 170 kg 粪便；日本对畜牧场的场址选择也有非常严格的规定。

我国相继出台了《中华人民共和国进出境动植物检疫法》《中华人民共和国畜牧法》等近 20 部法规或条例，保障了畜牧业的可持续发展，同时保护环境。2019 年农业农村部 194 号公告规定，自 2020 年 1 月 1 日起，我国饲料中全面禁止添加抗生素，减少滥用抗生素造成的危害，维护动物源食品安全和公共卫生安全。

二、加强对公众环境保护意识的宣传和教育

公众是推动社会进步和可持续发展战略的主体，公众的有效参与是实施畜牧业可持续发展战略的关键。应在广大群众中开展生态环境宣传教育，帮助树立牢固的保护环境的观念，提高全社会的可持续发展意识。应通过开展各种形式的可持续发展宣传、教育和培训，引导和鼓励公众自觉地保护环境、节约资源、改变生产和消费方式；同时要充分发挥民间组织的作用，不断增进广大公众和社会各界参与可持续发展的行动。通过对公众环境保护意识的宣传教育，一方面可以引导消费者对环境保护的理解和支持，并产生对环保产品的需求，为有机农产品等的销售提供一个广阔的消费市场；另一方面引导广大农民重视

和保护农业环境，促使他们积极从事环保型农业生产，自觉减少化肥、农药等有碍环境保护的生产资料的使用。

三、广辟饲料资源，为畜牧业可持续发展奠定基础

饲料是畜牧业发展的物质基础，是畜牧业发展不可替代的资源。畜牧业的发展，必须充分挖掘饲料潜力，广辟饲料资源，加大饲料资源开发的力度，发展节粮型畜牧业。

可采取以下积极措施治理和保护草地资源：将草地生态经济建设作为发展国民经济的战略措施纳入国家计划，调动各方面的力量组织实施。应用生态经济学原理，按照不同地区的生态特点，因地制宜地进行草地经济和草地生态畜牧业的总体规划，进行合理开发与建设。筛选和培育适合不同草地类型的草种，改良和种植人工草地，为改良和合理利用草地提供必要条件。建立科学的草地放牧管理制度，减缓草地退化。

可利用现代遗传育种技术培育新的高产饲料作物，如高蛋白质玉米、双低油菜（籽）和无棉酚棉（籽）等。开发新的蛋白质饲料资源，如菌菇蛋白。利用生物技术增加酒糟、秸秆低成本非粮饲料资源开发利用，减少与人争粮，降低畜牧业养殖成本。

四、走农牧结合的生态畜牧业发展之路

针对我国幅员辽阔、自然环境类型多样的特点，应综合考虑各地资源承载力、环境容量、生态类型、发展基础和区位优势等因素，优化畜牧业区域布局。以资源承载能力为基础，合理划定重点发展区、约束发展区、潜力增长区和适度发展区，合理布局畜禽养殖生产规模、配套畜禽规模养殖用地与农作物种植用地；推进种养结合，构建粮饲兼顾、农牧结合、循环发展的新型种养结构，形成农牧有机结合、资源充分利用的畜牧业可持续发展新格局。

农牧结合的生态畜牧业是我国畜牧业可持续发展的必然趋势，即在合理安排粮食生产的情况下种草养畜，以畜禽的粪便养地。种养结合、农牧业共同发展的生态畜牧业之路，是实现我国畜牧业可持续发展的理想模式。多年来，我国畜牧业的快速发展是以大量消耗资源和粗放经营为特征的传统发展模式来实现的，造成了对自然资源的不合理利用，生态环境的污染、恶化及失衡。因此，在实施畜牧业可持续发展战略中，必须坚持与经济建设、环境建设同步发展为指导，遵循经济效益、社会效益、生态效益相统一的原则。既要合理地利用自然资源发展畜牧业，又要保护自然资源，维护生态平衡，保证畜牧业资源的永续利用，实现畜牧业的可持续发展。

此外，应控制环境污染，使畜牧业走上可持续发展之路。加强有关环境保护的科研力度，使畜禽粪便经无害化处理后返还农田。畜禽粪便未经任何处理直接还田，如使用不当或连续过量使用，会导致硝酸盐、磷或重金属的沉积，从而对地表水或地下水构成污染。可综合利用畜禽粪便，如鸡粪的蛋白质含量很高，经除臭、高温灭菌处理后可制成猪、鱼的饲料原料，或者将畜禽粪便开发成便于使用的有机肥料，实现种养循环，发展生态畜牧业。

五、大力推广和应用先进的科学技术

政府和畜牧企业要积极推进畜牧业科技进步，加大对科技服务体系和技术推广体系的投入，增加科技含量。

种畜是发展畜牧业的物质基础。立足我国畜禽地方遗传资源丰富的优势，加强畜禽遗传资源保种场保护区和基因库建设，坚持保护和开发利用相结合；建立和健全全国或区域性的畜禽良种繁育体系，进一步完善育种、繁殖、推广、饲养良种推广网络。加快畜禽良种引进步伐，更新现有品种保护和开发利用我国优良种畜资源，加速繁育和推广适合不同资源与生态条件的优良畜禽品种，充分利用杂交优势，提高畜禽生产率。

积极推进现代畜禽种业建设，全面落实生猪、奶牛、肉牛、肉羊、蛋鸡、肉鸡遗传改良计划。扎实推进生产性能测定、遗传评估等基础性育种工作，构建以核心育种场为主体，政府引导、科技支撑、产学研相结合的商业化育种机制，培育一批市场竞争力强的新品种。扶优扶强大型畜禽育种企业，打造一批畜禽育种企业民族品牌，提升自主育种创新能力，夯实高质量发展的种源基础。

构建稳固的结构化系统性生物安全体系，将畜禽养殖环节、运输环节、屠宰环节的生物安全措施作为一项系统工程打造。加强对生产一线工作人员的技术培训，提高生物安全生产意识和能力，确保防疫措施落实到位。畜禽疫病防治体系建设担负着控制或消灭畜禽传染病和人畜共患病的重大任务。随着市场经济发展、流通渠道日益增多，防疫将面临更艰巨的任务。完成全国性和区域性的兽医卫生监督、疫病防治、兽药管理体系建设，实现兽药厂的技术改造，建立稳定的兽药原料生产基地，提供动物疫病新的综合防治技术，消灭严重危害畜禽健康的传染病，降低规模化饲养的死亡率。

增加饲料科学研究的资金投入，研制出能满足畜禽不同生长阶段和不同生产时期全价配合饲料的配方，生产低成本的全价配合饲料或低成本的浓缩料，建立起完备的饲料工业体系。增加机械设备的资金投入，提高舍饲畜牧业的装备水平。

大力普及和推广云计算、大数据、物联网、人工智能等现代信息技术手段，提高养殖效率，降低畜牧业经营风险。政府部门和相关机构应积极展开商讨和合作，确定统计数据的相关标准，建立国家级的平台信息库，利用畜牧业信息档案系统和动物户口系统确保对畜牧业发展状况的精准把握，提高畜牧业发展工作计划和政策调控的精准性。

六、加快调整优化畜牧业生产结构

加快转变畜牧业发展方式，从依靠拼资源消耗、拼物质投入、拼生态环境的粗放经营，尽快转到注重提高质量和效益的高质量发展上来，推动畜产品供给向绿色优质转型、向中高端升级。

布局区域化是现代畜牧业的重要特征，也是发挥比较优势、增强产业竞争力的重要措施。目前世界上的畜牧业发达国家大多形成了粮食主产区与畜牧业主产区有机结合的生产布局，大大提高了畜牧业的整体效益。我国地域辽阔，不同地区在经济发展水平、区域资源特点、畜牧业发展程度等方面都有很大差异，建设现代畜牧业必须结合不同区域的具体实际，合理进行布局，以发挥区域优势。

七、积极推进产业化的发展

积极发展农业产业化经营，形成生产、加工、销售有机结合和相互促进机制。从世界畜牧业发展的历程来看，生产、加工和销售的一体化结合是一个共同的趋势。美国畜牧产业化经营的模式主要是以合同制为主，欧洲国家则主要采取合作社形式进行一体化经营。通过建立有利于资源合理配置和利益合理分配的运行机制，实现生产、加工、销售有机联系与协调发展，提高畜牧业整体生产能力和科技水平及经济效益，增强可持续发展能力，这才是我国畜牧业发展的新思路、新机制。畜牧业产业化经营是实现农业现代化的必由之路。

按照“生产高效、环境友好、产品安全、管理先进”的要求，开展畜禽养殖标准化示范创建活动。依托龙头企业带动、组织合作社、培育养殖大户等方式，集成畜禽标准化养殖技术，推广“公司 + 农民合作社 + 家庭农场”“公司 + 家庭农场”等生产经营模式，在项目资金、金融保险、技术推广等方面给予支持，培育一批畜牧业可持续发展市场主体，着力提高畜牧业劳动生产率、资源转化率和畜禽生产率，促进畜禽养殖提质增效。

八、推行 HACCP 体系确保畜产品安全

危害分析与关键控制点（hazard analysis and critical control point，HACCP）着重从原料到产品的每一个生产环节的控制，它要求生产出来的产品 100% 合格。HACCP 是预防性的食品安全质量管理体系，它克服了传统的现场检查和最终产品测试等食品安全控制方法的缺陷。随着我国对外贸易的发展，加快我国在食品生产中 HACCP 体系的应用研究、建立相应的质量保证体系已刻不容缓。

畜牧业可持续发展遵循“从田间到餐桌”全过程质量控制的技术路线，涵盖从饲料生产过程中产地环境的监控、生产过程的管理、饲料质量的检测到畜禽养殖过程中场址的选择、饲料的选用、品种的选育、疫病的防治、兽药的使用、生长激素的控制，再到畜产品的加工、销售过程的质量控制等全过程，确保畜产品安全。

第一章 动物营养与饲料

了解饲料与畜体的化学组成的异同，掌握主要营养物质的功能、饲料营养价值的评定方法和饲料的分类及营养特性，重点掌握饲养标准，以及饲料配合的原则和方法。

营养是维持动物生长、繁殖和生产的物质基础。动物营养是研究营养源（天然饲料和合成制品）在动物机体内的物理和化学过程，包括动物的摄食、消化、吸收和组织细胞的营养转运，以及未经利用的营养源和代谢废物的排泄等。在此基础上，确切掌握动物的营养需要量，可达到提高营养源的利用效率和充分发挥动物潜在生产性能的目的。

第一节　饲料与畜体的化学组成

动物为了生存和生产，必须从外界环境中摄取食物（饲料）以获取所需要的各种营养物质。畜禽饲料的主要来源是植物，动物性、矿物性或工业生产的产品是畜禽饲料的次要来源。因此，了解饲料与畜体在化学组成上的异同，是学习动物营养学的基础。

一、饲料中的营养物质及其分类

按照概略养分分析法（Weende 法）可以把饲料中的营养物质分为水分、粗灰分、粗蛋白质、粗脂肪、粗纤维和无氮浸出物六大类。饲料中的营养物质及它们之间的关系见图 1-1。

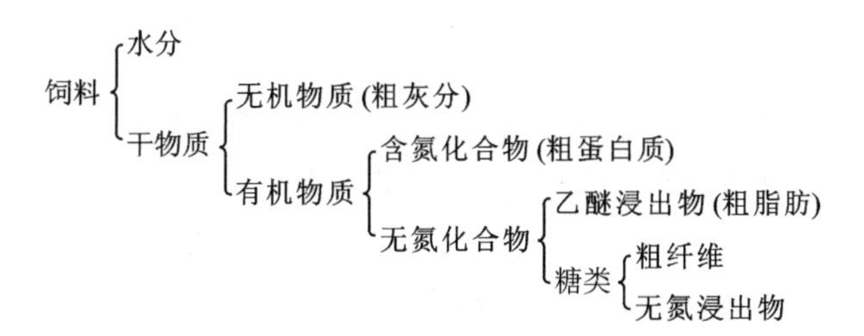

图 1-1　饲料中的营养物质组成及其相互关系（基于概略养分分析法）

1. 水分

各种饲料都含有水分（moisture），含量差异很大。水分含量越多的饲料，干物质含量越少，相对而言营养价值也越低。

饲料中的水分常以两种状态存在。一种是含于动植物体细胞间、容易挥发的水，称为游离水或自由水，也叫初水分；另一种是与细胞内胶体物质紧密结合在一起，形成胶体水膜，是难以挥发的水，称为结合水或束缚水。这两种水分之和称为总水分。

2. 粗灰分

饲料经 550℃灼烧后得到的残留物称为粗灰分（crude ash），可用来代表饲料中的矿物质。

3. 粗蛋白质

粗蛋白质（crude protein，CP）是饲料中含氮物质的总称，包括蛋白质和非蛋白质含氮物，如游离氨基酸、酰胺、胺、硝酸盐等。常规饲料分析测定粗蛋白质是用凯氏定氮法（Kjeldahl determination）测出饲料样品中的含氮量，然后用含氮量乘以蛋白质系数（6.25）或除以蛋白质的平均含氮量（16%）来计算粗蛋白质含量。

4. 粗脂肪

常规饲料分析中用乙醚或石油醚浸提样品所得的乙醚浸出物，称为粗脂肪（ether extract，EE）。粗脂肪中除真脂肪外，还含有其他溶于乙醚或石油醚的有机物质，如叶绿素、胡萝卜素、有机酸、树脂、脂溶性维生素等物质。

5. 粗纤维

粗纤维（crude fiber，CF）是饲料样品经过稀酸、稀碱和乙醇处理后的残留干物质，减去无机物（即粗灰分）后的所有组分，包括纤维素、半纤维素和木质素。粗纤维主要来自植物细胞壁，是植物性饲料中最难消化的组分。但粗纤维并未包含饲料中所有不能或不容易被动物消化的组分。

6. 无氮浸出物

无氮浸出物（nitrogen free extract，NFE）是饲料中除粗纤维以外的糖类，包括单糖、双糖和淀粉等。常规饲料分析不能直接测定无氮浸出物，而是通过计算得出。计算公式如下：

$$\text{无氮浸出物含量（\%）} = 100\% - (\text{水分含量} + \text{粗灰分含量} + \text{粗蛋白质含量} + \text{粗脂肪含量} + \text{粗纤维含量})\%$$

二、饲料与畜体的化学组成与差别

构成动、植物体的主要化学元素是碳、氢、氧、氮，约占动、植物体干物质的91%～95%。这些元素并非单独存在，而是结合成复杂的有机化合物。饲料与畜体的化学组成差异表现为：

① 植物性饲料中都含有粗纤维，而家畜体内完全不含粗纤维。

② 植物性饲料的粗蛋白质中包括氨化物，而家畜体内除含蛋白质外，只含游离氨基酸和肽，不含氨化物。另外，植物性蛋白质和动物性蛋白质的氨基酸组成上有很大差异。

③ 饲料粗脂肪中除中性脂肪和脂肪酸外，还含有色素和蜡质等；而家畜体内只有脂肪，且通常含量高于植物性饲料（油料作物种子除外）。

④ 植物性饲料中无氮浸出物含量较高，且多为淀粉；而家畜体内无氮浸出物含量小于1%，化学成分是葡萄糖和糖原。

⑤ 植物性饲料中钙少，磷多，但大多以难以被动物消化的植酸磷形式存在；而动物体矿物质中的主要成分是钙、磷，且钙磷通常呈一定比例存在。

第二节　营养物质及其功能

一、水分

水是最廉价和最丰富的营养物质之一，是动物生长、育肥和泌乳等必需的。水是动物体的基本成分，一般情况下动物体内的水分随年龄的增加而减少。在动物体内，水作为一种重要溶剂，参与养分的运送和排出代谢废物，同时对体温调节、保持体温恒定具有重要作用。

动物体所需要的水分有饮水、饲料中的水和有机物质在体内氧化产生的代谢水三种来源。其中，饮水是最重要的来源；饲料中的水随饲料种类差异较大，如谷物籽实和油饼等饲料含水量仅在 10% 左右，而块根茎叶类、糟渣类和青绿饲料的含水量可达 70% ~ 90%；代谢水约占动物总需水量的 5% ~ 10%。

参与机体复杂代谢活动的水分通过粪尿、呼吸、皮肤蒸发以及泌乳等途径排出体外。其中经尿液排出的水可占总排水量的一半。

影响动物需水量的因素有：动物种类、动物的生产性能、饲料因素、环境温度等。牛、羊等反刍动物需要大量水分维持瘤胃微生物的正常代谢，因此需水量比猪多；禽类需水量相对较少。摄入的饲料中含水量高，则需水相对减少。饲料中蛋白质水平、粗纤维含量以及矿物质含量高时，需水量提高。气温高则需水量增多，气温高于 30℃畜禽需水量即明显增多（表 1–1）。

◎ 表 1–1　各种畜禽的需水量

畜禽种类	需水量 /［kg/kg(干料)］		总需水量 /（kg/d）	
	平均	范围	平均	范围
马	2.5	1.3 ~ 3.5	40	25 ~ 50
牛	5.0	3 ~ 7	60	45 ~ 90
猪	4.0	3 ~ 5	13	10 ~ 26
绵羊	3.5	2 ~ 5	7	3 ~ 11
山羊	2.5	2 ~ 4	6	2 ~ 10
母鸡	2.2	1.5 ~ 4	0.2	0.15 ~ 0.26

二、蛋白质

蛋白质是维持动物生命、生长、繁殖所不可缺少的物质，它的重要作用不能由其他营养物质所替代。

1. 蛋白质的营养作用

（1）构成体组织和细胞的基本成分

畜禽的一切组织，如肌肉、皮肤、血液、神经、毛发等都是以蛋白质为基本成分构成的，组织中的蛋白质在新陈代谢中处于动态平衡状态，不断分解与合成。所以，不仅形成新组织需要蛋白质，修补损坏的组织也需要蛋白质。

（2）参与代谢的调节

正常生理活动必需的酶、激素、抗体等多为蛋白质，这些物质起着催化体内化学反应、调节机体代谢以及防御病菌侵袭等作用。

（3）是形成各种畜产品如肉、蛋、奶、毛等的重要原料。

（4）提供能量和转化成糖类和脂肪

在特定条件下（如机体营养不足时），蛋白质也可分解供能，维持机体的代谢活动，但是蛋白质作为能源的效率不高，很不经济。当摄入蛋白质过多时，蛋白质可以转化为糖类和脂肪，并分解产热供机体代谢使用。

2. 单胃动物蛋白质营养的特点

氨基酸是蛋白质的基本单位，由于单胃动物（猪、家禽和人）对氨基酸的需求，其蛋白质营养的实质是氨基酸营养。尽管构成蛋白质的主要氨基酸有 20 种，但并不意味着所有的氨基酸都是日粮中必需的成分。构成饲料蛋白质的氨基酸种类和各种氨基酸之间的比例不同，决定了饲料蛋白质品质和营养价值的差异。

（1）非必需氨基酸（nonessential amino acid）

指畜禽可以在体内自行合成，不必由饲料提供的氨基酸。

（2）必需氨基酸（essential amino acid）

指在畜禽体内不能合成或合成速度及数量不能满足畜禽最佳生长和繁殖的需要，而必须由饲料提供的氨基酸。猪生长需要 10 种必需氨基酸：赖氨酸、蛋氨酸、色氨酸、苏氨酸、缬氨酸、组氨酸、苯丙氨酸、异亮氨酸、亮氨酸、精氨酸。而雏鸡的正常生长，除要满足上述 10 种必需氨基酸外，还需要甘氨酸、胱氨酸和酪氨酸。

需要强调的是，上述两类氨基酸对于动物正常的生理和代谢都是必需的。但是，正常的猪和家禽的日粮中都含有充足的非必需氨基酸，因此，单胃动物营养中最重要的是必需氨基酸。

（3）条件性必需氨基酸

有些氨基酸很难划分为必需氨基酸或非必需氨基酸，如初生和早期断奶仔猪可以自身合成精氨酸，但合成的数量不能充分满足幼猪的生长需要。动物随年龄增长，体内对精氨酸和组氨酸的合成能力增强，所以精氨酸和组氨酸对于成年动物是非必需氨基酸，或称为条件性必需氨基酸。另外，谷氨酰胺也是一种条件性必需氨基酸，能防止某些情况下肠道的萎缩。

此外，由于某些必需氨基酸可以为合成某些特定非必需氨基酸的前体，因而充分提供某些非必需氨基酸即可节省相应必需氨基酸的需要量。例如蛋氨酸可以转化为胱氨酸，胱氨酸不能转化为蛋氨酸，胱氨酸足够时，可节省蛋氨酸，故胱氨酸为半必需氨基酸。蛋氨酸和胱氨酸一起合称为含硫氨基酸。相似地，苯丙氨酸可以转化为酪氨酸，丝氨酸可以转化为甘氨酸，因此，酪氨酸和丝氨酸也称为半必需氨基酸。

（4）限制性氨基酸（limiting amino acid）

是指饲料中的某种或某几种必需氨基酸的含量低于动物的需要量，限制了其他必需氨基酸和非必需氨基酸的利用。其中，缺乏最严重的一种氨基酸称为第一限制性氨基酸，其余的依次称为第二、第三、第四……限制性氨基酸。不同的饲料，以及不同的动物或生理状态下，第一限制性氨基酸可能不同。但对于生长期动物而言，玉米、大麦、小麦、高粱等能量饲料及其加工副产品，以及棉粕、菜粕、芝麻饼 / 粕和花生饼 / 粕等植物性蛋白质饲料中，第一限制性氨基酸都是赖氨酸。在猪的玉米 – 豆粕型或玉米 – 杂粕型（如棉粕、花生粕）日粮中，赖氨酸也是第一限制性氨基酸。而对于产蛋家禽，玉米 – 豆粕型日粮中第一限制性氨基酸则为蛋氨酸。

（5）理想蛋白质（ideal protein）

理想蛋白质是指必需氨基酸的比例达到最佳状态，与动物的需要一致的蛋白质。动物对这种蛋白质的利用率最高，动物的生产性能可以达到最佳。因此，理想蛋白质是在确定氨基酸的需要量时一个非常重要的概念。

（6）提高单胃动物对饲料蛋白质利用率的措施

如前所述，动物是利用饲料中的氨基酸来合成自身的蛋白质。单一的饲料中，往往一种或几种必需氨基酸偏低，多种饲料配合可以取长补短达到氨基酸互补的效果。当饲料中某些限制性氨基酸缺乏时，通过直接添加人工合成的氨基酸（如赖氨酸、蛋氨酸），利用氨基酸的互补作用，也可以提高饲料蛋白质的利用率。另外，饲料能量水平要满足需要，并且能量与蛋白质的比例要适宜，还要对饲料进行合理加工。例如对豆科籽实进行加热处理，可以破坏豆料籽实中的抗胰蛋白酶活性，提高蛋白质的消化率和利用率。

3. 反刍动物蛋白质营养的特点

由于反刍动物瘤胃中存在大量的微生物，因此，饲料中蛋白质进入瘤胃以后，其中一部分被瘤胃微生物作用降解，合成微生物蛋白质，使氨基酸的组成和比例发生很大变化。因此，反刍动物饲料蛋白质更注重总蛋白质和蛋白质的溶解度，而不是蛋白质的氨基酸组成。饲料蛋白质的溶解度用瘤胃降解蛋白质与未降解蛋白质的比值来表示。反刍动物对在瘤胃中被降解的蛋白质的利用率较低，当这部分蛋白质的比例过高时，就会降低高产奶量的奶牛的繁殖力。

由于反刍动物瘤胃微生物能利用非蛋白氮化合物合成菌体蛋白供宿主利用，所以人工合成的非蛋白氮化合物在反刍动物中广泛应用。在使用中要注意的问题是：要供给足够的碳源；日粮中粗蛋白水平不宜太高；非蛋白氮物质的用量不超过日粮干物质的 1%。另外，还要注意氮、硫等元素的平衡。

三、糖类

糖类，又称碳水化合物，包括无氮浸出物和粗纤维。糖类质量占植物总干物质质量的 3/4，在饲料中占比最大。

1. 无氮浸出物的营养作用

糖类是畜禽体内能量的主要来源，用于维持体温和提高各种器官的正常活动所需的能量。一部分糖类可转变成肝糖原和肌糖原贮备起来，当饲料中的供能多余时可转成脂肪沉积于体内。饲料中的糖类还可用于在泌乳期的动物乳腺内合成乳脂和乳糖，非反刍动物利用葡萄糖合成乳脂，反刍动物利用糖类在瘤胃发酵产生的乙酸合成乳脂；乳糖则均由葡萄糖合成。

2. 粗纤维在畜禽营养中的作用

（1）营养作用

粗纤维可以在反刍动物的瘤胃或单胃动物的大肠内被微生物发酵，产生挥发性脂肪酸，为宿主提供一定的能量。不同动物对粗纤维的消化率不同，如牛羊为 50%～90%，马为 13%～40%，猪为 3%～36%，鸡为 2%～30%。

粗纤维是反刍动物必需的营养物质。实践表明，当反刍动物长期饲喂粗纤维含量低于 7.5%～8% 的日粮，将会引起消化代谢过程紊乱，导致营养和代谢疾病，出现乳酸中毒以及产后皱胃移位等。

猪、禽虽然对粗纤维的消化利用率低，但是为保证其正常的消化功能，日粮中含有少量粗纤维也是必要的。特别是在母猪营养中粗纤维具有独特的作用，适量的纤维可减少母猪便秘和异常行为的发生率，改善母猪的繁殖性能，还可提高泌乳母猪的采食量，从而改善泌乳性能，提高仔猪的断奶窝重。

（2）填充作用

粗纤维的容积大，吸水性强且难以消化，可填充胃肠以使动物食后有饱腹感。在猪育肥后期和母猪妊娠期需要限制饲养水平，又要给动物以饱的感觉，常常会提供含纤维多的大容积粗饲料。

（3）促进胃肠蠕动及粪便排泄

胃肠正常蠕动是影响养分吸收的重要因素。适宜的粗纤维对消化道黏膜有一定刺激作用，可促进胃肠蠕动，排出体内代谢废物。

四、脂肪

各种饲料和动物体含有的脂肪，根据其结构不同可分成真脂肪和类脂肪两大类。脂肪在畜禽体内的营养作用表现如下。

（1）是畜禽体组织的重要成分和畜产品的组成成分

脂肪是细胞膜的重要组成成分，在神经、肌肉、骨骼、血液等组织中均含有脂肪，主要是卵磷脂、脑磷脂和胆固醇。肉、蛋、奶等畜产品中均含一定脂肪。

（2）供给动物能量

脂肪所含的能量是同等量的糖类所含能量的2.25倍，其作为供能物质热增耗最低，消化能或代谢能转化为净能的效率比蛋白质和糖类高5%～10%。动物生产中常基于脂肪适口性好、含能高的特点，用补充脂肪的高能饲料提高生产效率。日粮添加一定水平的油脂替代等能值的糖类和蛋白质，能提高日粮代谢能，使消化过程中能量消耗减少，使日粮的净能增加，这种效应称为脂肪的额外能量效应或脂肪的增效作用。

（3）是动物必需脂肪酸的来源

一些动物代谢所需的特殊的不饱和脂肪酸必须由饲料提供。必须由饲料提供的脂肪酸称为必需脂肪酸。幼畜在生长发育过程中，必须从饲料中获得3种不饱和脂肪酸，即十八碳二烯酸（亚油酸）、α-十八碳三烯酸（α-亚麻酸）及二十碳四烯酸（花生四烯酸）。

（4）是脂溶性维生素的溶剂

各种脂溶性维生素（如维生素A、维生素D、维生素E、维生素K）及胡萝卜素等只有溶于脂肪才能被动物吸收。日粮中脂肪过低时可能发生脂溶性维生素的缺乏症。

饲料脂肪对畜产品的品质也产生一定的影响。由于猪摄入不饱和脂肪酸后不经氢化直接转化为体脂，如果饲料中不饱和脂肪酸水平较高，会造成猪的背膘变软。因此，在猪育肥后期，应减少不饱和脂肪酸含量较高的饲料（如米糠）的用量，以免影响肉的品质。

五、矿物质

矿物质元素是动物营养中一大类无机营养物质。具有生理功能的动物必需矿物质元素，除碳、氢、氧、氮外，已知的有27种。动物必需矿物质元素都具有以下特点：各种动物都需要，在动物体内具有确切的生理和代谢功能；当日粮中供给不足或缺乏时会产生相应缺乏症，当补充相应的元素时，缺乏症就会消失。因此，在生产中可以利用缺乏症初步判断是哪种元素的缺乏造成，并通过针对性地补充某种元素后，症状是否消失来确证。

按在动物体内的含量，动物必需矿物质元素又分为常量元素和微量元素两类。含量占动物体重的0.01%以上者为常量元素，包括钙、磷、钾、钠、镁、氯、硫等7种元素；含量占动物体重的0.01%以下者是微量元素，包括铁、铜、锰、锌、钴、碘、硒、氟、钼、铬、硅等20种。

1. 钙和磷

钙和磷是动物体内含量最多的矿物质元素。在现代动物生产条件下，钙和磷是配制饲料中必须考虑的、添加量较大的营养素。

钙、磷是构成骨骼和牙齿的主要成分。99%的钙和80%的磷都存在于骨骼和牙齿中，骨骼中正常的钙磷比是2∶1；但满足动物正常生长和生理需要的钙磷比是（1.3～1.5）∶1，而产蛋鸡所需的钙磷比是4∶1。钙、磷的供应不足或比例失当均会造成钙、磷的缺乏症。动物钙和磷的缺乏症表现为：幼畜佝偻症；成年动物出现骨软症；家禽出现产软壳蛋、产蛋量下降、孵化率降低。

维生素D影响钙、磷的吸收，缺乏维生素D的主要病症是佝偻病和成年动物的软骨病。家禽维生素D缺乏可导致产蛋量和孵化率降低，蛋壳变薄变脆。长期舍饲不直接受日光照射的动物，会发生维生素D缺乏症，应在饲料中补充维生素D。

2. 钠和氯

氯化钠（食盐）的主要功能是调节体液的酸碱平衡和维持细胞与血液间渗透压平衡，此外还有刺激唾液分泌和促进消化酶活动的作用。缺乏氯化钠时，动物食欲减退、被毛粗乱、生长缓慢、饲料利用率降低，并出现异食癖。钠对维持体液的酸碱平衡，细胞和体液的渗透压有重要作用，还参与水代谢并对肌肉和心脏活动起调节作用。植物饲料含钠、氯少，必须添加，一般以0.1%～0.5%为宜。

3. 铁、铜、钴

这三种元素都与造血功能有关。

铁是血红蛋白、肌红蛋白和多种氧化酶的成分，它与血液中氧的运输、细胞的生物氧化过程有密切关系。缺铁的典型症状是贫血。成年猪可从饲料中得到足够的铁；仔猪常因缺铁而引起贫血，特别是哺乳仔猪，需要补充含铁的制剂。

铜可以促进铁的利用，所以缺铜也可发生贫血。铜又是一些酶的成分和激活剂，猪对铜的耐受量为250 mg/kg。

钴是维生素B_{12}的组成成分，维生素B_{12}有促进血红素形成的作用，因此缺钴时会发生贫血。猪可从饲料中获取维生素B_{12}。猪对钴的耐受力较强，达10 mg/kg。

4. 锌

锌是动物体内最重要的微量元素之一，作为多种酶的辅酶广泛参与体内多个代谢过程，对蛋白质、核酸的合成，以及生殖腺发育等都有极为重要的影响。

由于在植物性日粮中含的植酸和草酸会妨碍锌的吸收，夏季天气炎热可导致猪食欲下降，致使锌的摄入量减少。猪日粮中缺锌时会出现味蕾萎缩，造成食欲减退、生长缓慢和皮肤不全角化症；公猪睾丸发育受阻，繁殖力降低。鸡缺锌时会出现生长受阻，羽毛发育不良。一般在日粮中添加 80 ~ 100 mg/kg 的锌，可满足猪和鸡的生长需要。

5. 锰

锰参与形成骨骼基质中的硫酸软骨素，与维持正常繁殖和糖类及脂肪代谢有关。骨异常是缺锰的典型症状，家禽缺锰会出现骨短粗症和滑腱症。

6. 硒

硒和维生素 E 具有相似的抗氧化作用，对保护细胞膜的完整性有重要作用。硒缺乏会引起仔猪营养性肝坏死和白肌病；鸡缺硒主要表现为渗出性素质和胰腺纤维变性；羔羊和犊牛缺硒则发生营养性肌肉萎缩。缺硒还引起繁殖性能紊乱，如公猪精液品质下降，种鸡产蛋率下降，母牛产后胎衣不下。在缺硒地区要注意硒的添加，并注意维生素 E 的供给量。

7. 碘

碘的主要功能是参与甲状腺的组成，调节体内代谢。缺碘的典型症状为甲状腺肿大。幼猪缺碘会引起生长缓慢，形成侏儒症；成年猪缺碘会引起黏液性水肿，妊娠母猪缺碘会引起流产及分娩无毛的弱小仔猪等。

六、维生素

维生素是具有高度生物学活性的有机化合物，它本身既不能产生能量，也不是构成身体的成分，但却是维持动物正常生命和代谢所必需的一类特殊的营养物质。大多数维生素都必须从饲料中摄取，其需要量虽然很少，但它们对维持动物生长发育和繁殖等具有十分重要的作用。

按其溶解特性，维生素可分为脂溶性维生素和水溶性维生素两大类。脂溶性维生素包括维生素 A、维生素 D、维生素 E、维生素 K，这一类维生素均需从饲料中获得。水溶性维生素包括 B 族维生素和维生素 C。

拓展阅读 1-1
脂溶性维生素的主要功能和缺乏症

拓展阅读 1-2
水溶性维生素和部分类维生素的功能、缺乏症和来源

第三节　动物的营养需要与饲养标准

一、营养需要

不同的动物、不同的生产目的与水平，对营养物质的需要量不同。动物营养学不仅要研究阐明不同种类动物需要的营养物质的种类、来源和作用，而且还要研究阐明动物对各种营养物质的需要量。

研究和确定动物的营养需要的方法包括综合法和析因法。综合法是营养需要研究中最常用的方法，包括饲养试验法、平衡试验法和屠宰试验法等，其中最常用的是饲养试验法。所谓析因法是指把动物的营养需要剖分成不同生理状态或生产的需要，然后综合成动物总的营养需要。营养需要与饲养标准的制订，需要经过大量的科学试验、生产实践和系统的总结来形成。动物的饲养标准不仅是合理配制日粮的依据，而且对动物的科学饲养有指导意义。

二、维持需要

在动物营养中，维持是指动物生存中的一种基本状态。在维持状态下，动物体重基本不变，分解代谢和合成代谢处于平衡状态。维持需要是指动物既不生产畜产品，又不被役用，维持体重不变、身体健康、体组织成分恒定状况下的营养需要。

动物的维持能量需要，是指动物基础（绝食）能量代谢与随意活动二者能量消耗的总和。前者主要包括维持体温、支持体态及各种组织器官生理活动（胃肠蠕动、血液循环、肺呼吸、肾泌尿等）的能量消耗，后者则是动物非生产性自由活动的能量消耗。

动物在维持状态时，仍有最低限度的体蛋白分解而从尿中排出，称为内源尿氮。动物在采食无氮饲料时经粪中排出的代谢粪氮，则是动物脱落的消化道上皮细胞和胃肠道分泌的消化酶等含氮物质。

动物所摄食的饲料中，一部分用于维持需要，超过维持需要部分才能用于生产。在一定限度内，供给动物的饲料，超过维持需要越多则产品越多；相对地，维持需要占饲料总量的比例越小。动物如处于维持状态对生产是不利的，因为它只消耗饲料，没有生产产品。

三、生产需要

动物的生产活动很多，包括生长、繁殖、泌乳、产蛋、产毛、役用等。生产需要与维持需要之和，就是动物的总营养需要。

1. 生长的营养需要

生长是动物达到成熟体重之前体重的增加，是细胞数目增多和细胞体积增大的结果，是体内蛋白质等营养物质沉积的过程。从更特定的意义上，“生长”可以理解为结构组织（骨骼、肌肉等结缔组织）整体的增加，同时伴随着身体结构或成分的变化。

动物的生长是与时间相关的过程。动物的体重是各种组织和器官生长的综合反映，通常作为衡量生长的指标；各种器官和组织以及身体各部分的生长发育具有阶段性和不平衡性。同时，动物机体的化学成分也发生了极大的变化。在生长过程中，机体的化学成分最显著的变化是，除出生后早期外，体蛋白质在脱脂基础上的比例相当稳定。随着动物的生长和成熟，动物机体水分含量显著降低而脂肪含量大量增加，蛋白质基本维持不变。在早期的生长中，增重的成分主要是水分、蛋白质和矿物质；随着年龄的增加，增重的成分中脂肪的比例越来越高。

动物的生长发育规律、品种遗传基因和相关影响因素，是决定生长的营养需要的基础。生长的营养需要，可以通过饲养试验法、平衡试验法和屠宰试验法或析因法来确定。

2. 妊娠母畜的营养需要

母畜受胎后，开始时胚胎很小。妊娠的前 2/3 期内需要的养分不多，而妊娠的后 1/3 期内需要大量营养物质，以供胚胎发育的需要。以猪为例，母猪的妊娠产物，几乎有一半以上的能量是妊娠最后 l/4 期内储积起来的。

妊娠母猪的能量需要量包括维持需要、组织沉积（蛋白质和脂肪沉积）需要和调节体温需要。组织沉积需要包括母体组织沉积和胚胎发育的需要。妊娠母猪的维持能量需要占总营养需要量的 75%～80%。每日维持需要的消化能取决于母体大小，为 0.46 $W^{0.75}$MJ，即每单位代谢体重维持需要的消化能为 0.46 MJ。母猪每增重 1 kg，所需要的消化能约为 20.92 MJ；114 d 增重 25 kg 需要 523 MJ，每日需要 4.60 MJ。胚胎发育每日所需要的消化能为 0.79 MJ。

妊娠母牛的能量需要只在妊娠的最后 4～8 周才明显增加。一般从妊娠的第 210 d 开始考虑妊娠需要。妊娠的能量需要约为维持能量需要的 30%，具体数量按每千克代谢体重需要 100.42 kJ 产奶净能计算。

3. 泌乳的营养需要

泌乳的营养需要包括维持需要和产奶需要。成年奶牛维持能量需要为 356 $W^{0.75}$ MJ。

研究表明，1 kg 标准乳（即乳脂率 4% 的乳）的净能量在 3.079～3.133 MJ 之间。因此，产奶母牛每日的产奶净能需要量为日泌乳量乘以每 kg 奶的净能量即得。我国奶牛饲养标准的能量体系采用产奶净能量，以奶牛能量单位（NND）表示，即用 1 kg 乳脂率为 4% 的标准乳所含净能（3.138 MJ）作为一个奶牛能量单位。

奶牛的蛋白质需要包括维持、产奶和增重 3 个方面的需要，多以粗蛋白质和可消化粗蛋白质表示。我国奶牛饲养标准规定，奶牛维持的粗蛋白质需要为 4.6 $W^{0.75}$（g），可消化粗蛋白质为 3 $W^{0.75}$（g）；每增重 1 kg 需要粗蛋白质 319 g，可消化粗蛋白质 239 g；每产 1 kg 标准乳需要供给粗蛋白质 85 g 或可消化粗蛋白质 55 g。

4. 产蛋的营养需要

产蛋家禽的营养需要分维持、产蛋和增重几部分。产蛋母鸡的基础代谢（kJ/d）为 285 $W^{0.75}$，维持能量需要在此基础上，笼养鸡增加 37%，平养鸡增加 50%；产蛋的能量需要主要取决于产蛋率、蛋重及蛋的含能量。产蛋的蛋白质需要也主要包括维持需要和产蛋需要两部分，蛋白质的维持需要是根据成年产蛋家禽内源氮的日排泄量确定的，蛋白质的产蛋需要是根据蛋中蛋白质的含量及产蛋率确定的。产蛋家禽对钙的需要量特别高，我国产蛋鸡饲养标准中钙的供给量按产蛋率的高低而有变化，产蛋率在 65% 以下时，饲料中钙的含量为 3.0%；产蛋率在 65%～80% 时为 3.25%，高于 80% 时为 3.5%。产蛋家禽磷的供给应注意满足有效磷的需要。

四、饲养标准

1. 饲养标准的概念

根据生产实践中积累的经验，结合消化、代谢、饲养及其他试验，科学地规定了各种动物在不同体重、不同生理状态和不同生产水平条件下，每头每天应该给予的能量和各种营养物质的数量，这种规定的标准称“饲养标准”。饲养标准包括两个主要部分：一是动物的营养需要量表；二是动物饲料的营养价值表。

2. 饲养标准在生产中的应用

饲养标准的制定使动物的合理饲养有了科学依据，避免了饲养的盲目性。根据饲养标准可以配制动物平衡日粮，而日粮是否合理又直接影响畜牧生产的效益。

饲养标准不能生搬硬套，因为标准的制定是在不同国家或地区不同的条件下制定的，所以应用时应结合当地动物的品种、生产水平、饲料条件及生产反应来灵活掌握。随着饲养科学的发展，饲养标准也将不断地改进。

饲养标准中对各种营养物质的需要量是指在某一生产水平之下的总营养物质的需要量，它包括维持需要和生产需要。在饲养标准中，猪、鸡、肉牛不分维持需要和生产需要，而奶牛饲养标准中列有维持需要和生产需要。在计算每日需要量时，先根据奶牛体重查出维持需要，再根据产奶量查出产奶需要，两者相加之和即为每日总营养需要量。家禽只列有日粮中各营养物质的百分数，没有每只每日所需的营养物质量。

饲养标准数值的表达方式通常有两种，一种是以每头动物每天需要量表示；另一种是按单位饲料中营养物质浓度表示。实际饲养或配方设计中采用营养物质浓度或营养水平定额。提供给动物的营养素是否满足动物遗传潜力的发挥显得特别重要，营养素计算公式为：营养素 = 营养物质浓度 * 采食量。因此，在实际生产中，饲养标准的应用需要充分考虑动物品种遗传潜力的发挥，关注采食量。

第四节　饲料营养特点与价值评定

一、饲料的分类及其营养特点

饲料是营养物质的载体，了解各类饲料的营养特点是合理地利用饲料的基础。

1. 饲料的分类方法

动物的饲料种类很多，为便于生产中的应用，需要根据各种饲料的性质或营养特点进行分类。目前采用的分类方法主要有两种。

（1）国际饲料分类方法

根据国际饲料的命名和分类原则，可将饲料分为八类，即：粗饲料、青绿饲料、青贮饲料、能量饲料、蛋白质饲料、矿物质饲料、维生素饲料和饲料添加剂。

（2）我国饲料分类方法

我国现行的饲料分类体系先根据国际饲料分类方法将饲料分为 8 大类，然后结合我国传统饲料分类习惯分为 16 亚类，并对每类饲料进行相应的编码。某一饲料编码共 7 位数（0—00—0000）。其中，首位数 1 ~ 8 为分类编码；第 2 － 3 位数为 01 ~ 16 共 16 种，是表示饲料来源、形态和加工方法等属性的亚类编码；第 4 － 7 位数则为同种饲料属性的个体编码。例如，玉米的编码为 4—07—0279，说明玉米为第 4 大类能量饲料，07 表示属第 7 亚类谷实类，0279 则为该玉米属性编码。我国饲料分类方法更有利于对地源性资源的开发与利用，建立具有中国特色的饲料配方新体系。

2. 各类饲料的营养特点

（1）粗饲料

粗饲料是指干物质中粗纤维含量大于或等于 18% 的饲料，包括干草、脱籽实粒后的农副产品、粗纤维含量≥18% 的糟渣等。这类饲料共同的特点是粗纤维含量较高，是草食动物和反刍动物日粮的重要组成部分，部分农副产品（如糟渣类）可用于猪饲料。

① 青干草：指青绿植物在结实前刈割后经自然或人工干燥制成的产品，因干燥后仍保持绿色，故称为青干草。青干草粉是一种营养价值较高的粗饲料，其中尤以豆科植物的青干草粉营养价值最高。优质青干草粉具有草香味，适口性好，可替代部分能量饲料或蛋白质饲料喂猪。影响青干草营养价值的因素有植物的种类、植物生长条件、刈割的时间、调制方法等。

② 秸秆和秕壳：是指农作物籽实收获后的茎秆枯叶部分和籽实脱粒后的副产品。秸秆和秕壳所含的粗纤维非常高，秸秆的粗纤维含量在 30% 以上，且含有大量木质素，猪对其的消化性差。秸秆和秕壳的能量和粗蛋白含量低，多用于反刍动物，也可以用于猪、家禽的垫料。此外，秸秆和秕壳中硅酸盐含量高，但钙、磷含量低。

粗饲料经过适当加工调制后，可以在一定程度上提高适口性和营养价值，基本的方法有：切短和粉碎等物理处理；加入碱、氨水和尿素等进行化学处理；微生物发酵处理等。

（2）青绿饲料

青绿饲料指天然水分含量高于 60% 的植物性饲料。包括天然和栽培牧草、各种鲜树叶、水生植物和菜叶，以及瓜果多汁饲料等。

青绿饲料的营养特性是水分含量高、干物质少、能量较低，但是蛋白质含量较高，特别是豆科牧草的氨基酸组成优于谷实类饲料，含有各种必需氨基酸，蛋白质生物学价值高。另外，幼嫩的青绿饲料中粗纤维含量低、钙磷比例适宜、维生素含量丰富，特别是胡萝卜素含量较高，是畜禽维生素供应的良好来源。青绿饲料适口性好，易于消化，用于泌乳期的动物日粮有利于提高产奶量。

影响青绿饲料营养价值的因素主要有：植物的种类、植物生长条件、刈割的时间和植物田间管理等。青绿饲料应新鲜饲喂，避免亚硝酸中毒。叶菜中含硝酸盐，在堆贮或蒸煮过程中会产生亚硝酸盐，导致动物中毒，如猪出现“饱潲症”。

（3）青贮饲料

青贮是通过微生物发酵和化学作用，在密闭厌氧条件下保存青绿饲料的方法，通过此方法获得的饲料即为青贮饲料。青贮饲料的优点是能较好地保存青绿饲料的营养物质，实现青绿饲料的常年供应。品质良好的青贮饲料适口性好，易消化。正常青贮情况下，糖类和蛋白质分别变为乳酸、乙酸、琥珀酸、醇类和氨基酸，养分损失少（约为5%～8%）；青贮不当（pH高于4.2）会产生大量丁酸，氨、硫化氢和胺，养分损失多（约为15%～20%）。青贮饲料的制作原理是在厌氧条件下，利用乳酸菌发酵产生乳酸，使青贮物pH降至3.8～4.2，进而使得绝大多数微生物都处于被抑制状态，从而达到长期保存青绿饲料营养价值的目的。

一般用于制作青贮饲料的原料应具备水分含量适宜（60%～75%）、糖类含量高的特性。因为乳酸菌的主要利用底物为糖类，因此，含糖类较多的青绿多汁饲料（如青玉米秆、甘薯蔓、禾本科植物、块根、块茎等）是制作青贮饲料的好原料，而豆科植物则不宜采用此法贮存。含糖量低的原料可以添加糖蜜，或与含糖量高的青贮原料混贮。好的青贮原料还要求收割期适宜：全株玉米应在霜前蜡熟期收割；收果穗后的玉米秸，应在果穗成熟后及时抢收茎秆用于青贮；禾本科牧草以抽穗期收割为好；豆科牧草以开花初期收获为好。

青贮饲料的制作方法如下：将青贮原料切成3～5 cm的长度，其目的是便于青贮时压实，提高饲料密度；切碎程度按饲喂家畜的种类和原料质地来确定，玉米、高粱和牧草青贮的切割长度以0.5～2 cm为宜，最好在1 cm以下。然后将切碎的原料填入窖中，边入料，边压实，创造无氧条件。装填的原料应高出窖面1 m左右，表面覆盖一层塑料布并立即加盖60 cm厚的泥土严密封埋。经40～50 d，即可开窖取用。

（4）能量饲料

能量饲料是指饲料干物质中粗纤维的含量低于18%，并且粗蛋白质含量低于20%的饲料。主要包括谷实类饲料、糠麸类饲料、富含淀粉和糖的块根、块茎类。液态的糖蜜、乳清和油脂也属此类。

① 谷实类饲料：是禾本科植物籽实的总称。谷实类饲料的营养特点是无氮浸出物含量高达70%以上；粗纤维含量低，一般为5%～10%。因此，谷实类饲料有效能高，是畜牧生产中最主要的能量饲料。但是，谷实类饲料的粗蛋白含量低且品质较差，表现为赖氨酸、色氨酸、苏氨酸等必需氨基酸含量很低；矿物质中钙少磷多，且磷以植酸盐形式存在，猪、鸡对其利用率低。

■ 玉米：玉米是有效能值最高的谷实类饲料，是籽实类能量原料的基准。玉米的营养特性主要有：有效能高，大致为14～15 MJ/kg；亚油酸含量较高（2%），在谷实类饲料中含量最高；蛋白质含量低（7%～9%），品质差。缺乏赖氨酸（0.24%）、色氨酸（0.09%）；矿物质方面，钙少（0.02%）磷多（0.25%），利用率低；维生素B_1、维生素E、胡萝卜素含量较高（黄玉米），维生素D与维生素K几乎没有；含有天然色素，黄玉米中以β-胡萝卜素、叶黄素、玉米黄质为主。

■ 大麦：大麦的蛋白质含量、必需氨基酸（如赖氨酸等）含量均高于玉米。整粒大麦干物质中的纤维素含量较高，平均为6%。但大麦中含有较多的可溶性非淀粉多糖（nonstarch polysaccharides，NSP），主要是β-葡聚糖，它在消化道中能使食糜黏度增加，影响脂肪、糖类的消化吸收。以大麦为能量饲料的饲料中，添加β-葡聚糖酶有良好的作用。

■ 小麦：小麦蛋白质含量仅次于大麦，有效能仅次于玉米，但小麦中含有较高含量的阿拉伯木聚糖，这也是一种具有明显抗营养作用的可溶性NSP。小麦型日粮中添加木聚糖酶时，可以降低阿拉伯木聚糖的抗营养作用，提高有效能。

■ 稻谷：不脱壳的稻谷在能量饲料中属低档能量谷物，稻谷的有效能与其中粗纤维含量呈强负相关。而脱壳的糙米和筛分后的碎米是优良的能量饲料。

② 糠麸类饲料：主要有小麦麸和次粉，米糠等。

■ 小麦麸和次粉：小麦麸和次粉都是小麦加工的副产品，二者的粗蛋白含量均较高，蛋白质品质较玉米或小麦为佳。小麦麸的粗纤维含量高于次粉，因而其消化能值明显低于次粉。小麦麸质地疏松，容积大，含有适量的粗纤维和硫酸盐类，有轻泻作用。在妊娠母猪分娩前后饲喂含10%～25%小麦麸的饲料可预防便秘，但要注意小麦麸中霉菌毒素含量的控制，尤其是呕吐毒素和黄曲霉毒素，防止对母猪产生毒害作用。

次粉因含有较多的淀粉，是饲料制粒时很好的黏结剂。但在粉料中用量大时有粘嘴现象。

■ 米糠：米糠的消化能在糠麸类饲料中最高，粗蛋白和赖氨酸含量高于玉米和小麦麸。米糠平均脂肪含量高达14%，且大多数为不饱和脂肪酸，所以很容易酸败发热和霉变，因此米糠一定要新鲜饲喂或者进行膨化或膨胀等热处理，将脂肪酶钝化，防止氧化酸败；或进行脱脂处理。米糠用于生长育肥猪后期日粮时常使背膘变软，不利于猪肉的加工和贮藏，应控制用量。

（5）蛋白质饲料

蛋白质饲料指饲料干物质粗蛋白质含量大于或等于20%，而粗纤维含量小于18%的豆类饲料、饼粕类饲料、动物性蛋白饲料等。通过发酵或化学合成生产的氨基酸也属于蛋白质饲料。

① 豆类饲料：大豆籽实蛋白质和脂肪含量高，蛋白质品质较好，赖氨酸含量较高，是植物蛋白质原料的基准。但蛋氨酸、胱氨酸等含硫氨基酸不足。未加工的大豆含有一些抗营养成分，最典型的是胰蛋白酶抑制因子，还有血细胞凝集素和胀气因子等，影响饲料的适口性和消化性。经适当热处理可使胰蛋白酶抑制因子丧失活性。此外大豆蛋白中含有的球蛋白和伴球蛋白等是动物肠道的致敏因子，会导致肠道炎症，经过酶解处理可以分解，减轻肠道损伤。

② 饼粕类饲料：是豆类籽实和油料籽实经过不同加工工艺提油后的副产品。其中，机械压榨提取出油后的副产品称为饼，而使用有机溶剂浸提出油后的副产品称为粕。

■ 大豆饼/粕：大豆饼/粕是产量最大、品质最优、使用最广的蛋白质饲料。根据大豆品种产地、加工中是否将豆皮回掺以及回掺的比例，大豆饼/粕粗蛋白质含量有所差异，大致为40%～50%。大豆饼/粕的赖氨酸含量在所有饼粕类饲料中最高，其他必需氨基酸含量也很高，但含硫氨基酸低是其最主要的缺点。

大豆加工过程的热处理对大豆饼 / 粕的质量影响很大。正常加热的饼粕呈黄褐色；若加热过度，饼粕的颜色会变成褐色，蛋白质变性，降低大豆饼 / 粕的蛋白质品质。但加热不足时，胰蛋白酶抑制因子未能有效丧失活性，可能导致动物腹泻和生长性能变劣。

■ 菜籽饼 / 粕和双低菜籽饼 / 粕：菜籽饼的粗蛋白质含量约 36% 左右，菜籽粕约 38% 左右。菜籽饼 / 粕氨基酸的组成特点是蛋氨酸含量较高，但赖氨酸含量低，与含赖氨酸高的原料搭配，可以有效改善氨基酸组成。

菜籽饼 / 粕中含有硫葡萄糖苷。硫葡萄糖苷本身毒性不大，但在一定水分和温度条件下，在芥子酶的作用下，可水解成多种有毒成分，主要是异硫氰酸酯和噁唑烷硫铜，有很强的致甲状腺肿大的作用，同时造成肝、肾出血。

双低菜籽饼 / 粕是双低品种油菜（简称双低油菜）的籽实提油加工后的副产品。双低油菜是经过作物育种的手段，显著降低了菜籽油中的芥酸含量和饼粕中的硫葡萄糖苷含量的品种，因此品质比普通菜籽饼粕显著提高。

■ 棉籽饼 / 粕：棉籽经压榨或浸提脱油的产品即为棉籽饼 / 粕。棉籽经过脱壳加工的产品称为棉仁饼 / 粕。棉籽饼 / 粕的蛋白质品质特点是精氨酸含量相对较高，而赖氨酸和蛋氨酸含量都较低。在使用时应注意与蛋氨酸、赖氨酸含量高和精氨酸含量低的饲料搭配使用。

棉籽饼 / 粕中含有有毒的游离棉酚，单胃动物摄食游离棉酚过量或摄食时间过长时，会严重影响其繁殖能力，出现生长受阻和贫血。游离棉酚的含量可通过脱酚处理工艺降低，生产上可以添加亚铁盐而降低其毒性，但需要注意铁的用量限制。

③ 动物性蛋白饲料：主要有鱼粉、血浆蛋白粉和血粉等。

■ 鱼粉：是品质优良的蛋白质补充料，是动物蛋白质原料的基准。脱脂全鱼粉粗蛋白质含量高达 60% 以上，盐含量不超过 7%。氨基酸组成平衡，特别是含有丰富的赖氨酸、蛋氨酸和色氨酸。另外，鱼粉中钙、磷含量和有效性都很高。鱼粉一般用于水产动物、动物幼龄阶段和种用动物养殖有很好的效果。鱼粉贮存时要注意低温、防潮和通风，否则容易变质腐败；高温季节还可能发生自燃现象。

■ 血浆蛋白粉和血粉：由屠宰家畜时所得血液或抗凝血浆经干燥制成。生产工艺包括血液分离（红细胞、血浆）和干燥，干燥方法有滚筒干燥、蒸煮干燥和喷雾干燥等。干燥方法及温度是影响血浆蛋白粉和血粉营养价值的主要因素。持续高温会造成大量赖氨酸变性，影响赖氨酸的有效性。通常喷雾干燥的产品品质较佳，而蒸煮干燥的产品品质较差。

喷雾干燥猪血浆蛋白粉（spray dry porcine plasma，SDPP）是一种非常优质的动物性蛋白质饲料。它不仅蛋白质含量丰富，而且还含有丰富的赖氨酸、色氨酸和苏氨酸，但是蛋氨酸和异亮氨酸含量低，消化率较低。SDPP 中还有一定量的胰岛素样生长因子（IGF-I）和较高水平的生长激素，此外还有一定量的抗体，可以黏附在小肠黏膜上，从而减少腹泻的发生。此外，SDPP 的适口性非常好，用于幼龄的早期断奶仔猪日粮中，对提高采食量、降低腹泻概率有很显著的效果。在使用 SDPP 时应注意以下问题：应保证安全性，SDPP 是一种动物来源的血液制品，如果携带病原微生物将对猪群或猪场的生物安全造成非常严重威胁；要注意新鲜度控制，防止微生物污染。

④ 氨基酸：广泛应用于配合饲料的氨基酸主要有L-赖氨酸、DL-蛋氨酸、苏氨酸和色氨酸等。近年来，越来越多的单体合成氨基酸用于动物饲料，如精氨酸、缬氨酸、甘氨酸、亮氨酸、异亮氨酸等。在日粮中添加合成氨基酸，不仅能提高日粮中蛋白质的利用效率，而且能降低日粮粗蛋白质水平2%～4%，用于配制低蛋白质日粮。

（6）矿物质饲料

矿物质饲料是指天然形成的矿物和工业合成的单一化合物等。

① 氯化钠（饲料专用食盐）：主要供给钠和氯。每kg食盐约含钠380 g，氯600 g，及少量镁和钙盐。补饲食盐除可保持畜禽体内的生理平衡外，还具有提高饲料的适口性、促进食欲的作用。各类畜禽应补充食盐，但必须适量，过多会引起食盐中毒。草食家畜食盐用量可占日粮的1%，猪和家禽的用量占0.1%～0.5%。

② 钙补充料：当日粮中钙少磷多时，可以用石粉，贝壳粉、蛋壳粉等含碳酸钙的原料补充钙的不足。石粉钙含量约38%；贝壳粉钙含量30%以上。使用时应注意重金属含量，比如铅的控制。

③ 钙、磷补充料：只提供磷的矿物质饲料不多，常用的是同时提供磷和钙的矿物质饲料。其中，磷酸二氢钙通常用于水产动物和幼龄动物。动物性来源的骨粉是利用动物的骨骼经高温高压脱脂制成，基本成分是磷酸钙。骨粉中磷含量约14.5%，钙含量30%，钙磷比为2∶1，是钙磷平衡的饲料。在使用磷酸二氢钙或骨粉补充磷时，应先根据磷的补充量，计算出磷酸二氢钙或骨粉的用量；然后计算所补充的磷酸二氢钙或骨粉中的含钙量；最后用单纯含钙的饲料满足钙的用量。

④ 微量元素：畜禽日粮中一般添加的微量元素有铁、锌、铜、硒、锰、碘、钴，大多以无机盐的形式添加。最常用的有七水合硫酸亚铁（$FeSO_4 \cdot 7H_2O$）、五水合硫酸铜（$CuSO_4 \cdot 5H_2O$）、硫酸锌（$ZnSO_4$）、硫酸锰（$MnSO_4$）、氧化锰（MnO_2）、五水合亚硒酸钠（$Na_2SeO_3 \cdot 5H_2O$）和碘化钾（KI）。

近年来，以氨基酸、小肽和糖类螯合微量元素形式提供有机微量元素的方法已逐步形成，与微量无机盐相比，其显著提高微量元素的生物利用率，具有广阔的应用前景。

（7）维生素饲料

维生素饲料是指通过生物发酵或化学合成的各种维生素。作为添加剂的维生素有维生素D、维生素A、维生素E、维生素K、维生素B_1、维生素B_2、维生素B_6、维生素B_{12}、尼克酸、叶酸、生物素等。维生素在饲料中的添加主要依据预防缺乏症、改善生产性能、抗应激、增强免疫力和生产功能性产品等目的不同，而采取不同的添加方案。

维生素应保存在干燥阴凉的环境中。实际生产中，维生素一般不与氯化胆碱和微量元素长期混合在一起，以免活性损失。

（8）饲料添加剂

饲料添加剂是指为满足畜禽的营养需要，完善日粮的全价性以及某些特殊需要而向饲料中添加的一类微量物质。添加这类物质的目的在于补充饲料营养成分的不足、改善饲料品质和适口性、预防疾病并增强动物的抗病能力，最终提高动物的生产性能和饲料利用率，改善畜产品品质。广义的饲料添加剂包括营养性添加剂（如微量元素、氨基酸和维生素）和非营养性添加剂两类。此处所述均为非营养性添加剂。

① 抑菌促生长剂：包括抗生素、化学合成药物、砷制剂和高铜等。尽管试验和生产中均证明抗生素具有促进生长和提高饲料转化效率的作用，特别是畜禽处于环境条件较差的情况下，以及用于幼龄动物时具有显著效果。但人们对于抗生素残留和抗药性的忧虑，使抑菌促生长剂成为目前争议最大的一类添加剂。2020 年 7 月 1 日起，我国停止在饲料中使用促生长类抗生素。

② 酶制剂：在世界范围内，酶制剂的商业化应用已很普遍和成熟。20 世纪 80 年代，生物技术的发展促进了酶制剂的研究和商品化生产和应用；20 世纪 90 年代以后，饲料资源的开发需求和对环境友好的要求，加速了酶制剂在畜牧行业的应用。饲料中使用酶制剂的主要目的是为了挖掘饲料原料的潜在营养价值、消除饲料原料中的抗营养因子和补充幼龄动物、快速生长动物、处于应激状态动物和种用动物内源酶分泌的不足。实际生产中，酶制剂通过组合、复合和协同等效应，还可以减少原料之间的变异程度，提高饲料配方的精确性，提高动物生产性能。此外，还可以降低畜禽粪尿中氮、磷的排放量，减少畜牧业对环境的污染。

常用的酶制剂有非淀粉多糖酶（木聚糖酶、葡聚糖酶、果胶酶、纤维素酶等）、消化酶（蛋白酶、淀粉酶和脂肪酶等）和植酸酶。实际生产中有复合酶、组合酶等，并且酶制剂的研究和使用正在从定性走向定量，即将酶制剂的价值进行量化，建立酶制剂应用数据库。

③ 益生菌（probiotics）：是采食后能通过对肠道菌群的调控，促进有益菌的生长繁殖，抑制有害菌的生长繁殖的活的微生物制剂。用作益生菌的主要微生物种类是乳酸菌、双歧杆菌、酵母菌、链球菌、某些芽孢杆菌、无毒的肠道杆菌和肠球菌等。这些益生菌可通过改善胃肠道内微生物群落，竞争性排斥病原微生物，维持胃肠道内环境的动态平衡。此外，有些益生菌还能利用原料产生多种酶，小肽和维生素等，从而达到改善饲料转化率、增强机体免疫功能、预防疾病、促进生长的效果。动物出生、断奶、转群、气温突变等应激状态下使用益生菌效果更加显著，实际生产中，益生菌与益生元联合使用效果更好。

④ 酸化剂（acidifier）：是一些有机酸（如柠檬酸、延胡索酸、甲酸、乳酸）或无机酸（如正磷酸）组成的单一或复合产品。其作用机理被认为有以下几方面：通过提供氢离子，调节胃肠道的 pH，起缓冲作用，稳定胃肠道内环境；柠檬酸、延胡索酸和乳酸是动物能量代谢中柠檬酸循环的中间产物，能起到提供能量的作用；促进矿物质吸收；改善日粮的适口性，提高仔猪的采食量。由于酸化剂本身是天然产物或性质上与天然产物一致，多数国家都允许在日粮中使用。

⑤ 饲料保藏剂和加工辅助剂：使用饲料保藏剂是减少饲料在贮藏过程中营养物质损失的有效方法。饲料保藏剂主要包括抗氧化剂和防霉剂两类。常用的抗氧化剂有乙氧喹啉（山道喹）、丁羟基甲苯（BHT）、丁羟基甲氧苯（BHA）。常用的防霉剂有丙酸钠、丙酸钙等。

加工辅助剂是为了改进原料的加工性能，提高饲料产品质量，有利于产品的贮藏、颗粒的成型和耐久性等而添加的一些黏结剂、抗结块剂、乳化剂和吸附剂等。

二、饲料的营养价值及其评定

饲料的营养价值是指饲料被动物采食后，经过动物体内的消化、吸收和代谢利用过程，能够满足动物机体对养分和能量需要的程度以及用于畜产品生产的能力大小。动物对饲料营养物质和能量的有效利用程度越高，则其营养价值就越高，反之则越低。

1. 饲料营养价值的评定方法

（1）化学分析法

化学分析法是评定各类饲料营养价值的最基本方法。概略养分分析法将饲料成分粗略分为：水分、粗灰分、粗蛋白质、粗脂肪、粗纤维和无氮浸出物 6 种。这种方法在饲料营养价值评定中起了一定的作用，分析时使用仪器设备简单，容易操作。从水分、粗灰分和粗纤维三个指标大体可以判断植物性饲料原料有效营养的含量，水分低表示干物质含量相对高；粗灰分低表示有机物含量相对高；粗纤维低表示细胞壁含量相对少。但是，概略养分分析所得出的每种养分值，在化学上都不是一种物质，因此该方法对饲料养分评定的准确性不够。

随着营养学的研究与发展，在科研与生产实践中，在测定粗蛋白的基础上，已进一步分别测定非蛋白氮（nonprotein nitrogen，NPN）和各种氨基酸；粗脂肪测定也已延伸到测定各种脂肪酸；粗纤维则根据 Van Soect 分析法进一步改进，可测定中性洗涤纤维（neutral detergent fiber，NDF）、酸性洗涤纤维（acid detergent fiber，ADF）、酸性洗涤木质素（acid detergent lignin，ADL）、纤维素、半纤维素与木质素；粗灰分测定已扩展至进一步分别测定各种元素等。

饲料化学分析的结果只能反映饲料中各种养分的概略含量，而不能反映饲料被动物采食后的消化利用情况，因此有一定的局限性。准确测定饲料中可利用（可消化吸收）的养分含量，是评定饲料营养价值的重要内容，在生产实践中具有重要的意义。

（2）近红外光谱法（near infrared spectrometry，NIRS）

近红外光谱法是现在大型饲料企业普遍采用的原料快速检测分析营养含量技术。其原理是根据各种养分（化合物官能团）在红外光谱区（700～2 500 nm）的特征吸收谱带，使用数学模型和统计方法进行定量分析。优点是适合于现场快速分析、操作简便、维护费用低。缺点是不能直接测定结果；需要可靠的湿化学分析建模和先进的算法，如多元线性回归、主成分分析、偏最小二乘法、人工神经网络等方法。

（3）消化试验

饲料被动物采食后，其养分被动物消化吸收的部分占摄入饲料养分总量的百分比称为饲料养分的消化率。消化试验可测定饲料中各种养分和能量的消化率，进而计算饲料中可消化养分或消化能的含量，是评定饲料营养价值最常用、最基本的方法之一。

在消化试验中，将供试饲料按试验要求饲喂给动物，然后测定在一定期间内动物摄入饲料的干物质和其他养分的数量以及从粪便中排出的干物质和其他养分的数量计算饲料养分的消化率。所测定的消化率可分为表观消化率和真消化率两种，表观消化率计算公式如下。

$$\text{表观消化率（\%）}=\frac{\text{摄入饲料某养分}-\text{粪中某养分}}{\text{摄入饲料某养分}}\times 100$$

在消化率的测定过程中，粪便中的养分还包含脱落的肠道黏膜上皮、消化液和肠道微生物等内源性产物。扣除内源性产物后得到的消化率则称为真消化率。

$$\text{真消化率（\%）}=\frac{\text{摄入饲料某养分}-\text{（粪中某养分}-\text{内源性产物）}}{\text{摄入饲料某养分}}\times 100$$

（4）平衡试验

通过消化试验可以测得饲料被消化的养分量，但不能测得养分在动物体内被利用的数量。通过平衡试验（又称代谢试验），测定营养物质的摄入、排泄和沉积（包括动物产品中）的数量，可用以估计动物对营养物质的需要量和饲料营养物质的利用率。平衡试验包括物质平衡（氮平衡和碳平衡）试验和能量平衡试验。矿物质和维生素由于内源干扰或肠道微生物的影响，平衡试验测定的结果意义不大。

① 碳平衡试验：碳平衡试验必须与氮平衡试验同步进行，以测定动物体内碳在脂肪和蛋白质中的沉积量。动物摄入的饲料碳，除在体内沉积部分外，其排出途径包括粪便、尿、消化道气体（CH_4、CO_2）以及呼吸排出的 CO_2。所以，碳平衡的测定要比氮平衡复杂得多。动物体的碳平衡可按以下公式计算：

$$\text{体内沉积碳}=\text{饲料碳}-\text{粪便碳}-\text{尿碳}-\text{二氧化碳碳}-\text{甲烷碳}$$

碳平衡试验是在氮平衡试验的基础上增加一项收集二氧化碳和甲烷气体的工作，因此需要使用呼吸装置测定动物的气体排出量。

② 能量平衡试验：用于研究动物机体能量代谢过程中的数量关系，从而确定动物对能量的需要量和饲料中能量的利用效率。能量平衡试验可以通过直接测热或间接测热来测定，也可以用氮 / 碳平衡试验来测定。

（5）饲养试验

饲养试验是将供试饲料（日粮）直接饲喂动物，然后通过测定供试动物生产性能（如增重、产蛋、产奶、采食量、每千克增重耗饲料量等）以比较饲料的优劣或确定动物对养分的需要量，是动物营养研究中最常用的一种试验方法。

由于动物的生产性能受到遗传、性别、年龄、体重、健康状况和温度等因素影响，因此，即使是在同一品种和相同的饲养管理条件下，试验动物之间的差异性也会存在。尽量保持试验组间的一致性（如遗传来源一致，体重和年龄接近，性别均一，身体健康，所有的试验动物在同一栋畜禽舍由同一个饲养员管理等），同时增加每个处理的重复数，以及将动物随机分配到各个重复组，是解决这个问题的有效办法。这就是试验设计中必须遵循的“唯一差异”和“随机化”原则。

2. 饲料的能量价值及其评定

动物的一切新陈代谢过程都需要能量，这些能量主要来源于饲料中的糖类、蛋白质、脂肪三大类有机物质。糖类是最重要的能量来源，因为它在饲料中数量较多，价格较低廉；脂肪、蛋白质是次要的能量来源。

（1）能量单位

各种能量均可转化为热量，过去习惯用“卡”表示，即 1 g 水从 14.5℃升高到 15.5℃所需要的热量为 1 卡（cal）。能量单位还有千卡（kcal）、兆卡（Mcal）等。现在国际营养界和我国法定计量单位规定，能量单位以焦耳（J）、千焦（kJ）和兆焦（MJ）表示，卡与其的换算关系是：1 cal = 4.184 J；1 kcal = 4.184 kJ（千焦）；1 Mcal = 4.184 MJ（兆焦）。

（2）能量在体内的转化

动物采食饲料后，饲料能量在动物体内的转化过程如图 1–2 所示。

① 总能（total energy，GE）：总能是指饲料中有机物质完全氧化时释放的全部能量，用氧弹式热量计测定。

② 消化能（digestible energy，DE）：饲料中营养物质在消化过程中未被完全消化而从粪中排出，这一部分营养物质中所含的能量称为“粪能”。用饲料总能减去粪能称为消化能。粪能中包含未被消化的饲料、肠道微生物及其产物、消化道分泌物及肠道脱落细胞的能量，因此这样测定所得到的消化能又称为表观消化能。

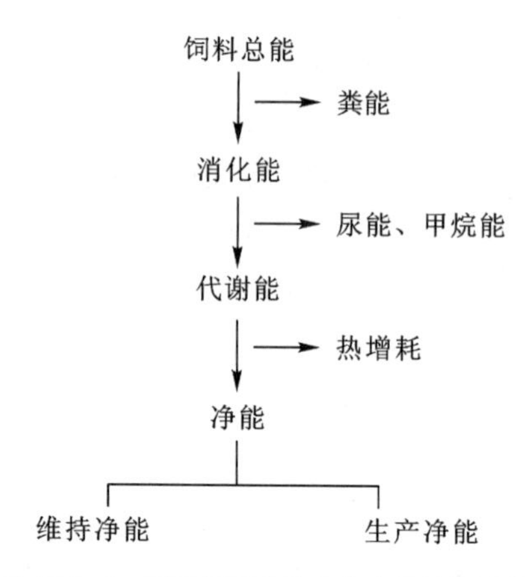

图 1–2　饲料能量在动物体内的转化过程

目前，我国猪饲养标准和饲料成分表中的能量指标，都是采用消化能。主要是因为猪的消化道气体能和尿能损失较小，并且对常用谷物组成的饲料几乎是恒定的，所以认为用消化能和代谢能评定猪饲料的能量价值较准确。

③ 代谢能（metabolizable energy，ME）：饲料的代谢能是指采食的饲料总能减去粪便能、尿能以及消化道气体（主要是甲烷）能后剩余的能量。代谢能表示被动物吸收和利用的营养物质的能量。

$$\text{代谢能} = \text{饲料总能} - \text{粪能} - \text{尿能} - \text{消化道气体能}$$

尿能是指尿中的含氮物质（如尿素和尿酸）的能量。被消化吸收的营养物质参与动物的代谢后，来自饲料蛋白质中的一部分氨基酸以及机体蛋白质的代谢产物不能完全氧化，而主要以尿素（哺乳动物）和尿酸（鸟类）的形式被排出。尿能损失与日粮结构，特别是日粮中蛋白质水平和氨基酸的平衡情况有关。因此，猪的饲料代谢能（AME）可以根据消化能和日粮的蛋白质水平来推算：

$$\text{AME（MJ/kg，以干物质计）} = \frac{\text{DW} \times [96 - (0.202 \times \text{粗蛋白含量})]}{100}$$

对猪和禽等单胃动物，在测定代谢能时，由于消化道中发酵产生的甲烷等气体较少，可以忽略不计。反刍动物发酵产生的甲烷量可以占到饲料总能的 3%～10%，而且受到饲料性质和饲养水平的影响。因此，反刍动物的代谢能测定时必须测定消化道气体产量。目前，在禽类的饲养标准和饲料营养价值表中，大多采用代谢能作为能值指标。

④ 净能（net energy，NE）：指饲料中真正用于维持生命和生产畜产品的那部分能量。

是指饲料的代谢能减去饲料在体内的热增耗（heat increment，HI）后剩余的能量。热增耗是指动物采食饲料后引起额外增加的产热，即由于消化、吸收活动及中间代谢过程所造成的额外能量损失，净能可由以下公式计算。

$$净能=代谢能-热增耗$$

净能主要用于两个方面，即维持和生产。前者用于维持动物机体的生命活动，后者用于动物生产产品或做功，主要包括：产脂净能、泌乳净能、增重净能、产毛净能、产蛋净能和役用净能等。

世界各国的家畜能量评定体系的发展趋势是净能体系，但由于测定技术和经费的限制，过去只在反刍动物（牛）的饲料评定中采用净能体系。对于猪和家禽，现在欧洲普遍采用净能体系，我国也在逐步采用净能体系。

3. 饲料蛋白质的营养价值及评定

氮平衡试验主要用于研究动物的蛋白质需要、饲料蛋白质的利用率或蛋白质品质。氮平衡试验的原理是根据动物采食的饲料氮与粪氮和尿氮之差值作为沉积氮。其计算公式如下：

$$沉积氮=饲料氮-（粪氮+尿氮）$$

$$氮沉积率（\%）=\frac{饲料氮-（粪氮+尿氮）}{饲料氮-粪氮}\times 100$$

因此，沉积氮是被消化吸收的氮中能被动物利用，参与动物代谢的部分。而氮沉积率就是消化氮的利用率。由于氮平衡试验测定结果仅为“表观代谢率”，因动物机体内尚存在代谢氮和内源氮的代谢。因此蛋白质的真实利用效率，应按下列公式扣除粪中代谢氮和内源尿氮，称为蛋白质的生物学价值（biological value，BV）。

$$BV（\%）=\frac{饲料氮-（粪氮-粪中代谢氮）-（尿氮-内源尿氮）}{饲料氮-（粪氮-粪中代谢氮）}\times 100$$

蛋白质生物学价值测定了被消化吸收的氮被沉积的情况，其实质是反映饲料蛋白质中氨基酸的组成。某种饲料蛋白质的生物学价值越大，表明这种蛋白质的氨基酸特别是必需氨基酸的组成与动物的需要越接近，因此沉积效率越高，蛋白质的品质越好。

第五节　工业化饲料生产

一、配合饲料的概念和种类

1. 配合饲料的概念

配合饲料是根据动物的不同生理阶段和生产水平对营养物质的需要，把多种饲料原料和添加剂预混料按照一定的配合方法配制，经合理的加工工艺生产而成的均匀一致、营养价值完全的饲料。

通过饲料配合，可以科学合理地利用各种饲料资源，还可根据各种原料的价格来调整配方，降低成本。在配合饲料生产时有专用的生产设备和先进的加工工艺，在严格的质量管理体系监管下来生产，因而其中的微量成分能充分混合、均匀一致，保证了产品的饲用安全性。

2. 配合饲料的种类

按饲料的营养成分和用途，配合饲料可分为以下四种。

① 添加剂预混料：是指由一种或多种饲料添加剂与载体或稀释剂，按照科学配方生产的均匀混合物。其中，载体是一种能接受和承载活性微量成分的可食物质，一般用于承载有机微量组分，如维生素和药物等。稀释剂仅仅是混合到微量组分中，用以稀释其浓度的物料，一般用于稀释无机微量组分。

② 浓缩饲料：是由添加剂预混料、蛋白质饲料、常量矿物质饲料等按比例配合而成。浓缩饲料不能直接饲用，必须与一定比例的能量饲料混匀后才能使用。

③ 全价配合饲料：是可以直接饲用的饲料，多用于猪、禽。

④ 精饲料补充料：由平衡用混合料加精饲料而成，多用于牛、羊、马等。说明书上应注明精饲料补充料在日粮中所占的数量及尚需喂给多少粗饲料和多汁饲料等。

配合饲料的形态有粉料、颗粒料和液状料。粉料中各种饲料的粉碎细度应一致，才能均匀配合而成营养全面的配合饲料。颗粒料容易采食，能防止畜禽挑食，减少饲料浪费。液状料多用于幼畜作为代乳品饲用。上述四种配合饲料的关系见图 1-3。

3. 日粮

日粮（ration）是指在一昼夜内一头动物所采食的全部饲料量。但是，在生产实践中，单独的饲喂家畜是很少的，而绝大多数畜禽是群养。因此，实际工作中是为同一生产目的畜禽按营养需要配合大批混合饲料，然后按日分顿喂给。这种按日粮饲料的百分比例配合的大量混合饲料称为日粮。

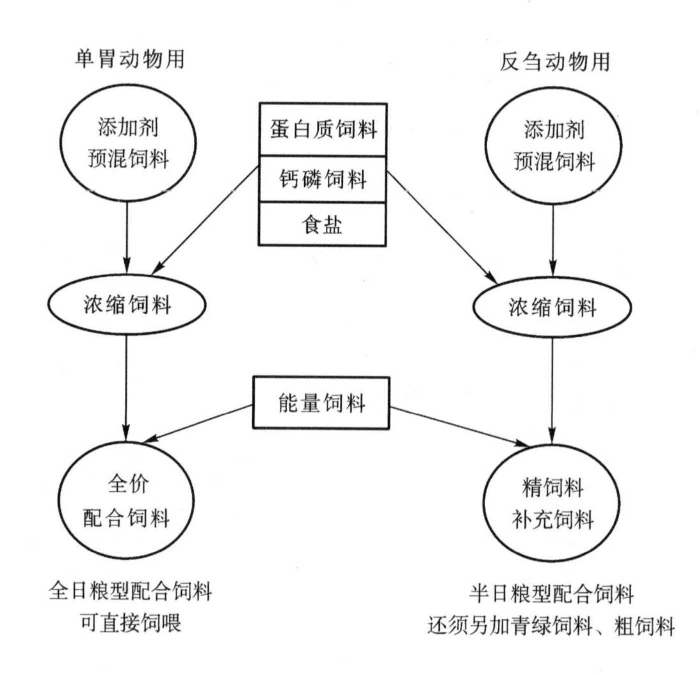

图 1-3　配合饲料种类及关系

二、设计配合饲料的原则

1. 营养性原则

在设计配合饲料时，必须满足动物的营养需要，即营养性原则。配方的营养水平必须以选定合适的饲养标准为基本依据，要根据动物的遗传类型、生产水平及饲料条件参考适宜的标准，确定日粮的营养物质含量，经过饲养实践再不断完善。

计算配方前，可以在所选定的饲养标准所附的饲料成分表中，查到所用原料的各种营养成分。有条件的情况下，最好对原料中的营养成分含量进行实际测定。

2. 经济性原则

在满足营养需要的同时，尽可能选用当地来源广、价格低廉的原料，以降低饲料生产成本。另外，掌握使用适度的原料种类和数量，对于降低饲料生产成本也具有重要意义。

应该注意的是，配方设计不能仅仅用配方成本作为唯一标准，还要考虑动物的生产性能和经济效益。

3. 安全性原则

安全的含义包括对动物安全和对人安全，还要考虑环境安全。因此，应使用符合饲料卫生要求的原料，不可使用有毒有害的原料；添加剂的使用要符合安全法规，应严格执行停药期等。环境安全是指能减少动物采食饲料后的排泄物的量以及其中的各种物质的含量，降低对环境的污染。

4. 生理性原则

所配饲料的体积要符合动物消化道的容量。要选用饲用品质和适口性良好的原料，促进动物采食。

三、饲料加工工艺

1. 全价颗粒饲料加工工艺

通过机械作用将单一原料或配合混合原料压实并挤压出模孔形成的颗粒状饲料称为制粒。制粒的目的是将细碎的、易扬尘的、适口性差的和运输距离长易造成分级的饲料，利用制粒加工过程中的热、水分和压力的作用制成颗粒料，从而改善饲料的适口性，减少饲料浪费，降低环境污染。颗粒饲料主要有三种：硬颗粒（含水量低于 13%，密度 1.2 ~ 1.3 g/cm^3）、软颗粒（含水量大于 20%）和膨化颗粒（含水量低于 12%，密度低于 1 g/cm^3）。颗粒饲料的加工工艺主要由八大系统组成：原料接收与储存（清理）系统、粉碎系统、配料混合系统、制粒系统、成品包装系统、控制系统、供汽系统和除尘系统。八大系统关系如图 1–4 所示。

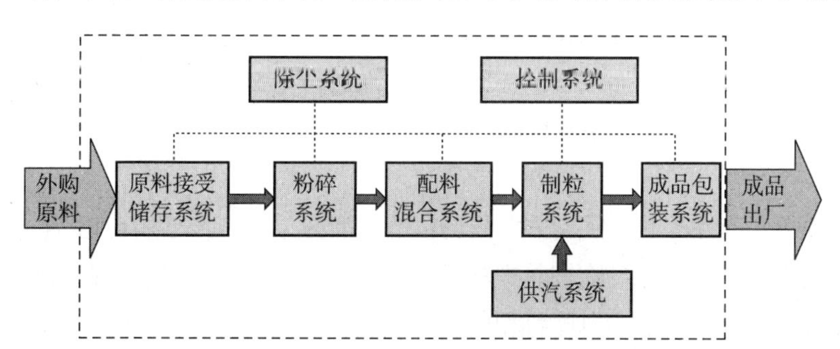

图 1–4　颗粒饲料的加工工艺八大系统

2. 膨化饲料

膨化饲料是将饲料原料（含淀粉或蛋白质）送入膨化机内，经过一次连续的混合、调质、升温、增压、挤出模孔、骤然降压，以及切成粒段，干燥、稳定等过程所制得的一种膨松多孔的颗粒饲料，主要应用于鱼饲料、宠物饲料，以及实验、观赏动物饲料。膨化饲料的特点如下：①淀粉糊化度高、蛋白质变性度高，对于水产动物，可提高消化率10%～35%；②质松、多孔，适合各层鱼类采食；③杀菌，可预防动物消化道疾病。模孔可压制不同形状、不同动物所喜爱的膨化颗粒料；膨化饲料的缺点如下：①对维生素C和氨基酸都有一定的破坏作用，一般在膨化后再添加维生素C和氨基酸。②膨化加工耗能高、耗电量大、产量低，价格昂贵。

3. 预混合饲料

预混合饲料是由一种或多种饲料添加剂与载体或稀释剂按一定比例配制而成的均匀混合物，也称为“添加剂预混合饲料”。预混合饲料生产工艺的关键是载体与稀释剂的选择、混合均匀度控制、粉尘控制。

四、饲料原料和成品质量检测

饲料原料和成品的质量检测是饲料企业实施全面质量管理的重要环节。企业开展饲料原料和成品质量检测必须具备下列条件：合格的质量检测员；专门的实验室；一定的仪器设备条件；产品的质量标准和检验方法标准。

1. 饲料原料和成品质量检测的基本方法

（1）感官鉴定

通过感官来鉴定产品的形状、色泽、质地、气味和味道、水分含量等是饲料原料和成品检验的常用方法。各类饲料原料和成品的感官要求基本一致。合格的原料和成品要求色泽一致、混合均匀、粒度整齐、无杂质、无异味、质地疏松、水分含量低，刚出来的颗粒料的表面温度接近室温。感官鉴定主要凭经验进行。通过感官鉴定，可以初步判断饲料原料和成品的质量和加工工艺是否正确。

（2）定性检验

通过点滴试验和快速试验来定性检查饲料原料和成品中是否含有某些违禁药物、是否含有配方中没有的成分、是否漏加某种原料等。定性检测可以弥补感官鉴定的不足，为定量检验提供参考目标。

（3）定量检验

通过物理、化学等方法和各种仪器设备对饲料原料和成品中某种成分进行定量检验，测定其含量并与设计含量进行比较，从而判断饲料原料和成品的合格与否。定量检测是判定饲料原料和成品质量和安全性的主要方法和依据。

（4）生物实验

饲料原料和成品质量和安全性的最终评判依据是动物的饲喂效果和畜产品的食用安全（生物实验）。在某些情况下有必要进行动物饲养实验或生物安全实验，通过考察动物的健康和生产性能以及畜产品的质量来检验饲料原料和成品的质量和安全性。生物实验是检测饲料产品质量最为可靠的方法。

2. 饲料原料和成品质量检测的步骤

饲料原料和成品质量检测的基本步骤包括采样、制样和检测等。

（1）采样

① 采样的重要性和原则：采样就是从大量饲料中采集一部分能代表饲料整体的样品或样本。采样是质量检验的第一步，也是最关键的一步。采样的原则或要求就是使样品具有代表性，样品是否具有代表性直接影响对该批产品质量的判定，从而决定企业是否调整饲料配方、是否改变加工工艺、产品是否出厂以及是否调整产品的定价等一系列决策。因此，必须使样品具有代表性，并根据样品的用途采集不同的样品。在配合饲料原料和成品检验中所采集的样本主要有以下几种。

单一样本：采自一小批饲料的样本，可用于该批饲料的成分变异或混合均匀度测定等。

商业样本：指卖方发货时一同送往买方，供买方进行质量鉴定的样本。

备用样本：指企业在发货后留下的样本，备作急需时使用。

化验样本：也称“工作样本”，指送往化验室或检验站分析的样本。

② 采样的方法：要使样品具有代表性，除了要有合格的采样人员和必备的采样工具外，还必须具有正确的采样方法。饲料种类不同、分析目的不同，采样的方法和采样量也不同。配合饲料原料和成品形态一般是固体，有粉料和颗粒料两种形式；在贮存方式上一般有散装、袋装和仓储三种。

有关固体饲料采样量的计算公式为：

$$\sum_{\min} = kd^{a}$$

式中：$\sum_{\min}$：为采取样本的最后平均质量（kg）

d：为试样最大粒径（mm）

k：为常数，$k = 0.02 \sim 0.15$

a：为常数，$a = 1.8 \sim 2.5$

具体采样方法视贮存方式而异。

■ 散装产品的采样方法：根据堆型和体积大小分区设点，按货堆高度分层采样。在货堆的不同方位选若干个采样区。各采样区设中心、四角 5 个点，货堆边缘的点设在距边缘约 50 cm 处。采样时按区设点、先上后下、逐点采样、各点采样量一致。

■ 袋装产品的采样方法：将取样的钎槽朝下，从包装袋的一角水平斜向插向包装袋的对角，然后转动取样钎至槽口朝上取出，每包采样次数一致。待采样饲料为 5 ~ 10 包时逐包采样；10 包以上选取 10 包采样；5 包以下不采。

■ 成品出料口采样方法：对配合饲料或混合饲料来说，如对水平卧式或垂直立式混合机（搅拌机）里的饲料进行采样，其采样的方法相对而言比较简单。在肯定饲料充分混合均匀前提下，就可以从混合机的出口处定期（或定时）地取样，其取样间隔应该是随机化的。混合饲料中不同成分的颗粒大小及吸湿性可能不一样，这会给混合饲料准确采样带来麻烦。因此，在某些情况下，将混合饲料含有的成分单独进行分析就更为确切，但必须注意在称重上要准确无误且是混合均匀的饲料。

（2）制样

采集的分析样本还须经过粉碎达一定细度才能供做分析使用，此过程称为制样。配合饲料原料和成品分析测定的样品一般为风干样品。粉碎的细度随分析项目和测定方法不同而异。一般来说，饲料分析样品应通过 40 ~ 60 目标准筛（筛孔 0.42 mm ~ 0.25 mm）。制样过程的主要要求如下。

① 粉碎过程要尽可能迅速，以避免吸湿及样品组成成分可能发生的变化。

② 粉碎后的样品应全部过筛，少量难以通过筛孔的部分应尽量弄碎并均匀混入样品中，绝不可抛弃。

③ 最后磨细的样品应装入磨口广口瓶内保存，注明样品的名称、制样日期和制样人等。

④ 样品应保存在干燥、避光、通风处。

（3）样品的分析

在饲料工业原料和产品标准中，根据不同原料和产品的特点规定了相应的检测项目和指标，如配合饲料、浓缩料、精饲料补充料及混合料标准中规定的检测项目有感官指标、水分、成品的粒度、混合均匀度、粗脂肪、粗蛋白、粗纤维、粗灰分、钙、总磷、水溶性氯化物等。随着动物营养的研究不断深入和饲料工业的不断发展，饲料中氨基酸的含量、维生素的含量以及微量元素的含量也将会成为饲料原料和成品检验的指标。

目前，有关饲料安全的呼声越来越高，为确保畜产品安全即饲料安全和环境的稳定，我国制定了《饲料卫生标准》（GB13078—2017），规定了饲料、饲料添加剂产品中有害物质及微生物的允许量及其试验方法。饲料安全检测的项目包括饲料中天然有毒有害物质（如异硫氰酸酯、游离棉酚等），次生性有毒有害物质（如黄曲霉毒素 B_1、霉菌总数等），病原菌（如沙门氏菌、细菌总数）；外源性污染有毒有害物质（如砷、铅、氟、镉、六六六、滴滴涕等）。

3．饲料原料和成品主要指标的检测

包括常规指标的检测，氨基酸、维生素和微量元素的检测，安全指标的检测。

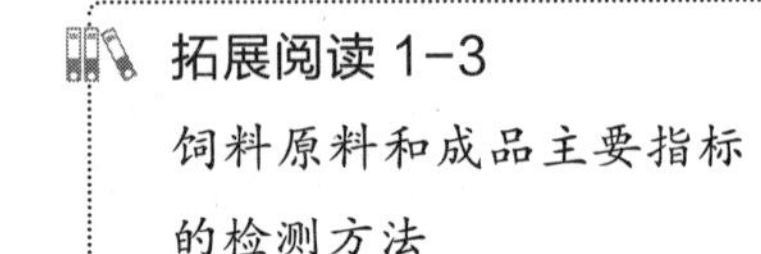

4．饲料原料和成品质量判定

配合饲料常规指标中的感官指标、水分、混合均匀度、粗蛋白、粗灰分、钙、总磷等为判定合格与否的指标。如检验中有一项指标不符合标准，应重新取样进行复验，复验结果中有一项不合格者即判定产品不合格。判定的依据为国家标准、行业标准或企业内部标准。

根据配合饲料中的氨基酸、维生素和微量元素含量指标可以更好地了解饲料蛋白质的质量和维生素、微量元素的盈缺状况以及加工对这些养分有效性的影响程度。目前，我国现行的饲料工业标准只对部分动物、部分产品中的微量元素和部分维生素提出了参考标准，对产品中的氨基酸含量未做明文规定。因此，根据这些指标来判定饲料成品质量，主要依靠动物营养基本原理和动物生产实践经验。

配合饲料中砷、铅、黄曲霉毒素等安全性指标是判定饲料原料和成品是否合格的强制性指标，判定依据是《饲料卫生标准》(GB 13078—2017)。安全性指标中，若有一个指标超标，则判定为该产品为不合格产品。

五、饲料生产质量控制

配合饲料的质量是配合饲料生产企业的生命，它直接反映了企业的技术水平、管理水平和整体素质。质量管理是企业管理的中心，它贯穿了原料验收、配方设计、生产、产品质量检测、产品包装和销售服务整个过程。我国许多饲料生产企业多年运用全面质量管理(total quality control，TQC)。它起源于20世纪20年代的美国，它是以数理统计作为手段，在企业中进行质量管理的一种科学管理方法。实行TQC就是应用数理统计，用数据、图表反映生产实际，把产品质量问题和不利因素消灭在生产过程中。其基本观点是：①一切为了用户，让用户得到满意的产品和技术。②强调质量是在设计和生产过程中形成的，不是检验出来的。TQC和过去的质量管理不同，不是侧重于事后检验，而是侧重于产品制造过程稳定，从人员、原料、设备、工艺、环境卫生和质量监控等方面采取必要措施，预防为主，保证产品质量稳定。③ TQC强调全员进行质量管理，强调企业各个部门，每个职工都有责任保证质量。④"一切用数据说话"，强调用数据反映问题和解决问题。TQC是把生产现场与销售市场联系在一起的一种经营管理，是使企业做到最好质量、最优生产、最低消耗、最佳服务，从而获得较大利益的方式方法。饲料的加工过程也就是饲料质量的控制过程。

1. 饲料原料的质量控制

饲料原料质量是饲料质量的基本保证，只有合格的原料，才能生产出合格的产品。生产统计表明，产品营养成分差异40%～70%来源于原料。因此，饲料原料质量管理在生产中是关键环节。原料质量管理包括原料采购管理、原料入库管理和原料保管管理等环节。

(1) 原料的采购控制

采购管理在TQC中占有举足轻重的地位，必须强化采购工作的职能，要做到以下几点：①掌握原料质量性能和标准；②订立责任合同；③在原料产地（企业）查看原料及其生产工艺；④掌握本厂生产、库存等情况；⑤严格进厂原料化验和验收。

原料采购必须严格按照原料标准进行采购。采购原料时首要的是注意质量，不能只考虑价格，在运输、装卸过程中，要防止不良环境（潮湿、高温等）对原料质量的影响，防止包装破损及原料的相互混杂。

(2) 原料入库管理

原料进厂后，保管人员必须立即通知质量管理部门取样检测，质量管理部门原则上在3～7小时内出具检测报告，并对原料作出判断性结论。品控员接到到货通知单后（包括须到货场、码头、供应商实地验质），应对一批大货进行详细的感官检查，在检查过程中应特别注意整批原料感官是否一致，如感官不一致要分别针对性地抽取特殊样品，并作好记录。取样后根据不同的原料要求先进行物理分析、镜检；然后进行化学分析，通过以上检验认为合格的原料应立即通知生产部门（仓管员）卸货，不合格的原料应立即通知采购部门处理。卸货时要监督仓管员正确收放，一般情况不要离墙堆放，加垫板以防原料吸潮变质，卸货过程中还应对此批原料继续检查，发现不合格的原料应立即通知仓管员停止卸货并退货或单独堆放等候处理。卸货完毕应抽取大样并进行登记存档（包括产地、供应商、到货数量、到货日期、库存货位、质量情况）以便日后查找。所有原料必须在收到质量管理部门同意入库的通知后才能办理入库手续；经检测合格的原料入库后，按类别、品种、批次分类存放，堆码整齐，并填好原料入库卡，标明品种、数量、规格、生产厂家、经营单位、生产日期和购货日期等，然后将入库卡挂在原料上；原料接收进仓前，必须进行质量检验，定量分析有效成分，按国家有关质量标准进行对照，从而保证原料的质量能满足饲料生产的需要。

（3）原料与成品仓储管理

饲料原料与成品在贮藏中注意事项：①原料进入库要填写原料接收报告，写明原料品名、入厂日期和检验的各项情况的结果，并保留一定的接收样品。②不同品种、不同营养成分含量，不同入库期的原料或成品都分开存放，分门别类挂上标签，建立库存卡，保证做到先进先出。③成品一般都要包装，都应带有产品标签，注明产品名称、商标名称、饲料成分的分析保证值、每种组分的常用名称、净重、生产日期、产品有效期、使用说明、生产厂家和通讯地址等条目。对于加药饲料，还要有加药目的，所有活性药物原料的名称、用量、停药期的注意事项以及防止滥用的警告等内容。④仓库应有料温自动记录仪、报警装置、控温设备和湿度检测计等仪器设备。注意仓库温度和湿度的控制，防止因原料或饲料水分含量高和空气相对湿度大而引起的霉菌繁殖。成品贮藏期尽可能缩短。如发现霉变现象，应及时采取措施，如是筒仓，则应及时倒仓。对于浓缩饲料和预混合饲料均应加入适量的抗氧化剂和防腐剂，这样可贮藏 3～4 周。⑤建立安全保护措施，防止老鼠、昆虫的啃咬。仓库要定期清扫，尤其对散装物料存放的仓库，换装物料时一定要清扫。

2. 饲料加工过程中的质量控制

饲料加工是保证产品性能和经济性的关键。一套先进设备和良好工艺，不仅省去大量的人力物力，而且能获得优良的产品质量。监控配合饲料生产过程中各个工艺环节的质量，对配合饲料产品质量有举足轻重的影响。严格按配方要求计量配料，保证整个工艺过程正常进行，是配合饲料生产过程质量控制的重点。

（1）原料清理的质量控制

原料应进行清杂除铁处理。清理标准是：有机物杂质不得超过 50 mg/kg，直径不大于 10 mm；磁性杂质不得超过 50 mg/kg，直径不大于 2 mm。为了确保安全，在投料到坑上应配置条距 30～40 mm 的栅筛以清除杂质。要经常检查清选设备和磁选设备的工作状况，看有无破损及堵孔等情况。还要定期清理各种机械设备的残留料。

（2）原料粉碎的质量控制

粉碎过程主要控制粉碎粒度及其均匀性。饲料颗粒过大和过小都会导致饲料离析现象的发生，从而破坏产品的均匀性。各种动物都有一个合适的粉料粒度范围。如仔猪、生长育肥猪配合饲料以及肉用仔鸡前期配合饲料、产蛋后备鸡（前期）配合饲料应 99% 通过 2.8 mm 编织筛，但不得有整粒谷物；1.4 mm 编织筛上物不大于 15%。

粉碎机操作人员应经常注意观察粉碎机的粉碎能力和粉碎机排出的物料粒度。粉碎机粉碎能力异常（粉碎机电流过小），可能是因为粉碎机筛网已被打漏导致物料粒度过大。如发现有整粒谷物或粒度过粗现象，应及时停机检查粉碎机筛网有无漏洞或筛网错位与其侧挡板间形成漏缝，若有问题应及时处理。经常检查粉碎机有无发热现象，如有发热现象，应及时排除可能发生的粉碎机堵料现象，观察粉碎机电流是否过载。此外，应定期检查粉碎机锤片是否已磨损，每班检查筛网有无漏洞、漏缝、错位等。

（3）配料的质量控制

配料的准确与否与饲料质量关系重大，操作人员必须有很强的责任心，严格按配方执行。人工称量配料时，尤其是预混料的配料，要有正确的称量顺序，并进行必要的投料前复核称量。对称量工具必须打扫干净，要求每周由技术人员进行一次校准和保养。其注意要点如下：①选派责任心强的专职人员把关，每次配料要有记录，严格操作规程，做好交接班。②保证配料设备的准确性，配合饲料配料精度应到 1/500～1/1 000（静态），预混合饲料中的微量成分配料精度应达到 1/10 000～3/10 000（静态）。对配料秤要定期校验，称药物的天平每天要检查一次。操作时一旦发现问题，应随时检查校正。③做好对配料设备的维修和保养，每次换料时，要对配料设备进行认真清洗，防止交叉污染。④加强对微量添加剂，尤其是药物添加剂的管理，要明确标记，单独存放。

大型饲料厂的电子秤配料系统，应定期检查其传感器悬挂的自由程度，以防止机械性卡阻而影响称量精度。应经常保持秤体的清洁，杜绝在秤体上放置任何物品或撞击电子秤体。

预混料微量成分配料时，应使用灵敏度高的秤，要在接近秤的最大称量值的情况下称量微量成分。因此，要根据称量不同品种原料的实际用量来配备不同的秤。秤的灵敏度和准确度至少每周进行一次校对。在配料过程中，原料的使用和库存要每批每天有记录，有专人负责定期对生产和库存情况进行核查。手工配料时，应使用不锈钢料铲，做到专料专用，以免发生混料，造成交叉污染。配料精度的高低直接影响到饲料产品中各组分的含量，对动物影响极大。

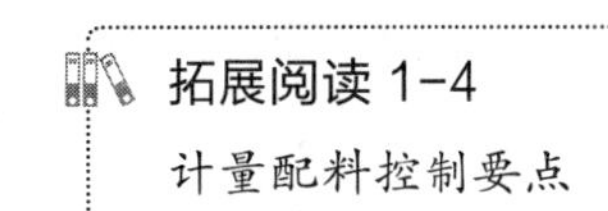

（4）混合的质量控制

在饲料生产中，混合起着保证饲料加工质量的作用。其控制要点如下：①选择适合的混合机。一般式螺带混合机使用较多，这种机型生产效率较高，卸料速度快。锥形行星混合机虽然价格较高，但设备性能好，物料残留量少，混合均匀较高，并可添加油脂等液体原料，是一种较为适用的预混合设备。②操作要正确。在进料顺序上，应把配比量在的组分先投入或大部分投入机内后，再将少量或微量组分置于分散处，保证混合质量。③定时检查混合均匀度和最佳混合时间。混合均匀度和最佳混合时间要定期检查，时间过长过短，都会影响物料混合的均匀度。及时调整螺带与底壳的间隙（对可调的混合机）和混合时间。要定期保养、维修混合机，消除漏料现象，清理残留物料。④防止交叉污染。当更换配方时，必须对混合机彻底清洗，防止交叉污染，这对预混合饲料的生产尤为重要。对于清理出的加药性饲料，通常是掩埋或烧毁。吸尘器回收料不得直接送入混合机，待化验成分后再作处理。预混合作业与主混合作业要分开，以防交叉污染。应尽量减少混合成品的输送距离，防止饲料分级。预混合饲料混合后，最好直接装袋。

饲料的混合质量与混合过程的操作密切相关。生产中应注意以下几点。

① 原料添加顺序：一般应先投量大的原料，量越少的原料越应在后面添加，如预混合饲料中的维生素、微量元素和药物等。在添加油脂等液体原料时，要从混合机上部的喷嘴喷洒，尽可能以雾状喷入，以防止饲料结团或形成小球。在液体原料添加前，所有的干原料一定要混合均匀，并相应延长混合时间。更换品种时，应将混合机中的残料清扫干净。

② 最佳混合时间：取决于混合机的类型和原料的性质。一般混合机生产厂家提供了合理的混合时间，混合时间不够，则混合不均匀；混合时间过长，会产生过度混合而造成分离。

（5）产品成形的质量控制

成形饲料生产率的高低和质量的好坏，除与成形设备性能有关外，很大程度取决于原料成形性能（压制成形的难易程度）和调质工艺。同样一台成形设备，由于物料特性、工艺条件和操作水平的差异，其生产率可能相差 3～4 倍。制粒的工艺条件是根据饲料配方中主要原料的物理化学特性、日粮的制粒性能制定的，它主要包括为成形做准备的原料调质情况，即蒸汽压力、温度、水分及调质时间。研究表明，按不同的原料和饲喂要求来调质，可提高成形饲料的硬度、减少粉化率，并对饲料起到消毒的作用。

> **拓展阅读 1-5**
> 制粒与膨化质量控制

品控员应熟知生产工艺流程，对设备运行情况应经常检查，影响质量方面的设备故障及违反操作规程的错误操作应及时提出；每天应核对添加剂库存的理论量与实际量是否相符，认真阅读记录，对计量器具应进行校正；每年应请法定的计量部门对计量器具进行修理和校正。了解清楚生产计划，根据生产计划与仓库库存，监督生产计划下达是否合理；应检查添加剂是否因库存太久而失效；应经常检查人工添加口，防止添加剂、油脂、乳清粉等少添、多添或误添；每个季度应对混合机的混合均匀度抽查一次，一般全价配合饲料混合均匀度 CV≤10%，添加剂预混合料混合均匀度 CV≤6%，并监督车间对混合机、地坑、地窖、料仓、缓冲仓、制粒系统、包装系统定期清理，特别是制粒系统的调质器、喂料器、抽风管、关风器等等；清理干净混合机后须喷防化药品，防化药品须对人畜无害、残留极少；注意检查饲料粉碎粒度是否符合成品的要求，粉碎机筛网有无破裂；检查制粒系统是否堵塞，抽风管是否破裂，制粒参数是否得当，制粒效果是否好。

（6）包装质量管理

检查包装秤的工作是否正常，其设定质量应与包装要求质量一致、准确计量、误差应控制在 1%～2%。核查被包装的饲料、包装袋及饲料标签是否正确无误。成品饲料必须进行检验，打包人员随时注意饲料的外观，发现异常及时处理。要保证缝包质量，不能漏缝和掉线。

小　结

动物要维持基本生命活动和形成畜产品，就必须从饲料中获取所需要的六大类营养物质，即水分、蛋白质、糖类、脂肪、矿物质和维生素。本章概述了饲料与畜体的化学组成、营养物质及其功能、动物的营养需要与饲养标准、饲料营养价值的评定方法、工业化饲料生产。

复习思考题

1. 按照概略养分分析法，饲料中营养物质可分几类？
2. 简述饲料与畜体组成的差异。
3. 水在动物体内的主要功能有哪些？
4. 简述糖类的组成及其功能。
5. 蛋白质有哪些营养功能？什么是必需氨基酸和限制性氨基酸？

参考文献

[1] 蔡辉益，王晓红. 饲料添加剂研究与应用新技术[M]. 北京：中国农业出版社，2015.
[2] 陈代文，吴德. 饲料添加剂学[M]. 2版. 北京：中国农业出版社，2011.
[3] 冯定远. 猪营养与饲料研究进展[A]//第5届全国猪营养学术研讨会论文集[C]. 北京：中国农业科学技术出版社，2006.
[4] 韩友文. 饲料与饲料学[M]. 北京：中国农业出版社，1998.
[5] 计成. 动物营养学[M]. 北京：高等教育出版社，2008.
[6] 蒋思文. 畜牧概论[M]. 北京：高等教育出版社，2006.
[7] 李德发. 中国饲料大全[M]. 北京：中国农业出版社，2001.
[8] 李德发. 猪的营养需要[M]. 2版. 北京：中国农业科学技术出版社，2003.
[9] 王成章，王恬. 饲料学[M]. 北京：中国农业出版社，2006.
[10] 伍国耀. 动物营养原理[M]. 北京：科学出版社，2019.
[11] 周安国，陈代文. 动物营养学[M]. 北京：中国农业出版社，2011.

数字课程学习

◆ 视频　　◆ 课件　　◆ 拓展阅读

第二章 动物遗传育种与畜禽遗传资源保护利用

了解遗传、变异、育种和保种之间的关系；掌握遗传学三大定律，以及性状的分类和数量性状、质量性状的特征和区别；掌握品种的概念和品种形成的标准，了解品种的分类和影响品种形成的因素；掌握生长与发育的概念及其基本规律，了解研究生长与发育的基本方法；掌握家畜生产性能测定的概念，并了解其评定原则和评定指标；掌握选种、选配的概念和意义，了解选种的方法和选配的方式；掌握品系、品系繁育和专门化品系的概念，了解品系的类型和培育方法；掌握杂种优势的概念和表现规律，了解杂交方式和利用杂种优势的主要措施；掌握 QTL 和 MAS 的概念，了解基因图谱的种类、构建基因图谱的方法和 QTL 定位的方法；掌握畜禽遗传资源、畜禽遗传资源保护的概念；了解全球及我国畜禽遗传资源状况；掌握畜禽遗传资源保护的任务、意义、原理和方法；思考如何利用和管理好畜禽遗传资源。

第一节　遗传基本规律

1906 年，英国生物学家贝特森（W. Bateson）建议用遗传学（genetics）一词来表示专门研究遗传和变异规律的新兴学科。什么是遗传？是什么保证了生命在世代间的稳定延续，同时产生了千差万别的生物个体？本节主要介绍遗传的基本定律、性状的分类及其遗传规律，揭开生物遗传和变异的神秘面纱。

一、遗传、变异与育种

"种瓜得瓜，种豆得豆"。自然界中各种各样生物的子代和亲代之间，在形态结构、代谢类型等性状上都有非常相似之处。但是，相似不等于完全相同。生物都能通过繁殖来延续生命，并将性状传递给下一代，这种现象叫遗传（heredity）。但一般来讲，亲代和子代又不可避免地会出现差异，这种差异就是变异（variation）。变异是指亲代与子代间或群体内不同个体间基因型或表型的差异。遗传和变异是生物普遍存在的生命现象。生物的遗传和变异主要由 DNA 控制和调节。

变异可以使生物具有多样性，影响生物的性状，使生物通过自然选择而产生进化。生物进化首先要有变异，然后通过生存斗争进行自然选择。如果个体的遗传产生变异，通过人工选择，使有利变异在种群内发展，使其基因频率增高；长期选择下去，可使种群间的隔离和性状分歧加深，最终育成新品种。

二、遗传的基本定律

现代遗传学是建立在颗粒遗传理论的基础上的。它有三个基本定律，即分离定律（law of segregation）、自由组合定律（又称独立分配定律，law of independent assortment）和连锁和交换定律（law of linkage and crossing-over）。其中，遗传学之父孟德尔（G. J. Mendel，1822–1884）在捷克布隆修道院中进行了长达 8 年的植物杂交试验（experiments in plant hybridization）后，于 1865 年提出分离定律和自由组合定律。1866 年，孟德尔以《植物杂交试验》为题，将论文发表在《布隆自然科学研究学会会报》第 4 卷上，他在论文中写道："遗传是以彼此独立的一定的因子为基础，这些因子向下一代植株的传递是以可预测的比例发生，每一因子负责指导某一特定性状的表达。"但是，这两个定律的重要性在当时并未引起人们的注意。直到 1900 年这两个定律才被欧洲三位植物学家在各自的豌豆试验中重新发现，并被统称为孟德尔定律，这奠定了现代遗传学的基础，也标志着经典遗传学时代的开始。

拓展阅读 2-1
分离定律、自由组合定律、连锁和交换定律

三、性状的分类及其遗传规律

1. 性状的分类

畜禽的性状分为数量性状和质量性状两大类，其比较见表 2-1。

表 2-1　质量性状和数量性状的比较

	质量性状	数量性状
性状主要类型	品种特征、外貌特征	生产、生长性状
遗传基础	一对或几对主基因	微效多基因系统
变异表现方式	间断型	连续型
考察方式	描述	度量
环境影响	不敏感	敏感
研究水平	家系	群体
研究方法	系谱分析、概率论	生物统计

畜禽的大多数经济性状都是数量性状，如产蛋量、增重、产奶量、饲料报酬、胴体瘦肉率及毛皮动物的毛长、细度和密度等，所以数量性状在畜牧业中显得特别重要。

2. 性状的遗传规律

（1）数量性状的遗传规律

数量性状（quantitative trait）是指由多基因控制、易受环境影响、呈现连续变异的性状。数量性状的微效多基因假说认为数量性状是由大量的、效应微小而类似但效应可叠加的基因所控制，这些基因间一般没有显隐性关系。评价数量性状的指标是遗传参数，包括遗传力、重复力和遗传相关这三大遗传参数。

遗传力（heritability）是数量遗传的基本参数之一，指数量性状由亲代到子代的传递过程中，可以遗传并予以固定的部分，分为广义遗传力和狭义遗传力。广义遗传力指数量性状基因型方差占表型方差的比例，用 H^2 表示；狭义遗传力指数量性状育种值方差占表型方差的比例，用 h^2 表示。

重复力（repeatability）指家畜个体同一性状多次度量值之间相关程度的度量。

遗传相关（genetic correlation）指群体中不同性状的育种值之间的相关性。

（2）质量性状的遗传规律

质量性状（qualitative trait）由一对或几对基因控制、不易受环境影响、表现为不连续变异的性状。影响质量性状的基因一般都有显隐性之分，且性状表现受环境影响不大。其遗传方式符合孟德尔遗传定律，可以采用经典的孟德尔遗传分析方法予以判断。通过杂交试验判定遗传方式是畜禽质量性状分析最常用的方法，即通过测交的方法判定杂合子或显性纯合子。系谱分析也是判断质量性状遗传方式的常用方法，将家族成员所得到的性状资料按一定格式绘制成图解（系谱），对性状遗传方式的判断必须进行多个系谱综合分析后方能做出准确结论。

第二节　品种

动物生产中，首先要考虑饲养什么样的动物，这些动物有什么样的特点。本节主要介绍品种的概念、品种的形成条件和分类以及影响品种形成的因素。

一、品种和物种

品种（breed）是指在一定的生态和经济条件下，经自然或人工选择形成的动、植物群体。品种具有相对的遗传稳定性和生物学及经济学上的一致性，并可以用普通的繁殖方法保持其恒久性。品种必须能适应一定的自然和人工饲养条件，在产量和品质上符合人类的要求，因此是人类的农业生产资料，是人工选择的历史产物，是畜牧学科中的重要概念。

物种（简称种，species）是指能相互繁殖、享有一个共同基因库的一群个体，并和其他物种生殖隔离。物种是具有一定形态、生理特征和自然分布区域的生物类群，是生物分类系统的基本单位。一个种中的个体一般不能与其他种中的个体交配，是地域原因导致的地理隔离，或由于生理原因，其交配不能产生后代或不能产生有生殖能力的后代的生殖隔离。因此，种是生物进化过程中由量变到质变的结果，是自然选择的产物。

二、品种的标准

1. 经济价值高

作为一个品种必须具备较高的经济价值，能够满足人们的需要。如太湖猪具有高繁殖性能，以产仔数高闻名于世；金华猪以肉质好著称；牦牛耐高寒环境等。

2. 来源相同

凡属同一个品种的家畜，应具备基本相同的血统来源，遗传基础也应非常相似。这是构成一个“基因库”的基本条件。

3. 性状及适应性相似

作为同一个品种的家畜，在体形结构、生理机能、重要经济性状以及对自然环境条件的适应性等方面都很相似，它们构成了该品种的基本特征，据此很容易与其他品种相区别和辨认，即品种特征。

4. 遗传性稳定

品种必须具有稳定的遗传特性，在传代过程中将优良的性状遗传给后代，使品种得以保持延续，而且在与其他品种杂交时能够表现出较高的种用价值。这是品种家畜与杂种家畜的最根本区别。

5. 足够的数量

数量是决定能否保持品种特性、品种结构，不断提高品种质量的重要而基本的条件。数量不足不能成为一个品种。品种内部个体数量多，才能避免过远和过近的亲缘交配，才能保持品种的异质性和生命力，有较广泛的适应性和利用价值。

6. 品种内可以存在一定的品种结构

所谓品种结构，是指一个品种是由若干个各具特点的类群构成。品种内存在这些各具特点的类群（如各具特色的品系），构成了品种遗传的异质性，使一个品种得以不断地更新和提高。

7. **受到社会、政府或品种协会的认可，具有一定的知名度**

作为一个品种必须在社会生产实践中被生产者所接受，得到较大范围的推广。品种的名称及其使用的范围反映它在社会上的知名度和接受程度，其独立存在的特征要由政府或品种协会进行命名或认可，只有这样才能正式称为品种。

三、品种的分类

品种的分类方式主要有 3 种，即按品种的来源和改良程度、品种体型和外貌特征、品种的主要用途进行分类，但也有按分布地域进行分类的，如我国猪的分类。

1. **按来源和改良程度划分**

根据品种改良程度，品种可分为引入品种、原始品种和培育品种。引入品种是指由国外引入的品种，一般具有生长速度快、饲料报酬高的特点。原始品种又称地方品种，一般都是较古老的品种，是驯化以后在长期放牧或家养条件下，未经严格的人工选择而形成的品种，具有适应能力强、体质健壮、抗病力强的特点。培育品种是指有明确的育种目标，在遗传育种理论与技术指导下经过较系统的人工选择过程而育成的畜禽品种。培育品种集中了许多优质高产的特点，主要经济性状的育种值比较高、遗传稳定、经济价值明显高于原始品种、生产性能优良、产品专门化程度高、对饲养管理条件要求较高、但适应性与抗病力以及抗逆性一般不如原始品种。

2. **按体型和外貌特征划分**

① 按体型大小划分：家畜可分为大型品种、中型品种、小型品种三种。例如马有重型品种（重挽马），中型品种（蒙古马），小型品种或矮马（我国云南的矮马、阿根廷的微型马等）。水牛有大型品种和小型品种。家兔也有大型品种（成年体重 5 kg 以上），中型品种（成年体重 3 ~ 5 kg），小型品种（成年体重 2.5 kg 以下）。

② 按角的有无划分：牛、绵羊根据角的有无分为有角品种和无角品种。绵羊还有公羊有角、母羊无角的品种。

③ 按尾的大小或长短划分：绵羊有大尾品种（大尾寒羊）、小尾品种（小尾寒羊）以及脂尾品种（乌珠穆沁羊）等。

④ 根据毛色或羽色划分：猪有黑、白、花斑、红等品种。某些绵羊品种的黑头、喜马拉雅兔的尾巴黑等都是典型的品种特征。鸡的芦花羽、红羽、白羽等也是重要的品种特征。

⑤ 鸡按照蛋壳颜色划分：有褐壳（红壳）品种和白壳品种。

⑥ 骆驼按照峰数划分：可分为单峰驼和双峰驼。

3. **按主要用途划分**

猪根据胴体瘦肉率高低分为瘦肉型和肉脂兼用型；鸡分为蛋用、肉用、兼用、药用和观赏品种；牛有乳用、肉用、乳肉兼用和役用品种等；绵羊有毛用（细毛、半细毛、粗毛、长毛、短毛）、肉用、羔皮用和裘皮用以及侧重点不同的各种兼用品种；山羊分为绒用、肉用、乳用、毛皮用及兼用品种等；马分为挽用、乘用、驮用、竞技用、肉用、乳用及兼用品种；兔有毛用、裘皮用、肉用、兼用品种等；鸽子分肉用品种、信鸽等。

在实践中，人们常常根据需要将这 3 种分类方法结合起来使用，究竟哪种分类方法更合适，要视畜禽种类和有关情况而定。

四、品种形成的因素

品种的形成与社会发展是紧密联系在一起的，会随着自然、社会、经济条件和人工选择方向的变化而发生相应的变化，其中人工选择方向发挥了主导作用，所以不同时代的同一品种在体型、外貌、生产性能上常常会存在较大区别。

1. 社会经济因素

社会需求是形成不同用途培育品种的主要因素。例如，在工业革命之前的社会经济中，由于政治、军事、农业的需要，养马业受到特别的重视。根据用途，人们培育成了许多乘用、役用马品种。在机械工业充分发展以后，马在政治、军事、农业中的作用越来越小，需求发生了很大的改变，马已不再是常规的交通运输工具和农业劳动工具（个别环境仍在使用），有些马品种已经特化为具有运动、娱乐、休闲、观赏综合功能的品种，如有专供舞蹈的舞马、比赛用的赛马、作为宠物的矮马等。

社会经济因素是影响品种形成和发展的主导因素，市场需求、生产力水平、集约化程度等因素都影响品种的形成和发展。工业化所产生的大量城市人口，对乳、肉、蛋、绒、裘、革的需求越来越大，导致了专业化品种的形成如乳用、肉用、蛋用、毛用、绒用、裘皮用以及兼用型品种的畜禽品种的形成。

2. 自然环境因素

影响品种形成的自然环境因素包括光照、海拔、温度、湿度、空气、水质、土质、植被、食物结构等。如牛的品种中，温带地区形成了我国著名的“五大良种”，热带地区形成了耐高温高湿的瘤牛，高寒地区的世界屋脊青藏高原则形成了世界上独特的“高原之舟”牦牛，而河湖密布的湿热地区则形成了水牛等。这些都是在当地自然环境条件下育成的、有明显的地域适应性的品种，如果人为地强行改变其生活环境，它们往往会因不适应新环境而患病或死亡。

第三节　畜禽生长发育与生产性能评定

个体的生长发育是从两性配子结合成受精卵开始的，经过胚胎、幼年、成年到衰老消亡为止的整个生命周期过程。人们饲养动物的目的主要是为了获得人类需要的产品，因此，了解动物生产出人类需要的产品的生长发育基本规律具有重要的经济价值。

一、生长与发育的基本规律

生长（growth）是指生物体及其各种组织结构体积的增大。发育（development）是指多细胞生物从单细胞受精卵到成体经历的一系列有序的发展变化过程。个体通过分化产生和原有细胞不相同的细胞，并在此基础上形成新的组织器官，产生新的机能形态。在正常生活条件下，只有顺利完成发育的个体才能表现出良好的生长状态。

生长和发育在概念上有所区别，生长是发育的结果，是量变到质变的过程；发育是生长的原因，是质变对量变的反馈作用。哺乳动物仔畜脱离母体是生长和发育的重要转折点，据此，生长发育期可分胚胎期和生后期。胚胎期又可根据个体发育特征分为胚期、胎前期和胎儿期；生后期根据个体发育特征分为哺乳期、幼年期、青年期、成年期和老年期。

研究表明，生物个体的生长具有不平衡性、非等速性和顺序性的表现规律，所有组织器官部位或整体在不同时龄的生长都是不平衡的。

1. 生长发育的不平衡性和非等速性

（1）增重的不平衡性和非等速性

个体从形成合子开始，体重就随着年龄的增长而增加，通常年龄越小生长强度越大。当然，在胚胎期内或出生后也是早期大于晚期，这种非等速不平衡生长是普遍现象。一般到性成熟时基本完成生长过程。

（2）体躯的不平衡性和非等速性

从整体观察个体的生长变化，首先是从头开始向后生长，接着从尾开始向前生长，头和尾两生长波汇合于腰荐处；其次是从四肢系部（草食及杂食动物）向上生长并汇合于体轴处或从体轴处（肉食动物前肢）向下生长致使肩胛部轻小而下肢粗大。个体的体躯长度、宽度和深度的生长强度也随年龄改变。

（3）体组成的不平衡和非等速性

生后早期长骨骼，晚期长脂肪是个体生长中的普遍现象。图 2–1 展现了猪的体组成生长曲线变化过程，可以看出猪出生后正常的生长优势排列顺序为骨骼 – 肌肉 – 脂肪。

2. 生长发育的顺序性

生物个体各组织器官都按一定程序依次分化生长，按其物种生物钟运转，表现该物种或品种特有的各种能力的过程称为生理成熟。生理成熟主要有 5 种：

① 分娩成熟：胚胎期个体在分娩时达到的发育成熟程度。不同物种的分娩成熟程度是有很大区别的，马和牛的仔畜初生时机能形态完整，生后不久即可独立站立行走；而狗

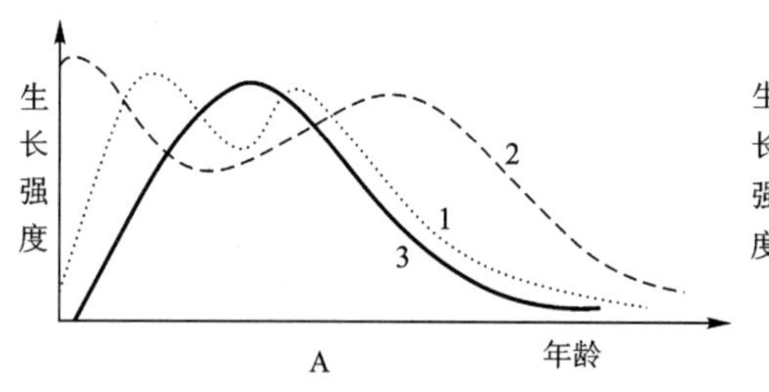

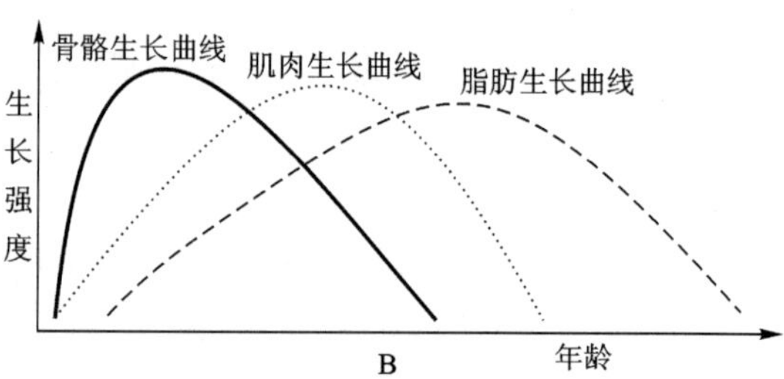

图 2–1　猪的体组成生长曲线变化过程

A. 个体一生体躯生长强度变化曲线：1. 长度生长变化曲线；2. 宽度生长变化曲线；3. 高度生长变化曲线。
B. 猪体组成的生长高峰的变化过程

和兔的仔畜初生时机能形态不完整，体表少毛需经哺育后才能逐渐开始独立活动。

② 哺育成熟：新生个体从生后达到可脱离双亲保护而能独立生活时的发育成熟程度。各物种达到哺育成熟的程度标准是一致的，即能适应环境独立生活。

③ 性成熟：幼年动物个体达到能够产生、排出成熟的生殖细胞，并出现一系列性行为表现时的发育成熟程度。

④ 体成熟：动物个体达到自身生长停止时的发育成熟程度。

⑤ 经济成熟：动物个体达到能向人类提供适宜产品时的发育成熟程度。各种畜禽的经济成熟差异极大，以刚生下来的山羊羔的“猾子皮”为适宜产品的山羊，其经济成熟极早；需经过 6 个月左右饲养才能上市的猪，其经济成熟期较长；而生后 28 个月左右才能挤奶的奶牛，其经济成熟期更长。

二、生长与发育的测定方法

度量生长发育的状况多采用定期测量的办法，主要是观察整体、部位、器官和组织随个体年龄改变所发生的变化。这要求在个体的不同年龄的时间点上观察度量所需的有关数据。

1. 累积生长

表示动物个体任一时点的生长结果度量值称为累积生长。如将不同年龄的个体生长值画在以年龄为横坐标，生长值为纵坐标的坐标系内并连成曲线，即可获得累积生长曲线（见图 2–2）。

2. 绝对生长

我们通过观察动物个体在一定时期内的平均生长值来说明动物个体在此时期内的绝对生长速度。个体的平均生长速度在不同阶段是不同的。生长早期由于个体小，绝对生长也小，以后随着个体成长，其生长速度也逐渐加快，但达到一定水平时又开始下降。如将不同年龄时的个体生长速度用曲线表示出来，此曲线在理论上是呈钟状对称的正态曲线（见图 2–2 中的绝对生长曲线），其最高点相当于累积生长曲线的转折点，此点是动物个体性成熟的时间点。

3. 相对生长

动物个体在一定时间内的生长值占初始值的比例即为一定时期的相对生长强度，表示任一时间内的生长强度比率称为相对生长。个体的相对生长强度在不同阶段也是不同的，

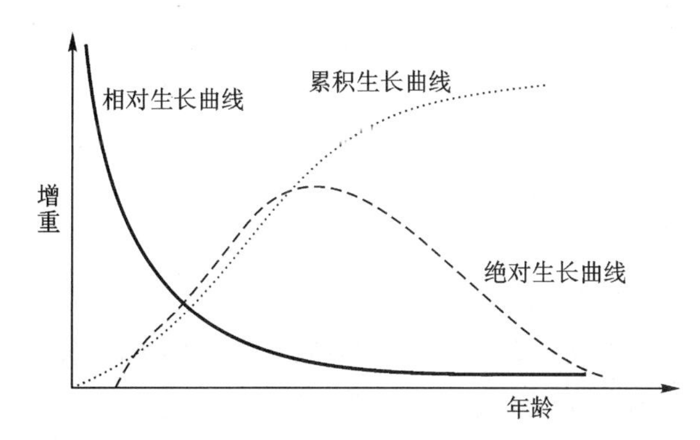

图 2–2　不同生长曲线的理论图形比较

根据图 2-2 中的相对生长曲线就可以看出此曲线随年龄增长而下降。因为个体在幼年时发育生长最强烈，随年龄增长而下降，成年后相对生长强度趋于稳定，甚至接近于零。

三、影响畜禽生长发育的因素

畜禽个体在生长发育全程中，其外形特征和体格的类型称为体型。个体的体型随其生长发育而有相应的变化表现，体型是个体生长发育状况的外在表现形式。因此，必须结合个体的体型来考虑个体的生长发育状况。影响个体生长发育的因素主要包括年龄、性别和类型三个因素。

1. 年龄因素

幼龄和成年个体的外形是不同的。幼龄个体相对表现为头大、体高而短、体躯窄浅。成年个体相对表现为体长而宽。个体成年外形并不是按幼龄结构比例进行等比放大的。个体外形变化随年龄增长，首先增加长度，其次增加深度，最后增加宽度。

2. 性别因素

同一品种内不同性别个体间外形差异很大，尤其在非限制性高营养水平下饲养时，两性个体大小差别明显，一般是雄性个体大于雌性个体。雄性个体骨骼肌肉发达，生长速度较快，即使达到成年时雄性个体仍大于雌性个体。一般雄性个体生长快于雌性个体，牛、羊从出生后开始，马从 1 岁半后开始表现出来。除两性生长速度影响个体体型外，还有因不同性器官及其功能造成的第二性征的两性差别。例如，雄性牛与羊有角，雄性的马与猪有犬齿等。

3. 类型因素

同一物种内不同类型差别十分明显。肉用家畜整体呈砖形、体躯深宽平直、肌肉发达、头小颈短、臀部宽广丰满，如猪、肉牛等。乳用家畜整体呈三角形、体躯清秀、轮廓明显、棱角突出、体大肉少、精神活泼，如奶牛和奶山羊。役用家畜则头大、颈短多肉、胸深、肩长而斜、四肢结实、肌肉发达、骨骼良好。

四、畜禽生产性能测定指标及评定方法

在畜禽育种中，生产性能测定（performance testing）是指确定畜禽个体在有一定经济价值的性状上的表型值的育种措施。其目的在于：①为畜禽个体遗传评定提供信息；②为估计群体遗传参数提供信息；③为评估畜群的生产水平提供信息；④为畜牧场的经营管理提供信息；⑤为评估不同的杂交组合提供信息。

1. 生产性能测定的一般原则

生产性能测定的一般原则包括 4 个方面：测定性状的选择、测定方法的确定、测定结果的记录和管理以及性能测定的实施。

（1）测定性状的选择

①测定的性状应具有足够的经济意义；②测定的性状要有一定的遗传基础，在选择性状时要考虑是否有从遗传上改进的可能性；③所选择的性状需尽可能地符合生物学规律，如在奶牛的产奶性能上，用泌乳期的产奶量就比用年产奶量更符合奶牛的泌乳规律。

（2）测定方法的确定

①所用的测定方法要保证得到的测定数据具有足够的准确性；②所用的测定方法要有足够的广泛适用性；③尽可能使用经济实用的测定方法。

（3）测定结果的记录与管理

①测定结果的记录要做到简洁、准确和完整；②清楚记录影响性状表现的各种可以辨别的系统环境因素，如年度、季节、场所和操作人员等；③对记录的管理要便于经常调用和长期保存。

（4）性能测定的实施

①应该由一个中立的、权威的监测机构去组织实施；②要考虑性能测定的最佳投入产出比；③在一个育种方案的范围内，性能测定的实施要有高度的一致性；④性能测定的实施要有连续性和长期性；⑤要随着市场的变化和技术的发展调整测定性状和改进性能测定方法。

2. 生产性能的测定指标与评定方法

畜禽生产性能的种类有产肉性能、产乳性能、产毛性能、产蛋性能、役用性能和繁殖性能等。

（1）产肉性能指标

① 经济早熟性：指畜禽在一定的饲养条件下，能早期达到一定体重的能力。通常以达到适宜屠宰体重的年龄作为经济早熟性的指标。

② 日增重：一般指断奶至屠宰整个育肥期间的平均日增重。畜禽的绝对增重先随年龄而增高，其后又随年龄而降低。

③ 饲料利用效率：在我国多以育肥期中平均每单位增重的饲料消耗量来表示。具体计算方式有料肉比（耗料比）和饲料转化率两种，料肉比越大，饲料利用率越低。

④ 屠宰率：指胴体重（对于猪而言，多指去除头、蹄和内脏的胴体冷却 24 h 后的质量；牛、羊还要去皮）占屠宰前空腹重的比例。

⑤ 膘厚：为猪的专用指标，膘愈薄说明瘦肉率愈高。

⑥ 眼肌面积：对于猪而言，一般是指最后一对腰椎间背最长肌的横断面面积。

⑦ 肉的品质：主要包括肉色、肉味、嫩度、系水力、大理石纹和 pH 等。

■ 肉色：肌肉色泽取决于血红蛋白和肌红蛋白。牛的脂肪色泽取决于黄色素多少。肉色一般随年龄而加深，幼年色浅，老年色深。

■ 肉味：取决于肌浆与脂肪含量。

■ 嫩度：取决于肌纤维和肌纤维束的大小和结缔组织强度。随着年龄的增长，肌纤维的直径加大，纹理变粗，结缔组织的胶原含量增加，故肉质坚韧。

■ 系水力：指屠宰后胴体肌肉保持水分不向外渗出的能力。

■ 大理石纹：是衡量瘦肉中的脂肪分布状况的一种指标。脂肪适度分布在肌束间形成红白相间的大理石纹。

■ pH：是研究肉品质的重要指标，屠宰后肉的 pH 对肉品质有着重要影响。可以通过对屠宰后肉的 pH 进行测定，判定肉品质的变化。

（2）产乳性能的指标

乳用家畜主要包括奶牛和奶山羊等。评定产乳性能的主要指标有产奶量（年产奶量、泌乳期产奶量、305天产奶量和成年当量）、平均乳脂率、标准乳产量、泌乳均衡性、排乳速度等，将在后面的章节中做详细介绍。

（3）产毛性能的指标

绵羊和山羊是主要的毛用家畜。产毛性能包括剪毛量、净毛率、毛的品质、裘皮和羔皮品质等。相关知识将在后面的章节中做详细介绍。

（4）产蛋性能的指标

产蛋性能指标是指家禽的产蛋量、蛋重、蛋品质（蛋壳强度、蛋白品质、蛋形、蛋壳色泽和厚度、蛋黄量、血斑等）、料蛋比等。

（5）役用性能的指标

役用家畜有马、牛、驴、骡、骆驼等，它们在我国当前农业生产中还起着相当重要的作用。役用性能的评定指标主要是挽力、速度和持久力。

（6）繁殖性能的指标

繁殖性能是指单位时间内家畜繁殖后代数量的能力，分为三种：第一种是潜在繁殖力，用所产生的成熟性细胞数来表示，包括排卵数、受胎率（受精率）等；第二种是实际繁殖力，用出生的活仔畜数来表示，如产（活）仔数，孵化率；第三种是有效繁殖力，用实际投产的后代性能来表示，如初生重、初生窝重、泌乳力、断奶窝重、断奶仔数等。

第四节　畜禽育种原理与方法

畜禽生产中必然会遇到扩群繁育问题，针对畜禽提供产品的特点，合理、经济、高效地组织畜禽的选种、选配，利用生物技术对畜禽的性状进行评估，提高畜禽质量和数量是畜禽生产十分关键的策略问题。

一、选种

选种是育种中十分重要的工作，按照选种的外界因素，可将选种分为自然选种（即由通过自然界的力量完成的选种过程）和人工选种（即由人类施加措施实现的选种过程）。人工选种的实质在于由育种者来决定哪些家畜作为种畜来繁殖后代。即打破了繁殖的随机性，仅选择性能表现优异的个体参加繁殖，而剥夺其他个体繁殖的机会，由此实现所谓的“选优去劣”。

在被估测个体出生前，选种工作只能利用祖先等亲属资料，个体出生后可逐渐结合个体本身的资料，若个体有后代，则后代成绩是选种的主要依据。

1. 单性状的选种方法

单性状的选种就是利用个体表型值和家系均值进行选种，可分为个体选择、家系选择、家系内选择和合并选择。

（1）个体选种

又称大群选种，是传统的选种方法，即根据个体本身单性状的表型值大小进行排队选种，当性状具有较高遗传力时，这种方法也可获得较大的遗传进展。

（2）家系选种

以整个家系作为一个选种单位，只根据家系均数的大小决定是否留种。家系指的是全同胞和半同胞家系。在家系选择中又有两种情况：①被选个体就在家系均数之内的选择称为家系选择；②不被包括在家系均数之内的，实际上是同胞选择。家系选择更适于遗传力偏低的性状，这是由于当家系很大时，个体间的环境偏差在家系均数中相互抵消了大部分，使得家系表型值均数接近于育种值均数。

（3）家系内选种

在稳定的群体结构下，不考虑群体均数的大小，只根据个体表型值与家系均数的偏差来选留种畜，在每个家系中选留最好的个体可以避免家系内共同环境效应较大时所带来的选种偏差。

（4）合并选种

对于家系均数和个体、家系的偏差给予不同的加权，将加权后的数值合并为一指数，以这一指数进行选种，其准确性高于其他选种方法。

2. 多性状的选种方法

实际生产中涉及生产效益的性状往往不止一个，而且各性状间往往存在着不同程度的遗传相关，因此，在育种中应对多个有经济意义的性状进行选择，以获得最大的经济效益。多性状选择有顺序选择法、独立淘汰法、综合指数法、最佳线性无偏预测法（best linear unbiased prediction，BLUP）和分子标记辅助 BLUP（marker-assisted BLUP，MBLUP）等方法。

（1）顺序选择法

又称单项选择法，是对多个目标性状依次逐一进行选择的方法。顺序选择法费时、烦琐，对存在负相关作用的性状选择效果不好。

（2）独立淘汰法

又称独立水平法，是指为每一个目标性状规定一个最低选择标准，当候选个体在任何一个性状上的表现低于相应的标准时，给予淘汰的一种对多性状选择的方法。独立淘汰法不可避免地容易将那些在大多数性状上表现突出，而在个别性状上有所不足的家畜个体排斥在育种群外，却将那些在各性状均达标，但无突出之处的个体留作种用。

（3）综合指数法

是将计划改进的各性状按其遗传基础和经济意义，分别给予适当的加权，然后综合为一个综合指数，个体的去留不再依据个别性状的水平，而是依据综合选择指数的大小。综合指数法可以将各性状的优点和缺点结合在一起，综合地给予评价，并用经济指标表示个体的综合遗传素质。因此，综合指数选择法具有最好的选择效果。

（4）BLUP 法

1949 年，Henderson 提出处理不均衡资料的混合模型方程组（mixed model equation）

方法；1966 年该法被应用于动物育种值估计中，形成了 BLUP 法。BLUP 法将选择指数法和最小二乘估计方法有机结合起来，在同一个混合模型方程组中，既估计出固定的环境效应和遗传效应，又预测出随机的遗传效应（育种值），获得的个体育种值具有最佳线性无偏性：具有估计值方差最小、估计值无偏、可消除因选择和淘汰等造成的偏差等特性，精确性较高。BLUP 法是目前世界上主要的育种值估计方法。

（5）MBLUP 法

20 世纪 90 年代以来，随着分子生物学技术的快速发展，涌现了大量分子标记，将分子标记提供的信息引入到 BLUP 法中，形成分子标记辅助的 BLUP（MBLUP）法。MBLUP 法将表型信息和分子标记信息有机结合起来，从分子水平对产生个体间表型差异的原因进行精细剖分。分子标记具有多态性丰富、检测效率高、不受年龄、性别限制等优点。MBLUP 法改善和提高了畜禽遗传评定的效率和准确性，尤其是在限性性状、低遗传力性状及难以度量性状的遗传评定上具有较大优势。

二、选配

选配可以创造新的有利基因型，提高有利基因型的频率，而基因型是性状表现的基础。选配就是根据育种的目标，有计划、有目的地组织公母畜的配种方案，以期将双亲优良的遗传基础组合到后代的个体中，从而获得优良的生产性能。

1. 选配的意义

在育种工作中，选配的作用可概括为以下两方面。

（1）固定优秀的基因型

例如，将具有不同遗传优势的公羊和母羊进行交配，可将高产的优秀基因型固定，扩大种群的遗传稳定性。

（2）创造新的优秀基因型

例如，将具有不同遗传优势的公羊和母羊进行配种，其后代会出现各种不同组合的基因型，通过选择可以获得具有新特征和特殊遗传优势的基因型。此外，通过这种优势互补的选种，可扩大畜群内的遗传变异程度，对长期连续的纯种繁育的畜群来说是提高遗传变异的一项重要措施。

2. 选配的方法

选配的方法见图 2-3。

个体选配考虑与参与选配个体间基因的亲和力，以及后代可能表现的性状是否符合育种目标和生产要求。品质选配是根据交配双方的“品质”异同决定选配的组合，品质既可以指体型、生物学特性、生产性能等一般表型特征，又可指遗传素质、基因型和育种值。同质选配又称选同交配，当只依据双方表型的相似性进行选配时可称“同型选配”；同质选配是以各种表型特征的相似性为基础，选择性能表现一致、育种值均优秀的公母畜交配，以期获得与双亲相一致或相似甚至优于双亲的优秀后代。异质选配又称选异交配，当仅依据交配双方的表型差异进行选配时可称“异型选配”；异质选配存在两种情况，一是结合性的异质选配，是将不同优良特性的公母畜组合交配，以期将双亲的优良特性结合于

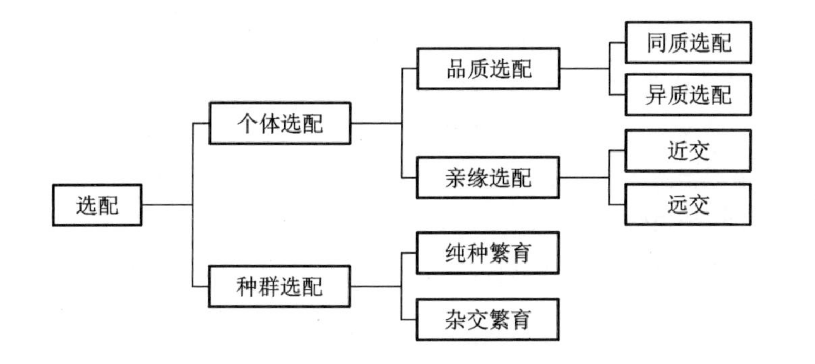

图 2-3　选配的方法

后代；另一种情况是改良性的异质选配，即用同一性状表现优劣不同的公母畜进行交配，以期以一方优秀的特性改良另一方不理想的缺点，实现改良的目的。亲缘选配是根据交配双方亲缘关系来决定选配的组合，如交配双方有较近的亲缘关系，称为近亲交配，简称近交；而交配双方亲缘关系较远，甚至没有亲缘关系时，称为远亲交配或非亲缘交配，简称远交。理论上将 6 个世代以内有共同祖先的公母个体，即其所生后代的近交系数在 0.78% 以上者，称为近交。

近交的遗传效应主要体现在以下几方面：①固定优良性状；②剔除有害基因；③保持优良个体的血统；④提高畜群的同质性。近交后代会在生产性能、生长发育、繁殖性能、生理机能、适应性等方面表现不如非近交个体的减退现象，称为近交衰退。在家畜育种实践中，充分利用近交有利的一面，防止近交衰退是畜牧生产成败的关键。

种群选配分为纯种繁育和杂交繁育两大类。纯种繁育又称本品种选育，是在一个种群范围内，通过各种选种、选配的方法，以期保持和发展种群的优良特征特性。通过纯种繁育可增加种群内优良个体的数量，通过提高种群的生产性能水平，不断克服和改良缺点，保持和提高种群的纯度。杂交繁育是选择来自不同种群的个体，按照一定的组合方式进行配种。杂交一般泛指不同品种间的个体的交配，同一品种内不同品系间的交配称为品系杂交，不同种属间动物的交配称为远缘杂交。杂交这一选配方式既可以用于育种，也可以用于生产。

三、品系繁育

品系繁育是家畜育种工作中重要的繁育方法，因为品系是育种工作者施以育种技术措施最基本的种群单位。品系是一系列各具特点的群体，具有丰富品种结构、控制品种内部差异和使品种的异质性系统化的作用。品系繁育（line breeding）是指在保持某一品种群原有生产性能和体外形基本特点的基础上，按预定目标进行定向培育，创造具有独特性能品系的育种方式。品系繁育的全过程不仅是为了建立品系，更重要的是利用品系加快种群的遗传进展，加速现有品种的改良，促进新品种的育成和充分利用杂种优势。

1. 品系的概念与类型

品系（strain）是源于一个共同的祖先而且具有特定基因型的一个生物种群。在遗传学上，一般指自交或近亲繁殖若干代以后所获得的某些遗传性状相当一致的后代。品系一般是指来源于同一头卓越系祖（公畜）的畜群，具有与系祖类似的特征和特性，并且符合该品种的标准。品系应具备下列条件：①有突出的优点，这是品系存在的首要条件，也是区分品系间差别的主要标志；②性状遗传稳定；③血统来源相同；④有一定的数量。

品系是畜牧生产发展到一定水平后才出现的。从历史发展看，品系大体可以分为五类：

① 地方品系：指由于各地生态条件和社会经济条件的差异，在同一品种内经长期选育而形成的具有不同特点的地方类群。

② 单系：指来源于同一头卓越系祖，并且具有与卓越系祖相似的外貌特征和生产性能的高产畜群。

③ 近交系：指通过连续近交形成的品系。

④ 群系：指由群体继代选育法建立起来的多系祖品系。

⑤ 专门化品系：指具有某方面突出优点，并专门用于某一配套系杂交的品系，可分为专门化父本品系和专门化母本品系。

2. 品系繁育方法

进行品系繁育首先要建立品系，目前常用的建系方法包括系祖建系法、近交建系法和群体继代选育法三种。

系祖建系法首先要在品种内培育出突出的优秀个体作为系祖。系祖的标准是相对的，既要避免随便选取普通家畜，但也不能脱离实际地要求十全十美，根据基因型选择系祖更为准确。找出了系祖后，就应充分发挥作用，以便获得它的大量后代，而且从中选留具有系祖突出优点的后代，这些后代汇集在一起，即建立了具有系祖优点的品系。

近交建系法是选择了足够数量的公母畜后，根据育种目标进行不同性状和不同个体间的交配组合，然后进行高度近交，如亲子、全同胞或半同胞交配若干世代，使优秀性状的基因迅速达到纯合，通过选择和淘汰建立品系。

群体继代选育法是从选择基础群开始的，然后闭锁繁育，并在这闭锁群内逐代根据生产性能、体质外形、血统来源等进行相应的选种选配，直至培育出符合预定品系标准、遗传性稳定、整齐均一的群体。

3. 专门化品系

专门化品系是指生产性能“专门化”的品系，是按照育种目标进行分化选择育成的。每个品系具有某方面的突出优点，不同的品系配置在完整繁育体系内不同层次的指定位置，承担着专门任务。专供作父本的专门化品系称为父系，专供作母本的称为母系。在培育专门化品系时，父系的主选性状为生长、胴体、肉质性状，而母系的主选性状为繁殖性状，并辅以生长性状。从现有材料来看，培育专门化父系和母系较兼用品系至少有以下好处：①有可能加快选择进展；②专门化品系用于杂交体系中有可能取得互补性。

四、杂种优势的利用

远在汉唐时代，人们就从西域引进了大宛马与本地马杂交，生产优美健壮的杂种马，并总结出“既杂胡种，马乃益壮”的宝贵经验。在当今畜牧业发达的国家，90%的商品猪肉产自杂种猪，肉用鸡几乎全是杂交鸡，蛋鸡、肉牛和肉羊等也都是采用杂交方式生产。现代动物生产利用杂种优势以获得巨大的经济效益已成为一种趋势。杂种优势利用已成为现代工厂化养畜业的一个不可缺少的环节，在方法上也日益精确与高效，已由一般的种间或品种间杂交，发展成配套杂交的现代化体系。

1. 杂交、杂种优势的概念和作用

在本种群范围内，通过选种选配、品系繁育、改善培育条件等措施，以提高种群性能的育种方式叫作纯种繁育（pure breeding），而不同基因型的个体之间交配，取得双亲基因重新组合的个体的方法叫作杂交（hybridization）。杂交的作用可概括为以下几个方面：①增加杂合子的频率；②提高杂种群体均值，即杂种优势现象，而把杂种群体均值高于亲本群体平均的部分称为杂种优势；③产生互补效应。

杂种优势（heterosis）指两个遗传组成不同的亲本杂交产生的杂种第一代，在生长势、生活力、抗逆性、产量和品质上比其双亲优越的现象。实践证明，并不是所有的杂交后代都存在杂种优势，为了获得理想的杂种优势而进行的杂交亲本的选种、选配、杂交组合的筛选与杂交工作的组织等综合起来就构成了杂种优势的利用体系。

2. 杂种优势的表现规律

（1）F_1 的优势表现

杂交后代的优势表现有以下四个基本特征：①杂种第一代许多性状综合地表现突出；②杂种优势大小，大多数取决于双亲性状间的相对差异和相对补充；③杂种优势的大小与双亲基因型的高度纯合具有密切的关系。只有双亲基因型的纯合程度都很高时，F_1 群体的基因型才能具有整齐一致的异质性，不会出现分离混杂，才能表现明显的优势；④杂种优势的大小与环境条件的作用也有密切的关系。

（2）衰退表现

由于 F_2 群体内出现的性状分离和重组，所以 F_2 与 F_1 相比较，生长势、生活力、抗逆性和产量等方面都显著地表现下降，即所谓衰退现象。每个亲本的纯合程度愈高，性状差异愈大，F_1 表现的杂种优势愈大，则其 F_2 表现衰退现象也愈加明显。

（3）不同的经济性状表现出不同的杂种优势

① 低经济的性状容易获得杂种优势：如产仔数（$h^2=0.15$），初生重（$h^2=0.21$）和断奶窝重（$h^2=0.17$），这些性状遗传力低，主要受非加性基因的影响，近交时退化严重，杂交时优势明显，应重视杂交的配合力测定，以提高杂种优势，若通过纯繁来提高杂种优势则进展缓慢。

② 中等经济的性状：杂交时有中等的杂交优势，如断奶后的增长速度（$h^2=0.22\sim0.41$）和饲料利用率（$h^2=0.3\sim0.48$），受加性和非加性基因的影响中等。

③ 高经济的性状：不易获得杂种优势，杂交的影响很小，如胴体长度（$h^2=0.62$）、椎骨数（$h^2=0.75$）、背膘厚度（$h^2=0.4\sim0.7$）、眼肌面积（$h^2=0.4\sim0.7$）、大腿比例（$h^2=0.4\sim0.56$）等，这些性状遗传力高，主要受加性基因的影响，通过杂交改进不大。

3. 利用杂种优势的措施

杂种优势利用是一整套综合措施，包括以下几个主要环节。

（1）杂交亲本种群的选优与提纯

杂交亲本种群的选优与提纯是杂种优势利用的一个最基本的环节。选优就是通过选择使亲本种群原有的优良、高产基因的频率尽可能增大；提纯是按照良种标准和选种要求，提高良种纯度和保持良种优良性状的措施，也就是通过选择和近交，使得亲本种群在主要性状上纯合子的基因型频率尽可能增大，个体间的差异尽可能减小。

（2）杂交亲本的选择

亲本遗传基础（基因型）差异越大，杂种优势表现就越明显。母本选择与父本品种选择要求不同。选择父本应着重考虑生长速度快、饲料报酬高和胴体品质好的品种；母本则看重产仔数多、泌乳力高、母性好的品种。一般来说，引入品种具备体型好、体重大、生长快、饲料报酬高等特点，地方品种则具备繁殖力高、母性强、耐粗饲、抗寒耐热等特点，前者宜作父本，后者宜作母本。

（3）杂交方法的选择

杂交方法直接影响杂交效果。杂交方法需要根据当地市场需要和自然经济条件、畜群情况、技术水平、饲养管理水平和杂交组合测定效果来决定。

（4）配合力测定和杂种遗传力

估测杂种优势需进行配合力测定。配合力测定是指不同品种和品系间配合效果的试验，配合力可分为一般配合力和特殊配合力两种类型。通常通过杂交试验进行的配合力测定，主要是测定特殊配合力。特殊配合力一般以杂种优势率表示。

杂种遗传力指加性方差占杂交子一代方差的比率。这一概念由吴仲贤和李明定于 1986 年提出。从生物的角度来看，杂种遗传力含义更加深远。当两个品种杂交时，可以得到一个遗传力较高的杂种；当两个杂交种再杂交时，它的二代杂种遗传力就更高，如果这种过程进行下去，将得到 n 代杂种遗传力，它的值接近于 1，此时所有后代个体都表现这一性状，该性状就变成本能。

（5）创造适宜的饲养管理条件

性状的表现是遗传基因与环境共同作用的结果。在环境条件中，营养对杂交优势的影响较大，只有创造适宜的饲养管理条件才能最大限度发挥杂交优势。

4. 杂交方式及杂交效果评价

杂交的目的是使各亲本群体的基因配合在一起，创造出更为有利的新基因型。因具体情况不同，可采用的杂交方式主要有以下几种。

（1）二元杂交

二元杂交又称二品种经济杂交，其方法是以两个不同品种的父母本杂交，专门利用一代杂种的杂种优势，无论公母畜全部作为商品使用。这种杂交方法简单易行，特别是在选择杂交组合时较为简单，只需做一次配合力测定；而且杂种优势明显，并具有良好的实际效果。

（2）三元杂交

三元杂交即先用两个种群杂交，产生在繁殖性能方面具有显著杂种优势母畜，再用第三种群作为父本与之杂交，以生产经济用畜群。三元杂交一般比二元杂交效果更好，由于利用杂种一代作母本，从而在相当大程度上减少纯繁母本，以节省开支提高效益。

（3）四元杂交（双杂交）

实践证明，双杂交比单杂交杂种具有更强的杂种优势。以双杂交的商品猪为例，其生活力强，生产性能高。双杂交的优点如下：①遗传性更广泛，从而形成较大的杂种优势；②充分利用杂种公猪的优势，这种优势表现为配种能力强，可以少养多配并延长使用年限；③由于大量利用杂种繁殖，这样就可以少养纯种，饲养纯种比饲养杂种成本高；④杂种一代中，除留作二级杂交用的父本和母本以外，其余完全可作育肥用的商品猪群，而且杂种的育肥性能要比纯种好。

（4）轮回杂交

即两、三个或更多个品系轮番杂交，杂种母畜继续繁殖，杂种公畜供经济利用。这种杂交方式的优点是：①除第一次杂交外，母畜始终都是杂种，有利于利用繁殖性能的杂种优势；②对于单胎家畜，繁殖用母畜需要较多，杂种母畜也需用于繁殖，采用这种杂交方式最合适。因为简单杂交不利用杂种母畜繁殖，三元杂交也需要经常用纯种杂交以产生新的杂种母畜，对于繁殖力低的家畜，特别是大家畜都不适宜；③这种杂交方式只要每代引入少量纯种公畜，或利用配种站的种公畜，不需要本场维持几个纯繁群，在组织工作上方便得多；④由于每代交配双方都有相当大的差异，因此始终能产生一定的杂种优势。只要杂交用的纯种较纯，种群选择合适，这种方式产生的杂种优势不一定比其他方式差。

（5）顶交

顶交指近交系公畜与无亲缘关系的母畜交配，这种方式主要用于近交系的杂交。

上述各种杂交方式都有各自的优缺点，具体应用时应选择最经济并且效果好的杂交方式。

五、生物技术在动物遗传育种中的应用

随着遗传学及分子生物学研究的不断深入，现代生物技术已发展成为一门揭示生物的遗传、生长、分化及免疫等各种复杂的生命现象的手段。人类通过应用生物技术可对蛋白质、核酸、糖类等生物大分子的结构及功能进行研究和改造，为畜牧生产、畜产品加工、农作物生产等服务，以求达到人类预期的生产目的。如今，动物基因图谱的构建、数量性状基因座（又称数量性状位点，quantitative trait loci，QTL）定位、转基因技术、遗传标记及动物基因组分析等技术都在动物遗传育种中得到了广泛的应用。生物技术产业已成为21世纪的支柱产业之一，社会经济的进步将有赖于该领域的研究进展。

1. 基因图谱

（1）基本概念

动物基因图谱（gene map）是描述了动物基因组中鉴别出的全部基因的位置、结构和功能的图谱。广义地讲，动物基因图谱有四种：遗传图谱（genetic map）、物理图谱（physical map）、转录图谱（transcription map）和序列图谱（sequence map）；而狭义的理解是指遗传图谱和物理图谱。其中，遗传图谱是定位重要生产性状基因和分子标记辅助选择技术的基础，物理图谱则是位置克隆和体外操作重要生产性状基因的指南。比较DNA标记在遗传图谱和物理图谱中的位置，将遗传图谱和物理图谱合并起来就形成了基因图谱。

基因图谱的构建是遗传学研究的一个很重要的领域，动物基因图谱是动物基因组结构和功能研究以及数量性状基因座定位研究的基础，也是未来动物育种的主要依据和手段。

构建基因图谱的意义在于了解控制生产性能、抗病力、抗应激反应力等诸多性状的基因的结构与功能；采用分子标记辅助选择或基因型选择法改良畜群以及研究不同动物种间基因组型及进化关系等。

（2）基因图谱的构建方法

遗传图谱又称连锁图谱（linkage map）或遗传连锁图谱（genetic linkage map），它是指利用遗传重组率作为染色体上线性排列的基因间相对距离而确定的图谱，它标明了种系细胞在减数分裂时基因座发生重组的概率，从而标记出基因间的距离和连锁情况。遗传图谱的研究经历了从经典的基因连锁图谱到现代的 DNA 标记连锁图谱的过程。遗传图谱中基因位点间的距离用厘摩（cM）表示，重组率是根据交换率来估计的，两个基因位点之间 1cM 的距离表示在 100 个配子中有 1 个重组子。在哺乳动物中，遗传图谱上 1cM 的距离大约相当于物理图谱上 1 000 000 个碱基对。目前，随着 DNA 分子遗传标记的不断发展，构建遗传图谱的方法也不断完善，主要是利用 DNA 限制性片段长度多态性（RFLP）、随机扩增多态性 DNA（RAPD）、微卫星（MS）、扩增片段长度多态性（AFLP）、单核苷酸多态性（SNP）等方法构建遗传图谱。构建遗传图谱的一般步骤包括：选择亲本→建立参考价家系→选择多态性分子标记→检测 DNA 位点的基因型→进行连锁分析和构建连锁图→确定连锁群与染色体的关系。

物理图谱是指在 DNA 分子水平描述基因与基因间或 DNA 片段之间相互关系的图谱。它是利用细胞和分子遗传学原位杂交的方法和体细胞杂交的方法来建立的，通过确立标记物（如基因、限制性内切酶位点、RFLP 标记定位以及染色体条件显带区）在染色体上的位置及物理长度（如核苷酸对的数目、染色体显带的数目），其反映了基因之间的实际距离。构建物理图谱的方法主要有限制性酶切作图、荧光原位杂交、序列标记位点、体细胞杂交和构建酵母人工染色体文库等。在物理图谱中，基因位点间的距离用碱基对（bp）和千碱基（kb）对来表示。

（3）基因图谱在动物遗传育种中的应用

动物基因图谱研究的最终目的是绘制出包含所有基因在内的完整基因图谱。制作出高密度、高分辨率的动物基因图谱，将有利于分析控制动物 QTL 的数量、位置及它们对相应表型的影响。随着生物技术日新月异的拓展和广泛应用，畜禽基因图谱饱和度将大幅度提高，QTL 的定位和标记辅助选择等技术将会随之得到迅速发展，不仅可对 QTL 连锁进一步分析，找出 QTL 或与之连锁的 DNA 标记，实现找出有利的基因型并利用 DNA 标记进行选种的目的；而且对 QTL 的准确定位，探明 QTL 对表型的贡献也起着关键作用。更精细的基因插入技术和表达控制技术将成为现实，或者通过了解基因的开启机制来控制基因的表达水平，有望将人的组织相容性基因转移给猪，使猪能提供组织器官，供人体移植使用；利用转基因动物生产如人凝血因子、血红蛋白、人尿激酶等具有生物学活性的药用蛋白质。另外，准确的基因转移会大大地提高畜禽生产性能，对猪的 *ESR* 基因、*FSHB* 基因、*Hal* 基因、*K88* 受体基因，牛的双肌基因、抗蜱基因、与产奶量有关的 *Weaver* 基因，绵羊的 *Booroola* 基因、*Spide* 基因，鸡的 *Dw* 基因、裸颈基因等，这些重要的经济性状基因的定位已经或正陆续报道出来，必将为畜牧业生产带来巨大的经济效益和社会效益。

2. QTL 的定位

（1）QTL 的概念与定位方法

QTL 是一特定染色体片段，是对某一数量性状有一定决定作用的单个基因或微效多基因簇。这一研究一改传统数量遗传学将控制某个数量性状的多个基因作为一个整体来研究的方法，直接将研究目标指向各个基因座，借助各种遗传标记，通过统计学，将影响数量性状的多个基因剖分开来，使其定位于特定的染色体上，进而分析各 QTL 对数量性状的影响大小及其互作效应。这样就可以充分利用先进的分子生物学技术对数量性状进行遗传操作。

QTL 定位的策略：是利用 QTL 与遗传标记之间的连锁关系，在一个大群体中进行标记基因型和被测数量性状表型值记录，通过统计方法进行连锁分析，确定连锁关系。实现 QTL 定位的基本步骤为：①选择用于定位的合适的遗传标记；②选择在所研究数量性状上处于分离状态的纯系或高度近交系；③进行系间杂交，获得分离世代的 F_2 个体；④检测各世代群体中各个体的数量性状值和标记基因型；⑤分析标记基因型与数量性状之间是否存在连锁关系，确定 QTL 连锁群，并估计 QTL 的效应。

QTL 的定位方法有两种：①候选基因法：是根据已有的生理、生化知识及对复杂的数量性状进行剖析，选定一些基因（候选基因），通过分子生物学试验检测这些基因及其分子标记对特定数量性状的效应，然后筛选出对该数量性状有影响的基因和分子标记，并估计出对数量性状的效应值。②基因组扫描法：基因组扫描法定位 QTL 使用了连锁分析的原理，即通过连锁分析先找到与 QTL 连锁的遗传标记，然后借助遗传标记对其进行定位。20 世纪 90 年代后基因组分子标记图谱迅猛发展，各主要畜种的基因图谱相继建立，从而可借助这些图谱中的分子标记定位 QTL，因此以连锁分析定位 QTL 是目前的主要途径。

在实际研究中，QTL 定位往往是与构建遗传连锁图谱同时进行的。对于数量性状的定位，标记的平均间隔在 10cM 以下才能有效地找到相关的 QTL。

（2）农业动物 QTL 的研究现状

目前，农业动物的单体型图谱计划（HapMap）的数据也在日新月异地增容。基于高通量基因组测序、候选基因、全基因组关联分析（genome-wide association study，GWAS）数据以及拷贝数变异（copy number variation，CNV）信息的 QTL 数据库和表达数量性状基因座（phenotype/expression QTL，eQTL）数据库也在不断更新完善。目前，基于畜禽 QTL 数据库的基因组 SNP 芯片或个性化的订制芯片已经形成商业化产品或成型订制方法，开始应用于基因组选种和基因组多样性分析检测。最新的动物 QTL 数据库（QTLdb Release 42）于 2020 年 8 月 27 日公布，累计记录 209 669 条 QTL，包括牛 159 844 条，鸡 12 508 条，猪 30 871 条，绵羊 3 411 条，马 2 451 条等。

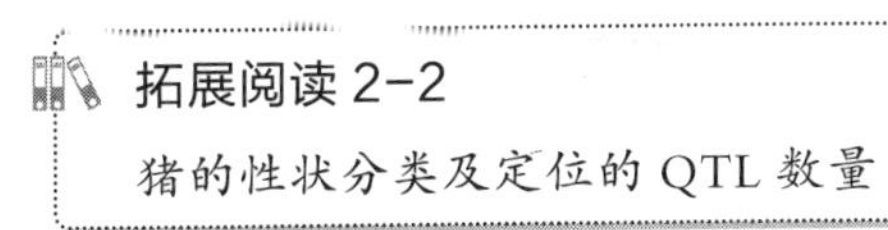

（3）QTL 的检测和定位在动物遗传育种中的应用

近年来，人们在利用分子标记连锁图谱进行 QTL 的检测和定位方面做了大量的工作，不仅提出了许多统计学方法，而且还利用实际资料进行分析，相继检测出了一些在动物遗传育种中可能有较大作用的 QTL。

目前，牛的双肌基因、早期流产基因、产奶量和乳脂性状的 QTL，绵羊的多羔基因、*Callipyge* 基因、*Horns* 基因，猪的应激敏感基因、高产仔数基因、瘦肉率和蓄脂率 QTL，鸡的性连锁矮小基因、快慢羽基因、腹胀和生长率 QTL 等具有重要经济价值的基因已被定位或被发现了与其连锁的 DNA 标记，其中部分已定位的基因和 QTL 已在育种中发挥着重要的作用，展现出基因定位和遗传图谱研究的价值。

3. 分子遗传标记辅助选择与分子育种

对简单遗传性状的选择关键是要知道未来亲本的基因型，对未来亲本可能的基因型肯定的程度越低，选择困难就越大。对一个特定的显性或完全显性的等位基因的选择或淘汰，如能在配种前检测出这些个体的基因型，一切选育工作则会容易得多；而标记辅助选择（marker-assisted selection，MAS）就是最重要的一种手段。

（1）标记辅助选择的概念及其方法

标记辅助选择是一种充分利用了生物的表型、系谱、遗传标记等信息，在家畜育种中尤其对于限性性状、低遗传力性状及难以测量的性状进行选择的一种育种方法。它较之只利用表型和系谱的常规育种方法具有更大的信息量。因此，可运用这种技术识别具有优良基因的种畜个体，提高选择强度，缩短世代间隔，以期获得最大的遗传进展。

随着基因工程特别是 DNA 重组技术的发展，现在人们已确知动物具有 DNA 水平的多态性。20 世纪 80 年代，各种研究 DNA 多态性的遗传标记方法发展迅速，从而使分子遗传标记应用于动物育种成为现实。

DNA 标记用于育种选择形成了 DNA 标记辅助选择（DNA MAS），DNA MAS 可以定义为利用 DNA 标记信息结合或取代常规方法来进行选择，它是一种分子遗传标记辅助选择技术。DNA MAS 主要分为单基因性状的 DNA MAS 与多基因性状的 DNA MAS。单基因性状的 DNA MAS 的典型例子是利用基因诊断法对猪应激综合征（PSS）所进行的基因型选择；多基因性状的 DNA MAS 就是通过选择与 QTL 连锁的标记以达到选择 QTL 的目的，或者是对 QTL 本身所进行的选择。

由于分子遗传标记是以物种突变造成 DNA 片段长度多态性为基础的，因此，DNA MAS 具有如下优点：①可直接对基因型进行选择，提高了选择的准确性；②可以进行早期选择，缩短世代间隔；③可以在两个性别中对任何性状进行选择，提高了选择效率；④可以结合不同品种的优良性状，鉴定不同性别、不同年龄的个体。

（2）分子遗传标记辅助选择在动物遗传育种中的应用

如今，分子遗传学的迅速发展和动物遗传改良技术的不断完善，使得分子遗传标记辅助选择在动物遗传育种中得到了广泛的应用，进而使得分子遗传标记突破了仅在检测重组率方面的应用的状态，而开始在动物品种、品系和类群的鉴定、动物亲缘关系的研究、基因定位的进展、遗传图谱的构建、分子遗传标记辅助选择的发展、动物的选种育种等方向不断突破，并获得了很大的进展。我们有理由相信，分子遗传标记辅助选择技术未来还会在动物杂种优势的研究、标记动物个体、鉴别亲子关系、研究动物起源与演化、标记经济性状主效基因及开展动物遗传标记辅助选择等领域起到越来越重要的作用。

4. **动物基因组学**

随着人类基因组测序的完成，近年来，动物基因组研究计划（National Animal Genome Research Program，NAGRP）也取得了巨大进展，目前已对猪、牛、羊、鸡等动物绘制了较完善的遗传图谱。这些图谱的建立对了解动物整个基因组结构、家畜中与重要经济性状有关的基因或遗传标记的鉴定及对家畜开展分子遗传标记辅助选择均有十分重要的意义。

（1）动物基因组学的基本概念

基因组学（genomics）是研究基因组的结构、功能及表达产物的学科，是以基因组分析为手段，研究基因组的结构组成、时序表达模式（temporal expression pattern）和功能，并提供有关生物物种及其细胞功能的进化信息。基因组的产物不仅是蛋白质，还有许多复杂功能的 RNA。基因组学包括三个不同的亚领域，即结构基因组学（structural genomics）、功能基因组学（functional genomics）和比较基因组学（comparative genomics）。从本质上讲，基因组学是分子遗传学的一个分支学科。从方法论上讲，基因组学与一般意义上的基因组分析是一致的。基因组分析的主要任务是确定基因在染色体上的位置，提供遗传信息，探讨基因之间以及基因与经典遗传学动物生产性能等诸多方面之间的联系，当其研究的对象为动物时，就为动物基因组分析，也称为动物基因组学。常见动物如猪、牛、羊及鸡的基因组大小为（1～3）$\times 10^9$ bp，包含 3 万至 4 万个基因。

（2）动物基因组研究计划

人类基因组计划的启动促进了动物基因组研究计划的开展，如欧美发达国家相继建立了合作组织，启动了猪、牛、羊、鸡等动物的基因组计划，这些基因组计划的目标大致相同。猪基因组计划的最初目标为：①构建一个覆盖猪整个基因组 90% 以上，遗传标记的间距大约为 20 cM 左右的遗传连锁图谱；②构建一个在每条猪染色体臂上至少具有 1 个远端和近端的标志位点，并被遗传作图在染色体上；③开发分类猪染色体的激光流动分型技术；④开发能够快速测定多态分子标记的 PCR 技术；⑤评估猪、人、鼠和牛之间保守的同源染色体；⑥开发和评估用于分析 QTL 作图试验数据的统计方法，并计划和开始在猪群中的 QTL 作图研究。由于基因组研究计划需要大量的人力、物力和财力，因而需要多个国家、多个研究机构合作。

（3）动物中单基因控制的性状

表 2-2 列出了畜禽中单基因控制的性状及其基因位点的位置，这些基因在染色体上的定位是通过连锁分析而确定的。在分析的过程中，基因的鉴别是根据比较定位的资料来推断候选基因的位置。

（4）动物基因组学在动物遗传育种上的应用

① 基因诊断：基因组分析的最终目标是找出基因诊断的简单方法，快捷而正确地检测出家畜个体基因型，为直接根据基因型进行选种提供依据。

② 标记辅助选择和标记辅助导入基因：实行标记辅助选择，可使进入性能测定的家畜数量减少，即首先根据遗传标记来进行选择，这样可以降低费用，并能够提高选择的正确性。标记辅助导入基因使利用 DNA 诊断技术来导入有利基因。

③ 地方品种种质特性研究：我国的畜禽遗传资源十分丰富，如何合理和充分地利用

◎表 2-2　畜禽中单基因控制的性状及其基因位点的位置

动物品种	基因位点	性状	染色体
猪	*RYR1*	恶性高温综合征	6
	I	显性白色毛皮	8
	E	毛皮颜色	6
	RN	肌肉糖原含量	15
	ECK88ab，*acR*	大肠杆菌 K88ab，ac 鞭毛小肠受体	13
	ECF18R	大肠杆菌 F18 鞭毛小肠受体	6
	CPS	坎普斯颤抖症	7
牛	*PDME*	摇摆病	4
	Polled	角的有无	1
	Roan	沙毛皮色	5
	MH	双肌性状	2
	E	毛皮颜色	18
	Sy	并趾症	15
绵羊	*FecB*	高繁殖力	6
	CLPG	肌肉肥大	18
鸡	*Dw*	显性白色	LG22
	SLD	性连锁侏儒	Z

这些宝贵的资源，是广大畜牧工作者的重大任务。通过对畜禽进行基因组分析，就能在分子水平上揭示这些畜禽的种质特性及基因与性状之间的关系，为畜禽品种的划分及保种利用提出更合理的措施和方法。

第五节　畜禽遗传资源与生物多样性

一、畜禽遗传资源和生物多样性的概念

遗传资源（genetic resources）是我们今天常常听到的一个词语。在《生物多样性公约》中“遗传资源”是指具有实际或潜在价值的遗传材料。所谓“遗传材料”是指来自植物、动物、微生物或其他来源的任何含有遗传功能单位的材料。因此，遗传资源是指具有实际或潜在价值的来自植物、动物、微生物或其他来源的任何含有遗传功能单位的材料。

畜禽遗传资源属于生物遗传资源的一部分。广义上的畜禽遗传资源是指具有实际或潜在价值的来自畜禽的任何含有遗传功能单位的材料，主要包括动物基因组、基因及其产物的器官、组织、细胞、血液、制备物、重组脱氧核糖核酸（DNA）构建体等遗传材料及相关的遗传信息资料。而狭义上的畜禽遗传资源就是畜禽品种资源。从上面的概念可以看

到，广义的畜禽遗传资源是建立在品种资源之上，但同时又大大拓展了传统的品种资源概念，即不但包括了品种资源，而且还包括与品种相关的遗传信息资料，更微观地揭示遗传资源的实质。

生物多样性（biological diversity）有非常广泛的含义，是指一定地区的各种生物以及由这些生物所构成的生命综合体的丰富程度。生物多样性分为三个层次，即物种多样性、遗传多样性和生态系统多样性，它是所有生物系统的特征，是生物发展的安全保障，对它的破坏会导致生物发展韧性的减弱，导致整个生物系统的生命力下降。保护生物多样性是生物系统可持续发展的基础。

畜禽遗传多样性（genetic diversity）即畜禽基因多样性（gene diversity），是生物多样性中一个重要而又独特的组成部分。对于家养动物而言，遗传多样性主要是指种内不同品种间、同一品种内的遗传变异程度。虽然它在物种多样性中占的比例很小，但是在遗传多样性中非常重要，畜禽遗传多样性的丢失甚至比野生物种多样性的丢失对人类利益的损害更大，因此保护它对人类社会持续发展具有更为重要的意义。同种家畜的不同品种和类型是构成家畜多样性的重要形式，一个品种中汇集了各种各样的基因，可以在一定的环境中发挥作用，从而使品种表现出各种为人类所需要的特性。一个品种就是一个相对独立的特殊基因库，是培育优良品种和利用杂种优势的良好原材料。

在畜禽品种内也存在丰富的遗传多样性，主要体现在群体内个体间的遗传变异。随着现代分子生物学技术的发展，对群体内的遗传变异了解更加全面。研究证实，在 DNA 水平上，个体间的遗传差异非常大，特别是在一些选育程度较低的地方品种类群中，个体间的遗传变异很丰富，这些遗传变异为种群内的选育提供了基础。保持畜禽品种内丰富的遗传多样性可以维持对未知需求的应变能力。

二、畜禽遗传资源现状

1. 全球畜禽遗传资源现状

畜禽是人类长期选择的产物，自 12 000 余年前开始驯化畜禽以来，已有约 40 多种哺乳动物和禽类被驯化，但目前在世界范围内广泛饲养的畜禽只有 6 种哺乳动物和 4 种禽类，它们为水牛、普通牛、山羊、马、猪、绵羊和鸡、鸭、鹅、火鸡。

据联合国粮食及农业组织（FAO）2022 年统计数据，目前全世界有 38 个物种的 8 204 个畜禽品种，包括地方品种 7 120 个（家畜 4 966 个，家禽 2 154 个），占比达 87%；跨地区品种 532 个（家畜 444 个，家禽 88 个），占比达 6%；跨国界品种 552 个（家畜 394 个，家禽 158 个），占比达 7%。

畜禽原始品种（地方品种）的丧失是导致遗传多样性减少的主要原因。FAO 最新统计数据（2021 年）表明，全球共有 2 035 个受评估的地方品种存在灭绝风险，占比达 28.83%（表 2–3）。

2. 我国畜禽遗传资源现状

由于中国多样化的地理、生态、气候条件，众多的民族有着不同的生活习惯，加之长期以来经过广大劳动者的驯养和精心选育，形成了丰富多彩的畜禽品种资源。我国畜禽品

◎ 表 2-3　全球畜禽地方品种濒危程度分析 *

地区	非洲	亚洲	欧洲与高加索地区	拉丁美洲与加勒比地区	近东及中东地区	北美地区	西南太平洋地区	总体情况
国家数量	46	28	51	32	11	5	11	184
报告国家数量	17	10	35	10	4	2	1	79
报告国家比例 /%	36.96	35.71	68.63	31.25	36.36	40.00	9.09	42.93
地方品种无风险比例 /%	12.59	10.78	11.08	8.59	13.14	56.30	88.27	10.65
无风险品种数量	104	197	365	48	31	7	0	752
有风险品种数量	46	76	1 784	34	5	67	23	2 035
未知风险品种数量	676	1 555	1 146	477	200	45	173	4 272

* 数据来源：世界粮农组织生物多样性网站（DAD-IS），更新时间为 2021 年 7 月 9 日。

种资源可分为地方品种、培育品种（即通过引入品种与地方品种杂交培育成的品种）、引入品种（即从国外引入的畜禽良种）。

我国进行过两次全国性畜禽遗传资源普查，第一次是在 20 世纪 70 年代末至 80 年代初开展的，经过“同种异名”归并后，确认当时全国拥有畜禽品种和类群（包括地方品种、培育品种及引入品种，不包括家禽中近年引入的祖代和父母代鸡、兔）共 596 个。根据这次普查的成果，我国编纂出一套《中国家畜家禽品种志》，按畜种（猪、牛、羊、禽、马驴）分为五卷并于 1986 年出版。2004 年，农业部（现农业农村部）启动了第二次全国畜禽遗传资源调查工作，基本查清了我国畜禽遗传资源的现状，鉴定了部分新发掘的遗传资源，掌握了资源保护利用最新状况，并组织专业人员编纂、出版发行了一套具有重要价值的《中国畜禽遗传资源志》（以下简称《资源志》），包括《猪志》《牛志》《羊志》《家禽志》《马驴驼志》《蜜蜂志》和《特种畜禽志》七卷，收录总品种数 748 个，其中地方品种 525 个、培育品种 109 个、引入品种 104 个。全书共约 530 万字、图片 2 130 幅。《资源志》集中展现了近年来我国畜禽遗传资源保护与开发利用取得的成果。

拓展阅读 2-3
《中国畜禽遗传资源志》收录畜禽遗传资源汇总表

农业农村部以上述两次全国性畜禽遗传资源调查成果为基础，先后征求了 36 个中央和国家机关、各省级人民政府以及科研院所、高等院校、产业界专家学者意见，并向社会公开征求意见，经过多轮修改和科学论证，于 2021 年 1 月 13 日公布了经国务院批准的《国家畜禽遗传资源目录（2021 年版）》，首次明确了家养畜禽种类 33 种，包括其地方品种、培育品种、引入品种及配套系，共计 948 个。其中，17 种传统畜禽品种分别为猪、普通牛、瘤牛、水牛、牦牛、大额牛、绵羊、山羊、马、驴、骆驼、兔、鸡、鸭、鹅、鸽、鹌鹑，共计 897 个。这些畜禽是我国畜牧业生产的主要组成部分，其中猪、牛、鸡等驯化史超过上万年，兔、鸭、鹅等驯化史也在千年以上。16 种特种畜禽品种分别为梅花鹿、马鹿、驯鹿、羊驼、火鸡、珍珠鸡、雉鸡、鹧鸪、番鸭、绿头鸭、鸵鸟、鸸鹋、水貂（非食用）、银狐（非食用）、北极狐（非食用）、貉（非食用），共计 51 个。这些特种畜禽是畜牧业生产的重要补充，主要包括三部分：一是我国自有的区域特色种类，已形成比较完善的产业体系，如梅花鹿、马鹿、驯鹿等。二是国外引入种类，虽然在我国养殖时间不长，但在国外已有上千年的驯化史，如羊驼、火鸡、珍珠鸡等。三是非食用特种用途种类，主要用于毛皮加工和产品出口，我国已有成熟的家养品种，如水貂、银狐、北极狐等。

> 拓展阅读 2-4
> 国家畜禽遗传资源目录（2021 年版）

我国的畜禽遗传资源保护形势不容乐观。因为某些地方品种的生产性能不能适应变化中的市场需求，更多情况下则是由于人们对有些地方品种资源之优良特性的认识不足，简单地采用了以引入外来品种取代或盲目杂交改良的手段，致使其中一些极有潜在遗传和经济价值的地方品种的数量下降甚至消亡，这种趋势随着畜禽生产集约化程度的提高正在进一步加剧。2000 年调查的 17 个省区市的 331 个品种中，处于濒危或将要灭绝的品种为 59 个，另有 7 个品种已经灭绝。同时约有 93% 的猪、44% 的马和驴、35% 的牛、20% 的家禽、15% 的绵羊和山羊种质资源受到不同程度的威胁。

> 拓展阅读 2-5
> 我国已灭绝和濒危的畜禽资源

3. 我国主要畜禽遗传资源的特点

在猪种方面，经过多次的资源普查和综合分析，根据猪种来源、分布及其形态和生产性能等，我国的地方猪种主要可以分为 6 个类型：华北、华中、华南、西南、江海和高原型猪。每一类型中又有许多具有独特性能的品种，例如高繁殖性能的太湖猪，耐寒体大的东北民猪，瘦肉率高的荣昌猪，适于腌制优质火腿的金华猪，体型特小的香猪，体型修长的里岔黑猪等。收录于《资源志》的有 76 个猪地方品种、18 个培育品种和 6 个引入品种。

在牛种方面，目前我国饲养的一亿多头牛中，按牛种和生产方向可以分为 6 个类型：乳用牛、肉用牛、乳肉兼用牛、黄牛、水牛和牦牛，分属生物学分类的 3 个属。我国拥有许多著名的地方牛品种或类群，例如体高力大、步伐轻快、性情温顺的南阳牛，行动迅速、水旱两用的延边牛，产于甘肃高山地带、全身白色被毛的天祝牦牛，以及产于云南、乳用性能良好的槟榔江水牛等。在众多牛品种资源中，中国黄牛属于一种独立的类型，在全国牛存栏总数中占一半以上，几乎遍布全国，可以进一步分为北方牛、中原牛和南方牛三大类。收录于《资源志》的有 92 个牛地方品种、9 个培育品种和 13 个引入品种。

在羊种方面，分为绵羊和山羊两大类，一般根据用途将绵羊分为细毛羊、半细毛羊、粗毛羊、裘皮羊和羔皮羊等，将山羊分为乳用山羊、毛用山羊、绒用山羊和皮用山羊等。我国拥有很多世界著名的羊品种资源，在这些品种中有生态适应性特别良好的蒙古羊、哈萨克羊和藏羊，以快长速肥和“大尾”著称的乌珠穆沁羊，以独特二毛裘皮闻名的滩羊，繁殖力高、适于舍饲、羔皮品质优良的湖羊，裘皮优良的中卫沙毛山羊，以及著名的辽宁白绒山羊和内蒙古白绒山羊等。收录于《资源志》的绵羊和山羊有 100 个地方品种、29 个培育品种和 11 个引入品种。

在家禽种方面，仅列入《资源志》的地方品种就有鸡 107 个、鸭 32 个、鹅 30 个。根据用途，家禽主要分为蛋用型、肉用型、兼用型、观赏型、药用型等。在我国的家禽遗传资源中，有蛋大、壳厚、体型较大的成都黄鸡、内蒙古边鸡、辽宁大骨鸡，骨细、肉嫩、味鲜、乌骨、名贵药用的泰和鸡，体小、胸肌发达，能够飞翔的藏鸡，以及狼山鸡、寿光鸡、固始鸡等兼用型鸡品种。还有生长快、产蛋多的北京鸭，体躯宽、生长快、产肥肝著称的建昌鸭，体型特大的狮头鹅等。这些品种大多是世界闻名的。收录于《资源志》的家禽就有 169 个地方品种、5 个培育品种和 12 个引入品种，其中包含引入的火鸡品种 1 个。

在马驴种方面，我国的马和驴品种中也有不少名贵品种，例如具有抗严寒、耐粗饲、持久力和适应性强等优点的蒙古马，体格短小、精悍、灵活、善于登山涉水的建昌马，乘挽兼用的伊犁马，体型高大、挽力良好的关中驴等。收录于《资源志》的马品种有 29 个地方品种、13 个培育品种和 9 个引入品种，以及驴地方品种 24 个。

此外，还有一些优良的畜禽品种资源，如以生产“王府驼绒”著称的阿拉善骆驼，生产优质鹿茸的梅花鹿，具有很高观赏价值的斗鸡、京巴犬等。

第六节　畜禽遗传资源保护与利用

一、畜禽遗传资源保护的概念、任务和意义

1. 畜禽遗传资源保护的概念

畜禽遗传多样性保护（conservation）从广义而言，是指人类管理和利用这些现有资源以获得最大的持续利益，并保持满足未来需求的潜力，是对自然资源进行保存、维持、持续利用、恢复和改善的积极措施。从狭义而言，就是对遗传多样性的保存（preservation），通过维持一个免受人为影响的保种群来实现，可以是原位保存（*in situ*），即在自然生境条件下维持一个活体畜禽群体；也可以是易位保存（*ex situ*），即冷冻保存胚胎、精液、卵子、体细胞以及 DNA 文库等。

2. 畜禽遗传资源保护的任务

从畜牧学角度考虑，畜禽遗传资源保护就是保存品种（breed conservation），简称保种，就是要尽量全面、妥善地保护现有的畜禽品种（包括特殊的生态型），使之免遭混杂和灭绝，使优良性状、生产能力和特征不丧失。

从遗传学角度考虑，畜禽遗传资源保护就是保存基因，使原种基因库中的基因不丢失，即保护原种所含基因的多态性。这是与遗传多样性联系紧密的一个概念。

从社会学和生态学角度考虑，畜禽遗传资源保护就是保护生态多样性中的动物资源。因为无论是品种还是物种，都是人类社会和自然界的遗传资源，它们是社会发展、生物进化、生态平衡不可缺少的一部分。

从育种学角度考虑，畜禽遗传资源保护就是保存畜禽遗传资源的性状。育种通过对具

体性状的选择而达到遗传改良的目的。保种就是要妥善保存某些现在或将来有用的性状，作为未来育种的素材。

概括地说，畜禽遗传资源保护就是要尽量全面、妥善地保护现有的畜禽遗传资源，使之免遭混杂和灭绝，其实质就是使现有的基因库中的基因资源尽量得到全面的保存，无论这些基因目前是否有利用价值。

3. 畜禽遗传资源保护的意义

畜禽遗传资源是人类赖以生存的物质基础，对遗传资源科学地管理和保护使它们不仅能够生存，而且还能够增殖，从而为持续发展提供基础。畜禽遗传资源保护主要有经济、社会、科学、文化和历史等方面的意义。

（1）经济意义

畜禽是同人类关系最为密切、最为直接的部分，是长期进化形成的宝贵资源。它的任何一点利用都可能在类型、质量、数量上给肉、蛋、奶和毛皮等养殖业生产带来创新。满足人类需要的畜禽改良，就是依赖于畜禽遗传多样性。畜禽及其野生近缘种的遗传变异为畜禽遗传育种提供了不可缺少的基因材料。经过高度选育的畜禽品种是现代商品畜牧业的基础，很大程度上依赖于少数几个性能优良的品种或类型，对大多数具有一定特色的地方品种和类型形成了极大的威胁。然而，随着人口的增长，人们生活水平和对自然资源需求的日益提高，对家畜多样性的要求也越来越迫切，如果畜禽遗传多样性大幅度下降，就会严重影响到未来的畜禽改良，会对满足人类社会各种不可预见的需求带来很大的限制。有许多不可预见的因素会改变人们对畜产品的需求，进而引起畜禽生产方式的改变。例如，曾经很受欢迎的脂肪型猪，随着消费者选择瘦肉多、脂肪少的食品，已被更适应市场需求的现代瘦肉型猪品种和杂交配套系所取代，其销售价格也随瘦肉量的多少而定。但是，近年来人们对猪肉品质的要求越来越高，因此在注重瘦肉率提高的同时对猪肉品质性状，如肌内脂肪含量等，也越来越重视，这已经成为当前猪育种的重点改良性状。同时，面对众多的动物遗传资源，我们还远未知道哪些物种将来是有用的。许多濒临灭绝的生物，其对人类的潜在价值仍然是个谜。

保护畜禽遗传资源的重要经济意义在于：①保护畜禽遗传资源，有利于保持生物多样性，实现可持续发展战略；②保护畜禽遗传资源，有利于促进畜牧业发展，增加农民收入；③保护畜禽遗传资源，有利于培养畜禽优良品种，提高畜牧生产水平和畜产品市场竞争力；④保护畜禽遗传资源，有利于满足人民对畜禽产品需要的多样性。

（2）社会意义

畜禽遗传资源保护的社会意义远远大于它的经济意义。畜禽遗传资源的可持续发展是文明社会的标志之一。畜禽遗传资源保护有助于形成良好的社会风气，有助于建立文明的法制社会。畜禽遗传资源保护也是保持生态平衡的重要内容，生态平衡对人类的重要性应受到充分的重视，丰富多彩的大自然是人类社会进步的物质基础。

（3）科学意义

畜禽遗传多样性是遗传育种研究的基础，可以利用群体间以及个体间的遗传变异来研究动物的发育和生理机制，深入了解动物驯化、迁徙、进化、品种形成过程，以及其他一些生物学基础问题，很有科学价值。一些具有特殊基因的畜禽品种更是研究的理想对象。特别是近年来对畜禽基因组的研究，以及对特定基因，如控制生长、繁殖和疾病发生的基因鉴别和控制技术研究，标记辅助选择的研究，对特异畜禽遗传资源的需求更为迫切。

（4）文化和历史意义

畜禽遗传资源是世界各民族历史文化成果的重要组成部分。畜禽品种是在特定的自然生态环境和社会历史条件下，经过人类长期驯化、培育而成的，保存这些遗传资源也为一个国家的文化历史遗产提供了“活的见证”。与建筑和地理遗址具有历史价值一样，畜禽品种资源也同样具有历史价值。对这些濒危畜禽遗传资源的保存，应该像对待一个国家其他文化遗产一样给予高度的重视。

二、畜禽保种的原理和方法

保存一个品种（保种）就是要尽量保存该群体的基因库（gene pool 或 gene bank），力争使其中的每一个基因都不丢失。根据群体遗传学理论，保存群体的基因库需要一个大的群体，并且实行随机留种和交配，使之尽量不受突变、选择、迁移、遗传漂变等影响。然而，在实际的畜禽遗传资源保存中，许多情况下是以保种群的形式实施的，这些保种群往往是一个闭锁的有限群体，即使没有影响群体遗传结构的系统性因素存在，也会因群体小带来配子的抽样误差，造成群体基因频率的随机遗传漂变（random genetic drift），使群体中一对等位基因的纯合子频率升高、杂合子频率下降，甚至还可能被固定，一旦固定为纯合子，另一个基因就随之丢失。因此，对保种群体来说就是要尽量降低这种随机遗传漂变。

拓展阅读 2-6
群体遗传漂变效应与近交系数

目前畜禽保种的方法主要有原地保种和异地保种，原地保种就是在地方品种的原产地建立保种场和保护区的方式进行活体保存，要在原产地制定相关的保护政策（如禁止外来品种的杂交，科学、有效的选种选配方案，避免近交等技术措施），还要制定相关的保种技术标准。异地保种就是将需要保存的品种迁出原产地建场进行活体保种，同时开展一系列的科学研究工作，包括异地活体保种、细胞保存和基因保存等方法。细胞保存就是将冷冻胚胎和冷冻精液保存起来。基因保存就是将地方品种的 DNA 保存起来，同时还保存部分细胞组织等遗传素材。

2014 年 2 月 20 日，农业部发布第 2061 号公告，对《国家畜禽遗传资源目录》进行了修订，确定八眉猪等 159 个畜禽品种为国家级畜禽遗传资源保护品种。截至 2021 年，我国已建立国家级保种场（区、库）205 个，其中基因库 8 个、保护区 24 个、保种场 173 个；省级保种场（区、库）392 个。

三、畜禽遗传资源的利用

畜禽遗传资源的保存最终都是为了现在和将来的利用，一些目前尚未得到充分利用的畜禽品种资源需要不断地发掘其潜在的利用价值，特别是一些独特性能的利用，并且要不断地开拓新的畜禽种质资源。一般而言，畜禽品种资源可以通过直接和间接两种方式利用，但都应该注意保持原种的连续性，在地方品种杂交利用中尤其要注意不能无计划地杂交。

直接利用就是直接饲养某些畜禽来生产畜产品，如一些地方良种及新育成的品种，一般都具有较高的生产性能，或者在某一生产性能方面有突出的生产用途，它们对当地的自然生态条件及饲养管理方式有良好的适应性，因此可以直接用于生产畜产品。一些引入的外来良种，生产性能一般较好，有些品种的适应性也较好，都可以直接利用。

间接利用就是不直接将这些畜禽品种用于畜产品生产，对于大多数的地方品种而言，由于生产性能较低，作为商品生产的经济效益较差，可以在保存的同时，创造条件来间接利用这些资源。间接利用主要有两种形式：①作为杂种优势利用的原始材料。在杂种优势利用中，对母本的要求主要是繁殖性能好、母性强、泌乳力高、对当地条件的适应性强，许多地方良种都具备这些优点。对父本的要求主要是有较高的增重速度和饲料利用率，外来品种一般可用作父本。由于不同品种的杂交效果是不一样的，应进行杂交试验确定最好的杂交组合，配套推广使用。②作为培育新品种的原始材料。在培育新品种时，为了使育成的新品种对当地的气候条件和饲养管理条件具有良好的适应性，通常都需要利用当地优良品种或类型与外来品种杂交，进行系统选育得到。

第七节　畜禽遗传资源管理

畜禽遗传多样性的保护，涉及面广泛，技术性强。近年来，在联合国粮食及农业组织的积极努力和协调下，全球畜禽遗传资源管理策略得以制订，以更好地了解、利用、开发和维护畜禽遗传资源。在全球畜禽遗传资源保护工作中，国家畜禽遗传资源保护计划和行动是其中最重要的组成部分。我国作为畜禽遗传资源大国，在这项工作中承担了繁重的任务，需要有科学、合理和可行的计划。

一、畜禽遗传资源管理制度和管理机构

《中华人民共和国畜牧法》（以下简称《畜牧法》）是我国畜禽遗传资源管理的根本制度遵循。根据《畜牧法》规定，“国务院畜牧兽医行政主管部门设立由专业人员组成的国家畜禽遗传资源委员会，负责畜禽遗传资源的鉴定、评估和畜禽新品种、配套系的审定，承担畜禽遗传资源保护和利用规划论证及有关畜禽遗传资源保护的咨询工作”。2007 年 5 月，农业部设立国家畜禽遗传资源委员会，其主要任务是协助行政管理部门总体负责畜禽遗传资源管理工作。根据工作需要成立了下设机构，目前共下设四个机构：委员会办公室、国家畜禽品种审定委员会、委员会技术交流及培训部、委员会基金会。其中委员会办公室、委员会技术交流及培训部、委员会基金会暂时合署办公。为便于开展工作，国家畜禽遗传资源管理委员会的下设机构均设在全国畜牧兽医总站。

拓展阅读 2-7
畜禽遗传资源保护制度

国家畜禽品种审定委员会下设五个方面的品种专业委员会，即牛品种审定专业委员会、羊品种审定专业委

员会、家禽品种审定专业委员会、猪品种审定专业委员会和特种经济动物审定专业委员会。

各级畜牧行政主管部门、畜牧兽医站、家畜品种改良站及其他推广部门，各畜种的协会、育种委员会，国有种畜场、保护区及保种场都为保护畜禽遗传资源做出了不懈的努力。国家畜禽遗传资源管理委员会的成立，使畜禽遗传资源的管理工作更为协调。

二、畜禽遗传资源监测

畜禽遗传资源的监测是动物遗传资源的重要内容，是随着对畜禽遗传资源多样执行的深入研究和相应技术的发展而迫切需求的一种管理方法。畜禽遗传资源的监测目的是客观反映动物遗传资源现状和准确提供管理信息。每个国家要制定一个完整的畜禽遗传资源管理计划，计划应包括如下内容：①国家畜禽遗传资源的普查和分析，重点是地方品种；②建立高效率的畜禽遗传资源信息数据库；③确定具有独特遗传特性的畜禽群体和濒危畜禽群体；④评定地方品种和引入品种的利用价值；⑤协调与其他国家和国际组织间的遗传资源保护行动；⑥促进畜禽遗传资源管理和利用的研究。

在畜禽遗传资源保护行动中，FAO 承担了重要的角色，联合国环境规划署（UNEP）给予了大力支持，此外联合国教科文组织、国际自然与自然资源保护联合会、世界资源协会等也作出了很大的贡献。FAO 于 1992 年实施了发展中国家畜禽遗传资源保护与开发计划，它由五个部分组成：建立全球畜禽品种目录、品种保存、地方品种的保护与开发、生物技术应用、建立畜禽品种保护的国际法规。一些地区性组织也积极开展这一领域的工作，如 1991 年由 30 个会员国建立的国际稀有品种研究会（RBI），美国稀有品种保护组织（AMBC），英国的稀有品种信托保护组织（RBST），亚太地区育种研究促进会（SABRAO），拉丁美洲动物生产协会（ALPA）和欧洲动物生产协会（EAAP）等。这些组织对区域性和全球畜禽遗传资源保护工作起了重要作用。要对畜禽遗传资源实施有效的保护，必须能够及时、准确地了解种群的动态变化，即进行有效的品种资源监测。这些监测指标要反映种群的状态，如：种群大小与密度、种群结构、种群平衡、种群分析和压力变化等。在此基础上，可以建立和不断更新畜禽遗传资源数据库，并对种群进行分析，了解群体的变化状况、濒危程度、是否有被其他品种削弱或替代的危险、群体的表型和遗传特性等。

畜禽遗传资源是动态的，但在一定时期内也是相对稳定的，因此对畜禽遗传资源的监测需要确定较合理的信息收集时间间隔，达到既能及时对畜禽遗传资源进行监测，又经济可行。鉴于监测工作的重要性，建立国家或区域性的监测机构以及相应的监测网络很有必要。

三、畜禽遗传资源数据库

在畜禽遗传资源管理中，畜禽品种资源数据库的建立是一项基础性的工作。我国在“六五”科技攻关项目中设立了“农作物和畜禽品种资源数据库的研究”课题，由中国农业科学院北京畜牧兽医研究所和计算中心共同承担了其中的专题“中国畜禽品种资源数据库”，录入了 250 多份不同畜禽品种的有关特征和数据资料，研制了数据库系统管理软件，是一项国家级的重要资源信息系统。

在 2004 年开始的第二次全国畜禽种质资源普查所形成的调查数据和志书基础上，根据动物种质资源描述规范，收集、整理、加工完成了中国主要畜禽种质资源数据集建设，共收集整理了包括猪、牛、羊、家禽（鸡、鸭、鹅）、马、驴、骆驼、兔等种质资源在内的共709个品种（或类群）的信息和图像，并按各技术指标特点分为十二个部分进行了归类。该数据集的建设对畜禽种质资源保存、利用、信息共享和实物共享、保持生物多样性都具有十分重要的意义。目前世界上信息量最大的畜禽遗传资源数据库是FAO的DAD-IS，可以通过互联网查询，得到有关全球的畜禽遗传资源资料。

建立畜禽遗传资源数据库所需要的信息来源非常广泛，主要有以下几个途径：资源普查报告、有关职能部门的年度报告、公开发表或出版的论文和报告、各种专门学术会议或学位论文、以及一些未公开发表的内部资料等。对收集到的各种信息需要进行可靠性评价，筛选出能够正确反映畜禽实际情况的信息，经过整理与合并处理，录入到数据库，并且需要定时更新有关数据，以保证能够为家畜遗传资源保存提供及时、可靠的决策依据。

小　结

本章概述了动物遗传育种和畜禽遗传资源保护利用的基本知识。

动物遗传育种部分介绍了遗传的三大基本定律，性状的分类及其遗传规律；品种的概念及品种形成的标准、分类及影响品种形成的因素；在介绍生长发育概念、影响因素的同时，还介绍了生长发育的基本规律和研究方法；畜禽生产性能的评定包括畜禽生产性能的概念、评定原则和畜禽生产性能评定的各项指标。本章还介绍了选种与选配、品系繁育、杂种优势的利用等动物育种学的相关知识。另外，生物技术在动物遗传育种领域的作用日益重要，本章对动物基因组计划、QTL定位、分子遗传标记辅助选择等技术作了简要的介绍。

畜禽遗传资源是生物多样性的重要组成部分，同人类有直接和密切的关系，加强对现有畜禽遗传资源的评价、保护和利用具有重要意义。畜禽遗传资源保护利用部分介绍了畜禽遗传资源与生物多样性的概念、国内外畜禽遗传资源状况，畜禽遗传资源保护的概念、任务、意义、基本原理和方法，以及我国畜禽遗传资源管理制度和管理机构。

复习思考题

1. 名词解释

遗传　变异　基因型　表型　数量性状　质量性状　品种　生长　发育　选种　选配　品系　品系繁育　专门化品系　杂交　杂种优势　配合力　杂种遗传力　基因图谱　遗传图谱　物理图谱　QTL　MAS　畜禽遗传资源　畜禽遗传资源保护

2. 简述遗传基本定律。
3. 简述数量性状和质量性状的区别。
4. 品种形成的标准有哪些？
5. 生长与发育的基本规律有哪些？

6. 简述有哪些选种方法。
7. 什么是近交？近交和杂交在家畜育种中有哪些遗传效应？
8. 品系可分为几种类型，如何培育品系？
9. 什么是杂种优势？杂种优势的表现规律是什么？
10. 基因图谱有哪几种？它们各自的构建方法是什么？构建基因图谱对动物遗传育种有何意义？
11. 什么是 QTL 定位？ QTL 定位最常用的两种方法是什么？各有什么特点？
12. 分子遗传标记辅助选择较常规的动物选种方法有何优点？
13. 什么是畜禽遗传资源和生物多样性？
14. 简述畜禽遗传资源保护的概念、任务、意义、基本原理和方法。
15. 如何利用好畜禽遗传资源？

参考文献

[1] 国家畜禽遗传资源委员会编委会 . 中国畜禽遗传资源志：家禽志 [M]. 北京：中国农业出版社，2011.

[2] 国家畜禽遗传资源委员会编委会 . 中国畜禽遗传资源志：马驴驼志 [M] . 北京：中国农业出版社，2011.

[3] 国家畜禽遗传资源委员会编委会 . 中国畜禽遗传资源志：牛志 [M] . 北京：中国农业出版社，2011.

[4] 国家畜禽遗传资源委员会编委会 . 中国畜禽遗传资源志：羊志 [M] . 北京：中国农业出版社，2011.

[5] 国家畜禽遗传资源委员会编委会 . 中国畜禽遗传资源志：猪志 [M] . 北京：中国农业出版社，2011.

[6] 刘丑生，刘刚，昝林森，等 . 畜禽遗传资源保护与利用 [M] . 北京：中国农业出版社，2021.

[7] 马月辉，徐桂芳，王端云，等 . 中国畜禽遗传资源信息动态研究 [J] . 中国农业科学，2002，35 (5) :552-555.

[8] 世界粮农组织 . 世界粮食与农业动物遗传资源状况 [M] . 北京：中国农业出版社，2007.

[9] 吴常信 . 动物比较育种学 [M] . 北京：中国农业大学出版社，2021.

[10] 张沅 . 家畜育种学 [M] . 2 版 . 北京：中国农业出版社，2018.

[11] 赵兴波 . 动物遗传学 [M] . 4 版 . 北京：中国农业出版社，2020.

[12] 赵永聚 . 动物遗传资源保护概论 [M] . 重庆：西南师范大学出版社，2007.

数字课程学习

◆ 视频　◆ 课件　◆ 拓展阅读

第三章

畜禽繁殖

了解畜禽生殖器官的构造及机能；了解畜禽生殖激素的种类、生理功能和“下丘脑—垂体—性腺轴”对繁殖机能的调节；了解雌雄配子发生过程，掌握母畜发情周期的特点及其在生产中的应用，重点掌握家畜的发情鉴定和适时配种；了解家畜受精、妊娠、分娩过程，重点掌握家畜妊娠鉴定的方法；了解精液冷冻保存的基本原理，掌握畜禽人工授精技术方法，重点掌握家畜精液品质评定和输精技术；了解家畜同期发情、超数排卵、胚胎移植等技术；了解体外受精、核移植、性别控制等繁殖新技术的发展趋势。

第一节　畜禽生殖器官构造及机能

生殖系统包括雄性生殖系统和雌性生殖系统，主要功能是产生两性配子（精子和卵子），繁殖新的个体，使种族得以延续；此外，还能分泌生殖激素，影响生殖器官的生理活动，并对维持动物的第二性征具有重要作用，是学习畜禽繁殖学的基础和起始点。

一、雄性畜禽生殖器官构造及机能

公畜生殖器官由睾丸、附睾、输精管、精索、副性腺、尿生殖道、阴囊、阴茎和包皮组成。几种公畜的上述器官的形态结构和生殖功能大致相同，但其大小、质量、结构和发育又各有其特点（图 3-1）。公禽生殖器官相对简单，由睾丸、附睾、输精管和位于泄殖腔的交媾器组成（图 3-2）。

1. 睾丸

睾丸（testis）是产生精子和雄性激素的器官。畜禽均具有双侧睾丸，呈椭圆形。公畜睾丸位于阴囊内，家禽的睾丸位于腹腔的背部，贴近肾的前端。睾丸后缘称附睾缘，有附睾体附着；前缘为游离缘。上端有血管和神经出入，为睾丸头，有附睾头附着；下端为睾丸尾，连于附睾尾。睾丸表面光滑，大部分覆以浆膜，即固有鞘膜，其深层为致密结缔组织构成的白膜。白膜从睾丸头端呈索状深入睾丸内，沿睾丸长轴向尾端延伸，形成睾丸纵隔。从睾丸纵隔分出许多睾丸小隔，将睾丸实质分成许多睾丸小叶，每一小叶内含有 2～3 条盘曲的曲精细管。精子由曲精细管产生，曲精细管之间有间质细胞，能分泌雄性

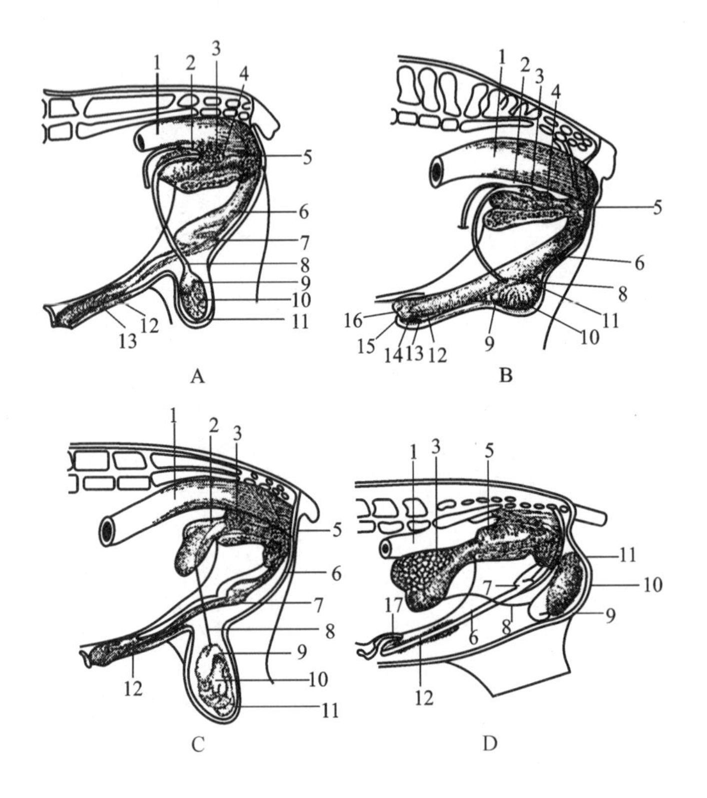

图 3-1　公畜生殖器官示意图

A. 牛　B. 马　C. 猪　D. 羊

1. 直肠　2. 输精管壶腹　3. 精囊腺　4. 前列腺　5. 尿道球腺　6. 阴茎　7. S 状弯曲　8. 输精管　9. 附睾头　10. 睾头　11. 附睾尾　12. 阴茎游离端　13. 内包皮鞘　14. 外包皮鞘　15. 龟头　16. 尿道突起　17. 包皮憩室

（引自朱士恩主编:《家畜繁殖学》，2017）

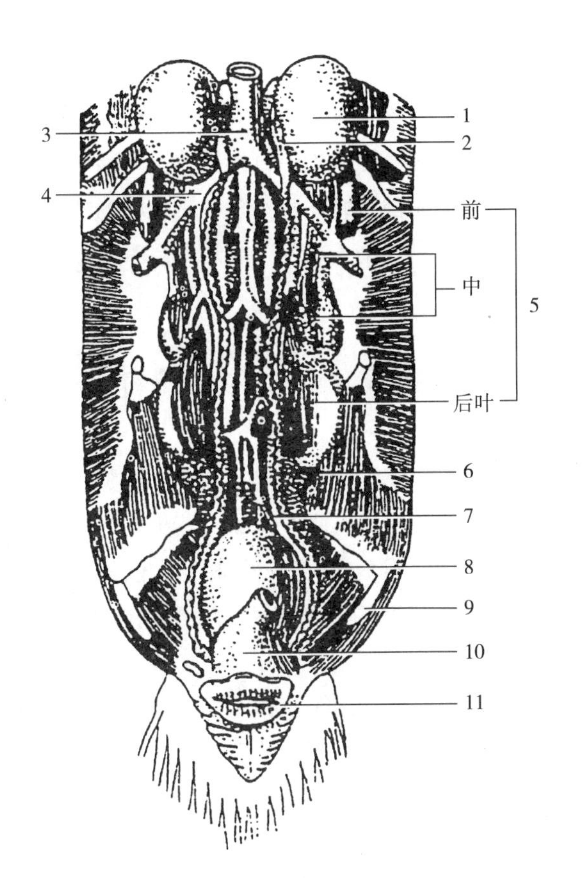

○ 图 3–2 公禽生殖器官示意图

1. 睾丸 2. 附睾 3. 后腔静脉 4. 髂总经脉 5. 肾 6. 输精管 7. 输尿管 8. 法氏囊 9. 耻骨 10. 直肠 11. 泄殖腔开口
（引自杨宁主编:《家禽生产学》，2012）

激素。曲精细管互相汇合成直精细小管，并进入睾丸纵隔内，互相吻合形成睾丸网。

2. 附睾

附睾（epidiymis）是公畜贮存精子和促进精子成熟的场所。位于睾丸的附睾缘，可分为附睾头、附睾体和附睾尾。在胚胎时期，睾丸和附睾均在腹腔内，位于肾附近。出生前后，二者一起经腹股沟管下降至阴囊，此过程称睾丸下降。如有一侧或双侧睾丸末下降到阴囊内，称单睾或隐睾，无生殖能力，不宜作种畜用。公禽的附睾较小或不明显，呈纺锤形管状，具有储存、运输精子和分泌精清的作用。

3. 阴囊

阴囊（scrotum）位于公畜两股部之间，呈袋状的皮肤囊，容纳睾丸、附睾及部分精索。在生理状况下，阴囊内部的温度低于体腔内的温度，有利于睾丸生成精子。阴囊内肉膜和提睾肌通过收缩和舒张调节其与腹壁的距离来获得精子生成的最佳温度。

4. 输精管和精索

输精管（vas deferens）是附睾管的延续，是运送精子的管道，对公禽而言也是精子成熟和精液储存的重要场所。输精管由附睾尾进入精索后缘内侧的输精管褶中，经腹股沟管上行进入腹腔，随即向后上方进入盆腔，末端与精囊腺导管汇合成射精管开口于精阜。

精索（funiculus spermaticus）是包有睾丸血管、淋巴管、神经、提睾内肌以及输精管的浆膜褶，呈扁圆锥形，其基部附着于睾丸和附睾，入腹股沟管向腹腔行走，上端达鞘膜管内口。精索的睾丸动脉长而盘曲，伴行静脉细而密，形成精索的蔓丛，它们构成精索的大部分，具有延缓血流和降低血液温度的作用。

5. 副性腺

副性腺包括精囊腺、前列腺和尿道球腺。其发育程度受性激素的直接影响，幼龄去势的动物副性腺发育不充分，性成熟后摘去睾丸的动物的副性腺则逐步萎缩。副性腺的分泌物有稀释精子、营养精子以及改善阴道环境等作用，有利于精子的生存和运动。家禽无副性腺。

6. 尿生殖道与阴茎

尿生殖道（canalis urogenitalis）是公畜排尿和排精共用通道，可分为骨盆部和阴茎部（海绵体部）。

阴茎（penis）为公畜的交配器官，平时隐藏于包皮内，交配时勃起，伸长并变得粗硬。阴茎由阴茎海绵体和尿生殖道阴茎部构成。可分为阴茎根、阴茎体和阴茎头。牛、羊的阴茎体在阴囊的后方形成乙状弯曲，勃起时伸直。猪的阴茎与反刍动物相似，但乙状弯曲位于阴囊的前方。包皮（praeputium）为一末端垂于腹壁的双层皮肤套，形成包皮腔，包藏阴茎头。

公鸡的交媾器不发达，位于泄殖腔内，交配时勃起的交媾器能够和母鸡外翻的阴道接通，将精液注入母鸡阴道。公鸭、鹅具有较发达的交媾器（螺旋型阴茎），交配时勃起，由泄殖腔内翻出，精液通过交媾器导入母禽生殖道。

二、雌性畜禽生殖器官构造及机能

母畜生殖器官由卵巢、输卵管、子宫、阴道、尿生殖前庭和阴门所组成（图 3-3）。与母畜不同，母禽的右侧生殖器官在孵化中期以后退化，仅保留左侧生殖器官，主要由卵巢和输卵管组成（图 3-4）。

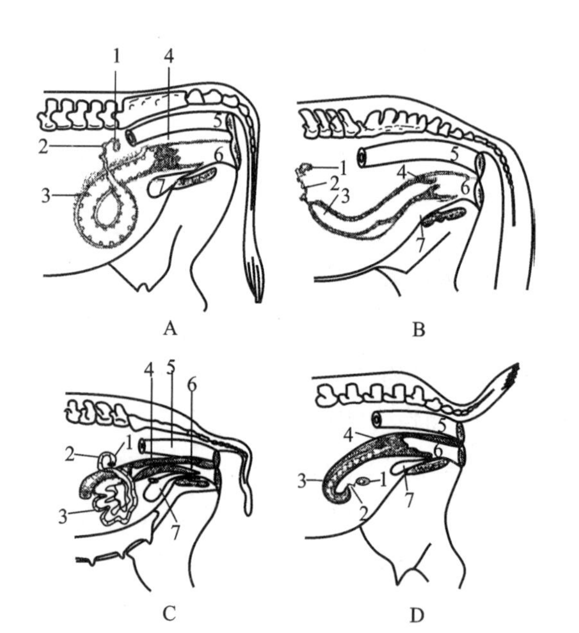

图 3-3 母畜生殖器官示意图

A. 牛 B. 马 C. 猪 D. 羊
1. 卵巢 2. 输卵管 3. 子宫角 4. 子宫颈
5. 直肠 6. 阴道 7. 膀胱
（引自中国农业大学主编:《家畜繁殖学》，2000）

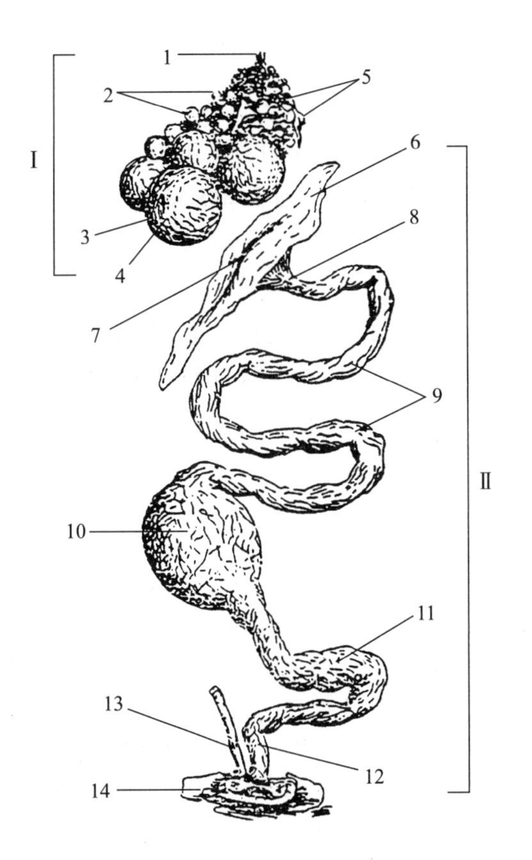

图 3-4　母禽生殖器官示意图

Ⅰ. 卵巢　Ⅱ. 输卵管
1. 卵巢基　2. 发育中的卵泡　3. 成熟卵泡　4. 卵泡带　5. 排卵后的卵泡膜　6. 漏斗部的伞部　7. 漏斗部的腹腔口　8. 漏斗部的颈部　9. 膨大部（蛋白分泌部）　10. 峡部（内有形成过程的蛋）　11. 子宫部　12. 阴道部　13. 退化的右侧输卵管　14. 泄殖腔
（引自杨宁主编:《家禽生产学》，2012）

1. 卵巢

卵巢（ovary）是产生卵细胞的器官，同时能分泌雌性激素，以促进生殖器官及乳腺的发育。

2. 输卵管

母畜的输卵管（oviduct）是位于卵巢和子宫之间的一对弯曲管道，长 20 ~ 28 cm，具有输送卵子和为精子、卵子提供受精场所的作用。输卵管的腹腔口紧靠卵巢，扩大呈漏斗状，称为漏斗。漏斗边缘不整齐，形似花边，称为输卵管伞。漏斗中央的深处有一口为输卵管腹腔口，与腹膜腔相通，卵子由此进入输卵管。输卵管前段管径最粗，也是最长的一段，称输卵管壶腹部，卵子在此处受精；后段较狭而直，称输卵管峡部，以输卵管子宫口直接与子宫角相通。

母禽的输卵管较长，由漏斗部、膨大部、峡部、子宫部和阴道部构成，是形成蛋的器官。阴道部开口于泄殖腔。

3. 子宫

子宫（uterus）是母畜供胎儿生长发育的场所。各种哺乳动物子宫的形态不一致，可分为双子宫（啮齿类）、双分子宫（牛、羊）、双角子宫（马、猪）和单子宫（灵长类）。子宫分为子宫角、子宫体和子宫颈三部分。子宫具有贮存、筛选和运送精液，促进精子获能的机能；也是孕体附植、胎儿发育的场所，又是分娩的主要动力；子宫具有调节内分泌功能，分泌的前列腺素可溶解黄体，导致母畜发情。

4. 阴道

阴道（vagina）是交配器官，也是分娩的产道。阴道位于骨盆腔，背侧为直肠，腹侧为膀胱和尿道，前接子宫，后连尿生殖前庭。阴道壁由上皮、肌膜和浆膜组成。几种家畜的阴道长度：牛为 25 ~ 30 cm，羊为 10 ~ 4 cm，猪为 10 ~ 15 cm，马为 20 ~ 35 cm。

5. 外生殖器

外生殖器包括尿生殖前庭、阴唇和阴蒂。

尿生殖前庭（urogenital vestibule）为前接阴道、后接阴门裂的短管。前高后低，稍微倾斜。尿生殖前庭为产道、排尿、交配的器官。阴唇（labium）构成阴门（vulva）的两侧壁，为尿生殖道的外口，位于肛门下方，两阴唇间的裂缝为阴门裂。阴蒂（clitoris）位于阴门裂下角的凹陷内，由海绵体构成。

第二节　畜禽生殖生理

畜禽的繁殖活动主要受到下丘脑—垂体—性腺轴（hypothalamic-pituitary-gonadal axis，HPG axis）所产生的生殖激素的调控。公畜经生长发育达性成熟后提供精子，与性成熟的母畜提供的卵子结合、受精，形成合子，受精卵发育成早期胚胎，胚泡附植建立妊娠关系，妊娠结束发动分娩，胎儿产出获得新生仔畜，形成家畜的繁殖周期。在整个繁殖过程中，生殖激素起到重要的调节作用。

一、畜禽生殖激素

激素是一种高效能生物活性物质，它是由内分泌腺活体细胞和某些神经分泌细胞合成的。生殖激素释放到血液或淋巴液，通过体液循环传送到远距离的特异靶器官，引起特异的生物学反应。与生殖过程有密切关系的激素称为生殖激素，主要有促性腺激素释放激素、促性腺激素和性腺激素等。

1. 促性腺激素释放激素

促性腺激素释放激素（gonadotropin-releasing hormone，GnRH）是下丘脑释放激素的一种，它产生于下丘脑的视前区、视交叉上核和弓状核，属于神经激素。

（1）生理功能　①促进垂体合成与分泌 LH 和 FSH，诱发动物排卵；②长时间或大剂量使用 GnRH 或其高活性类似物，对生殖具有抑制作用；③ GnRH 除作用于垂体外，还能作用于性腺、胎盘及其他组织。

（2）临床应用　①治疗母畜卵泡囊肿，GnRH 及其类似物可使囊肿的卵泡黄体化；②促进母畜排卵和排卵集中；③提高公畜性欲。

2. 催产素

催产素（oxytocin，OT）是由下丘脑合成经神经垂体释放进入血液循环的神经激素。催产素分泌调节一般是神经反馈性的。通过分娩时对子宫颈和阴道的扩张压力刺激，以及幼畜吮乳的刺激反馈地传至下丘脑引起催产素分泌并在神经垂体释放。

（1）生理功能　强烈刺激子宫平滑肌收缩，雌激素可增加子宫对催产素的敏感性；刺激乳腺导管上皮组织细胞收缩，引起“排乳”。

（2）临床应用　催产素常用于阵缩时促进分娩，治疗胎衣不下、子宫出血和促使子宫内容物（如恶露）的排出。

3. 促性腺激素

垂体分泌的促卵泡素（follicle stimulating hormone，FSH）和促黄体素（luteinizing hormone，LH）、胎盘分泌的孕马血清促性腺激素（pregnant mare serum gonadotrophin，PMSG）和人绒毛膜促性腺激素（human chorionic gonadotrophin，hCG）都属于促性腺激素。其化学本质为糖蛋白，分别有 α、β 两个亚基。

（1）FSH 的生理功能

对母畜，FSH 可刺激卵巢增长，进而增加卵巢质量。促进卵泡发育，使卵泡颗粒细胞增生，卵泡液分泌增多；FSH 与 LH 协同作用可促使卵泡颗粒细胞分泌雌激素。对公畜，FSH 可促进睾丸生精上皮发育和精子形成。

（2）LH 的生理功能

对母畜，在 FSH 作用的基础上，在 LH 的参与下使卵泡发育成熟并发动排卵；在正常生理条件下，促进黄体形成，并维持黄体功能促进孕酮的分泌。对公畜，LH 可促进睾丸间质细胞分泌雄激素（睾酮）。

（3）PMSG 的生理功能

PMSG 是来源于马属动物胎盘的杯状结构，在妊娠 30 d 测到，70 d 左右含量最高，以后渐少，至 180 d 消失。PMSG 生理功能与 FSH 功能相似，还具有一定促排卵和黄体形成的功能。PMSG 的半衰期较长。

（4）hCG 的生理功能

hCG 是人和灵长类动物分泌的一种胎盘激素。hCG 具有类似 LH 的功能，可促进卵泡成熟并排卵，同时也有一些 FSH 的作用。

（5）临床应用

由于四种促性腺激素均为糖蛋白，结构复杂，目前尚不能人工合成，只能从动物组织中提取，可供提取 FSH 和 LH 的原料较少、成本较高，生产上应用较困难。PMSG 和 hCG 原料来源丰富，应用较广。

促性腺激素是超数排卵的常用激素。治疗母畜的卵巢相对静止，主要用 500～1 000 IU PMSG 或 PMSG 与 hCG 的混合物（PG600 即为 400 IU 的 PMSG 和 200 IU 的 hCG 混合物）；治疗公畜性欲较差、生精机能较弱，主要用 1 000 IU hCG。

4. 性腺激素

（1）性腺类固醇激素

包括雄激素类（睾酮、雄烯二酮、脱氢表雄酮）、雌激素类（雌二醇、雌三醇、雌酮）和孕激素类（孕酮、孕烯醇酮），基本结构为环戊烷多氢菲。类固醇激素来自动物性腺，它们不在分泌细胞中贮存，边合成边释放，经降解后由粪尿排出体外。其生物学作用分别是：①雄激素　刺激精子发生，延长附睾精子寿命；促进副性器官的发育和分泌；促进第二性征表现；促进公畜性欲表现；负反馈下丘脑。②雌激素　促进母畜发情和生殖道生理变化；促进乳腺管状系统发育；促进长骨骺部骨化，抑制长骨生长；大剂量导致雄性不育；发情期雌激素峰对下丘脑激素分泌具有正反馈作用。③孕激素　促进子宫黏膜层加厚，腺体弯曲度增加，分泌功能增强；抑制子宫的自发性活动；大剂量抑制发情；子宫收缩，子宫颈黏液变黏稠。

（2）性腺多肽类激素

①松弛素（relaxin，RLX）：主要是由黄体细胞分泌的多肽类激素。它的生物学作用一是抑制妊娠期间子宫肌的收缩，以利于妊娠；二是作用于靶器官的结缔组织，使骨盆韧带扩张、子宫颈变松软，以利于分娩。②抑制素（inhibin，INH）主要由卵巢中卵泡颗粒细胞和睾丸支持细胞产生的多肽类激素。抑制素的化学本质是糖蛋白，由两个亚基组成，它的生物学作用主要表现在对基础的和 GnRH 刺激的 FSH 分泌都有抑制作用。

5. 前列腺素

前列腺素（prostaglandin，PG）是一类具有较强生物活性的物质，它不是由专一的内分泌腺所产生，属于组织激素。前列腺素 $F_{2\alpha}$（$PGF_{2\alpha}$）是其中一个类型，它与动物的生殖机能有密切关系。子宫内膜是 $PGF_{2\alpha}$ 的主要产地。

（1）生理功能

① $PGF_{2\alpha}$ 具有强烈溶解黄体的作用；②具有强烈刺激子宫平滑肌收缩的作用，对子宫颈有松弛作用；③促进公畜精囊腺和输精管的收缩，有利于射精及精卵结合。

（2）前列腺素类似物及其应用

常见的前列腺素类似物有氯前列烯醇和律胎素等。可用于治疗母畜因持久黄体引起的不发情；可诱导母畜分娩，并具有一定的促进泌乳作用；也是同期发情的常用激素。

二、雄性畜禽生殖生理

雄性畜禽的生殖机能主要是通过产生精子和交配行为等生理活动来实现，包括精子发生、性行为及其调控，以及精卵结合的受精过程等。

1. 初情期、性成熟和性行为

（1）初情期和性成熟

初情期（puberty）是指第一次产生具有受精能力的精子，并且初次具备了性行为链，但生殖能力还很低的生长发育阶段。引进的品种的猪、绵羊和山羊初情期一般为 7 月龄，牛为 12 月龄，马为 15～18 月龄，兔为 3～4 月龄。

性成熟（sexual maturity）是指在初情期后，公畜能产生成熟精子，并且具备完整正常的性行为链，有正常的生殖机能的阶段。虽然此阶段生殖机能发育成熟，但机体仍在发育，其他方面机能有待进一步完善，一般不用于配种。初配适龄是指为了保证种公畜的最大繁殖力，作为种公畜正式开始用于配种的年龄。初配适龄一般在性成熟之后，体成熟之前。几种公畜性成熟期和体成熟期见表 3-1。

表 3-1　几种公畜性成熟期和体成熟期

畜种	性成熟期（月）	体成熟期（月）
牛	10～18	24～36
水牛	18～30	36～48
马	18～24	36～48
猪	3～6	9～12
羊	5～8	12～15
驴	18～30	36～48

（2）性行为

是指公、母家畜在交配过程中所表现出的行为。公畜性行为链是在两性动物接触过程中，相互产生性刺激，并引起一系列性反应，这些性反应是按一定顺序进行的，故称为性行为链。性行为链包括：①求偶；②勃起；③爬跨；④交配；⑤射精；⑥交配结束。

2. 精子

（1）精子结构

精子（sperm）主要由头部、颈部和尾部组成（图 3-5）。家畜精子头部呈扁卵圆形，主要由细胞核构成，在核前部为顶体（图 3-6）。颈部位于头与尾之间起连接作用，脆弱易断。尾部是精子的运动器官，分为中段、主段及末段三部分。禽类的精子形态与家畜不同，外形纤细，头部如镰刀型，立体形状为长柱形。

（2）精子发生

精子发生（spermatogenesis）是指从精原细胞（spermatogonia）分裂到变成精子（sperm）的全过程，精子发生是在睾丸的曲精细管内进行的，包括精原干细胞的增殖和分化、精母细胞的减数分裂、精子形成和精子释放等过程。在哺乳动物中，精子必须在附睾

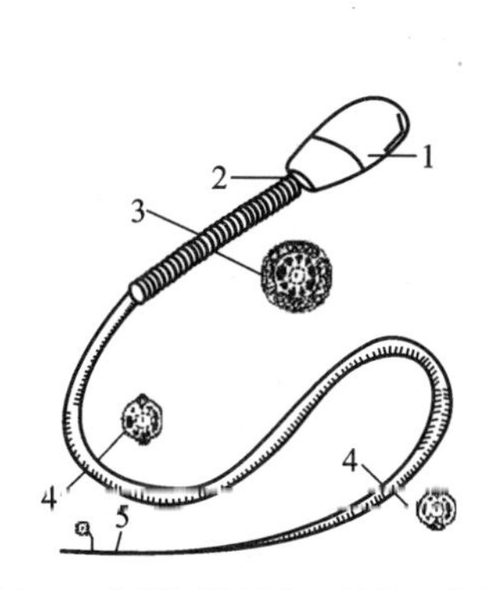

图 3-5　牛精子的形态及结构示意图

1. 头部　2. 颈部　3. 中段　4. 主段　5. 末段
（引自杨利国主编:《动物繁殖学》，2003）

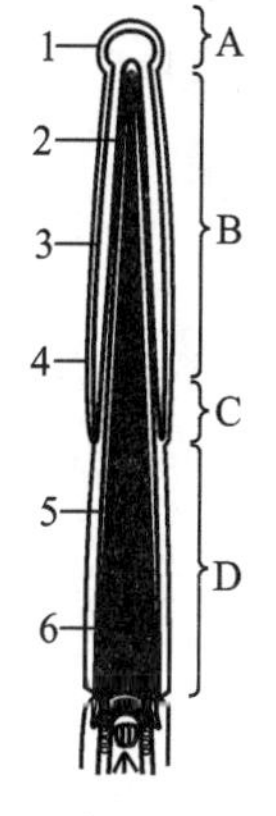

图 3-6　精子头部结构示意图

A. 顶节　B. 主节　C. 赤道　D. 顶体后区
1. 精子质膜　2. 顶体内容物　3. 顶体外膜　4. 顶体内膜　5. 核膜　6. 核
（引自杨利国主编:《动物繁殖学》，2003）

中进一步成熟才能具备受精功能。禽类精子成熟的场所为附睾和输精管。

（3）精子代谢

精子与其他单细胞生物一样，不断分解周围环境的物质作为能量来源，特殊情况下可分解自身贮存的脂类和蛋白质。

（4）精子运动

精子运动形式有直线前进运动、摆动（原地摆动）和以纵轴转动。呈直线前进运动的精子占总精子数的百分比称为精子活力，精子活力与受精能力密切相关。精子具有向流性，即精子逆向流动要比静止液体运动快；也具有向浊性，即精液中有异物时，精子就在异物附近凝聚。

（5）环境因素对精子影响

①温度：体温时精子运动正常，代谢正常，存活时间短；高温（<50℃）时精子运动加速，代谢加剧，存活时间短暂；低温（0～5℃）时精子运动速度、代谢强度受抑制，存活时间延长。当家畜精液急剧降温到接近10℃以下时，精子出现不可逆转丧失生活力的现象称之为冷休克。缓慢降温、稀释液加入防冻保护剂（如卵黄等）可克服冷休克现象。②渗透压：精子最适渗透压是等渗溶液渗透压（324 mOs），其可耐受162～486 mOs。③ pH：弱酸性环境抑制精子运动，弱碱性环境促进精子运动。④电解质：电解质通常对精子有刺激作用，加速精子运动，破坏精子膜内外的渗透压平衡，过多引起精子剧烈运动。⑤振动：振动对精子影响不大，但既振动又与空气接触对精子损害较大。⑥药物：消毒药物可杀死精子，故人工输精器材用消毒药物后一定要清洗干净，不留残迹，加入适量抗菌药物，有利于精子保存。⑦光线和射线：阳光直射加速精子运动，存活时间缩短；射线对精子和性腺都有害。

3. 精液的组成与理化特性

（1）精液组成

精液（semen）是由精子和精浆（seminal plasma）组成的细胞悬液。精浆构成精液的液体部分，主要是来自副性腺的分泌物，此外还有少量的睾丸液和附睾液，是在射精时形成的。几种畜禽射精量和精子密度见表3-2。

表3-2　几种畜禽射精量和精子密度

	绵羊	牛	马	猪	鸡
射精量 /mL	1（0.7～2）	4（2～10）	70（30～300）	250（150～500）	0.4（0.1～0.8）
精子密度 /（亿 /mL）	30（20～50）	10（2.5～20）	1.2（0.3～8）	2.5（1～3）	35（29～71）

（2）精液理化特性

①渗透压：精液渗透压为324 mOs。② pH：主要靠阳离子和弱酸根组成的缓冲体系来维持，刚采集的牛、羊精液偏酸性，猪、马偏碱性。刚射出精液一般接近于pH 7.0。③精子密度：指每毫升精液中所含有的精子数目，其测定方法常采用估测法、血细胞计数法和光电比色法。④透光性：精子对光线扩散和吸收的性能超过精清，而且又有较强的反光力，故可用比色计测定精子密度。

三、雌性畜禽生殖生理

雌性畜禽达到性成熟后，在生殖激素的作用下，卵巢上出现周期性的卵泡发育、排卵、黄体形成与退化等活动。卵泡是实现卵子发生与雌性激素产生两大功能的生理单位。使雌性畜禽在外部行为上表现出周期性的发情。

1. 卵子发生与形态结构

（1）卵子发生

卵子发生（oogenesis）的过程可概括为卵原细胞的增殖、卵母细胞（oocyte）的生长和卵母细胞的减数分裂。其发育顺序为原始生殖细胞、卵原细胞、初级卵母细胞、次级卵母细胞、卵子。

（2）卵子结构

卵子的结构包括放射冠、透明带、卵黄膜及卵黄。

① 放射冠：卵子周围的放射冠细胞和卵泡液基质，这些细胞伸出足突穿入透明带，与卵母细胞微绒毛交织在一起，进行物质交换，排卵后，输卵管黏膜分泌纤维蛋白分解酶使这些细胞脱落。

② 卵膜：包括卵黄膜和透明带，其作用为：保护卵子正常受精；对精子有选择作用；使卵子有选择地吸收物质。

③ 卵黄：占透明带大部分容积，受精后卵黄收缩，在透明带和卵黄膜之间形成一个“卵黄周隙”，极体就存在于此。

④ 核：染色质分散其中，有明显核膜，核膜上有许多核孔。

2. 卵泡发育、卵泡闭锁、排卵及黄体

（1）卵泡发育

卵泡（follicle）是指由卵母细胞同包绕着它的卵泡细胞共同组成的细胞集团。卵泡发育是指卵泡由原始卵泡发育成为成熟卵泡的生理过程。卵泡发育从形态上可分为几个阶段，依次为原始卵泡、初级卵泡、次级卵泡、三级卵泡和成熟卵泡。根据卵泡出现卵泡腔与否，分为无腔卵泡（腔前卵泡）和有腔卵泡。三级卵泡以前的卵泡尚未出现卵泡腔，统称为无腔卵泡。三级卵泡和成熟卵泡因为存在卵泡腔，所以又称为有腔卵泡。

（2）卵泡闭锁

闭锁卵泡（atresic follicle）统指那些不能排卵并注定退化的卵泡，包括成熟的，接近成熟的甚至尚处于初期生长阶段而不能继续发育的卵泡。总之，卵泡可于生长的任何阶段闭锁，闭锁卵泡的前途只有退化。如初生母牛犊有 75 000 个卵泡，10 ~ 14 岁时有 25 000 个，到 20 岁时只有 3 000 个。

闭锁卵泡的内膜血管网逐渐退化，颗粒细胞数目减少，透明带出现裂纹到破损，卵母细胞缩小退化，闭锁卵泡颗粒细胞中芳香化酶活性下降，卵泡液中雌二醇含量降低。闭锁卵泡的生理意义在于：在胚胎期，闭锁卵泡的壁膜转变为卵巢的次级间质；闭锁卵泡可产生某种能够发动原始卵泡生长的物质；闭锁卵泡支持（发育）优势卵泡的生长和成熟。

（3）排卵

排卵（ovulation）是指卵子自卵巢卵泡中排出的过程。牛、羊和猪排出卵子是次级卵

母细胞，马和狗则是初级卵母细胞。

① 排卵类型主要有以下 3 种。

■ 自发排卵，自发形成黄体：不需要交配刺激，成熟卵泡自动排卵，并自发形成黄体，有稳定发情周期和持续期。如猪、马、牛、羊等。

■ 诱发排卵，自发形成黄体：排卵前 LH 峰必须由交配动作刺激产生，随后形成黄体，没有交配刺激，卵泡退化，故在繁殖期总有成熟卵泡，没有固定的发情期和持续期。如兔、骆驼；同性集养母兔互爬跨，也引起排卵。

■ 自发排卵，诱发形成黄体：可自发排卵，但只有交配刺激才使排卵形成功能黄体，不经交配形成黄体持续时间短。如啮齿类。发情周期可出现：短周期，无交配；长周期，有交配。

② 排卵程序：卵的排出涉及卵母细胞的成熟、卵丘的游离、卵泡颗粒膜细胞的离散和卵泡膜胶原纤维的松解，卵巢白膜和生殖上皮的破裂等一系列生理过程，而且它们是按一定程序进行的。家畜排卵共同特点是卵丘与颗粒膜游离先于卵母细胞减数分裂的复始；卵巢白膜和生殖上皮先于卵泡被膜的破裂。

③ 排卵时间和排卵数：排卵是成熟卵泡在 LH 峰作用下产生的，从排卵前 LH 峰至排卵的间隔时间（排卵时间），因动物种类而异，但在同一种动物中几乎是一定的（表 3–3）。

表 3–3 排卵时间与排卵数

动物种类	排卵前 LH 峰至排卵的间隔时间 /h	排卵数	动物种类	排卵前 LH 峰至排卵的间隔时间 /h	排卵数
牛	28 ~ 32	1	大鼠	12 ~ 15	10
猪	40 ~ 42	10 ~ 25	小鼠	12 ~ 15	8
马	—	1	山羊	—	1 ~ 3
绵羊	24 ~ 26	1 ~ 3	犬	—	3 ~ 12
兔	9 ~ 11	5	猫	—	2 ~ 10

（4）黄体

成熟卵泡排卵后形成黄体（corpus luteum，CL）。黄体分泌孕酮作用于生殖道，使之向妊娠的方向变化。如未受精，一段时间后黄体退化，开始下一次的卵泡发育与排卵。在短时间内，由卵泡期分泌雌激素的颗粒细胞，转变为分泌孕酮的黄体细胞。

3. 发情周期

发情（estrus）是指母畜特有的与排卵过程密切相关的周期性的性活动现象，表现如下：在卵巢，卵泡正在成熟，继而排卵；在生殖道，黏膜下层充血、水肿，腺体分泌旺盛，可见黏膜潮红、滑润，有时黏液排出；子宫颈阴道部松软，颈口开张；而在精神状态、行为上表现出兴奋、鸣叫、活动增强、食欲减退、泌乳下降、出现性欲（性兴奋）。

发情周期（estrous cycle）是指母畜从初情期到性机能衰退之前阶段，除乏情期外，在没有受孕的情况下，每隔一定时间，母畜表现出发情和排卵周期性，称为发情周期。一个发情周期指从一次发情的开始到下一次发情开始的间隔时间。马、驴、牛、水牛、猪、山羊平均为 21 d，绵羊为 16 ~ 17 d。

（1）发情周期分期

根据母畜精神状态，对公畜的性欲反应，卵巢及生殖道的生理变化等，分四个时期：

① 发情前期（proestrus）：卵巢上周期黄体开始退化，卵泡进入快速生长但尚未成熟；外阴部红肿，黏液多而稀薄透明，阴道黏膜潮红，子宫颈口稍为张开；精神兴奋，烦躁不安，注视公畜或公畜经常出没的处所，但不接受公畜或其他母畜的爬跨。

② 发情期（estrous）：卵巢中卵泡成熟到排卵的一段时期。表现为外阴部红肿略有消退，黏液黏性增强，阴道黏膜潮红，子宫颈外口充分张开；接受公畜或其他母畜的爬跨。几种主要母畜发情持续期见表 3-4。

③ 发情后期（metestrus）：已经排卵，黄体正在形成，外阴部和生殖道的红肿减退，黏液减少，浓稠而不黏滞；子宫内膜增厚，子宫腺体逐渐发育；不再接受爬跨。

④ 间情期（diestrus）：是黄体功能期，发情征状完全消失，恢复常态。

根据卵巢上卵泡和黄体交替存在分期

① 卵泡期：黄体开始退化到排卵的这段时间。

② 黄体期：卵泡破裂排卵形成黄体，到黄体开始退化为止的这段时间。

表 3-4　几种主要母畜发情持续期

	牛	水牛	绵羊	山羊	猪	马	驴
时间	18 h	22 h	24 ~ 36 h	24 ~ 48 h	40 ~ 60 h	5 ~ 7 d	4 ~ 7 d

（2）母畜发情的季节类型

① 常年多周期：发情周期可常年多次出现，如牛、猪、兔等。

② 季节多周期：发情周期只有在一定季节中多次出现，如绵羊、山羊、马、驴、水牛。

③ 季节单周期：发情周期的出现有固定季节，而且每个发情季节中只出现一个周期，如狗（春秋各一次），骆驼。

（3）发情鉴定

发情鉴定（estrous diagnosis）是动物繁殖工作的重要环节。通过发情鉴定，可以判断动物的发情阶段，预期排卵时间，以确定适宜配种时间，及时进行配种或人工授精，从而达到提高受胎率的目的。发情鉴定的方法有多种，主要有外部观察法、试情法、阴道检查法、直肠检查法、生殖激素检测法等。但无论采用何种方法，在发情鉴定前，均应了解动物繁殖历史和发情过程。

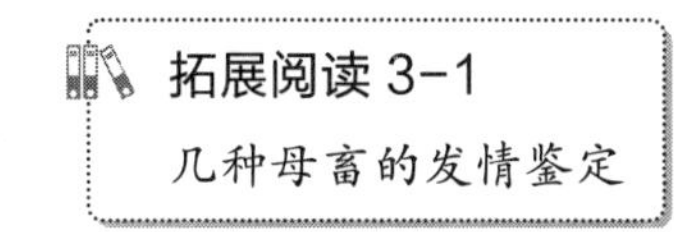

四、受精

受精（fertilization）是指两性配子（精子和卵子）相互作用、结合产生合子（zygote）的过程。精子和卵子在受精前必须经历一系列变化才能进行受精。

1. 精子在受精前的准备

（1）精子在雌性生殖道的运行

哺乳动物的受精部位通常在输卵管壶腹部。无论是自然交配还是人工授精，精子都必须到达输卵管壶腹部。但不同动物精子的贮存部位、精子到达受精部位的时间和到达受精部位的精子数都存在差异（表 3-5）。

表 3-5 几种主要家畜射精和精子运行的特性

动物	射精量 /mL	射精部位	射精到输卵管出现精子的间隔时间 /min	到达受精部位的精子数
兔	1.0	阴道	数分钟	250 ~ 500
绵羊	1.0	阴道	6	600 ~ 700
牛	4.0	阴道	2 ~ 13	很少
猪	250	子宫颈或子宫	15 ~ 30	1 000

精子从射精部位向受精部位运行过程中，需要通过精子屏障和精子库。精子库的作用是贮存精子，并缓慢释放精子；屏障的作用是阻挡死精子和弱精子，控制到达受精部位精子数。两种射精类型的动物精子屏障和精子库见表 3-6。精子运行的动力主要有射精力量、子宫颈负压吸入作用、雌性生殖道运动、雌性生殖道液体流动和精子自身运动。

表 3-6 两种射精类型的动物精子屏障和精子库

类型	宫颈外口	宫颈隐窝	子宫腺	宫管连接部	峡部	壶峡连接部
阴道型（牛、羊）	屏Ⅰ	库Ⅰ	库Ⅱ	屏Ⅱ	库Ⅲ	屏Ⅲ
子宫型（猪、马）	—	—	库Ⅰ	屏Ⅰ	库Ⅱ	屏Ⅱ

（2）精子获能

在受精之前，精子必须先在雌性生殖道内停留一段时间，并发生一系列生理性、机能性变化，才具有与卵母细胞受精的能力，这种现象称精子获能（capacitation）。精子获能现象在哺乳动物中普遍存在。

2. 卵子在受精前的准备

新排出的卵子裹在放射冠和卵丘细胞内。输卵管伞部内表面纤毛与卵子外面的卵丘细胞相互作用，促使卵子进入输卵管。卵子在输卵管内的运行，很大程度上依赖于输卵管的收缩、液体的流动及纤毛的摆动。卵子排出后，在受精前也有类似精子获能的成熟过程，表现在皮质颗粒的增加、卵黄膜的亚微结构的变化等方面。

3. 受精过程

受精过程是指精子和卵子相遇，两性原核合并形成合子的过程。

（1）精子穿过放射冠

卵子周围被放射冠细胞包围，这些细胞以胶样基质粘连；精子发生顶体反应后，可释放透明质酸酶，溶解胶样基质，使精子接近透明带。有些动物（如马）受精前放射冠已脱落。

（2）精子穿越透明带

当精子与透明带接触后，有短期附着和结合过程，有人认为这段时间前顶体素转变为顶体酶。精子与透明带结合具有特异性，这是因为在透明带上有同种动物精子受体，保证种的延续，避免种间远缘杂交。顶体酶将透明带溶出一条通道，精子凭借自身的运动穿过透明带。

（3）精子穿过卵黄膜

精子头部接触卵黄膜表面，卵黄膜的微绒毛抓住精子头，然后精子质膜与卵黄膜相互融合形成统一膜覆盖于卵子和精子的外部表面，精子带着尾部一起进入卵黄，在精子头部上方卵黄膜形成一突起。卵黄封闭作用是指当卵黄膜接纳一个精子后，拒绝接纳其他精子入卵的现象，该生理过程严格控制多精入卵。

（4）原核形成

精子入卵后，引起卵黄紧缩，并排出少量液体至卵黄周隙。精子头部膨大，尾部脱落，细胞核出现核仁、核膜，形成雄原核（male pronucleus）。由于精子入卵刺激，使卵子恢复第二次成熟分裂，排出第二极体，卵子核膜、核仁出现，形成雌原核（female pronucleus）。两原核同时发育，在短时间内体积增大 20 倍，一般雄原核大于雌原核。

（5）配子配合

两原核充分发育后，相向移动，彼此接触，两者很快体积缩小、合并，核仁核膜消失，来自两原核染色体重新组合，这个过程称配子配合（syngame）。

4．受精过程所需时间

一般认为，精子从进入卵子到第一次卵裂的间隔时间，猪为 12～14 h，绵羊 16～21 h，牛 20～24 h，兔 12 h，人约 36 h，而马在排卵后 24 h。

五、妊娠与分娩

1．早期胚胎发育

（1）卵裂

受精卵按一定规律进行多次重复分裂的过程，称为卵裂（cleavage）。卵裂所形成的细胞，称为卵裂球（blastomere）。卵裂与普通有丝分裂略有不同，主要表现为卵裂的分裂间期短，不伴随有细胞生长，紧接着又开始新的一次卵裂，因此，卵裂球体积愈来愈小，核质比例愈来愈大，直到核质比例达到该动物所特有的一定数值时，卵裂过程结束；最初几次卵裂按一定程度和方式进行，随后逐渐不规则；卵裂过程均在透明带内进行，故胚胎的大小和形状均不发生变化，卵裂过程中，不仅细胞数量增加，同时细胞已开始分化。

（2）囊胚形成

当受精卵分裂到 16 细胞以后，细胞团中央开始出现裂隙，裂隙扩大而成腔，此时细胞也开始分化。一部分细胞仍集聚成团，另一部分细胞逐渐变为扁平形围在腔的四周，即形成囊胚。聚集的细胞团称为内细胞团，将发育为胚体；围绕囊胚壁的细胞成为获取营养、滋养胚体的滋养层，中间的腔为囊胚腔，将发育为胎膜和胎盘。囊胚初期细胞被束缚于透明带中，随后突破透明带，成为泡状透明的胚泡。

2. 妊娠识别与胚泡附植

（1）妊娠识别和建立

孕体是胎儿、胎膜、胎水构成的复合体。妊娠识别是指卵子受精后至附植之前，早期胚胎产生激素信号传给母体，母体产生相应反应，识别胎儿存在，并与之建立密切联系的生理现象。猪的早期妊娠信号是妊娠 11 ~ 13 d 的孕体分泌的雌激素，可促进黄体功能。绵羊的早期妊娠信号是妊娠 9 ~ 12 d 的孕体分泌干扰素 -τ，它能抑制子宫合成和分泌 $PGF_{2\alpha}$，延长黄体的寿命。牛的早期妊娠的妊娠 15 d 的孕体产生牛滋养层蛋白，可诱导子宫膜产生一种 $PGF_{2\alpha}$ 合成的抑制物，从而影响子宫中前列腺素的代谢。

当孕体和母体之间产生了信息传递反应后，双方的联系和相互作用就通过激素和其他因子的介导而建立起来，并开始妊娠，称为妊娠建立。

（2）胚泡的附植

囊胚进入子宫角后初期处于游离状态，以后凭借胎水的压力而使其外层（滋养层）吸附于子宫黏膜上，位置亦固定下来，滋养层逐渐与子宫内膜发生组织生理联系过程叫附植（implantation）。动物胚泡的附植是一个渐进的过程，不同动物在受精后的附植时间不同，牛为 60（45 ~ 75）d、马为 3 ~ 3.5 月、猪为 22（20 ~ 30）d、绵羊为 10 ~ 22 d。

3. 胎膜和胎盘

（1）胎膜

是胎儿的附属膜（绒毛膜、尿膜、羊膜、卵黄膜），对胎儿起营养、呼吸、排泄、内分泌及机械保护作用。发育完成的胎膜包括尿膜羊膜、尿膜绒毛膜、羊膜绒毛膜（牛、羊、猪）、胎儿胎盘、脐带。

（2）胎水

羊膜囊内羊水和尿膜囊内尿水总称胎水。羊水最初是由羊膜细胞分泌的，之后则大部分来源于母体血液，发育的胎儿也排泄一部分产物至羊水中。尿水来源于胎儿的尿液和尿囊上皮分泌物。胎水的作用有缓冲作用、防止粘连、分娩时扩大子宫颈、产道天然润滑剂、对早期胚胎附植起重要作用及维持渗透压。

（3）胎盘

胎盘（placenta）是母体和胎儿之间进行物质交换的器官。胎盘一般分为四类，即弥散型，如猪、马、骆驼；子叶型，如牛、羊；带状胎盘，如狗、猫；圆状胎盘，如灵长类动物。胎盘功能主要表现在物质和气体交换功能、分泌激素（如 PMSG、hCG、类固醇激素等）、免疫功能等。

（4）脐带

脐带（umbilical cord）是胎儿与胎膜相连系的带状物，包括脐尿管、脐动脉、脐静脉、肉冻样间充质和卵黄囊组织遗迹，外有羊膜包被。

4. 妊娠母畜变化及妊娠诊断

（1）妊娠母畜变化

妊娠后，母畜新陈代谢旺盛、食欲增加、消化能力提高、营养状况得到改善，表现为体重增加、毛色光润。妊娠后期腹围增加，乳房发育。卵巢上周期黄体转化为妊娠黄体；随着妊娠进展，子宫逐渐增大，宫颈外口紧闭；妊娠后期，阴门、阴道充血水肿，阴道黏膜的颜色变为苍白，黏膜上覆盖有浓稠黏液。几种动物的妊娠期见表 3-7。

表 3-7 几种动物的妊娠期

种类	平均妊娠期 /d	妊娠期范围 /d	种类	平均妊娠期 /d	妊娠期范围 /d
牛	282	276 ~ 290	骆驼	389	370 ~ 390
水牛	307	295 ~ 315	犬	62	59 ~ 65
猪	114	102 ~ 140	猫	58	55 ~ 60
羊	150	146 ~ 161	家兔	30	28 ~ 33

（2）妊娠诊断

常见的方法有：①外观检查法；②直肠检查法；③阴道检查法（参考）；④激素测定法；⑤超声波诊断。

5. 分娩

分娩（parturition）是指母畜经过一定的妊娠期后，胎儿在母体内发育成熟，母体将胎儿及其附属物从子宫内排出体外的生理过程。关于分娩启动的原因众说纷纭，其中比较重要的学说有机械学说、激素学说、神经体液学说和胎儿发动学说等。何种原因起主要作用尚未确定，目前一般认为，分娩的启动并非单一因素所致，而是由机械扩张、神经及激素等多种因素相互联系、彼此协调所促成。

（1）决定分娩过程的因素

① 产力：胎儿从子宫排出的力量称为产力。它是子宫肌、腹肌、膈肌等有节律的收缩共同构成的。子宫肌的收缩称为阵缩，是分娩的主要动力。腹肌和膈肌的收缩称为努责，是伴随阵缩进行的，对胎儿的产出也起重要作用。子宫肌的阵缩是间歇性的，是由于乙酰胆碱和催产素的作用时强时弱引起的，这对胎儿安全非常重要。如果没有间歇性阵缩，由于胎盘上血管受到持续性压迫，血液循环中断，胎儿缺少氧气供应，在胎儿排出缓慢时，就可能发生窒息。努责是随意收缩，而且是伴随阵缩进行的。

② 产道：产道是分娩时胎儿由子宫内排出所经过的通道，它可分为软产道和硬产道。骨盆入口的形状和倾斜度对分娩时胎儿通过的难易有很大关系。入口较大而倾斜，形状圆而宽阔，胎儿通过则较顺利。

（2）分娩预兆

母畜分娩前，在生理及行为上发生一系列变化称为分娩预兆，分娩预兆可用于大致预测分娩的时间，以便做好接产准备工作。乳房在分娩前迅速发育，腺体充实，有些乳房底部出现浮肿；临近分娩时，可从乳头中挤出少量清亮胶状液体或挤出少量初乳，有的出现漏乳现象。外阴部在临近分娩前数天，阴唇皮肤上皱壁展平，皮肤稍红，阴道黏膜潮红，黏液由浓厚黏稠变为稀薄润滑。骨盆部韧带在临近分娩的数天内变得柔软松弛，由于骨盆韧带的松弛，臀部肌肉出现明显的塌陷现象。分娩前母畜行为也出现一定变化，如猪分娩前 6 ~ 24 h，有衔草作窝现象；兔扯咬腹部被毛作窝。分娩前数天，多数家畜出现食欲下降，行动谨慎小心，喜好僻静地方。

（3）分娩过程

根据临床表现可以将分娩过程分为三个阶段，即子宫颈开张期、胎儿产出期和胎衣排出期。

① 子宫颈开张期：从子宫角开始收缩，直至子宫颈完全开张、与阴道之间的界限消失，这一时期称为子宫颈开张期，简称开口期。其特点是只有阵缩而不出现努责。子宫颈的开张，一方面由于松弛素和雌激素的作用促使子宫颈变软，另一方面，由于子宫颈是子宫肌的附着点，子宫肌的收缩，迫使子宫颈开张，子宫内压力的升高也促使子宫颈的开张。子宫颈开张，使胎儿和尿膜绒毛膜被迫进入骨盆入口，尿膜绒毛膜在该处破裂，尿水流出阴门，如紧接着不露出羊膜囊，排出胎儿时，就有可能发生难产。

② 胎儿产出期：从子宫颈口完全开张、破水，到胎儿产出为止，这一时期称为胎儿产出期，简称产出期。其特点是阵缩和努责共同作用，而努责是排出胎儿的主要力量，它比阵缩出现晚，停止早。由于羊膜随着胎儿进入骨盆入口，引起膈肌及腹肌的反射性和随意性收缩，在羊膜里的胎儿最宽部分排出需要时间长，胎儿排出后，胎衣仍留在子宫里。

牛、羊的胎盘属于结缔组织绒毛膜胎盘，当胎儿排出时，胎盘与母体子叶仍附着，胎盘继续为胎儿供氧，不会发生胎儿窒息。但马、驴属弥散型胎盘，胎儿与母体的联系在开口期不久就被破坏，切断氧的供应，应尽快排出胎儿，以免胎儿窒息。

③胎衣排出期：从胎儿产出到胎衣完全排出的期间称为胎衣排出期。当胎儿排出后，母畜即安静下来，经过数分钟后，子宫主动收缩有时还配合轻度努责而使胎衣排出。

第三节　畜禽发情与排卵控制技术

发情排卵控制（control of estrus and ovulation）技术通常是利用外源激素处理雌性动物，控制其发情时间和排卵，其目的是充分发掘雌性畜禽的繁殖潜力、提高经济效益，也为了便于组织高效生产和管理。

一、诱导发情

诱导发情（induction of estrus）是对性成熟母畜因生理或病理原因不能正常发情的，用激素和采取一些管理措施，使之发情和排卵的技术。

对于生理性乏情（anestrus）的母畜，如羊的季节性乏情、营养水平低下造成的乏情等，其主要特征是垂体分泌促性腺激素水平低下，卵巢处于相对静止状态，卵泡不能发育成熟和排卵。针对这些情况，只要增加体内促性腺激素水平，基本上可促使母畜卵巢活动，促进卵泡发育成熟和母畜发情。对于病理性乏情，如持久黄体、卵巢萎缩等，仅提高体内促性腺激素水平是难以诱发母畜发情的。应先查出造成乏情的原因并予以治疗，然后用促性腺激素或 GnRH 处理，使之恢复繁殖机能。

1. 牛的诱导发情

常用孕激素处理 9 ~ 12 d，之后给予一定量的 PMSG（750 ~ 1 500 IU）或 GnRH（50 ~ 100 μg）处理，可促进卵泡发育和发情。处理后 10 d 内仍未见发情的，可再次处理，激素剂量稍加大。

2. 羊的诱导发情

绵羊主要用孕激素预处理（阴道栓）14 ~ 18 d，在孕激素处理结束前 1 ~ 2 d 或当天肌注 PMSG 500 ~ 1 000 IU，能够取得较好的诱导发情效果。山羊的诱导发情与绵羊类似，以孕激素处理为主，处理时间通常为 11 d。

3. 猪的诱导发情

超期后备母猪乏情，可能是不良的饲养管理（如长期缺乏维生素 E、硒或过肥）导致的卵巢发育不全。可采用补充维生素 E、亚硒酸钠和维生素 A，过肥动物限饲，一次性肌注 PG600 或一次性肌注 PMSG 和氯前列烯醇等措施诱导发情。断奶母猪诱导发情的方法主要有 PG600、PMSG 和氯前列烯醇处理。

二、同期发情

同期发情（estrus synchronization）是对群体母畜采用外源生殖激素或管理措施处理，使之发情相对集中在一定范围内的技术。同期发情在畜牧生产中的主要意义是便于组织批次化生产和管理，提高畜群的发情率和繁殖率。同期发情的基本原理是通过控制黄体的消长调节发情周期，控制群体母畜的卵泡发育和发情排卵在同一时期发生。一般采用延长黄体期或缩短黄体期的方法来实现，常用的激素为孕激素和前列腺素。

1. 牛的同期发情

（1）孕激素阴道栓法

通过埋栓器将孕激素阴道栓放入阴道内，在 9 ~ 14 d 后取出阴道栓，大多数母畜可在撤栓后 2 ~ 4 d 发情。为了提高发情率，最好在撤栓后肌注 PMSG 或前列腺素类激素。

（2）前列腺素法

用氯前列烯醇 0.4 mg 进行肌注，可使 70% 以上的牛在处理后 3 ~ 5 d 发情排卵。为了提高同期发情的效果，可间隔 9 ~ 14 d 再次进行氯前列烯醇处理。

2. 羊的同期发情

羊的同期发情处理与牛的方法类似，只是剂量上有差别。目前主要采用孕酮阴道栓法和前列腺素法，操作方法同牛。

3. 猪的同期发情

猪对外源激素的反应与牛羊不同，对牛羊有效的孕激素对猪基本无效，还会引起卵巢囊肿。后备母猪的同期发情通常通过连续饲喂 12 ~ 18 d 烯丙孕素（altrenogest），处理结束后 3 ~ 8 d 内发情率为 90% 以上。在烯丙孕素处理结束前 1 ~ 2 d 注射 PMSG 1 000 IU，可提高发情率和同期化程度。经产母猪同期发情的常见方法是同期断奶法，如果在断奶的同时肌注 PMSG（50 ~ 1 000 IU），效果更佳。

三、排卵控制

排卵控制（control of ovulation）是采用外源生殖激素，使单个或多个母畜发情并控制其排卵的时间和数量的技术。理论上，母畜发情后会自然排卵。但在实际生产中，即使同期发情的母畜的发情、排卵尚有较大的时间范围，不能精准预测。控制排卵时间是在母畜发情周期的适当阶段，通过 GnRH（或促性腺激素）处理，诱发母畜排卵，以代替母畜依靠自身的促性腺激素作用下的自发排卵，即促使成熟卵泡提前排卵。控制排卵数量，是利用促性腺激素处理，增加发情母畜的排卵数目。依据不同目的又分为超数排卵和限数排卵。

1. 诱发排卵

牛从发情至排卵的时间相对而言较为稳定，一般在发情后 8～12 h，只有少数可能会延至数十小时。在这种情况下需要用外源激素促进排卵，以提高配种受胎率。诱发排卵的常用激素及用量为：促黄体素（LH）50～100 IU，人绒毛膜促性腺激素（hCG）1 000～2 000 IU，LRH−A2 或 LHR−A3 100～300 μg。用药时间一般在配种前数小时或第一次配种的同时。其他家畜的诱发排卵在生产中应用较少。

2. 同期排卵

（1）牛的同期排卵

在同期发情处理后，注射 hCG 1 000～2 000 IU 或 LRH−A3 100～300 μg，使排卵进一步同期化，提高同期发情后的受胎率。

（2）羊的同期排卵

在孕激素同期发情处理结束后 24～48 h 或前列腺素处理后 48～72 h 再实施肌注 hCG 400 IU，可提高排卵同期性和配种受胎率。

（3）猪的同期排卵

猪属于多胎动物，其发情和排卵时间变化范围比牛、羊大。在同期发情处理后再做同期排卵处理，可使排卵同期化，以便定时输精。对初情期前的母猪用 PMSG 800～1 000 IU 处理 72 h 后，肌注 hCG 500 IU 或 GnRH 100 μg。对断奶母猪在断奶 1 d 后用 PMSG 1 000～1 500 IU 处理 72 h 后，再肌注 hCG 700～1 000 IU 或 GnRH 100 μg，以提高排卵的同期化程度。

3. 超数排卵

在母畜发情周期的适当时间，注射外源促性腺激素，使卵巢比自然发情时有更多的卵泡发育并排卵的技术，称为超数排卵（superovulation）。超数排卵对牛、羊等单胎动物效果明显，对于猪等多胎动物意义不大。超数排卵的常用方法有 FSH + $PGF_{2\alpha}$ 法、CIDR + FSH + $PGF_{2\alpha}$ 法、PMSG + $PGF_{2\alpha}$ 法等。

① FSH + $PGF_{2\alpha}$ 法：牛和绵羊在发情周期的第 9～13 d（山羊第 17 d）肌注 FSH，常以递减法连续注射 4 d，每天间隔 12 h 等量注射 2 次。在第 5 次注射 FSH 的同时，肌注 $PGF_{2\alpha}$，一般于 $PGF_{2\alpha}$ 注射后 24～48 h 发情。

② CIDR + FSH + $PGF_{2\alpha}$ 法：在发情周期的任意一天给牛、羊阴道内放入 CIDR 阴道栓，记为第 0 d。然后同上述 FSH + $PGF_{2\alpha}$ 法注射 FSH。在第 7 次注射 FSH 时取出 CIDR

阴道栓，并肌注 $PGF_{2\alpha}$，一般在取出 CIDR 阴道栓后 24～48 h 发情。

第四节　人工授精技术

人工授精（artificial insemination，AI）是在人工条件下利用器械采集种公畜的精液，经过品质检查、稀释保存等适当的处理后，再用器械将精液输送到发情母畜生殖道内，使母畜受孕的配种方法。它包括采精、精液品质评定、精液稀释、冷冻保存及输精等技术环节。

一、采精

1. 采集前的准备

（1）采集场

室内：用于精液品质检查，精液稀释、冷冻等；可进行消毒、杀菌。室外：要求环境宽敞、平坦、安静、清洁、设有采精架或假台畜。

（2）台畜准备

可利用活台畜或假台畜以供公畜爬跨。活台畜应选择健康、体壮、大小适中、性情温和的发情母畜，或经训练的母畜。台牛保定在采精架内，台马须用保定绳保定。假台畜是模仿母畜大致轮廓做成，应牢固固定在地面上。

（3）种公畜调教

种公畜采精调教可采用在假台畜后躯涂抹发情母畜阴道分泌物或尿液、假台畜旁放一发情母畜、观察另一头已调教公畜爬跨假台畜等方法进行调教。调教种公畜时一定要耐心诱导，切勿采用强迫、抽打、恐吓等不良刺激，防止出现性抑制。

2. 采精技术

（1）假阴道法

假阴道法是指用相当于母畜阴道环境条件的人工阴道，诱导公畜在其中射精而取得精液的方法。假阴道一般由外壳、内胎、三角胶漏斗、集精杯及其配件组成。假阴道要求具有适当温度、适当压力、适当润滑度，安装好的假阴道应放在 40～42℃恒温箱内，以免采精前温度下降。采精时将公畜勃起的阴茎导入假阴道内，让其射精完毕，即可采到所需精液。该方法可用于猪、马、牛、羊等家畜。

（2）手握法

手握法是采集公猪精液常用方法，具有操作简单，能采集猪的浓份精液等优点。采精时手握公猪阴茎螺旋状的龟头，不让其转动，并顺势将阴茎 S 状弯曲拉直，公猪即可射精。用四层纱布过滤精液，收集富含精子部分，如果天冷，注意保温。公猪初始射出部分含精子少且含有尿液，不宜收集。

针对不同动物还可采用电刺激法和按摩法等进行采精。

3．采精频率

公牛采精频率一般为每周 2 d，每天采 2 次；公羊在繁殖季节每天可采精多次，并可连续几周；公猪和公马因每次射精排出大量精子，所以每周采精 2 次较适宜；鸡的采精次数为每周 3 次或隔日 1 次。

二、精液品质检查

精液品质检查目的是鉴定精液品质的优劣，以便确定配种负荷；反映公畜饲养管理水平和种用价值；检验精液稀释、保存和运输效果。精液品质检查要求迅速、准确，取样有代表性。

（1）采精量

即采出精量的多少，牛、羊一般采用有刻度的集精管直接读取，猪通常以称量确定其采精量。几种家畜射精量见表 3-5。

（2）颜色

精液一般为乳白色或灰白色，精子密度越大，精液的颜色越深。

（3）气味

正常精液略带有腥味。气味异常常伴有颜色的变化。

（4）云雾状

牛、羊精液的精子密度大，精子上下翻滚，像云雾一样，称为云雾状。

（5）活力

精液中呈直线前进运动的精子数占总精子数的百分比称为精子活力（motility），它与精子的受精能力直接相关，是评价精液品质的一个重要指标。检查精子活力是以 37℃恒温板预热载玻片和盖玻片，在显微镜下放大 200～400 倍观察，即可评定精子活力。精子活力一般采用“十级一分制”或百分比。鲜精活力要求大于 0.7，冻精要求大于 0.3。

（6）精子密度

单位体积的精液中所含精子的数量称为精子密度，精子密度越大，可稀释倍数越高，则可配的母畜数越多，因此精子密度也是评定精液品质的重要指标。精子密度的测定方法有估测法、血细胞计数法和光电比色法。

（7）精子畸形率

畸形精子数所占总精子数的百分比称为精子畸形率。在精子畸形率方面，牛、猪不超过 18%，羊不超过 14%，马不超过 12%，如果精子畸形率超过 20%，则视为精液品质不良，不能用作输精。精子畸形一般分为四类。①头部畸形：如小头、大头、梨头、双头等；②颈部畸形：如颈部膨大、纤细、屈折、双颈等；③中段畸形：如膨大、纤细、带有原生质滴等；④主段畸形：如尾部偏离中心、尾部卷曲、尾部屈折、双尾等（见图 3-7）。检查时将精液制成涂片，用伊红或吉姆萨染液染色，水洗干燥后镜检。检查 200 个精子，计算畸形精子的百分比。

（8）精子顶体异常率

精子顶体异常会导致受精障碍。顶体异常有膨胀、缺损、脱落等。正常精子的顶体异

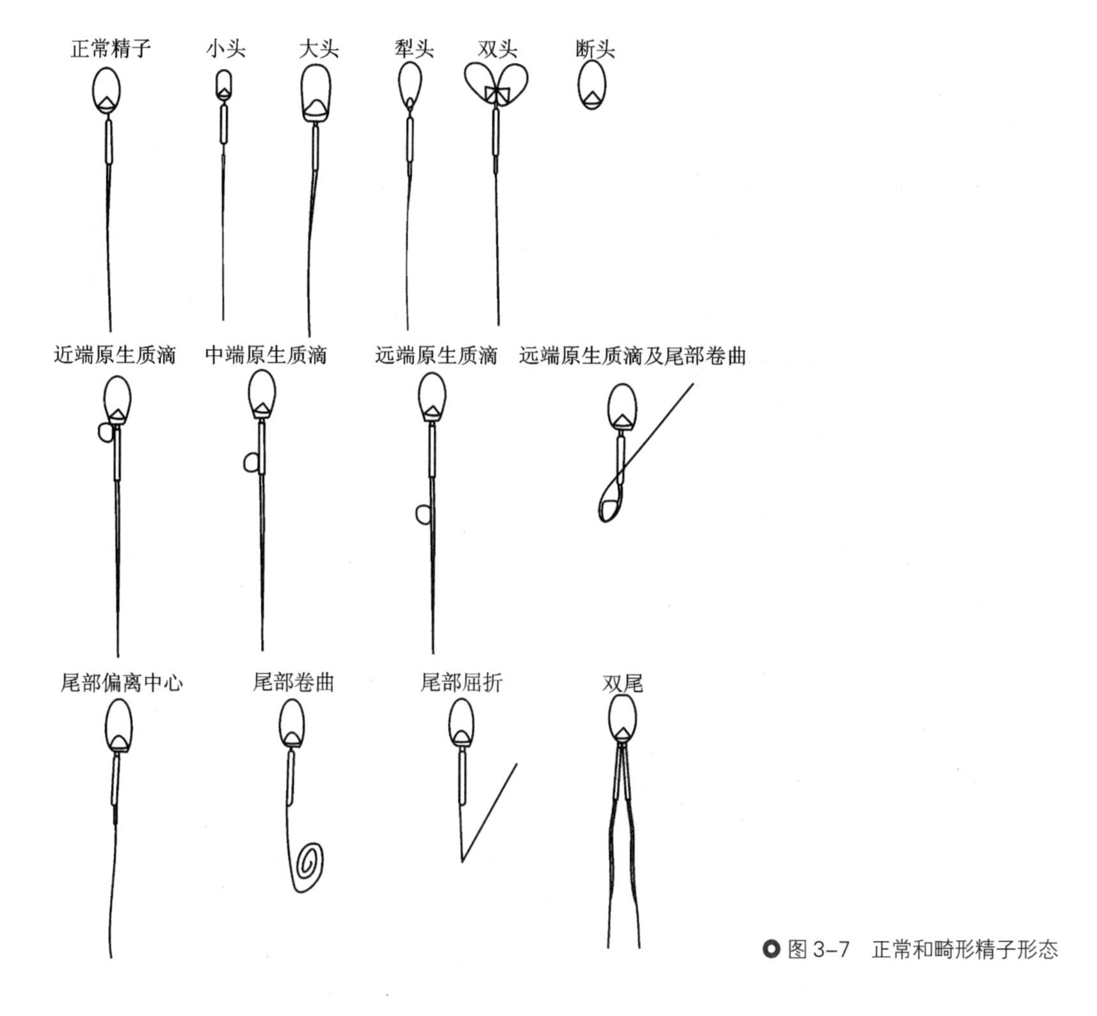

图 3–7　正常和畸形精子形态

常率不高，牛平均为 5.9%，猪为 2.3%，如果精子顶体异常率超过 14%，受精能力就会明显下降。检查精子顶体异常率的方法是先把精液制成涂片，干燥后用 95% 乙醇固定；水洗后用吉姆萨染液染色 1.5～2 h，再水洗干燥；用树脂封装后 1 000 倍镜检，随机观察 500 个精子，计算顶体异常率。

三、精液稀释和保存

1. 精液稀释

精液稀释是在精液中加入一定量按特定配方配制、适宜于精子存活并保持受精能力的稀释液。其目的是扩大精液容量，提高一次射精的可配母畜头数，降低精液能量消耗，补充适量营养和抑制精液中微生物的活性，延长精子寿命，便于精子保存和运输等。

（1）稀释液的主要成分及作用

① 稀释剂：主要用于扩大精液容量。稀释液的基本要求是与精液有相等的渗透压，如生理盐水、葡萄糖等渗溶液等。

② 营养剂：主要是营养物质以补充精子代谢过程中能量消耗，如糖类、奶类、卵黄等。

③ 保护剂：对精子起保护作用，以免受到各种不良外界环境因素危害的一类物质。

主要包括缓冲物质、非电解质和弱电解质、防冷休克物质、抗冷冻物质、抗菌物质等。

（2）精液稀释

① 稀释液种类：目前已有精液稀释液种类很多，根据其性质和用途分为四类：即用稀释液、常温保存稀释液、低温保存稀释液、冷冻保存稀释液。

② 稀释方法：精液采集后应防止温度下降，并尽快稀释；稀释液温度与精液温度相差不超过 1℃；稀释时应将稀释液沿杯壁缓缓加入精液中，轻轻转动精液瓶或以灭菌棒搅动使之混匀，切忌剧烈振荡；如做高倍稀释，应分次进行，先低倍后高倍；稀释后，静置片刻再做活力检查，如活力没有变化则可分装保存。

③ 稀释倍数：精液的稀释倍数过大，对精子存活不利且严重影响受胎率；稀释倍数过小，不能充分发挥精液的利用率，所以，应准确计算精液的稀释倍数。

2. 精液保存

目前精液保存的方式有三种，即常温保存、低温保存和冷冻保存。常温和低温保存精液是液态，故称为液态保存。冷冻保存精液是固态，故称固态保存。

（1）常温保存

常温保存的温度为 15～25℃，其原理是通过降低精液 pH 以抑制精子的代谢活动，减少其能量消耗。该方法适用于猪的精液保存，其保存最佳温度为 17℃，可保存 3～6 d。

（2）低温保存

低温保存的温度为 0～5℃，其原理是通过降低温度，使精子的代谢活动减慢，此时精子的物质代谢和能量代谢均处于较低水平，且此温度不利于微生物的繁殖，可达到保存的目的。在低温时精子由于冷刺激而发生冷休克现象，故应使用含有卵黄或牛奶的稀释液。牛精液可用此方法保存 1 周左右，并可高倍稀释。

（3）冷冻保存

精液冷冻保存是以液氮（−196℃）或干冰（−79℃）作冷源，将精液处理后冷冻起来，达到长期保存的目的。精子在冷冻状态下，代谢几乎停止，生命以相对静止状态保持下来，一旦升温又能复苏而不失去受精能力。复苏的关键在于冷冻过程中，精子在冷冻保护剂的作用下，防止了细胞内水的冰晶化所造成的破坏作用。

四、输精

输精（insemination）又称授精，是人工授精的最后一个环节。要求适时而准确地将精液输入到发情母畜的生殖道内，以保证得到较高的受胎率。

1. 输精前的准备

输精器械和接触精液的器皿，在输精前必须彻底洗涤和消毒；接受输精的母畜要进行保定，并对其外阴进行擦洗、消毒；输精前需检查精液品质；液态保存精液活力不低于 0.6，冷冻保存的精液解冻后活力不低于 0.3。

2. 输精方法

① 牛：输精方法有阴道开膣器输精法和直肠把握子宫颈输精法两种，目前后者较为常用。直肠把握子宫颈输精法是将手伸入直肠掏出宿粪后，握住子宫颈外端，另一只手持

输精管插入子宫颈螺旋皱襞，再将精液输入子宫内或子宫颈 5～6 cm 处。该方法用具简单，操作安全，不易感染，母牛无痛感刺激，也可检查卵巢状态，防止误给孕牛输精而引起流产。

② 绵羊和山羊：采用开膣器输精法，其操作与牛输精相似，只是输精用具短而小。由于羊体型小，往往需蹲下输精，或在输精架后挖一凹坑方便输精员操作。

③ 猪：由于阴道与子宫颈接合处无明显界限，可直接将海绵头或螺旋头输精管插入子宫颈 2～3 个皱襞的位置，往回拉有一定阻力时，有锁定的感觉，就可以进行输精。依靠母猪子宫收缩形成的负压，将精液吸纳至子宫深部。输精时要求公猪在场，并与输精母猪口鼻部接触，同时抚摸母猪外阴或下腹部乳房，以增强母猪的兴奋性，提高人工授精效果。

第五节　繁殖新技术

一、胚胎移植

胚胎移植（embryo transfer）是指将一头良种母畜配种后的早期胚胎取出，移植到另一头同种的生理状态相同的母畜体内，使之继续发育成新个体，俗称人工怀胎或借腹怀胎，提供胚胎的个体称供体（donor），接受胚胎的个体称为受体（recipient），胚胎移植实际上是由产生胚胎的供体和养育胚胎的受体分工合作共同繁殖后代。胚胎移植产生的后代遗传物质来自真正的亲代，即供体母畜和与之交配的公畜，而发育所需要的营养物质则从养母（受体）取得，因此供体决定着它的遗传特性（基因型），受体只影响着它的体质发育（图 3-8）。

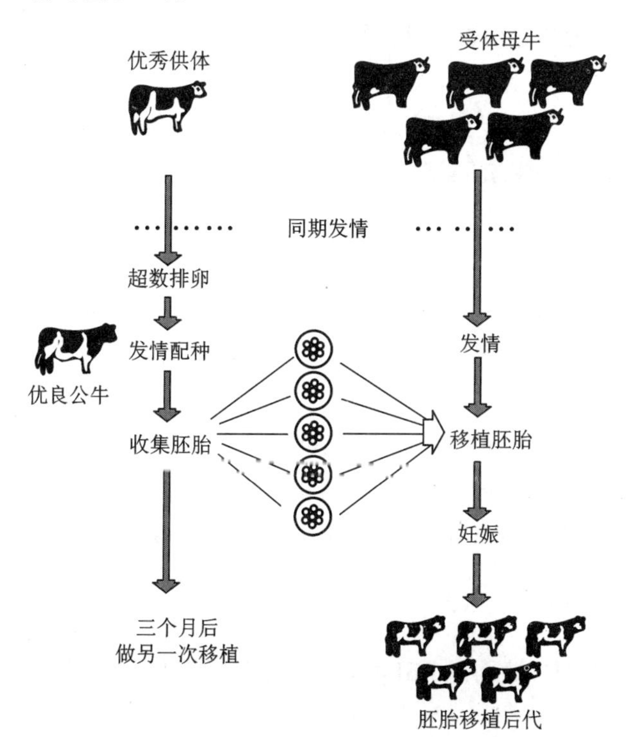

图 3-8　牛胚胎移植的基本程序示意图

（引自杨利国主编:《动物繁殖学》，2003）

1. 胚胎移植生理学基础和原则

（1）生理学基础

① 母畜发情后生殖器官的孕向发育：大多数自发排卵的家畜，发情后不论是否配种、或配种后是否受精，生殖器官都会发生一系列趋向怀孕方向的变化，如卵巢上形成黄体并分泌孕酮等，这些变化都是为胚胎着床创造适宜条件。所以发情后母畜生殖器官的孕向发育是受体母畜可以接受胚胎，并为胚胎发育提供所需条件的主要生理学基础。只要受体的生理环境与胚胎的发育阶段相适应，胚胎就会继续发育成长。

② 早期胚胎的游离状态：早期发育的胚胎在附植之前是独立存在、自由生活的，它的发育基本上靠本身贮存的养分，与子宫还没建立实质性的联系，所以可以离开活体贮存，且能在短时间内存活。当回到与供体相同环境中，即可继续发育。

③ 胚胎移植不存在免疫问题：一般来说，受体母畜的生殖道对外来的胚胎和胎膜组织没有排斥现象，所以胚胎可以由这一个体转移到另一个体并存活下来。

④ 胚胎和受体联系：移植胚胎如得以存活，在一定时期能在受体的子宫内膜附植，并通过它与内分泌系统建立生理上和组织上的联系，保证以后的正常发育。

⑤ 胚胎遗传特性：受体对胚胎并不产生遗传上的影响。

（2）胚胎移植的基本原则

① 胚胎移植前后所处环境的同一性：指胚胎移植后的生活环境和胚胎的发育阶段相适应，要求：供体和受体在分类学上具有相同属性，即属于同一物种；动物生理上的一致性，即受体和供体在发情时间上的同期性；动物解剖部位的一致性，即移植后的胚胎与移植前所处的空间环境的相似性。

② 胚胎发育的期限：从生理学上讲，胚胎采集和移植的期限（胚胎的日龄）不能超过周期黄体的寿命，最迟要在周期黄体退化之前数日进行移植。通常在供体发情配种后3～8 d内收集胚胎，受体也在相同时间接受胚胎移植。

③ 胚胎质量：全部操作过程中，胚胎不应受到任何不良因素（物理、化学、微生物等因素）的影响而危及生命力，移植胚胎经过鉴定确认发育正常。

2. 胚胎移植技术程序

（1）供体和受体母畜的选择和准备

供体母畜在育种上有较高种用价值，期望从它们得到较多后代。每头供体母畜需准备数头受体母畜，受体母畜一般选择要具有良好繁殖性能和健康状况，体型中上等。

（2）供体母畜的超数排卵

超数排卵（superovulation）简称超排，是指在母畜发情周期的适当时间，以促性腺激素处理使卵巢比自然情况有较多的卵泡发育并排出多个有受精能力的卵子。可分别采用PMSG + $PGF_{2\alpha}$、FSH + $PGF_{2\alpha}$、FSH + $PGF_{2\alpha}$ + GnRH或PMSG + αPMSG + $PGF_{2\alpha}$等几种模式对母牛、母羊进行超排处理。

（3）受体母畜的同期发情

可利用外源孕激素处理人为延长黄体期，也可以$PGF_{2\alpha}$处理人为缩短黄体期的方法达到同期发情的目的（见本章第三节）。

（4）供体母畜配种

经过超排处理的供体，根据育种需要，选择优良公畜优质精液进行人工授精，授精次数为 2～3 次，两次间隔 8～10 h。

（5）胚胎收集

胚胎收集是利用冲卵液将胚胎由生殖道冲洗出，并收集在器皿中。胚胎收集分手术法和非手术法，前者适应于各种家畜，后者仅用于牛、马等大家畜，在胚胎进入子宫角后进行。冲卵时要考虑到配种时间、发生排卵的大致时间、胚胎运行速度和发育阶段等因素，一般在配种后 3～8 d 收集为宜。在牛上，常在配种后 6～8 d 通过非手术法收集发育至桑葚胚晚期或囊胚早期的牛胚胎。

（6）胚胎检查

将回收冲卵液放入玻璃皿，在体视镜下查找早期胚胎。根据受精卵整体的形态和体积大小，透明带形状、厚度及损伤程度，每个卵细胞的形状、大小、色泽，以及卵细胞表面颗粒的状态和多少等并进行分级。

（7）胚胎的移植

与胚胎收集一样，移植也分为手术法和非手术法两种，后者仅适应于牛、马等大家畜。牛、羊如移植两个胚胎，可每侧移植一个；猪的胚胎可全部移植到一侧子宫内，因为猪的子宫角有迁移能力，子宫能自动调整两侧胚胎数量。

二、体外受精

体外受精（*in vitro* fertilization，IVF）是指将原本在输卵管进行的精卵结合过程人为地改在体外进行。由于卵子和精子的受精过程是在实验室中完成的，故通过这一技术而产下的动物又称为“试管动物”。体外受精的基本操作程序如下。

1. 卵母细胞体外培养

（1）未成熟卵子的收集

将在屠宰场收集的卵巢浸入含有抗生素的 PBS 或生理盐水中带回实验室，用吸管或注射器吸取大卵泡内卵子，在体视显微镜下选出可用卵，放入培养液中培养。

（2）卵子成熟培养

培养液一般加入适量 FSH，LH，hCG，FCS 或 BSA。培养条件一般在 38～39℃，5% CO_2，100% 湿度的 CO_2 培养箱进行。在培养时间上，牛羊一般为 20～24 h，猪为 40～44 h。

2. 精子获能

精子体外获能常用的有高渗盐溶液、肝素和钙离子载体三种方法。

3. 成熟卵的体外受精

将培养成熟的卵子移入石蜡油覆盖下的受精液的液滴内，然后加入获能后的精子，在 CO_2 培养箱内温育 6～10 h，即可获得体外受精卵。

4. 早期胚胎体外培养

体外培养方法可分为简单培养系统和复合培养系统两种。简单培养系统是指早期胚胎在化学成分明确的培养液中培养，如 SOF；复合培养系统是指早期胚胎与某种体细胞或体细胞的单层共同培养的过程，如卵丘细胞、输卵管上皮细胞等。牛胚胎在受精后第5~6 d即发育至桑葚胚，第7~8 d发育至囊胚。

5. 体外受精胚胎移植

将经质量鉴定的胚胎移植至受体生殖道内使其受孕，方法同胚胎移植部分。

三、核移植

核移植（nuclear transfer）又称克隆（clone），是指通过特殊的人工手段，以显微操作、电融合、复合活性化处理等技术为主线，将发育不同时期的胚胎或动物体细胞核，移入到去核的卵母细胞中，进行体外重构、体外培养、胚胎移植，从而达到扩繁同种基因型动物种群的目的。被移植的细胞叫核供体（donor nucleus）细胞，接受核供体细胞核的去核卵母细胞质叫核受体卵母细胞质（recipient cytoplasm）。目前为止，可作为核供体细胞的细胞有：①早期胚胎细胞；②胚胎干细胞（embryonic stem cell，ES cell）；③各种体细胞，如胎儿成纤维细胞、乳腺细胞、皮肤细胞、肌肉细胞、卵丘细胞、内脏细胞等；④生殖系列细胞，如原始生殖细胞、精母细胞、足细胞、精巢细胞等。核移植的基本操作程序如下。

1. 核供体细胞的准备

（1）胚胎细胞作为核供体细胞

从2细胞期到内细胞团的胚胎细胞都具有发育的全能性，都可以作为核供体细胞。一般选择16~32细胞期或晚期桑葚胚的胚胎细胞作为核供体细胞较为合适。

（2）体细胞作为核供体细胞

用体细胞作为核供体细胞进行核移植时，需对其细胞周期进行调控。调控供体细胞周期最常见的方法是血清饥饿法，即用含0.5%血清的培养液饥饿培养已形成单层细胞的体细胞3~5 d，使其诱离生长周期而静止在G_0期。目前普遍认为，颗粒细胞（卵丘细胞）的核移植效果最好。

（3）胚胎干细胞作为核供体细胞

ES细胞既具有胚胎细胞所不具备的数量优势，又具备体细胞所不能保持的低分化状态。ES细胞是全能性的，在一定条件下，它可以分化成各种功能细胞。

2. 受体卵母细胞的准备

MⅡ期卵母细胞适用于所有的供体核，目前基本上都采用去核的MⅡ期卵母细胞作为受体胞质。受体卵母细胞在核移植前需借助显微操作仪进行去核，如果不去核或去核不完全，将会因重组胚染色体的非整倍性和多倍体而导致发育受阻和胚胎早期死亡。目前常采用的去核方法有荧光示核去核法、盲吸法、挤压法、化学辅助法等。

3. 移核

按照核供体细胞注入受体卵母细胞质的部位不同，移核可分为带下注射移核法和卵母细胞质内注核法。前者较为常用。

4. 细胞融合

带下注核的卵母细胞必须对其进行融合处理，才能使供核细胞与受体卵母细胞形成卵核复合体。目前细胞融合的方法有化学法、仙台病毒处理法和电融合法，其中电融合法为目前最为常用，它不仅使供体细胞与受体卵母细胞的质膜有效融合，还引起卵母细胞的激活。

5. 核移植重构胚的培养

有体内培养和体外培养两种。

6. 克隆胚胎的移植

同胚胎移植部分。

四、性别控制

性别控制（sex control）是通过人为地干预并按人们的愿望使雌性动物繁殖出所需性别后代的一种繁殖技术。这种控制技术主要在两个方面进行，一是在受精之前通过分离X、Y精子，二是在受精之后通过胚胎性别鉴定来实现。

1. X、Y精子分离

根据精子所携带的性染色体的不同，可分含X染色体和含Y染色体的精子，它们之间由于性染色体的不同而有一定的差异。根据这些差异，人们建立了各种各样分离两类精子的方法，以期通过预先选择精子来达到控制子代性别的目的。其中最有效的方法是流式细胞仪分离：根据X、Y精子的DNA含量存在差异的原理，用无毒的活体荧光染料与精子DNA结合，由于X精子比Y精子含更多的DNA，所以X精子可结合较多的染料而发出较强的荧光信号。发出的信号通过仪器，分辨出X精子和Y精子，含有单个精子的液滴被带上正电荷或负电荷，并借助两块各自带正电荷或负电荷的偏斜板，把X或Y精子分别引导至两个收集管中。此方法分离速度可达每小时1 100万个，分离纯度相对稳定在90%左右，牛精子分离后人工授精的受胎率达52%。

2. 胚胎性别鉴定

家畜胚胎性别鉴定的目的在于胎儿出生前就确定其性别，以便通过人工方法控制出生后的雌雄比例。由于胚胎移植、胚胎分割、核移植等生物技术的发展，胚胎早期性别鉴定的研究进展十分迅速，有可能使之成为具有实用价值的一项技术。目前建立了采用聚合酶链式反应（polymerase chain reaction，PCR）技术鉴别胚胎性别的方法：Y染色体短臂上存在决定雄性的DNA片段，这种片段在多种哺乳动物中普遍存在，这一特异性DNA序列定名为Y染色体性别决定区（sex-determining region of Y，SRY）。以PCR方法扩增SRY特异序列，从而确定早期胚胎的性别。有SRY特定扩增序列的为雄性，而没有者为雌性，用此方法可有效地鉴定哺乳动物性别。

小　结

畜禽繁殖学是畜牧学中重要的应用基础学科，也是畜牧科学中研究最活跃的学科之一。其研究内容主要为繁殖理论和繁殖技术两部分。繁殖理论讲述畜禽性分化、性发育、性行为、精子发生、精液射出、卵子发生、卵泡发育、排卵、受精、妊娠和分娩的生理过程及其调控；繁殖技术讲述生产上已应用的技术如排卵控制、人工授精等，以及正在研究的热点技术如胚胎移植、体外受精、核移植和性别控制等。掌握动物繁殖学基本内容，了解其研究和发展动态，灵活运用动物繁殖学知识为畜牧生产实践提供更好技术支撑。

复习思考题

1. 试述公母畜禽生殖器官的解剖结构及其生理功能。
2. “下丘脑—垂体—性腺轴”是如何调节成年母畜生殖内分泌的？
3. 试述精子发生和卵子发生的异同。
4. 试述受精过程，简述分娩过程。
5. 精液品质评定的指标有哪些？试述人工授精的操作步骤。
6. 试述精液保存的原理及方法。
7. 试述胚胎移植的原理和操作步骤。
8. 试述体外受精、核移植、性别控制在畜牧业上的应用前景。

参考文献

[1] 邓宁 . 动物细胞工程 [M] . 2 版 . 北京：科学出版社，2021.

[2] 杨利国 . 动物繁殖学 [M] . 北京：中国农业出版社，2003.

[3] 杨宁 . 家禽生产学 [M] . 2 版 . 北京：中国农业出版社，2012.

[4] 中国农业大学 . 家畜繁殖学 [M] . 3 版 . 北京：中国农业出版社，2000.

[5] 朱士恩 . 家畜繁殖学 [M] . 6 版 . 北京：中国农业出版社，2017.

[6] HAFEZ E S E，HAFEZ B. Reproduction in farm animals [M] . 7th ed. Philadelphia：Lippincott Williams and Wilkins，2000.

数字课程学习

◆ 视频　◆ 课件　◆ 拓展阅读

第 四 章

畜牧场规划与环境控制

了解畜禽环境的基本概念，掌握环境与畜禽生产的关系，重点掌握温热环境及环境因子对畜禽生产的影响；了解畜禽舍的类型与特点，掌握如何进行畜禽舍保温与隔热，如何加强畜禽舍的通风与换气；了解畜牧场的规划，重点掌握怎样进行畜牧场场址的选择以及如何合理进行畜牧场的规划与布局；了解畜牧场环境污染产生的原因与危害，掌握畜牧场废弃物及有害气体无害化处理的方法。

环境是畜禽赖以生存的重要条件，同畜禽品种、营养和疾病一样，是影响畜牧生产发展的主要因素。我国地域辽阔、气候类型多样，无论南方还是北方绝大多数地区都存在畜禽生存环境不适应其要求的矛盾。为使畜禽遗传力得以充分发挥，取得最高的生产效率，我们必须创造有利于畜禽健康的外界环境条件，尽量消除对畜禽生理机能产生不良影响的有害因子，同时防止畜牧业生产对周围环境造成污染，以促进畜牧业健康高效发展。

第一节　环境与畜禽生产

环境（environment）指的是作用于机体的一切外界因素。畜禽环境（livestock environment）指的是与畜禽生活和生产有关的一切外界环境。畜禽环境为其生存、生长发育提供了必要条件，同时对畜禽的健康、繁殖和生产性能有着一定的影响。畜禽环境中的诸多因素以各种不同的途径作用并影响畜禽机体。因此，应创造有利于畜禽健康的外界环境条件，尽量消除对畜禽生理机能发生不良影响的有害因子，以提高畜禽的生产力，充分提高畜禽的利用价值，实现保证畜禽健康和提高生产力水平的目的。

一、温热环境与畜禽生产

温热环境是指炎热、寒冷或温暖、凉爽的空气环境，是影响畜禽健康和生产力的重要环境因素之一，主要是由空气温度、湿度、气流速度和太阳辐射等温热因素综合而成。温热环境主要通过热调节对畜禽发生作用。温热环境对畜禽健康和生产力的影响，因畜禽种类、品种、个体、年龄、性别、被毛状态，以及对气候的适应等情况的不同而不同。

1. 太阳辐射

太阳辐射是地球表面热能的主要来源，大气中所发生的各种物理过程都是直接或间接地由太阳辐射引起的。太阳辐射的光和热对畜禽生理机能、健康和生产力产生直接或间接的影响。

（1）光

光是一种电磁波，根据人的视觉，可将其分为可见光、红外线和紫外线。

可见光是太阳辐射中能使人和动物产生光觉和色觉的部分，它是动物生活必不可少的。离开光，动物就从多方面失去了与外界的联系。可见光对机体新陈代谢的影响与光照强度有关。过强的光照会引起畜禽精神兴奋、减少休息时间、增加甲状腺素的分泌、提高代谢率，从而降低增重和饲料利用率。因此，任何畜禽在育肥期应减弱光照强度。

季节性的光照变化对畜禽的繁殖机能有调节作用。光照的季节性变化，使动物按照光的信号，全面调节其生理活动，其中之一是季节性的性活动。马、驴、猫、禽类等是在每年春季日照逐渐增长时发情、配种；而绵羊、山羊、鹿等是在秋冬日照逐渐缩短时开始其性活动。在工厂化养鸡中，利用人工控制光照，消除了季节对鸡的影响，使鸡在一年中均衡产蛋、收到很好的效果。

红外线照射到动物体，其能量在被照部位及皮下组织中转变为热，引起温度升高、血管扩张、皮肤潮红、局部循环加强、组织营养和代谢得到改善。在畜牧生产上，常常用红外线灯作为热源对雏鸡、仔猪、羔羊和病畜进行照射，不仅可以御寒，而且改善了血液循环，促进了生长发育。但过强的红外线作用于动物体时，可使动物的体热调节机能发生障碍，发生日射病甚至化学灼伤，引起羞明、视觉模糊等眼睛疾病。

紫外线具有杀菌、抗佝偻病、增强免疫力和抗病力的作用。但紫外线过度照射时会对机体产生有害作用。如体温升高、生产力下降等。严重时可出现光照性皮炎、光照性眼炎等。

（2）热

在高温时，强烈的太阳辐射会影响畜体的热调节、破坏热平衡，对畜禽的各种生产力都有不良的影响。猪对太阳辐射能的作用较敏感，暴露在31.5℃的太阳光下暴晒30 min，结果直肠温度和呼吸频率都显著升高。试验证明，夏季在没有荫蔽牧地上的牛、羊，增重率和饲料利用率都较有荫蔽牧地上的牛、羊低。因此，在放牧地上种植遮阳树或搭盖凉棚，可避免太阳的直接辐射，能收到良好的饲养效果。

2. 空气温度

空气温度是影响畜禽健康和生产力的首要温热因素。空气温度对畜禽的影响，主要表现在热交换上，当温度低于畜禽体表温度时，畜禽体内的热量即以辐射、传导、对流方式散入周围环境；当温度高于畜禽体表温度时，畜禽的散热除传导、对流、辐射方式外，还有蒸发方式。通过体热调节，使体温稳定在一定范围之内，这对于保证畜禽的正常生理活动、健康状况和生产性能，都具有决定性的意义。

（1）等热区（zone of thermal neutrality）和临界温度（critical temperature）

等热区指恒温动物主要借物理调节维持体温正常的环境温度范围。当体温下降散热增加时，必须提高代谢率、增加产热量以维持体温恒定，开始提高代谢率的外界温度称为临界温度或下限临界温度。环境温度低于下限临界温度时，动物处于冷应激状态，必须通过提高代谢率来增加产热量，动物将以寒战方式或非寒战方式增加代谢产热，以维持体温稳定。环境温度高于上限临界温度时，动物的蒸发散热机能活动加强，而代谢产热量则因体温升高而增多。当环境温度升至一定高度，超出畜禽调节机能的承受能力时，则出现病理状态、甚至死亡。

等热区的温度范围宽窄，与动物的品种、年龄、体重、营养条件、生产水平、被毛状态、饲养管理方式、畜禽舍条件等有关。畜禽在等热区范围内消耗热量最少，饲料转化率最高，健康和生产状况最为理想。因此，在畜禽的饲养管理时，应创造适合于畜禽生长的环境温度。

（2）高温

在高温环境中，畜禽的生产性能普遍下降，体重愈大的猪，在炎热环境中受影响愈大，所以在夏季应特别注意育肥猪的防暑降温工作。牛在炎热的环境中产奶量下降。产蛋鸡在高温环境下，以消耗体内贮存的营养物质来尽可能维持产蛋，由于鸡的采食量下降很多，故料蛋比下降，鸡的营养代谢受到破坏，生产性能降低。

高温不仅影响采食量、增重和饲料转化率，而且也影响体成分，对畜禽健康和生产力危害很大。因此，做好防暑降温工作，缓解以至消除炎热带来的损害，减少畜禽体内产热，是畜牧工作者在管理工作中的重要任务之一。

（3）低温

在低温环境中，畜禽甲状腺功能增强，促进了胃肠道的活动，使食物在胃肠道中滞留的时间缩短，表观消化率下降，散热量增多和食物消化率下降，使畜禽代谢受到影响。如果环境温度低于10℃以下或更低，在饲料营养不足的情况下，生产力受到影响，饲料转化率严重下降。当低温时间过长，温度过低，超过动物代偿产热的最高限度，可引起体温维持下降，代谢率亦随之下降。严重者全身机能陷于衰竭状态，最后中枢神经麻痹而冻死。因此，当环境温度低于等热区下限临界温度时，要做好防寒保温工作，及时增加动物的饲料供给量。

（4）气温与畜禽疾病

冷、热应激原都可以使机体的抵抗力减弱，从而使一般非病原性微生物引起疾病。对动物的直接伤害有冻伤、热痉挛、热射病和日射病等。动物感冒、支气管炎、肺炎等病因或诱因与低温有关。适宜的温度和湿度有利于各种病原体和媒介虫类的生存和繁殖，夏季是蝇、蚊、虻等吸血虫类大量滋生的季节，可引发和传播猪丹毒、炭疽等病。

在极端的天气条件下，影响饲养管理和营养状态。天气炎热，动物采食量下降，引起营养不良，影响畜禽对传染性疾病的抗病力。低温常使块根、块茎、青贮等多汁饲料冰冻，使畜禽患胃肠炎、下痢等。这种对动物间接影响的疾病，在分析病因时应加以考虑。

3. 空气湿度

空气中水汽含量的物理量称为空气湿度（air humidity）。空气中的水汽来自海洋、江湖等水面和植物、潮湿土壤等的蒸发。

大气水汽本身所产生的压力称为水汽压，空气中实际水汽压与同温度下饱和水汽压之比称为相对湿度（relative humidity）。相对湿度说明水汽在空气中的饱和程度，是一个常用的指标。在畜禽舍中由于畜禽皮肤和呼吸道、以及潮湿地面、粪尿、污湿垫料等的蒸发，往往舍内湿度大于舍外。湿度对畜禽的影响常与温度共同作用，影响畜体体热调节和生产性能。

（1）高温高湿

在高温高湿的环境中，畜体蒸发面水汽压与空气压之差减少，蒸发散热量减少，畜体散热困难，引起体温上升，易使畜禽患热射病。高温高湿有利于细菌、寄生虫的生长，使畜禽易患癣、疥、湿疹等皮肤病。高温高湿使饲料、垫草霉败，可使鸡群爆发曲霉菌病。

（2）低温高湿

在低温高湿环境下，畜体非蒸发散热量增加，机体感到寒冷。畜禽易患各种呼吸道疾病，如感冒、神经痛、风湿症、关节炎、肌肉炎等。

（3）高温低湿

湿度过低，将加大皮肤和黏膜表面的蒸发量，造成皮肤和黏膜干裂，减弱皮肤和黏膜对微生物的防卫能力。低温与家禽啄癖和猪皮肤落屑有关。

一般认为，环境在14～23℃，相对湿度为50%～80%时，对猪的育肥效果最好；气温在 24℃以上时，湿度的升高会影响奶牛的产奶量和采食量；冬季相对湿度高于 85% 以上时，影响蛋鸡的产蛋量。

4. 气流

空气由高气压地区向低气压地区流动形成的气流称为风。风自某一方向吹来，称为该方向的风向。如南风是指从南向北吹。风向是经常变化的，常发风向为主风向。主风向在选择牧场地、建筑物配置和畜禽舍设计上都有重要的参考价值。

气流影响畜体的对流和蒸发散热。加大气流速度可加快对流散热，高温时加大风速，有利于畜体散热，减弱高温的不利影响；可促进蒸发，有利排汗动物散热，避免降低畜禽的生产力水平。低温和适温时，风速加大，畜体失热过多，体温可能下降以至受冻，严重时会导致冻伤、冻死。

畜禽舍内适宜的气流速度，视天气条件而异。寒冷季节气流速度应在 0.1 ~ 0.2 m/s 之间，不超过 0.25 m/s；炎热的夏季，应尽量加大气流加强通风，以缓解高温对畜禽带来的不利影响。

5. 气压

围绕地球表面空气的质量，对地球表面的压力，称为气压。从海平面向上，空气密度降低，大气厚度变薄。气压减低。大气压的变化是造成天气变化的原因，高气压时是好天气，低气压时是有降水的稍差天气。

气压对畜禽的直接影响在于气压垂直分布的差别，3 000 m 以上的高海拔地区，畜禽可引发“高山病”，动物皮肤、黏膜血管扩张、破裂，呼吸和心脏跳动加快，严重影响畜禽生产性能。

6. 温热环境的综合作用

温热环境的各种因素对畜禽健康和生产力的作用是综合的，各因素间相辅相成，相互制约，在高温、高湿情况下，如果风速很小，畜体对流散热效果降低，动物感到很难忍受，如加大风速，则可缓和温、湿度的不利影响。又如低温高湿遇气流加大，将是一种很恶劣的环境，使畜体流失热量大而迅速，很快受冻甚至冻死，隆冬的暴风雪就属于这样的环境。采取温热环境的综合评定方法，能反映畜禽所处的温热环境质量，评价对比不同温热环境的综合影响。

> **拓展阅读 4-1**
> 温热环境的综合评定方法

二、空气环境与畜禽生产

空气是畜禽生存的必要条件，畜禽与空气环境之间不断地进行物质代谢和能量交换。在正常的空气环境中，畜禽可以保持其正常的生理机能，如果空气受有害物质污染，可给畜禽带来不良的影响，甚至引起疾病、死亡。

1. 空气污染及对畜禽的危害

空气是一种无色、无味、无臭的混合气体。在空气组成中，氮、氧、氩占空气总量的 99.97%，其他气体含量甚微，组成比例几乎是恒定的。正常的空气组成是保证动物生活和生命的必要条件。

空气污染指向空气中排放的污染物，在浓度和持续时间上超过了环境所能允许的极限，即超过了空气的自净能力，使空气质量恶化。空气污染包括两个方面，一是在空气的正常成分中增加新的成分；二是正常空气中原有的某种成分比例增加，如二氧化碳增加已影响到大气和地表的温度。

影响畜禽健康的大气污染物质有化学污染物和生物性污染物，前者主要有二氧化硫、氟化物、氮氧化物、氨、硫化氢、二氧化碳和一氧化碳等，后者是空气中的微生物。

（1）二氧化硫

二氧化硫主要来自含硫矿物质（煤和石油）的燃烧等产生，是窒息性气体，有腐蚀作用。因易溶于水，吸入时易被上呼吸道和支气管黏膜的黏液吸收。当畜禽吸入高浓度二氧化硫的空气时，可引起急性支气管炎，极高浓度时可发生肺水肿和呼吸道麻痹。长时间吸入 5～10 mg/m^3 的二氧化硫，可引起慢性支气管炎、鼻炎。浓度达 20 mg/m^3 时能引起结膜炎，并对刺激的敏感性提高。

我国卫生标准规定，大气中二氧化硫的一次监测浓度不应超过 0.5 mg/m^3，日平均浓度小于 0.15 mg/m^3。

（2）氟化物

在炼钢厂、硫肥厂等工厂的生产过程中会排出大量的氟化物，其中以氟化氢和四氟化碳为主。氟化氢是一种无色、有刺激性和腐蚀性的气体；四氟化碳是一种无色、有窒息性的气体。氟化物可通过呼吸道直接影响动物健康，也可通过植物的富集作用，经食物链影响畜禽和人的健康。氟对畜禽的危害主要通过污染牧草而造成。污染地区的作物通过叶面的吸收、吸附等途径使其含氟量增加，牛、羊的氟中毒症的发病率以冬、春两季为高。畜禽长期食用含氟饲料，轻者发病，重者大批死亡。氟中毒的典型症状表现在牙齿和骨骼的病变，牙齿表面粗糙无光泽，骨质疏松，脆弱易折；牛、马、驴等大家畜常出现跛行。

我国卫生标准规定，大气中氟的一次监测浓度不应超过 0.02 mg/m^3，日平均浓度小于 0.007 mg/m^3。

（3）氮氧化合物

空气中的氮氧化合物主要来源于各种燃料。氮氧化合物易于被吸入深部呼吸道，当浓度低时可引起慢性中毒，浓度高时，则可发生急性中毒。二氧化氮能破坏肺中的蛋白质、脂肪和细支气管的纤毛上皮细胞，引起肺水肿。

我国卫生标准规定，大气中二氧化氮的最高容许浓度为 0.15 mg/m^3。

2. 畜禽舍中的有害气体及对畜禽的危害

畜禽舍中的有害气体主要来自粪便和腐败的饲料残渣，散发的臭气浓度在很大程度上取决于排泄物中磷酸盐和氮的比例。家禽粪便中的磷酸盐和氮的含量比猪粪高，猪粪又比牛粪高，因此鸡场的有害气味比猪场、牛场严重。

（1）氨

氨本身无色，有刺激性臭味，它是各种含氮有机物（粪、尿、垫草、饲料等）的分解产物。畜禽长期处在低浓度氨作用下对黏膜有刺激作用，引起黏膜和上呼吸道黏膜充血、水肿、分泌物增多，体质变弱、生产力下降。高浓度的氨严重损伤呼吸道黏膜的防御功能，可引起畜禽明显的病理反应和症状。

（2）硫化氢

硫化氢是一种无色、易挥发、带有恶臭的气体。它是含硫有机物分解产生的。当畜禽采食富含蛋白质的饲料而且消化机能紊乱时，可由肠道排出大量的硫化氢。在封闭鸡舍里，当破损鸡蛋较多时，空气中的硫化氢可显著增多。

硫化氢遇动物黏膜上的水分很快溶解，并与钠离子结合生成硫化钠，对黏膜产生刺激，引起眼炎、鼻炎、气管炎、咳嗽，甚至肺水肿。在低浓度硫化氢的长期影响下，畜禽体质变弱，抗病力下降。浓度过高时，会使呼吸中枢麻痹，动物窒息死亡。

我国卫生标准规定畜禽舍空气中硫化氢含量最高不准超过 10 g/m^3，我国劳动卫生规定不得超过 6.6 g/m^3。

（3）二氧化碳

二氧化碳为无色无臭气体，畜禽舍中的二氧化碳主要是由畜禽呼出的。二氧化碳本身并无毒性，它的主要危害是造成缺氧，引起慢性毒害，使畜禽体质下降，抵抗疾病的能力下降。

二氧化碳的卫生学意义在于，它表明了空气的污浊程度，其可作为比较可靠的间接指标表明畜禽舍空气中存在其他有害气体的可能性。畜禽舍中的二氧化碳浓度以不超过 0.15% 为限。

三、水环境与畜禽生产

水是畜禽的重要环境因素之一，水构成了动物体的主要成分。机体的绝大部分生理过程都离不开水，水在动物的生产过程中也起着重要的作用。如果水质不良或受污染，畜禽饮用后则可引起某些疾病的发生和传播；如果水量供给不足，可使畜禽的健康、生长发育及生产力受到不良影响。因此，要保证畜禽健康及生产力的提高，必须满足畜禽饮用水的质量和数量。

1. 水源及其特点

畜牧场用水来源包括地面水和地下水。地面水包括江、河、湖、塘、水库水；地下水包括浅层地下水和深层地下水。地面水主要由降水汇集而成，因流经地面广，属于露天水体，故其水质及水量易受各种自然条件以及人为因素的影响，可使地面水水质发生变化，以至遭到污染。地面水一般不作饮用，在某些特殊情况下，需要饮用时，要经过净化消毒处理。

地下水的主要来源是渗入地下的降水和通过河床、湖床而渗入地下的地面水。地下水是经过地层的渗滤而潜藏于地下，水中所含的悬浮物及细菌大部分被滤除，因此地下水细菌含量较少、污染的机会较少，在分散式给水时，可作为饮用水。

2. 水源的污染及对畜禽的危害

天然水体对排入其中的某些物质有一定的容纳限度，在这个限度内，天然水体能够通过物理、化学和生物作用，使排入的物质浓度自然降低，不致引起危害。但如果排入水体的物质过量，超过了水体的自净能力，水质则受到严重污染，并可能引起危害。

水源污染途径有工业废水、生活污水、畜产污水、农药污染等。污染的水源含有大量的有机物、病原微生物及各种有毒有害物质等。可引起介水传染病的流行，如口蹄疫、禽霍乱、猪瘟等；水中含有的重金属元素或有毒有害物质，可引起动物急性、慢性中毒；水源受到污染还可造成很多间接危害，如恶化水体的感官性状，使水产生异臭、异味、颜色、油层等，使动物的饮欲下降。

3. 水源的选择与卫生标准

① 水量充足：能够满足畜牧场人、畜生活及生产用水的要求，以及消防和灌溉用水。人的生活用水按 20～40 L/ 人・天计算，奶牛以 70～120 L/ 头・天计，育成牛以 50～60 L/ 头・天计。各种畜禽用水量不同，应根据动物的种类、品种、生产力水平、季节、天气及饲料性质等综合考虑。

② 水质良好：水质应达到生活饮用水的水质标准（表 4–1）。

表 4–1 生活饮用水水质标准（部分）

项目	标准	项目	标准	项目	标准
pH	6.5～8.5	铬	0.05 mg/L	氰化物	0.05 mg/L
总硬度（以 $CaCO_3$ 计）	450 mg/L	砷	0.05 mg/L	氯化物	250 mg/L
铁	0.3 mg/L	汞	0.001 mg/L	氟化物	1.0 mg/L
锰	0.1 mg/L	锌	1.0 mg/L	细菌总数	100 个 /mL
铜	1.0 mg/L	硫酸盐	250 mg/L	总大肠杆菌数	3 个 /L

③ 便于防护：选择水源时要注意调查水源周围的卫生状况，取水点的环境要便于卫生防护。

④ 取用方便：选择水源时要考虑取用方便，节省投资。

四、土壤环境与畜禽生产

土壤（soil）是畜禽生活环境的基本因素之一，畜禽生活在土壤上，土壤的组成和理化性质经常对其发生很复杂的影响，如潮湿的土壤是动物及其他建筑物潮湿的原因之一，并能影响畜禽及牧区的小气候。土壤被有毒化学物质污染，可引起动物发病。由此可见，土壤的卫生状况与畜禽的健康及生产力有密切的关系。

1. 土壤的物理特性

按照土壤颗粒大小和机械组成，可将土壤分为沙土类、黏土类和壤土类。

沙土类颗粒较大，粒间孔隙大，透气透水性强，吸湿性小，毛细管作用弱，易于干燥和有利于有机物分解，热容量小，昼夜温差明显，有些特性对畜禽是不利的。

黏土类颗粒细，粒间孔隙极小，透气透水性弱，容水量大，毛细管作用明显，易变潮湿、泥泞。在寒冷地区冬天结冻时，体积膨胀变形，导致建筑物基础损坏。

壤土类的砂粒和黏粒的比例适宜，兼具砂土和黏土的特点，透气透水性良好，持水性小，雨后不泥泞，易于保持适当的干燥，可防止病原菌、寄生虫卵、蚊蝇等生存和繁殖。

这种土壤的导热性小、热容量较大、土温比较稳定，对畜禽健康、卫生防疫及绿化种植等都比较适宜。

2. 土壤污染及对畜禽的危害

污染土壤的物质主要是通过污染了的水体和大气所造成的。当土壤中某种有害物质含量过多超过土壤的自净能力时，土壤的理化性状会发生变化，微生物活动受到抑制，有害物质或其分解产物在土壤逐渐累积，达到危害动物健康的程度，这就是土壤污染。

土壤污染物质主要来自生活污水、工业废水、城市垃圾、工业废渣、大气污染、农药化肥污染和人畜粪尿等引起的污染。污染物质的种类有有机物质、重金属、放射性元素、有害微生物等。土壤受污染后通过多种途径对畜禽产生危害，直接给畜禽带来疾病。

① 生物性污染的危害：人畜排出的含有病原体的粪便通过施肥或污水灌田而污染土壤，畜禽采食这种土壤中生长的牧草或饲料作物而感染患病。土壤中的病原微生物通过多种途径对畜禽产生危害。如引起细菌性、病毒性疾病。

② 化学污染的危害：重金属和农药残留于农作物中，进而危害人畜健康。如日本发生的痛痛病，就是由于使用被镉污染了的河水灌溉稻田，使土壤受到污染。生产出了含镉量超标的“镉米”，用这种稻米和稻草饲喂畜禽造成了恶果。

③ 致癌物质：土壤中的致癌物质如苯并蒽，可使畜禽患上癌症。

土壤受到污染后，由于其机械、化学及生物作用使病原体死亡，有机物被分解成卫生学上无害且被植物利用，这就是土壤的自净作用（self-purification）。土壤的自净作用过程比较缓慢复杂。土壤的自净作用是有一定限度的，超过了这个限度便会造成影响和危害，即会引起疾病的传播并污染环境。因此，必须加强卫生管理，合理利用土壤的自净作用。

第二节　畜禽舍环境控制

一、畜禽舍的类型与特点

畜禽舍（简称畜舍）作为畜禽的重要环境条件和从事生产的场所，必须满足畜禽生物学特点和饲养管理及生产上的要求，以使畜舍成为适合畜禽生理要求和进行高效生产的环境。畜舍环境的改善与控制与畜舍的类型有关。为畜禽创造适宜的小气候环境，必须根据当地的气候条件、自然资源、经济状况和技术水平等来确定畜禽舍的类型，以满足各种畜禽对环境条件的要求。按其四周墙壁的封闭程度不同，畜舍可分为封闭舍、棚舍、开放舍和半开放舍。

1. 封闭舍（closed house）

封闭舍指通过墙体、屋顶等围护结构所形成的全封闭状态的畜禽舍形式，具有较好的保温隔热能力，便于人工控制舍内环境。其中包括无窗封闭舍和有窗封闭舍。无窗封闭舍能人为地控制舍内各种小气候环境，也称为环境控制舍（controlled environment house），主要适用于靠精饲料饲养的肥猪、鸡以及其他幼畜。这种畜禽舍造价较高，须依靠能源控制环境。

2. **棚舍（hut）**

棚舍只有顶棚、四周无墙，全部敞开，故又称凉棚或敞棚。其屋顶可以防止日晒，减少太阳辐射，四周敞开可使空气流通，具有良好的防暑作用，适用于炎热及温暖地区。

3. **开放舍（open-front house）和半开放舍（semi-open-front house）**

除顶棚外，三面有墙而另一面无墙称为开放舍；半开放舍是三面有墙而另一面为半截墙。这类畜禽舍冬季可避免寒流的直接吹袭，故防寒能力略强于棚舍；但空气温度与舍外差别不太大，其防寒能力远不如封闭舍。为了充分利用此类畜禽舍，可在冬季用塑料遮拦形成封闭状态，以改善舍内小气候。

开放舍与半开放舍均属于简易舍，除适用于温暖地区外，如能有效防风和使用垫草，可在较冷的地区饲养牛、马、绵羊等。

二、畜禽舍温热环境控制

温热环境是影响畜禽健康和生产力的重要环境因素之一。主要是由空气温度、湿度、气流速度和太阳辐射等温热因素综合而成。温热环境主要通过热调节对畜禽发生作用。温热环境对畜禽健康和生产力的影响，因畜禽种类、品种、个体、年龄、性别、被毛状态，以及对气候的适应等的不同而不同。畜禽舍的温度控制在生产温度的范围内，才能获取较高的经济效益。

1. **保温与供暖**

（1）畜禽舍建筑设计保温

畜禽舍的保温主要包括外围结构的保温设计、建筑防寒设计及防寒管理控制。在我国东北、西北、华北等寒冷地区，由于冬季时期长、气温低，畜禽舍的保温工作尤为重要。

① 加强畜禽舍的保温隔热设计：畜禽舍的形式与朝向与畜禽舍保温有密切关系。大跨度畜禽舍比小跨度畜禽舍总失热值小。南向的畜禽舍有利于保温。

在畜禽舍外围护结构中，失热最多的是屋顶与顶棚，其次是墙壁与地面。因此，屋顶、顶棚的结构必须严密、不透气，在寒冷地区可适当降低畜禽舍净高（2～2.4 m）。此外，屋顶吊装顶棚是重要的防寒保温措施。屋顶铺足够的保温层是加大屋顶热阻值的有效方法。畜禽舍地面的保温、隔热性能直接影响平养畜禽的体热调节，也关系到舍内热量的散失，因此畜禽舍地面保温很重要。为了提高地面保温性能，可铺设导热系数小于1.16 W/m·K的保温层，以减缓地面散热。畜禽舍地面保温可根据当地条件和材料选择适宜的保温地面，使畜禽舍温度保持在10～13℃，地面失热不明显。

总之，在墙壁、地面的设计上，从保温隔热方面做起，使畜禽舍在不采暖情况下，靠畜禽的自身产热达到舍温的要求。对产仔舍、幼畜禽舍可通过采暖保证其所要求的适宜温度。

② 加强防寒管理：在不影响饲养管理及舍内卫生状况的前提下，适当加大舍内畜禽的密度，等于增加热源，可提高舍温；在寒冷地区，可利用垫料的保温吸湿功能，改善畜体周围的小气候；采取严格的防潮措施，尽量避免畜禽舍潮湿和水汽产生；入冬前将门窗缝隙堵塞，防止冷风渗透；窗户敷贴透光塑料薄膜等，充分利用太阳辐射和玻璃、透明塑

料的独特性能形成“温室效应”，以提高舍温。

（2）供暖

在采取各种防寒措施仍不能保障要求的舍温时，需要采取供暖措施。如我国东北、西北、华北等寒冷地区的寒冷季节，幼畜禽舍、雏禽舍、产仔舍需通过供暖方式达到温度要求。供暖的方式有集中供暖和局部供暖两种，集中供暖由一个集中热源将热水（汽）通过管道输送到舍内。局部供暖则由电热器、保温伞、红外线灯等产热，利用太阳能、暖风机、热风炉进行畜禽舍供暖在寒冷地区已经有效地解决了冬季通风也保温的矛盾。

2. 防暑与降温

高温对畜禽的健康和生产力的发挥会产生负面影响，而且危害比低温还大。从生理上看，畜禽一般比较耐寒而怕热，尤其是毛皮类动物。因此防暑与降温可保障炎热地区畜禽的健康及生产性能。

（1）防暑

防暑分为建筑防暑及绿化防暑。

① 建筑防暑：建筑防暑包括通风屋顶、建筑遮阳、浅色光平外表面和加强舍内通风等建筑措施。在以防暑为主的地区可以采用通风屋顶，即将屋顶做成双层，靠中间空气层的气流流动将顶层传入的热量带走，阻止热量传入舍内。夏热冬冷的地区，为避免冬季降温可以采用双坡吊顶，在两山墙上设通风口（加百叶窗或铁丝网防鸟兽进入），夏季通风防暑，冬季关闭百叶窗保温。畜禽舍建筑遮阳是采用加长屋顶出檐、设置水平垂直的混凝土遮阳板的方法。试验证明，通过遮阳可在不同方向的外围护结构上使传入舍内的热量减少 17%～35%。采用浅色光平面可以减少太阳辐射向舍内的传递，是有效的隔热措施之一。在自然通风畜禽舍设置地窗、天窗（钟楼或半钟楼式）、通风屋脊、屋顶风管等，是加强畜禽舍通风的有效措施。以上这些投资会加大土建投资。

② 绿化防暑：绿化除具有防风、净化空气、改善小气候状况、美化环境等作用外，还具有缓和太阳辐射、降低环境温度的意义。树木的树叶面积是树木种植面积的 75 倍，草地上草叶面积是草地面积的 25～35 倍，这些比绿化面积大几十倍的叶面积通过蒸腾作用和光合作用，大量吸收太阳辐射热，从而显著降低空气温度。草地上的草可遮挡 80% 的太阳光，茂盛的树木能挡住 50%～90% 的太阳辐射热，故可使建筑物和地表面温度降低。绿化地面的辐射热是比未绿化地面的 1/15～1/4。另外，通过植物根部所保持的水分，也可从地面吸收大量热能而降温，通过遮阳降低热辐射。

（2）降温

在炎热条件下，在围护结构隔热、建筑防暑和绿化防暑措施不能满足畜禽的要求时，可采取必要的防暑设备与设施，从而避免或缓和因热应激而引起的健康状况的异常和生产力下降。除采用机械通风设备增加通风换气量、促进对流散热外，还可采用加大水分蒸发或直接的制冷设备降低畜禽舍空气或畜体的温度。

蒸发降温是利用汽化热原理使畜禽散热或使空气降温的方法。蒸发降温可以促进畜体蒸发散热和环境蒸发降温，主要有喷淋、喷雾和蒸发垫（湿帘）等设备。蒸发降温在干热地区效果好，而在高温高湿热地区低于 32℃时效果降低；舍内温度高于 32℃时，由于饱和水气压升高，难以达到饱和，故降温效果显著。

① 喷淋与喷雾：借助汽化吸热而达到畜体散热和畜禽舍降温称之为喷淋和喷雾。喷淋水滴粒径大于雾化为细滴的喷雾。喷淋时，水易于冲透被毛而润湿皮肤，故利于畜体蒸发散热；而喷雾只能喷湿被毛，不易润湿皮肤，散热效果差，且还会使舍内空气湿度增高，进而遏制畜体蒸发散热。但喷雾可结合通风设备，降低畜禽舍的气温，效果较好，还具有定期对畜禽舍消毒的功能。

喷淋和喷雾都只能间歇地进行，因为皮肤喷湿后，应使之蒸发才会起到散热作用。当然，间歇喷淋时间和蒸发效果与空气的温度和湿度有关。空气干燥有利于蒸发，故皮肤喷湿后，变干的时间也短。为取得最好的蒸发散热效果，应迅速喷湿畜体后停止喷淋，待变干后又重复喷淋。蒸发降温中的喷淋与喷雾可通过时间继电器与热敏元件实现自动控制。

② 蒸发垫（湿帘）通风系统：该装置主要部件是用麻布、刨花或专用蜂窝状纸等吸水、透风材料制作的蒸发垫，由水管不断往蒸发垫上淋水，将蒸发垫置于机械通风的进风口，气流通过时，水分蒸发吸热，降低进舍气流的温度。有资料报道，当舍外气温在28～38℃时，湿垫可使舍温降低2～8℃。但舍外空气温度影响降温效果，因此在干旱的内陆地区，湿帘通风降温系统的效果更为理想。

③ 冷风设备：冷风机是一种喷雾和冷风相结合的降温设备，国内外均有生产，其技术参数也有差异。一般喷雾雾滴直径可在30 μm以下，喷雾量可达0.15～0.20 m^3/h；通风量为6 000～9 000 m^3/h，舍内风速可达1.0 m/s以上，降温范围长度为15～18 m，宽度为8～12 m。这种设备降温效果比较好。

④ 地能利用装置：利用地下恒温层，用某种设备使外界空气与该处地层换热，可利用其能量使畜禽舍供暖或降温。例如，美国艾奥瓦州的一家公司，在地下3 m深处以辐射状水平埋置12根30 m长的钢管，每条管的一端与垂直通往猪舍的中央风管相通，另一端分别露出地面作为进风口，中央风管中设风机向猪舍内送风。外界空气由每条风管的进风口进入水平管，通过管壁与地层换热，夏季使进气温度降低，冬季使进气温度升高，从而对猪舍进行降温或供暖。据测定，当夏季舍外气温为35℃时，吹进猪舍的气流温度为24℃，当冬季舍外气温为−28℃时，进气温度可升到1℃。钢管造价较高，日本等国采用硬质塑料薄壁管，可降低造价并防锈蚀。风管埋置深度一般不小于0.6 m，埋置越深，四季温度变化愈小，但深度越大投资越高；0.6 m以下，地温已无昼夜差异。风管直径一般为0.12～0.20 m。流经风管的空气与地层换热的温度变换效率，与地层温度、空气流速、地层土质、风管材料及长度等因素有关。

⑤ 机械制冷：机械制冷即空调降温，是根据物质状态变化过程中吸放热原理设计而成。贮存于高压密封循环管中的液态制冷剂，在冷却室中汽化，吸收大量热量，然后在制冷室外又被压缩为液态而释放出热量，实现了热能转移降温。由于此项降温方式不会导致空气中水分的增减，故和干冰直接降温统称“干式冷却”。机械制冷效果最好，但是成本很高。因此，目前仅在少数种畜禽舍、种蛋库、畜产品冷库中应用。

除此之外，在饲养管理上可以采用调整日粮、减少饲养密度和保证充足清洁凉爽的饮水等措施，对于畜禽耐热均有重要意义。

三、畜禽舍空气质量控制

畜禽舍的通风换气是畜禽舍空气质量控制的第一要素。其目的有两个：其一是在气温高的夏季通过加大气流促进畜体的散热使其感到舒适，以缓和高温对畜禽的不良影响。其二是可以排除畜禽舍中的污浊空气、尘埃、微生物和有毒有害气体，防止畜禽舍内潮湿，保障舍内空气清新，以改善畜禽舍空气环境质量。畜禽舍的通风换气在任何季节都是必要的，它的效果直接影响畜禽舍空气的温度、湿度及空气质量等，特别是大规模集约化畜牧场更是如此。畜禽舍的通风换气一般以通风量（m^3/h）和风速（m/s）来衡量。

1. 通风与换气

（1）通风方式

① 自然通风：自然通风的动力是风压（wind pressure）或热压（heat pressure）。风压指气流作用于建筑物表面而形成的压力。当气流流经建筑物时迎风面形成正压，背风面则形成负压，气流由正压区开口流入，由负压区开口排出，形成风压换气。热压换气即舍内空气受热源作用而膨胀上升，在高处形成高压区，屋顶与天棚如有开口或孔隙，空气就会排出舍外；畜禽舍下部因冷空气不断遇热上升，形成空气稀薄的负压区，舍外较冷的新鲜空气不断渗入舍内，如此循环，形成自然通风。热压通风量的大小取决于舍内外温差、进风口和排风口的面积；舍内气流分布则取决于进风口和排风口的形状、位置和分布。

自然通风分为无管道和有管道通风。前者依靠门窗进行通风，适用于温暖地区和温暖季节。寒冷地区或温暖地区的寒冷季节，需要安装管道进行通风。通风管道包括进气管、排气管和风帽三部分。

② 机械通风：机械通风有三种方式，即负压通风、正压通风和联合式通风。

负压通风（negative pressure ventilation）也称排风，指利用风机将舍内污浊空气抽出，使舍内压力相对小于舍外，而新鲜空气通过进气口或排气管流入舍内而形成舍内外空气交换。负压通风比较简单，投资少，管理费用也较低。

正压通风（positive pressure ventilation）也称送风，指利用风机向封闭舍送风，从而造成舍内空气压力大于舍外，舍内污浊气体经排气管（口）排出舍外的换气方式。正压通风可对进入空气进行预处理，可有效地保证畜禽舍内的温湿状况适宜和空气环境清洁，在严寒、炎热地区均可适用。

联合式通风（combination ventilation）是一种同时采用机械送风和机械排风的方式。

（2）通风换气量的确定

畜禽舍通风换气量是根据舍内温度、湿度、有害气体能够允许的范围内，将余热、水汽等排出而确定的。计算的方法是根据舍内二氧化碳浓度、水汽量以及舍内余热，应用时需综合测定来确定通风换气量的大小。

在实际生产中，可根据各种畜禽通风换气量的技术参数进行通风换气。通常将夏季通风量称为最大通风量，冬季通风量称为最小通风量。在确定了通风量后，须计算畜禽舍的换气次数，即在 1 h 内换入新鲜空气的体积与畜禽舍容积之比。一般规定，畜禽舍冬季换气应保持 3～4 次；除炎热季节外，一般不应多于 5 次。

2. 空气净化（电净化与喷雾）

随着规模化畜牧业的发展，尤其是在近几年有不少国家暴发了流行性动物疾病以及其他动物疾病愈来愈多的情况下，畜禽舍的空气质量和疾病的预防，已成为当前环境控制及疾病预防技术解决的重要问题之一。前面介绍的环境控制都是一些通风、过滤设备，这些环境控制设备安装麻烦、维修复杂且运行费用较高，而且净化空气的效率并不高。环境安全型畜禽舍是一种能有效隔离疾病和控制疾病传播的养殖防疫工程设施，是今后无疾病养殖小区和养殖场建设的核心设施。根据当前畜牧业生产现状和疾病发生特点，开发和推广适合中国国情、低成本、高效率的环境安全型畜禽场舍的空气质量和疾病控防技术及配套设备势在必行。

（1）电净化技术

① 粉尘的电净化：畜禽舍空气中的粉尘、气溶胶是引起动物呼吸系统疾病的主要原因，畜禽舍空气电净化防病防疫系统净化空气的原理是在系统开始工作时，空气中的粉尘即刻在直流电晕电场中带有电荷，并且受到该电场对其产生的电场力的作用而做定向运动，在极短的时间内就可吸附于畜禽舍的墙壁和地面上。在系统间歇循环工作期间，动物活动产生的粉尘、飞沫等随时都会被净化清除，使畜禽舍空气都保持着清洁状态。

② 有害气体的电净化：畜禽舍空气中的有害及恶臭气体主要有氨气、硫化氢、二氧化碳，恶臭素的主要成分是 N_2O 等，当其达到一定浓度后会对人和畜禽产生毒害作用。电净化系统可设置在畜禽舍上方空间和粪道空间中，空间电极系统对这些有害及恶臭气体的消除基于两个过程：

■ 第一个过程：直流电晕电场抑制由粪便和空气形成的气－固、气－液界面边界层中的有害及恶臭气体的蒸发和扩散，将氨气、硫化氢等有害气体与水蒸气相互作用形成的所有溶胶封闭在只有几微米厚度的边界层中，其中对氨气、硫化氢等的抑制效率可达到40%～70%。

■ 第二个过程：在畜禽舍上方，空间电极系统放电产生的臭氧和高能带电粒子可对有害气体进行分解，分解的产物为二氧化氮、硫酸和水；分解的效率为30%～40%，在粪道中的电极系统对以上气体的消除率能达到80%以上。分解过程的化学方程式：

$$O_3 + H_2S + N_2O \rightarrow NO_2 + H_2SO_4 + H_2O$$

③ 病原微生物的控制：由于畜禽舍空气中存在着大量的粉尘和飞沫形成的气溶胶，各种病原微生物附着其上并生存，在畜禽舍电净化系统启动后短时间内，粉尘、飞沫等包含有微生物的大粒径气溶胶将受定向电场力的作用而从空气中脱除，同时接近电极线的微生物气溶胶无论是大粒径的还是小粒径的，都将受到放电产生的高能带电粒子、强氧化物的攻击，其上的微生物或死亡或钝化或毒性弱化，畜禽舍内的空气微生物可减少40%以上。电净化技术还可用于降低畜禽舍湿度。

（2）喷雾技术

① 喷雾除尘：当雾化水滴与随风扩散的尘粒相碰撞，由于较粗颗粒的粉尘惯性大于水滴，碰撞后会黏着在水滴表面或被水滴包围，润湿凝聚成质量较大的颗粒，从而借助重力加速沉降。高压风力产生的雾粒增加带电性，产生静电凝聚的效果，这一作用力加速了

尘粒与雾粒合并的效果，获得较高的降尘率。

② 喷雾消毒：喷雾消毒是通过雾化装置使混合药液充分雾化成细小雾滴，在空气中缓慢下沉，充满整个畜禽舍，做到无缝不入，以达到充分消毒的目的。喷雾消毒适合经常性全进全出的畜禽舍使用，但由于杀菌消毒剂的污染和毒副作用，不能对鸡舍进行实时杀菌消毒，以免引起鸡呼吸道疾病。消毒方法还可采用熏蒸法、石灰涂抹消毒等，交替或配合使用消毒药物，防止对各种病毒、细菌、真菌、原虫长期使用一种消毒药物而使病原微生物产生抗药性。

四、畜禽舍光照控制

光照是构成畜禽舍环境的重要因素，光照不仅影响畜禽的健康和生产力，而且影响管理人员的工作条件和工作效率。因此，在畜禽舍中不仅应保持合乎要求的光照强度，而且应根据畜种、年龄、生产方向以及生产过程等确定合理的光照时间。畜禽舍光照控制包括自然采光和人工照明两种。

1. 自然采光设计

自然采光是让太阳的直射光或散射光通过畜禽舍的开露部分或窗户进入舍内以达到采光的目的。在一般条件下，畜禽舍都采用自然采光。夏季为了避免舍内温度高，应防止直射阳光进入畜禽舍；冬季为了保温，并使地面保持干燥，应让阳光直射在畜床上。采光设计的任务是通过合理设计采光窗的位置、形状、数量和面积，以保证畜禽舍的自然采光要求，并尽量使舍内照度均匀。

（1）确定窗口的位置

① 根据畜禽舍窗口的入射角和透光角确定：入射角是指畜禽舍地面中央一点到窗户上缘（或屋檐）所引直线与地面水平线之间的夹角 α。入射角越大，越有利于采光。为了保证舍内得到适宜的光照，入射角应不小于 25°。透光角是指畜禽舍地面中央一点向窗户上缘（或屋檐）和下缘引出两条直线所形成的夹角 β。如果窗外有树或其他建筑物等遮挡时，引向窗户下缘的直线应改向遮挡物的最高点。透光角大则透光性好，只有透光角不小于 5°，才能保证畜禽舍内有适宜的光照强度。

② 根据太阳高度角的确定：太阳高度角是指太阳在高度上与地平面的夹角。太阳高度角随纬度、日期、时间的不同而不同，在纬度高于南北回归线的地区，太阳高度角随着纬度的升高而减小。北半球同一地点不同日期的太阳高度角，以夏至日最大，冬至日最小；同一地点不同时间时，以当地正午 12 时最大，日出日落时最小。

从防寒防暑的角度考虑，我国大多数地区夏季都不应有直射的阳光进入舍内，冬季则希望阳光能照射到畜床上。为了满足这些要求，可以通过合理设计窗户上、下缘和屋檐的高度而达到目的。当窗户上缘外侧（或屋檐）与窗台内侧所引的直线同地面水平线之间的夹角小于当地夏至日的太阳高度角时，就可防止太阳光线进入畜禽舍内；当畜床后缘与窗户上缘（或屋檐）所引的直线同地面水平线之间的夹角等于当地冬至日的太阳高度角时，就可使太阳光在冬至前后直射到畜床上。太阳的高度角可用以下公式表示：

$$h = 90° - \varphi + \sigma$$

式中，h 为太阳高度角；φ 为当地纬度；σ 为赤纬，在夏至时为 23°27′，冬至时为 −23°27′，春分和秋分时为 0。

（2）计算窗口面积

采光系数是指窗户的有效采光面积与畜禽舍地面面积之比（以窗户的有效采光面积为 1）。采光系数越大，则进入舍内的光线越多，舍内光照度越大。因此窗口面积可用以下公式计算：

$$A = KFd\tau$$

式中，A 为采光窗口（不包括窗框和窗扇）的总面积（m^2）；K 为采光系数，以分数表示；Fd 为舍内地面面积（m^2）；τ 为窗扇遮挡系数，单层木窗为 0.70，双层木窗为 0.50，单层金属为 0.80，双层金属窗为 0.65。

拓展阅读 4-2

不同种类畜禽舍的采光系数

（3）确定窗口的数量、形状和位置

① 窗口数量确定：窗口的数量应首先根据当地气候特点确定南北窗口面积比例，然后再考虑光照均匀和房屋结构对窗间墙宽度的要求来确定。炎热地区南北窗口面积之比可为（1～2）：1，夏季冬冷和寒冷地区可为（2～4）：1。为使采光均匀，在每间窗口面积一定时，增加窗口的数量可以减小窗口间墙的宽度，从而提高舍内光照均匀度。

② 窗口形状确定：窗口的形状也关系到采光与通风的均匀程度。在窗口面积一定时，若采用宽度大，而高度小的“卧式窗”，可使舍内长度方向光照和通风较均匀，而跨度方向则较差；若采用高度大而宽度小的“立式窗”，光照和通风均匀程度与卧式窗相反；方形窗光照、通风效果介于上述两者之间。设计时应根据畜禽对采光对通风的需要及畜禽舍跨度大小酌情确定。从采光效果看，立式窗比卧式窗为好。但立式窗散热较多，不利于冬季的保温，所以在寒冷的地区，南墙设立式窗，北侧墙设卧式窗为好。

2. 人工照明设计

人工照明一般以白炽灯和荧光灯作为光源，不仅用于密闭式畜禽舍的完全人工光照，也可用于自然采光畜禽舍的补充光照。

（1）灯具设计

① 选择灯具种类：主要有白炽灯和荧光灯（日光灯）两种。荧光灯比白炽灯节约电能，光线比较柔和，不刺激眼睛，在一定的温度下（21.0～26.7℃）荧光灯的光线效率最高；但存在设备投资较大、温度低时不容易启亮等缺点。

② 计算畜禽舍所需光源总瓦数：根据畜禽舍光照标准和 1 m^2 地面设 1 W 光源提供照度，计算畜禽舍所需光源总瓦数。

光源总瓦数 =（畜禽舍适宜照度 /1 m^2 地面设 1 W 光源提供的照度）× 畜禽舍总面积

③ 确定灯具数量：灯具的行距和灯距按大约 3 m 布置。靠墙的灯具，同墙的距离应为灯具间距的 1/2，或按工作的照明要求布置灯具，各排灯具平行或交叉排列，方案布置确定后，即可算出所需灯具的盏数。

④ 计算每盏灯具瓦数：根据总瓦数和灯具盏数，即可算出每盏灯具的瓦数。鸡舍内装设白炽灯时，以 40～60 W 为宜，不可过大。

（2）灯具安装

① 确定灯具高度：灯的高度直接影响舍内地面的光照程度。灯具越高，地面的光照度就越小，一般灯具的高度为 2.0 ~ 2.4 m。为使地面获得 10.76 Lx 的照度，白炽灯的高度一般可按表 4–2 设置。

表 4–2 不同功率白炽灯的安装高度

白炽灯功率 /W	15	25	40	60	75	100
有灯罩白炽灯安装高度 /m	1.1	1.4	2.0	3.1	3.2	4.1
无灯罩白炽灯安装高度 /m	0.7	0.9	1.4	2.1	2.3	2.9

② 设置灯罩：使用灯罩可使地面光照强度增加 36% ~ 50%。不加灯罩的灯泡约有 30% 的光线被墙、顶棚、舍内设备等吸收。以直径 25 ~ 30 cm 的伞形或平形灯罩为宜。应避免使用上部敞开的圆锥形灯罩，因其反光效果较差，而且会将光线局限在较小的范围内。

③ 保证灯泡质量：灯泡质量差与阴暗约减少光照 30%，灯泡的经常更换会增加养殖成本；保持灯泡的清洁度不仅能维护灯泡的质量，也能增加畜禽舍内的光照强度，干净灯泡比脏灯泡发出的光约增加 1/3，因此应每周清洁一次灯泡。

④ 安装光照调控设备：光照自动控制器主要用于自动控制开灯和关灯。目前我国已生产和使用鸡舍石英钟机械控制和电子控制两种光控器。电子显示光照控制器效果较好，其优点是开关时间可任意设定，控时准确；光照度可以调整，光照时间内日光强度不足时，可自动启动补充光照系统；灯光渐亮和渐暗，遇到停电情况光照强度不出现混乱。

第三节 畜牧场规划

畜牧场是集中饲养畜禽和组织畜牧业生产的场所，是畜禽的重要外界环境条件之一。合理规划畜牧场是生产技术充分发挥、工程设施与设备充分利用、饲养管理措施实施、各项生产指标全面实现的必要保证。否则，不仅会影响日后生产，并且会使畜牧场的环境条件恶化，甚至造成环境污染。因此，畜牧场的规划，要从场址选择开始，对场内规划布局、场区卫生防疫设施等方面进行综合考虑，尽量做到合理完善。

一、畜牧场场址的选择

畜牧场场址的选择应根据经营方式、生产特点、饲养管理方式以及生产集约化程度等特点，对地势、地形、土壤、水源以及居民点的配置、交通、电力和物资供应等条件进行全面的考虑。

1. 地势地形

应选择地势高燥、地形开阔平坦、向阳背风的地方。地势高燥可以保证排水良好，其地下水位应在 2 m 以下；畜牧场空气干燥，有利于畜禽体温调节，减少畜禽发病。场地地形要开阔整齐，不要过于狭长或边角太多，地面要平坦而稍有坡度，以 1%～3% 为宜。场区的面积要根据畜禽的种类、饲养管理方式、集约化程度和饲料供应情况等因素确定。此外，应留有发展余地。应特别注意远离污染源。向阳可以使家畜获得充足的阳光，有利于家畜生长发育并且保持健康。选择背风的地方可以减少冬季盛行风的不利影响。

平原地区一般场址比较平坦开阔，场址应选在比周围地段较高的地方，便于排水；地下水位要低，以低于建筑物地基深度 0.5 m 以下为宜。靠近河流、湖泊地区，场址要选择在较高的地方，应比当地水文资料中最高水位高 1～2 m，以防涨水时被淹没。山区建场应选在平缓坡上，坡面向阳，总坡度不超过 25%，建筑区坡度应在 2.5% 以内。

2. 土壤

畜禽生活在土壤上，土壤的组成和理化性质经常对其发生很复杂的影响，如潮湿的土壤是畜禽及其他建筑物潮湿的原因之一，并能影响畜禽及牧区的小气候。土壤也可以通过影响饲料的成分和营养、有毒有害物质和病原微生物而影响畜禽健康。疏松干燥的土壤，利于好氧菌的繁殖，使土壤自净作用良好，容易渗透雨雪水，使地面干燥。因此适合建立畜牧场的土壤，应该是透气透水性强，毛细管作用弱，吸湿性和导热性小，质地均匀，抗压性强的壤土类。如受客观条件限制，选择最理想的土壤不容易时，可在畜禽舍的设计、施工使用和其他日常管理上，设法弥补当地土壤的缺陷。一般应保证无地方病和被污染的土壤。

3. 水源

畜牧场选址要有水量充足、水质良好、便于防护和取用方便的水源。水量满足畜牧场内的人畜饮用、生产和管理用水的需要，还应考虑防火和未来发展需求；水质符合我国《生活饮用水卫生标准》（GB5749－2006）要求。在确定场址之前，应对拟选水源取样送检，水质不合格的场地不得作为场址。利用地下水时，应了解水质和水量情况以及该水源遭受外界污染的可能；利用地面水时，需进行水源卫生状况及水量的调查，应保证枯水期有满足畜牧场需要的流量，汛期水位不至于对牧场造成危害。

4. 噪声

随着现代工业、交通等事业的发展，噪声污染越来越严重。噪声不但影响人的生活和健康，而且使畜禽产生应激，导致畜禽生产性能下降，畜产品品质变差，畜禽对疾病的抵抗力降低。研究表明，110～115 dB 的噪声会使奶牛产奶量下降 10%，90～110 dB 的噪声可使个别牛产奶量下降 30%；在噪声的环境中畜禽的情绪比较急躁，容易引起争斗；噪声会使畜禽发生惊恐反应；突然的、强烈的噪声可以引起畜禽产生应激反应，导致畜禽死亡。为了减少噪声，畜牧场应正确选址，远离交通主干道、机场等产生噪音较大的场地，避免外界干扰。

5. 饲料供应

选择畜牧场时应有可靠的饲料来源。饲料是进行畜牧业生产的物质基础，没有可靠的饲料来源或饲料不足，畜牧业生产就难以进行。因此，选择牧场时应考虑建立饲料基地及利用农副产品两个方面，草食动物的青绿饲料应尽量由当地供应，或本场规划出饲料地自行种植，以免因大量粗饲料长途运输而提高生产成本。

6. 社会联系

社会联系指畜牧场与周围社会的关系，如与居民区的关系、交通运输和电力供应等。

畜牧场与居民点之间应保持适当的卫生间距，一般畜牧场应不少于300～500 m，大型畜牧场（千头奶牛场、万头猪场、十万只以上鸡场等）应不少于1 000 m；一般畜牧场之间的距离应不少于150～300 m（禽、兔等小畜禽之间距离宜大一些），大型畜牧场之间的距离应不少于1 000～1 500 m。

畜牧场要求交通便利，特别是大型集约化商品场，其物质需求和产品供销量很大，对外联系密切，故应保证交通方便，道路良好。按照畜牧场建设标准，要求畜牧场与国道、省际公路距离500 m，与省道、区际公路距离300 m，与一般道路距离100 m。对有围墙的畜牧场，距离可适当缩减50 m。

畜牧场选择场址时，还应考虑电力供应，特别是集约化程度较高的大型畜牧场，必须具备可靠的电力供应。因此，选址前必须了解供电源的位置、供电量能否满足本场需求、是否经常停电、有无可能双路供电等。通常，畜牧场要求有Ⅱ级供电电源。在使用Ⅲ级以下供电电源时，则需自备发电机，以保证场内供电的稳定可靠。畜牧场应靠近输电线路，减少供电投资，以尽量缩短新线铺设距离。

二、畜牧场规划与布局

畜牧场的规划和布局不仅直接影响基建投资、经营管理、生产的组织、劳动生产率和经济效益，而且影响场区小气候状况和兽医卫生防疫条件。确定合理的规划和布局，是建立良好的畜牧场环境和组织高效率生产的基础工作和可靠保证。

1. 畜牧场的分区

畜牧场建筑物按其用途和功能一般分为生活管理区、辅助生产区、生产区和隔离区。各区的规划应从人畜健康角度出发，以建立最佳生产联系和卫生防疫条件，合理安排各区位置，并根据地势和主风向进行合理分区。生活管理区和辅助生产区应位于场区常年主导风向的上风处和地势较高处，隔离区位于场区常年主导风向的下风处和地势较低处，如图4-1。

（1）生活管理区

是畜牧场从事经营管理活动的功能区，包括行政和技术办公室、接待室、资料室、传达室、警卫室、化验室、职工宿舍、食堂等设施。它是场区的主要部分，与社会联系密切，因此应在靠近场区大门内侧集中布置，并和生产区分开。外来人员只能在生活管理区活动，不得进入生产区。

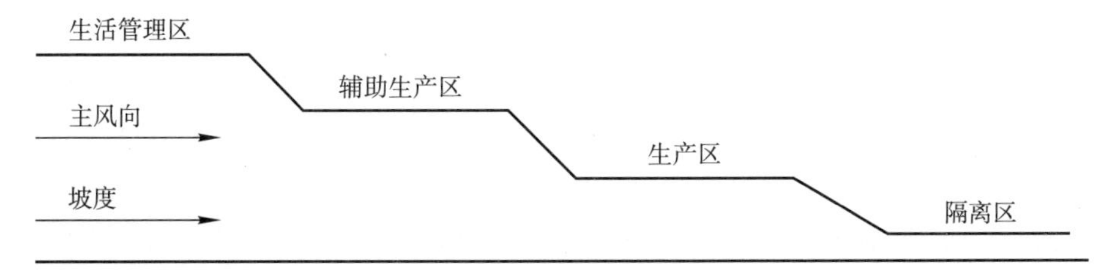

图4-1 畜牧场各区依地势、风向配置示意图

（2）辅助生产区

辅助生产区主要有供水、供电、供热、维修、仓库等设施，这些设施要紧靠生产区布置，与生活管理区没有严格的界限要求。饲料仓库的卸料口设在辅助生产区内，取料口设在生产区内，可杜绝外来车辆进入生产区，保证生产区内外运料车互不交叉。

（3）生产区

是畜牧场的核心区，主要包括畜禽舍及生产附属建筑物。此区应设在畜牧场的中心地带。对生产区的规划布局应根据各种畜禽的习性和特点进行。如牛、羊需要大量的干草和放牧饲养，应考虑与放牧地、打草场及青绿饲料产地的联系。为保证卫生防疫安全，在生产区内应将种畜（包括繁殖群）、幼畜与生产群（商品群）分开，设在不同地段，分区饲养管理。种畜群、幼畜群应设在防疫比较安全的地段。

（4）隔离区

包括兽医诊疗室、病畜隔离舍、死畜尸坑或焚尸炉、粪便污水处理设施等。为防止疫病传播和蔓延，本区应设在生产区的下风向与低地势处，并应与畜禽舍保持 300 m 的卫生间距。病畜隔离舍应尽可能与外界隔绝，四周应有隔离屏障，并设置单独的通路与出入口。屠宰室、死畜尸坑或焚尸炉等设施应距离畜禽舍 300 ~ 500 m。隔离区内的粪便污水处理设施与生产区有专用道路相连，与场区外有专门大门和道路相通。

2. 畜牧场建筑物的合理布局

畜牧场建筑物布局是否合理不仅关系到畜牧场的生产联系和劳动效率，还直接影响场区和畜禽舍内的小气候状况和畜牧场的卫生防疫。应根据畜禽种类与规模确定饲养管理方式、集约化程度和机械化水平、饲料需要量和饲料供应情况，进而确定各种建筑物的形式、种类、面积和数量。在此基础上综合考虑场地的各种因素，制定最好的布局方案。根据现场具体情况在规划场内布局时，遵循下列基本原则。

（1）便于生产联系

畜牧场生产过程的各环节主要包括种畜、幼畜、商品畜的饲养管理，饲料、畜产品的加工、贮运，畜禽舍粪尿的清除运走及疾病防治等。各生产环节彼此都发生功能联系，在布局时应以便于生产联系为出发点，如商品猪场的工艺流程是种猪配种—妊娠—分娩哺乳—育成—育肥—上市，因此，考虑建筑物间的功能联系，应按种公猪、空怀母猪舍、妊娠母猪舍、产房、断奶仔猪舍、肥猪舍、装猪台的顺序安排。饲料调制、储料间、储粪场等与每栋猪舍都发生联系，其位置应考虑到净道和污道的分开布置，并尽量使其至各栋猪舍的线路距离最短。

（2）有利于防疫防火

生产过程中畜禽舍经常不同程度地产生有害气体，这些有害气体会随着通风排出舍外影响临近畜禽舍，为了减少互相感染的机会，畜禽舍需要一定的防疫间距。一般畜禽舍间距为上风向畜禽舍檐高的 3 ~ 5 倍，可满足通风和卫生防疫要求。我国畜牧场建设标准的防火规定一般按《农村防火规范》（GB50039–2010）执行。建筑耐火等级应符合《建筑设计防火规范》（GB50016–2014）的规定。现代畜禽舍的建造大多采用砖混结构、钢筋混凝土结构和新型建材维护结构，其耐火等级在二级至三级，所以可以参照民用建筑的标准设置。耐火等级为三级和四级的民用建筑最小防火间距是 8 m 和 12 m，若有砖木结构建筑应取最大值。

（3）有利于提高劳动生产率

尽可能做到建筑物最紧凑的配置，以缩短运送饲料、供电和供水的距离。凡属同功能相同建筑物如饲料库、青贮塔、饲料加工调制间等，应尽量靠近或集中，并应靠近消费饲料最多的畜禽舍，以便于组成流水作业线和实现生产过程机械化。

（4）合理利用地形地势、主风向与光照

充分利用坡地有利于排水的优势，以保持场内及舍内干燥。南方炎热地区，畜禽舍的长轴与夏季主风向垂直。北方寒冷地区，畜禽舍长轴应避免与冬季主风向垂直，以免降低畜禽舍温度。畜禽舍的朝向以南向或偏东、偏西 15° 为宜。南方地区从防暑考虑，应尽量缩小偏西的朝向。

第四节　畜牧场污染控制

随着畜牧业向规模化、集约化和现代化的快速发展，畜禽养殖规模越来越大，随之而来的环境压力越来越大，畜牧养殖污染问题已引起人们的广泛关注，直接阻碍着畜牧业的可持续发展。从畜牧场废弃物减量化、无害化和资源化等方面采取综合措施解决畜牧业发展对环境的污染问题，提升我国畜牧场废弃物综合利用水平，促进形成种养结合的生态农业、循环农业模式，已经成为我国农业生态环境保护面临的重要任务。

一、畜牧场环境污染产生的原因及危害

1. 畜牧业污染产生的原因

（1）畜牧经营方式与规模的变化

随着畜牧业的快速发展，畜牧业由农村副业发展成一个独立的产业，饲养规模由小变大，经营方式由分散到集中，饲养方式向高密度、机械化方向转变，使局部地区单位面积上载畜量大大增加，废弃物产量超过了农田的消纳量。这些废弃物处理不及时，任意排放或施用不当，就会污染周围空气、土壤和水源等，威胁人畜健康。

（2）畜禽养殖场布局不合理

随着我国城市化的进程加快，城市人口急剧增加，城市对畜产品的需求量大大提高，为便于加工和销售畜产品，畜牧业生产从农区、牧区转向城镇郊区。大量粪尿不能及时施于需要有机肥的农田与果园，使城郊土地承受过多的畜牧业废弃物。目前很多畜禽养殖场在建设前未经充分论证设计，选址不合理，场区规划设计未考虑卫生防疫要求，是造成畜禽养殖场污染的重要原因。

（3）农业生产大量使用化学肥料

化肥具有运输、储存、使用方便，肥效快速等特点，并且没有特殊的恶臭，因此越来

越多的农民在种植生产过程中使用化学肥料。这使体积较大、运输不便、肥效成分浓度不高且具恶臭的畜禽粪尿和污水在种植业中应用越来越少，使粪尿成为废弃物。

（4）缺乏畜禽粪便处理设施

畜禽粪便通过合理的处理可以减少粪便中的水分和臭气，经特殊处理后可作为各种作物的专业优质有机肥，减少对环境的污染。而目前大多养殖场缺乏粪便处理的意识和专业设备，在一定程度上限制了畜禽粪便的处理。

（5）滥用药物和添加剂造成污染

兽医无节制使用药物，生产者为预防疾病、促进动物生长而盲目使用药物，造成药物在粪便和尿液中残留，污染土壤和水体。生产者和经营者无节制过量使用微量元素添加剂，使畜禽粪便中的锌、铜、铁、硒等含量过高，对环境造成了新的污染。

2. 环境污染对畜禽的危害

（1）引起畜禽中毒

当具有高毒性的污染物高剂量进入空气、水体、土壤和饲料中，通过呼吸道、消化道及体表接触等多种途径进入机体，可引起动物的急性中毒，出现特定污染物质中毒的特有症状甚至死亡，称为急性危害。环境中低浓度的有毒有害污染物长期反复作用于机体，引起动物生长缓慢、抗病力下降、毒害物质在体内残留等，称为慢性危害。环境中有的污染物含量很小，但它可通过食物链以千倍甚至万倍的浓度在生物体内富集，可对机体产生慢性危害。有许多污染物对动物机体的影响是逐渐积累的，短期内不显示出明显的危害作用，但在这种低浓度污染环境中经过较长时间，可以逐渐引起动物生产性能和繁殖性能下降、机体逐渐消瘦、抗病能力下降、发病率增加，严重者造成慢性中毒而死亡。环境污染的慢性危害是个复杂的问题，特别是在某些污染物长期低浓度影响下，动物机体抗病力下降，此时更容易继发感染各种传染性疾病。

（2）对畜产品的影响

饲料中滥用添加物，容易在动物组织和畜产品中蓄积和残留，造成人体的中毒反应，严重的也可导致死亡。如激素类似物盐酸克伦特罗（又称瘦肉精），是一种人工合成的β-肾上腺受体激活剂，其作为饲料添加剂可以提高动物的生长速度、增加瘦肉率、减少脂肪在体组织中的沉积。而且盐酸克伦特罗化学性质稳定，使用蒸煮、烧烤和微波处理后，药物的残留并没有减少。人食用了盐酸克伦特罗残留的动物性食品后往往出现代谢加速和神经症状，主要表现为心跳加快、肌肉颤抖、肌肉疼痛、神经过敏和头疼等。

（3）致癌、致畸、致突变作用

环境污染造成遗传影响的例子不胜枚举。如世界闻名的比利时“污染鸡”事件，罪魁祸首是饲料受到二噁英（dioxin）污染。二噁英是多氯甲苯、多氯乙苯等有毒化学品的俗称，属氯代环三芳烃类化合物，世界卫生组织（WHO）已将它列为人类Ⅰ级致癌物。

拓展阅读 4-3
二噁英的危害

环境因素可影响生物体的遗传性质，使遗传性状产生突变。20 世纪 20 年代中期发现 X 射线可引起生物体突变，此后人们发现许多化学物质也有这种作用。随着环境污染日益严重，各种化学物质大量进入环境，使人类与动物出现更多的基因突变与畸形胎儿。如氯乙烯除了能诱发人和动物肝血管肉瘤外，还有致畸的作用。

（4）其他危害

环境污染使畜牧场周围环境的空气、土壤和水体质量恶化。一方面使动物的体质下降，容易继发感染各类传染性疾病和寄生虫疾病。另一方面，有害生物如病媒昆虫及致病微生物大量繁殖与滋生，使许多传染性疾病和寄生虫病容易传播与流行，造成更大的经济损失。在环境污染物中有些污染物为致敏源，可使污染区人、畜发生过敏反应。如硫化物可致人哮喘，铬可引起过敏性皮炎。

二、畜牧场固体粪污的处理与利用

随着人们对畜产品需求的不断增加，畜禽养殖规模不断扩大，畜牧场粪便排放量日渐增多，目前畜禽粪便污染已成为农业污染的主要组成部分，直接影响畜牧业的可持续发展。如能对畜粪进行无害化处理，充分利用粪便中的营养物质，则可以变为宝贵的资源。

1. 用作肥料

畜禽粪便用作肥料是最根本、最经济的出路，是世界各国最为常用的处理办法，也是我国处理畜粪的传统做法。新鲜及未完全腐熟的畜禽粪便施于农田时，由于其所含有机物快速分解，土壤中氨气、二氧化碳浓度增加，无机氮浓度过高，影响植物根系呼吸，同时微生物活动消耗氧气使土壤氧气不足，有机质分解产生的有机酸等代谢产物不利于作物的发芽及发育。并且粪便中含有病原微生物及寄生虫卵等物质，因此在利用前必须对畜禽粪便进行无害化处理。

耗氧堆肥是目前常用的无害化和资源化处理粪便等有机废弃物的方法。将粪便与其他有机物如秸秆、杂草等混合后堆积起来，在适宜的温度、湿度、空气、养分的条件下，使微生物大量生长繁殖，导致有机物分解、转化成为植物能吸收的无机质和腐殖质。堆肥过程中产生的高温（可达 50～70℃）及微生物的相互拮抗作用使病原体及寄生虫卵死亡而达到无害化的目的，并能获得优质肥料。

一般而言，畜禽粪便堆肥适宜碳氮比（C∶N）为（20～30）∶1，适宜水分含量为 50%～60%。堆肥过程中进行适当通风，一方面可以维持耗氧微生物活动，另一方面可以调节堆体温度和水分含量。此外，从微生物入手，选择、培育能提高堆肥速度的菌种，通过添加外源微生物来加速堆肥过程也是国内研究热点。

2. 干燥处理

干燥处理畜禽粪便的方法主要分为自然干燥和机械干燥两大类。自然干燥主要适用于中小型畜牧场，采用自然风干或日光干燥法来处理畜禽粪便。为避免外界气候环境对干燥效果的影响，对粪便进行日光干燥时可在塑料大棚中进行，借助塑料大棚形成的“温室效应”对粪便进行干燥处理。机械干燥利用各种设备对粪便进行快速干燥，如微波干燥设备、快速高温干燥设备、气流干燥设备等。这种方法可使物料与高温气体充分接触，大大缩短干燥时间，可连续生产或批量生产，占用场地面积小；但设备投资较大，运转费用高，不适合中小畜牧场的粪便处理。

3. 生产沼气

沼气是一种无色、略带臭味的混合气体，可以与氧混合进行燃烧并产生大量热能，1 m^3 沼气的发热量为 20～27 MJ。利用畜禽粪便及其他有机废弃物与水混合生产沼气，对于开辟能源、节约燃料、扩大肥源、改善畜牧场的环境卫生都有重要意义。

利用畜禽粪便与其他有机废弃物混合，在一定条件下进行厌氧发酵而产生沼气，可作为燃料或供照明。试验结果表明，2 头肉牛或 3.2 头奶牛或 16 头肥猪或 330 只鸡的一天粪便所产生的能量相当于 1 L 汽油。沼气发酵残渣可作肥料、饲料等。

4. 用作饲料

畜禽粪便中最有价值的是含氮化合物，将粪便中的含氮化合物作饲料利用，是开辟饲料资源，节约饲料、减少环境污染的途径。

粪便酸贮：利用鲜粪便（牛、猪、鸡、鸭粪均可）与糠麸、碎玉米等混合做成酸贮饲料，适口性好，无异味，喂牛、猪效果良好。

鸡粪与垫草混合直接饲喂：散养鸡舍内鸡粪混合垫草可直接饲喂奶牛和肉牛。鲜鸡粪经摊晒自然风干脱臭、过筛、粉碎后，用 20% 鸡粪代替 10% 混合精饲料喂肥猪效果很好。鲜鸡粪直接饲喂奶牛与肉牛效果亦较好。此方法需注意防止垫草中的农药残留和粪便处理不当而引起疾病的传播问题。

人工干燥鸡粪：利用高温将湿鸡粪加热，其含水量能降到 15% 以下。脱水后的鸡粪一方面减少了鸡粪的体积和质量，便于运输；另一方面鸡粪中的微生物在水分减少的情况下，其活动和代谢能力降低，有害气体的产生下降，有利于环境保护，还能减少粪便中的蛋白质养分的损耗。用干鸡粪代替奶牛精饲料的 30%，对泌乳量、乳质率和乳的风味等方面无负面影响；干鸡粪占鸡日粮的 5%～10%，对产蛋率、蛋重等方面也无负面影响；干鸡粪还可用于饲喂肉牛、羊、猪等。

5. 蚯蚓、昆虫等生物处理

蚯蚓是环节动物，生活在土壤中，喜欢吞食土壤和粪便等，可化废为肥。用粪便饲喂蚯蚓，既可处理粪便，又可繁殖蚯蚓，提供畜禽动物性蛋白质饲料。昆虫分解粪便的能力也是很惊人的。如金龟甲，在牛排出粪便后，短时间内即有昆虫云集而来，几小时就可清除一大堆粪便。能分解畜禽粪便的昆虫很多、分布面广、数量大、是自然界生物自净作用的宝贵资源。

6. 作为食用菌的基料

由于畜禽粪便中含有大量的纤维素、木质素等结构复杂的高分子糖类，同时富含多种微量元素，常可用于食用菌培养的基料，一般将畜禽粪便和秸秆按 5∶5 或 4∶6 的质量比例配置。粪便作为食用菌的栽培基料既可以解决食用菌产业原料资源不足的问题，又可为粪污处理寻找新的再利用途径。菌渣和未利用完的粪渣可作为堆肥原料再利用。但这种模式最大的局限性就是适用性不强，技术不太成熟，可推广范围窄，在我国一般采用这个模式的多为反刍动物养殖场。

三、畜牧场污水的处理与利用

畜牧场污水处理的最终目的是将污水经处理后达到排放标准，或达到农田灌溉标准进行综合利用。畜牧场污水处理技术的基本方法按其作用的原理可分为物理、化学和生物处理。

1. 物理处理

通过过滤、沉淀等物理作用，将废水中的固形物与液体分离，除去大部分可沉淀固形物；这些固形物分出后可作堆肥处理，剩下的稀薄液体可用于灌溉农田或排入鱼塘。

2. 化学处理

通过向污水中加入某些化学物质，利用化学反应来分离、回收污水中的污染物质，或将其转化为无害的物质。其处理的对象主要是污水中的溶解性或胶体性污染物的除去。常用的方法有混凝法、化学沉淀法、中和法、氧化还原法等。

3. 生物处理

利用污水中微生物的作用来分解其中的有机物，使水质达到排放要求。根据处理过程中对氧气的需求与否，可把微生物分为好氧微生物和厌氧微生物两类。

（1）好氧处理

主要依赖好氧微生物和兼性厌氧微生物的生物化学作用来完成处理过程的工艺，称为好氧生物处理法。好氧生物处理方法又分为天然好氧生物处理法和人工好氧生物处理法两类。天然好氧生物处理法一般不设人工曝气装置，主要利用自然生态系统的自净能力进行污水的净化，如河流、水库、湖泊等天然水体和土地处理等。人工好氧生物处理法采取人工强化措施来净化污水，主要有活性污泥法、氧化塘法和生物膜法等。

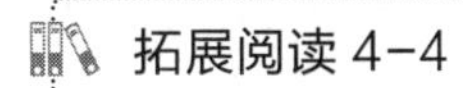

拓展阅读 4-4

活性污泥法、氧化塘法和生物膜法简介

（2）厌氧处理

即利用畜禽污水厌氧发酵产生沼气，此种方式可将畜禽粪便中有机物去除 80% 以上，同时回收沼气作为能源。厌氧处理不仅可将污水中的不溶性大分子有机物变为可溶性的小分子有机物，为后续处理技术提供重要基础，而且在厌氧处理过程中，微生物所需营养成分减少，可抑制或杀死寄生虫及各种病原菌。

4. 草地过滤处理

使污水缓慢地流过草地，可去除其中的污染物和营养物质，经过处理以后的水是洁净的，水质良好。这种处理方法过程简单，成本低廉，在我国广大的草原上可以采用。

四、畜牧场有害气体的处理技术

畜牧场产生的氨气、硫化氢等有害气体具有毒性，直接危害人畜的健康。恶臭能影响人畜的生理机能，刺激嗅觉神经与三叉神经，对呼吸中枢产生作用，引起人畜的不适反应。因此需要采取措施消除畜牧场有害气体对环境的污染和对人畜健康的影响。

1. 加强畜禽舍的设计和管理

畜禽舍的设计、管理是消除舍内有害气体的保证。在畜禽舍设计中影响舍内有害气体排放的主要有排水系统与通风换气系统。排水系统要求地面平整坚实、无裂缝、不透水、易于清扫和消毒；地面向排水沟要有 2%～3% 的坡度，排水沟底有 2%～5% 的坡度，以免污水积存，腐败分解产生有害气体。通风可以排除恶臭，促进粪便中水分蒸发，降低厌氧发酵，减少臭气产生。

及时清除舍内畜禽粪便，是预防潮湿、减少舍内有害气体的重要措施。按确定的清粪工艺合理设计和配置良好的清粪设备。保障粪便及时排除舍外，不在舍内存留。

2. 科学配置日粮

日粮中营养物质不完全吸收是畜禽舍恶臭和有害气体产生的主要因素。凡是能提高日粮营养物质消化率的措施，都可以增加机体营养物质沉积，减少舍内有害气体的产生，尤其是提高饲料中氮和磷的利用率，降低畜禽粪便中氮和磷的排出。试验证明，日粮干物质消化率由 85% 提高到 90%，粪便干物质排出量可减少 1/3。

3. 使用垫料或吸附剂

在畜禽舍地面的一定部位上（主要是畜床上）铺上垫料，可以吸收一定量的有害气体，吸收能力的大小与垫料的种类和数量有关，如作为垫料的麦秸、稻草、干草、树叶较好一些，此外黄土的效果也不错。使用吸附剂可以吸附一定量的有害气体，如沸石、活性炭、生石灰、膨润土、硅藻石等吸附剂，也可不同程度地吸附空气中的臭气，从而降低舍内有害气体的浓度。

4. 使用饲料添加剂

合理使用添加剂可提高饲料消化率和饲料利用率，常见的饲料添加剂有酶制剂、酸化剂、微生物制剂、植物提取物等，可提高饲料消化率，特别是蛋白质消化率，保证肠道菌群平衡。大量研究表明，饲料中添加酶制剂，可补充内源性消化酶的不足或破坏饲料中抗营养因子，促进消化吸收，改善饲料利用率，减少排泄量。例如，在育肥猪日粮中添加 0.2% β- 葡聚糖酶，可使饲料转化率提高 13%、氮利用率提高 12%，显著地降低氨的释放。此外，除臭剂的使用可明显减少舍内有害气体的浓度。

5. 场区绿化

有害气体经绿化地区后，至少有 25% 被阻留净化，煤烟中的二氧化硫可被阻留 60%。绿色植物光合作用能够大量吸收二氧化碳，释放氧气。一些植物如大豆、玉米、向日葵、棉花等在生长过程中能够从空气中吸收氨气以满足自身对氮素的需要，从空气中吸收的氨气量可以占到总需氮量的 10%～20%。所以，在畜牧场内及周围地区种植这些植物既可以降低场区氨气浓度、减少空气污染，又能够为植物自身提供氮素养分，减少施肥量并促进植物生长。

6. 利用电净化技术

利用电净化技术可以改善畜禽舍空气环境质量详情见本章第二节。据报道，畜禽舍电净化系统对猪、鸡舍内氨气、硫化氢、吲哚、3- 甲基吲哚的抑制清除效率可达 40%～70%；电极线放电产生的臭氧和高能荷电粒子可分解酪酸、吲哚、硫醇、3- 甲基吲哚，分解的产物一般为二氧化碳和水，分解的效率为 30%～40%。

五、病死畜禽的无害化处理

畜禽死后其尸体内还会有大量具有极高致病性的病菌存活，如果不及时采取无害化的方式对畜禽尸体进行处理，这些病菌将对其他畜禽和人们的生活造成极其恶劣的影响，严重时将直接危害人们和畜禽的生命健康。因此，做好病死畜禽无害化处理对促进畜牧产业健康发展有十分重要的意义。目前，常用的畜禽尸体处理方法包括焚烧法、深埋法和堆肥法等。

1. 焚烧法

焚烧法就是将病死畜禽尸体投入焚烧炉或用其他方法烧毁碳化。通常在养殖场发生烈性传染病时，国家强制要求采用这一方法，这种方法是病死畜禽无害化处理最彻底的方法。该方法方便简单，但焚烧过程会产生大量的灰尘和气体污染物，易对空气造成二次污染，因此必须配备气体净化装置，所产生的气体经处理后方可向外界排放。采用这种方法处理投资和运行成本高，主要适应于大规模养殖场处理畜禽尸体，较难在中小养殖户推广。

2. 深埋法

深埋法处理病死畜禽尸体，是通过土壤的自净作用达到无害化的处理方法。它是我国大部分小型畜禽养殖场处理病死畜禽尸体常用的方法。但患有炭疽等芽孢杆菌类疫病，以及牛海绵状脑病、瘙痒病的染疫畜禽及产品、组织不得使用此法处理。

深埋应选择地势高燥，处于下风向的地点，远离学校、公共场所、居民住宅区、村庄、畜禽饲养和屠宰场所、饮用水源地、河流等地区。深埋坑底应高出地下水位 1.5 m 以上，要防渗、防漏；坑底洒一层厚度 2 ~ 5 cm 的生石灰或漂白粉等消毒药；将尸体及相关畜禽产品投入坑内，最上层距离地表 1.5 m 以上，覆土厚度不少于 1 ~ 1.2 m。深埋法具有操作简单、费用低、不易产生气味等优点，但随着人们环保意识的加强，土地资源日益紧张，寻找合适的深埋场所越来越困难，一旦深埋的地点、深度和方法不科学，不但不能发挥作用，还可能造成疾病传播和污染地下水源。

3. 堆肥法

堆肥法是指将尸体置于堆肥内部，通过微生物的代谢过程降解尸体，并通过降解过程中产生的高温杀灭病原微生物，最终达到减量化、无害化、稳定化的处理目的。但是堆肥法处理畜禽尸体需要大量碳原料，全程需要科学管理和监控，如管控不好，容易造成疾病的传播。此法对选址、堆置等的条件要求高、技术含量高、生物安全技术要求高，生态禽养殖中基本上不采用。

4. 其他方法

除了上述方法外，还可采用化制法、生物降解法、沉尸井等方法处理畜禽尸体。

化制法是指在密闭的高压容器内，通过向容器夹层或容器通入高温饱和蒸汽，在高温、压力的作用下处理畜禽尸体，同时将所有病原微生物彻底杀灭的过程。化制后最好再进行焚烧处理，可以对病原体进行彻底消杀。参与处理人员及衣物等，也要进行严格洗消，避免通过移动接触传播病原体。化制法具有操作较简单、处理能力强、灭菌效果好、处理周期短等优点；但缺点是在处理过程中易产生恶臭气体，还需进一步处理，设备上都会配有除臭器，将废气合理处理。

生物降解法将病死畜禽尸体投入到降解反应器中，利用微生物的发酵降解的原理，将病死畜禽尸体破碎、降解、灭菌的过程。其原理是利用生物热的方法将尸体发酵分解，以达到减量化、无害化处理的目的，是对病死畜禽及其制品无害化处理的新型技术。针对烈性病处理、区域性病死畜禽无害化处理的需要，可将高温化制与生物降解结合形成高温生物降解处理技术。生物降解法具有处理场地容易选择、处理过程简单易操作、处理过程中不产生废气和废水、环保无污染等特点，处理后的产物可用作肥料，达到资源循环利用的效果。适用于中小型无害化处理中心。

小　结

随着畜牧业生产的快速发展，对畜产品的数量和质量要求越来越高，畜牧业生产已经从畜禽对环境的被动防御与适应阶段进入了人工控制环境、使之满足畜禽生理行为要求的新时代。因此，掌握外界环境对畜禽作用和影响的基本规律，并依据这些规律制定出利用、控制、保护和改造环境的措施是提高畜牧生产效率的重要手段之一。通过对畜禽舍的温热环境、空气质量、光照环境等的控制，可改善畜禽舍内的小气候环境；合理地进行畜牧场场址的选择和规划布局，有效地控制畜牧场污染，以达到畜牧场的环境保护的目的。良好的畜牧生产环境，是生产优质畜产品的保证。

复习思考题

1. 试述环境的概念，并说明环境对畜禽生产的有哪些影响。
2. 畜禽舍有哪些类型？
3. 如何控制畜禽舍温度？
4. 如何控制畜禽舍空气质量？
5. 如何控制畜禽舍光照？
6. 畜牧场建场前，应如何做好规划和布局？
7. 为防止畜牧生产对环境造成危害，应如何妥善处理好畜牧场的废弃物？

参考文献

[1] 布仁，王思珍，郭宏．家畜环境卫生学［M］．长春：长春出版社，2002.

[2] 董文涛，王安文．畜禽粪污常见无害化处理方式［J］．畜牧兽医科学（电子版），2020（18）：115-116.

[3] 丰艳．畜禽养殖场场址选择及规划布局［J］．贵州畜牧兽医，2015，39（5）：56-57.

[4] 郭世栋，穆娟．浅析畜禽养殖污染原因及治理措施［J］．中兽医杂志，2015，195（9）：133.

[5] 刘凤华．家畜环境卫生学［M］．北京：中国农业大学出版社，2004.

[6] 刘继军．家畜环境卫生学［M］．北京：中国农业出版社，2016.

[7] 刘卫东，赵云焕. 畜禽环境控制与牧场设计 [M]. 2 版. 郑州：河南科学技术出版社，2012.
[8] 皮泉，张霞，景小金，等. 病死动物无害化处理方法在生态禽养殖中的应用 [J]. 中国畜禽种业，2020，16（9）：50-51.
[9] 王玉江. 家畜环境卫生学 [M]. 北京：北京农业大学出版社，1990.
[10] 颜培实，李如治. 家畜环境卫生学 [M]. 4 版. 北京：高等教育出版社，2011.
[11] 张义俊，王万章，李保谦，等. 畜禽舍环境控制技术 [J]. 中国家禽，2007，29（5）：24-27.
[12] 郑翠芝. 畜禽场设计与环境控制 [M]. 北京：中国轻工业出版社，2015.

数字课程学习

◆ 视频　　◆ 课件　　◆ 拓展阅读

第五章

养猪生产

本章主要介绍猪的生物学特性、猪的主要品种和类型、种猪的饲养管理、仔猪培育、生长育肥猪生产与现代化养猪生产。通过学习，应该在认识猪的生物学特性的基础上，掌握如何在养猪生产中利用这些特性来组织养猪生产；了解国内外主要猪品种的外貌特征、生产性能特点，掌握主要品种的杂交利用方式；了解各类猪饲养管理环节，重点掌握母猪繁殖周期各阶段的生理特点及其饲养管理原则；掌握仔猪的生理特点及饲养管理方法；了解影响生长育肥猪生产的主要因素和饲养管理方法。

第一节　猪的生物学特性

家猪由欧洲和亚洲野猪进化而来。猪在驯养和进化过程中，因自然选择、人工选种选配及定向选（培）育的作用，逐渐形成其特有的生物学特性、行为学特性和经济性状。研究猪的起源与驯化，认识和掌握猪的生物学特性和行为学特点，有利于应用现代养猪科学技术来组织养猪生产，获取较好的饲养和繁育效果，实现安全、优质、高效和可持续发展的目的。

一、猪的生理学特性

1. 繁殖能力强

猪属常年发情的多胎哺乳动物，母猪发情周期为 21 d，排卵发生在发情后 24～48 h，排卵持续时间为 10～15 h，卵子保持有受精能力的时间为 8～12 小时；母猪卵巢中有卵原细胞 11 万个左右，但其繁殖利用年限内只排卵 400 枚左右，一个发情周期内一般可排成熟卵泡 12～24 个，适宜的交配或输精时间是在母猪发情后 20～30 h。中国地方猪种一般 4～5 月龄达性成熟，6～7 月龄可进行初配；中型猪一般 6～7 月龄达性成熟，8～9 月龄可初配期；大型猪 7～8 月达性成熟，9～10 月龄可初配。母猪断奶后 5～7 天发情配种，发情周期一般 18～23 天。猪的世代间隔短，妊娠期平均 114 天，母猪年产 2～2.5 胎；若在生殖激素处理和超早期断奶技术处理的情况下，一年可达 3 胎，每胎总产仔数达 10 头左右，在猪的育种中可实现一年一个世代的选育进展。据报道，香猪公猪 18 日龄开始爬跨，30 日龄有精液排出，4 月龄可配种；香猪母猪初情期在 100～120 日龄，适配期 150～200 日龄，最早的 7 月龄便可分娩；太湖猪窝产活仔数平均超过 14 头，最高纪录窝产仔数达 42 头；一些北美洲国家每头母猪年断奶仔猪数（PSY）已达 35 头。

通常情况下，如果每份精液剂量有 30 亿～35 亿有效精子，1 头公猪每年可生产 1 500～1 750 份精液。配种后精子到达受精部位（输卵管壶腹部）所需的时间为 2～3 h，精子在母猪生殖器官内保持有受精能力的时间为 10～20 h。但在生产实践中，母猪发情期与适宜配种时间随母猪的品种、年龄、个体、环境卫生、饲养管理、断奶后发情时间等的不同而有所差异，一般无法掌握发情和能够接受公猪爬跨的确切时间，可采用双重配或重复配提高受胎率和产仔数。国外引进猪品种和小母猪的发情时间比较短，应早配。对中国地方猪种和壮龄母猪发情持续时间较长，配种时间可适当推后。同时，随着现代繁殖技术的发展和应用，配合加强猪的饲养管理、疾病控制等，能进一步提高排卵数、受胎率、产仔数 / 产活仔数和育成率，充分发挥母猪的繁殖潜力。

2. 生长发育快且沉积脂肪能力强

猪与牛、羊、马相比，其胚胎生长期和生后生长期最短，妊娠期：猪平均 114 天，黄牛平均 280 天，山羊平均 150 天，马平均 340 天；生后生长期：猪 36 个月，牛 45～60 个月，羊 24～56 个月，马 60 个月。猪的妊娠期短且产仔数多，初生仔猪发育不充分，初生体重小，仅占成年体重的1%。如从江香猪初生重仅0.5～0.8 kg，头所占比例大，四肢不健壮，对外界环境适应能力差，生产中需要强化对仔猪的护理。出生后的仔猪为了补偿妊娠期发育的不足，生后2个月生长发育特别快，1月龄体重可达初生体重5～6倍，2月龄体重可达初生体重10～12倍，2月龄至8月龄生长速度仍较快。按照猪精准饲养，160～170天体重可达到100～110 kg，即可上市，相当于初生体重的90～100倍。

猪的生长后期主要以沉积脂肪为主，腹脂的沉积能力特别强，板油占胴体重的7%～8%。中国地方猪种的沉积脂肪能力强于培育猪种，培育猪种又强于引进猪种。据资料显示，猪生长后期摄入1 kg淀粉可沉积脂肪365 g左右，而牛仅为248 g。掌握猪的生长发育中脂肪沉积的规律，可降低生产成本，提高经济效益。

3. 食性广且饲料转化效率高

猪的门齿、犬齿和臼齿都发达，咀嚼有力，属单胃杂食动物。猪胃的消化类型是肉食动物的简单胃和反刍动物复胃之间的中间类型，能充分利用各种动植物饲料、矿物质和添加剂，但对食物具有选择性，喜食清香味甜的食物，具有拱土采食习惯。

猪的消化道长，小肠长达22 m左右；采食量大，饲料通过消化道的时间为30～36 h；对饲料的消化利用率高，对有机物的消化率达76.7%，全期料重比可达2.2∶1，对优质青草和干草中的有机物消化率分别达到64.6%和51.2%。饲料中的粗纤维含量影响猪对饲料的消化利用率，饲料中的粗纤维靠大肠内微生物消化，一般粗纤维含量不能超过饲料量的5%。因此，生产实践中应注意精、粗饲料的搭配，保证日粮的全价性和易消化性。中国地方猪种耐粗饲料能力强，东北民猪在日粮中含粗纤维9.13%的情况下，能消化17.93%的粗纤维，而长白猪和大白猪仅7.94%。

4. 分布广且适应性强

猪对自然条件和饲养管理条件的适应性强，是世界上分布最广、数量最多的家畜之一，除因社会习俗等原因而禁止养猪的区域外，凡有人类生存的地方都可养猪。从家畜的生态适应性看，主要表现为对气候、饲料、饲养方法和方式的适应。早熟高产猪品种一般分布在发达的高产农业区，如太湖猪、约克夏猪等。晚熟低产猪品种一般分布在非农业区或不发达的农业区，如藏猪等。小型腌肉型和脂用型猪品种一般分布于热带、亚热带和暖温带的农业区，大型瘦肉型猪多分布在寒冷的农业区，如长白猪等。但是，猪如果遇到不适生存环境时，如剪齿、剪尾、去势、断奶、转群、免疫、饲料、臭味、潮湿等，会出现一定应激反应。如果持续承受极端应激，应激反应初期，患猪肌肉和尾巴震颤、呼吸困难、体温迅速升高、黏膜发绀；后期肌肉显著僵硬、站立困难、眼球突出、高热、呈休克状态；应激反应最严重的，见不到任何症状会突然死亡。

5. 仔猪怕冷而大猪怕热

猪的汗腺退化，皮下脂肪层比其他家畜厚，阻止体热散发，有保温的作用。刚出生仔猪皮下脂肪薄且含量很低，表现出怕冷不怕热的特点。随着猪的生长，皮下脂肪量逐渐增加增厚，特别是成年猪以沉积脂肪为主，拥有良好的皮下脂肪，大猪表现出怕热不怕冷的特点。新生仔猪等热区为36～37.7℃，哺乳仔猪为30.3～36℃，断奶仔猪为26.3～32℃，育肥猪为16.2～24.7℃，妊娠母猪为16.2～27.5℃，哺乳母猪为16.2～24.7℃，种公猪为

16.2～27.5℃。当外界温度超过猪的等热区温度上限时，猪的散热受阻，导致体内蓄热而致体温升高，呼吸与循环加速，采食量减少；生长猪生长速度下降，饲料转化率降低；公猪性欲差，精液品质下降；母猪不发情或发情异常。当外界温度低于猪等热区温度下限时，猪的采食量增加，增重减缓，出现打战、挤堆，甚至死亡。因此，在生产实践中，应给仔猪加装保温箱、保温灯、电热板等设施，防止仔猪受冷；应给大猪舍加装风机、风扇、雨帘、喷淋系统等设施，防止热应激。

6. 嗅觉、听觉灵敏而视觉不发达

猪的鼻子嗅区广阔、嗅黏膜的绒毛面积大、嗅神经密集、嗅觉发达，仔猪出生后 2 h 就能鉴别气味寻找乳头和埋藏的食物、识别群内个体和圈舍及卧位。仔猪在出生后 3 天内就能固定乳头，生产实践中可在 3 天内按仔猪强弱固定乳头或寄养。灵敏的嗅觉对保持公母之间、母仔之间的联系有重要作用，母猪发情时，闻到公猪特有的气味，即使公猪不在场，也会发生静立反射。公猪也能敏锐地闻到母猪发情的气味，即使距离很远，也能准确地辨别母猪所在方位。由于嗅觉灵敏，猪对混入本群的猪只能很快识别，同群猪会对混入猪只进行驱赶，甚至打架、撕咬或咬死而导致损失。因此，生产中应采取措施防止并群而引起咬伤或咬死的情况发生。

猪的耳形大，外耳腔深而广，听觉分析器完善，听觉灵敏。仔猪出生 2 小时就对声音有反应，2 月龄就能分辨不同声音刺激物，4 月龄能鉴别声音的强度、声调和节律，生产中可利用声音刺激来建立猪的条件反射。现代养猪业中，采用全群同时给料装置来防止猪群起而望食，发出饥饿的叫声。因此，养猪过程中应尽量避免异响或突然的声响，保持猪群安静，有利于猪的生长发育。

猪的视觉不发达，视距、视野范围小，对光线刺激反应慢，不能精确分辨光的强弱和物形，分辨颜色的能力差。生产中利用这一特点实施人工授精。

7. 喜清洁易调教

猪是一种爱好清洁的动物，喜欢在干燥的地方躺卧，不在采食、睡眠或躺卧的地方排粪尿，选择在墙角潮湿有粪尿气味的位置排泄，即使在很有限的区域，仍会本能地预留出躺卧区和排泄区。但若猪群密度过大或圈舍（栏）过小，其喜清洁的习惯无法得到好的表现。如果圈舍设计合理，管理得当，可使猪养成定点采食、趴卧、排泄的三点定位习惯。同时，猪属平衡灵活的神经类型畜种，易于调教，可通过短期训练来建立条件反射。

8. 群居漫游且位次明显

猪喜群居，同群猪中不论群体大小，都会按体质强弱建立明显的和睦相处次序。不同猪群混合会互相撕咬、分群躺卧，强者取得优势地位，几天后才能形成一个有序群体。但若猪群过大，就难以建立有效的群体位次，相互争斗频繁，影响采食、休息和生产性能。

二、猪的行为学特性

1. 采食行为

猪的鼻子发达，生来就有拱土觅食的行为特点，如放养猪通过供土获得食物。猪的采食具有竞争性，喂料时猪都力图利用前肢踩踏食槽，头部下蹭上拱，便于占据有利的采食位置；个别猪甚至钻进饲槽，占据一角，以吻突沿着饲槽拱动。猪的采食具有选择性，喜食甜食。群饲的猪比单饲的猪吃得快吃得多，增重快。颗粒料与粉料相比，喜食颗粒料；干料与湿料相比，喜食湿料。

猪的采食和饮水多为同时进行。白天采食 6～8 次，比夜间多 1～3 次，每次采食 10～20 min。仔猪饮水量为干料的 2～3 倍，成年猪饮水量与饲料组成和环境温湿度密切相关。

2. 排泄行为

家猪继承了野猪不在吃睡的地方排粪尿的习惯，固定排粪尿位置，能保持其躺卧、吃料位置干净。猪多在起卧时选择阴暗潮湿或污浊的角落排粪尿。生长猪吃饱食物后约 5 分钟左右开始排粪尿，多为先排粪后排尿，饲喂前多先排尿后排粪。在两次饲喂间隔期内多为排尿而很少排粪，夜间一般排粪 2～3 次，早晨的排泄量最大。

3. 群居行为

猪群居行为是指猪群中个体之间发生的各种交互作用。群居猪群表现出更多的身体接触和信息传递。在无猪舍的情况下，猪能自找固定地方居住，表现出定居漫游的习性。猪有合群习性，也有竞争习性，猪群越大，强欺弱、大欺小和欺生的好斗现象越突出。同窝仔猪合群性好，彼此散开且距离不远，若受到意外惊吓会立即聚集一堆，或成群逃走；仔猪同其母猪或同窝仔猪离散后不到几分钟，就出现极度活动、大声嘶叫、频频排粪排尿。猪的群居具有明显的等级划分，且仔猪出生后吸乳 3～5 次即可初步形成，表现出体重大、体质强的仔猪获得最优的乳头位置，经过 2～3 天就会建立起明显的位次关系。

4. 争斗行为

争斗行为是同一物种成员之间的威胁、攻击防御、缓和或回避的行为。仔猪出生后几小时内，为争夺母猪前端乳头会出现争斗行为。陌生猪只混入不同猪群时，将出现“群殴”现象，导致死亡。猪群密度越大，群内咬斗次数和强度增加，造成猪群吃料攻击行为增加，降低采食量而影响生产性能。不同群体的猪合群时，主要通过争斗来产生新的群居位次；群居构成后，才会发生争食和争地盘的争斗。环境通风不良、营养缺乏、饲养密度过大等均为互咬的原因。

5. 性行为

性行为包括发情、求偶和交配行为。公猪性行为受发情母猪释放的性激素支配。正常情况下公猪 6～9 月龄时，要与母猪适当接触，接受来自母猪的性信息，有利于公猪雄性特性的正常发育；后备公猪应尽可能长时间群养，有利于公猪的爬跨行为形成和进行人工采精训练。母猪发情期与公猪的接触有利于准确鉴定其发情状态。

发情母猪主要表现为食欲忽高忽低、起卧不安、打圈、前肢爬围樯（栏）、爬跨同群母猪、发出特有的音调声和有节律的哼哼声、排尿频繁、压其背腰部出现静立反射。公猪接触母猪，特别是发情母猪，会追逐并嗅其体侧肋部和外阴部，拱动母猪臀部，口吐白沫，发出连续的、柔和而有节律的喉音哼声，即为“求偶歌声”，出现有节奏的排尿。

6. 母性行为

母性行为属于一种本能行为，主要表现为做窝、哺乳、抚育及分娩前后的一系列对幼崽的关爱和保护行为，受到激素和神经系统的调控。母猪临近分娩时，通常以衔草絮窝的形式表现出来，如果栏内是水泥地而无垫草，则用蹄子刨地来表示。分娩前 24 h，母猪表现为神情不安、排尿频繁、磨牙、摇尾、拱地、时起时卧、不断改变姿势。分娩时多采用侧卧，选择最安静的时间分娩，多在夜间。整个分娩过程中，母猪自始至终都处在放奶状态，四肢伸直亮开乳头，发出哄仔猪吮乳的“哼哼”音，以左倒卧或右倒卧姿势让初生仔猪吃乳。

母仔之间通过嗅觉、听觉和视觉来相互识别联络。母猪在行走、躺卧时十分谨慎，不踩伤、压伤仔猪。母猪躺卧时，会用嘴将仔猪赶出卧位才慢慢躺下，以防压住仔猪，一旦遇到仔猪被压发出尖叫声则马上站起。面对外来的侵犯，带仔母猪先发出报警的吼声，仔猪闻声逃窜或伏地不动，母猪会张合上下颌对侵犯者发出威吓，甚至进行攻击；刚分娩的母猪，即使是饲养人员捉拿仔猪，也会表现出强烈的攻击行为。地方猪种母性行为表现尤为明显，高度选育的瘦肉型猪种母性行为有所减弱。

7. 活动与睡眠

猪的活动与睡眠有明显的昼夜节律，多在白天活动、夜间睡眠，温暖天气下的活动量高于阴冷天气。种猪昼夜休息时间平均为 70%、母猪为 80% ~ 85%、仔猪为 60% ~ 70%、肥育猪为 70% ~ 85%；猪的休息高峰在半夜，清晨 8 时左右休息最少。哺乳母猪随哺乳天数的增加而睡卧时间逐渐减少，走动次数也由少到多，时间由短到长。哺乳母猪睡卧休息分为静卧和熟睡，静卧姿势多为侧卧少为伏卧，呼吸轻而均匀，虽闭眼但易惊醒；熟睡为侧卧，呼吸深长，有鼾声且常有皮毛抖动，不易惊醒。仔猪出生后 3 天内，除吸乳和排泄外，几乎全是甜睡不动，随日龄增长和体质的增强活动量逐渐增多。仔猪活动与睡眠一般都尾随效仿母猪，出生后 10 天左右便开始与同窝仔猪群体活动，单独活动很少，睡眠休息主要表现为群体睡卧。

8. 后效行为

后效行为是猪生后对新鲜事物的熟悉而逐渐建立起来的，也称为条件反射行为，如学会识别某些事物和听从人们指挥的行为等。猪对吃、喝的记忆力强，对饲喂有关工具、饲槽、饮水槽及其方位等易建立起条件反射，如以笛声或铃声作为每天定点定时饲喂的信号，训练几次即可到指定地点吃食。在生产实践中，经常利用猪的后效行为对猪加以训练，以适应现代养猪生产的要求。

第二节　猪的类型和品种

猪的品种是根据人类的需求，在一定的社会和自然条件下，通过选择、选配而培育出来的，具备某种经济特点并有一定数量的猪的类群。这些类群具有共同的来源，相似的经济特性、外形特征和生理特点以及相对稳定的遗传性。猪的品种可以根据不同的方法划分成不同的类型，如根据猪胴体中瘦肉和脂肪的含量划分成不同的经济类型，或者根据猪种的来源划分成中国地方猪种、引入品种或培育品种。

一、猪的经济类型

猪的经济类型是根据不同猪种肉脂生产的能力和外形特点，按胴体的经济用途分为腌肉型、脂肪型和介于二者之间的兼用型。经济类型的形成，是消费者对猪肉产品的需要，猪种所在地区主要饲料种类和品质，以及育种者选育方向这三个因素的结果。

1. 腌肉型（瘦肉型）

这种类型猪的生产方向以腌肉用为主。其外形特点：头颈轻而肥腮小，中躯较长，腿臀丰满，背线与腹线平直，体长往往大于胸围 15 ~ 20 cm 以上，流线型体躯。一般体型较大而晚熟，对饲料蛋白质的利用率较高。背膘薄且全身分布差异较小，一般厚度为 1.5 ~ 3.5 cm。胸腹肌肉发达，皮下脂肪多为硬质或半硬质。以胴体为基础的瘦肉比率较高，达 55% 以上。丹麦的长白猪、英国的大约克夏均属此类型。

2. 脂肪型

这种类型猪的胴体以产脂肪为主。其外形特点：头颈粗重，体躯宽广，深而不长，猪体肥满，四肢较短，体长与胸围之差不超过 5 cm；一般为中小体型，早熟，产仔数较少；胴体背膘厚达 5 cm 以上，利用糖类转化为体脂能力强。过去常以巴克夏、波中猪为这类猪的代表类型。近年来由于国际市场对动物脂肪的需要量急剧减少，对瘦肉的需要量不断增加，为适应这一要求，不少地区对原有脂肪型猪种进行了改良，也使之逐步形成兼用型或腌用型猪品种。因此，目前典型的脂肪型猪种在国内外都比较少。

3. 兼用型猪

这种类型猪以鲜肉用为主，是介于腌肉型和脂肪型之间的类型。体形、胴体肥瘦度和饲料转化效率都介于脂用型与瘦肉型之间，一般胴体瘦肉率在 45% ~ 55%。苏白猪为典型代表，英国的中约克夏和我国大多数地方猪种均属此类型。

二、中国地方品种猪类型及代表性品种

中国地方品种猪具有繁殖力高、抗逆性好、肉质优良等特性，但生长缓慢、早熟易肥、胴体瘦肉率低。中国地方猪种资源丰富，2021 年 1 月农业农村部发布《国家畜禽遗传资源目录》收录我国地方品种猪 83 个，按其体型外貌特征和生产性能，结合其起源、地理分布和饲养管理特点，当地的农业生产情况，自然条件和移民等社会因素，我国地方猪种大致可分为以下六大类型。

1. 华北型

主要分布在秦岭 – 黄河以北，包括东北、华北等广大地区。其外形特点：体躯高大，体质健壮，骨骼发达，毛色多为黑色，偶尔在末端出现白斑；头较平直，嘴筒长，便于掘地觅食，耳大下垂，额部多横行纹，背狭而长直，四肢粗壮。华北型猪抗寒能力强，毛长而密，鬃毛粗长，冬季密生棕色绒毛，繁殖性能良好。东北的民猪、西北的八眉猪、黄淮海黑猪、汉江黑猪均属此型。

民猪产于东北三省，繁殖力高，发情明显，适应性强，能耐受严寒气候，具有较强的

耐粗饲性能，肉质优良；但饲料利用率低，后腿微弯，皮过厚。在杂交利用方面，民猪与其他猪种杂交培育形成了新金猪、吉林花猪、哈白猪、三江白猪等培育品种。

2. 华南型

主要分布在我国云南省、广西壮族自治区、广东省南部地区及福建省、台湾省山区等热带和亚热带地区。这些地区偏重选育成熟早、脂肪型的小型猪种。此类猪个体较小，体型呈现“矮、短、圆、肥、宽”的典型特征，背多凹陷，腹大下垂，臀腿较丰圆；皮薄，毛色多为黑白花，在头、臀部多为黑色，腹部多白色；早熟，易肥，体质疏松，繁殖力相对较低。广东小耳花猪、广西陆川猪、贵州香猪、台湾桃园猪等均属此型。

贵州香猪产于贵州苗族地区和广西西部少数民族地区。其品种特征为全身黑色，皮色浅红，耳小半下垂，腹大，凹背，嘴尖细，个体较小，肉质香嫩，特别适合制作烤乳猪，亦是开发实验动物的优良材料。

3. 华中型

主要分布于长江和珠江之间的广大地区。体型基本与华南型猪相似，但较华南型猪大，背腰下凹，腹大下垂，圆桶型体型，体质疏松，骨骼纤细，性情温顺；被毛稀疏，毛色黑白花，毛色为“两头乌”（头尾多为黑色）；头较小，耳较大而下垂，额部横纹较明显。产仔数为 10 ~ 13 头，生长相对较快，经济成熟期早，肉质细嫩，瘦肉率低。浙江金华猪、湖南宁乡猪、湖北通城猪和监利猪等属此型。我国著名的瘦肉型猪培育品种湖北白猪Ⅲ、Ⅳ系就是利用大白猪、长白猪和通城猪经过杂交育成的。

浙江金华猪原产于浙江省金华市东阳市，分布于浙江省义乌市、金华市等地，又称为两头乌猪、金华两头乌猪，以肉质好、适宜腌制火腿和腊肉而著称。体型中等偏小，耳中等大；下垂不超过嘴，颈粗短，背微凹，腹大微下垂，臀部倾斜，四肢细短，蹄坚实呈玉色，皮薄、毛疏、骨细。毛色中间白两头乌。按头型分大、中、小三型。腿臀占全身的 30.9%，瘦肉率为 43.4%。

4. 江海型（过渡型）

主要分布于汉江、长江中下游和沿海平原地区，以及秦岭和大巴山之间的汉中盆地。江海型猪以繁殖力高著称，经产母猪一般产仔数在 13 头以上，乳头 8 对以上，性成熟早，积累脂肪能力较强，增重亦较快，利用年限长。毛色主要为黑色，骨粗壮，皮厚而松，有皱褶，耳大下垂，有菱形或寿形皱纹。太湖流域的太湖猪、二花脸猪、梅山猪和江苏的姜曲海猪均属此类型。

太湖猪以繁殖力高著称，是世界上产仔数最多的地方猪种。由于太湖猪的高繁殖性能，目前国内新培育的母本品系较多利用太湖猪做杂交亲本。以太湖猪为母本、大白猪为父本杂交的后代生长较快，个体较大和耐粗饲性能较好。

5. 西南型

西南型猪分布在云贵高原和四川盆地。其特点为头大，腿较粗短，额部多有旋毛或横行皱纹，毛以全黑和“六白”较多，也有黑白花和红毛猪；背腰宽而凹，腹大略下垂；产仔数一般为 8 ~ 10 头，育肥能力较强，背膘较厚，屠宰率低，脂肪多。四川的内江猪和荣昌猪等均属此类型。

荣昌猪产于重庆市荣昌区和四川省隆昌市，体型较大，发育匀称，背腰微凹，腹大而深，臀部稍倾斜，四肢细致、坚实。被毛除眼周外均为白色，是中国地方猪种中少有的白色猪种之一，也有少数在尾根及体躯出现黑斑或全白的。荣昌猪的鬃质优良，以洁白光泽、刚韧质优的鬃毛载誉国内外。

6. 高原型

主要分布于青藏高原。由于高原地势高，气候干寒，饲料较缺乏，故多为放牧采食为主。高原猪属小型晚熟种，长期放牧奔走，因而体型紧凑，四肢发达，蹄小结实，嘴尖长而直，耳小而直立，背窄微弓，腹紧，臀倾斜；皮相对较厚，毛密长，鬃毛发达，并有绒毛；产仔数多为5～6头，乳头一般5对，繁殖力低，生长慢，抗逆性强，放牧性能极好；屠宰率不高，但胴体中瘦肉较多，且肉质细嫩，制成腊肉，味鲜美。青藏高原的藏猪、甘肃的合作猪均属此类型。

藏猪主产于青藏高原，是世界上少有的高原型猪种，体躯较短，胸较狭，背腰平直或微弯，腹线较平，后躯较前驱高，臀部倾斜，四肢紧凑结实，蹄质坚实直立；鬃毛长而密，每头可产鬃93～250 g，被毛黑色居多，部分初生仔猪有棕黄色纵行条纹。虽然藏猪繁殖力低，生长发育较缓慢，但能适应恶劣的高寒气候、终年放牧和低劣的饲养管理条件。

三、引入品种

目前对中国养猪生产影响较大的引入品种主要有大白猪、长白猪、杜洛克猪、皮特兰猪、汉普夏猪、巴克夏猪，与中国地方品种猪相比，这些引入品种具有以下特点：生长速度快，屠宰率和胴体瘦肉率高；繁殖性能近年来得到显著提升；抗逆性较差，对饲养管理条件、营养水平要求较高；肉质欠佳，主要是肌内脂肪含量较低，肉风味较差，有的品种易发生PSE肉、DFD肉。

1. 大白猪（Large White）

大白猪是世界上分布最广的猪品种，原产于英国，在美国和加拿大等国家称为大约克猪（Large Yorkshire）。大白猪体型高大，耳大竖立，被毛全白，但允许眼角周围皮肤有少量青斑，背腰、腹线平直，后躯充实，前躯发育较好，平均乳头数7对。在性能特征上，大白猪生长速度很快，饲料利用率高，胴体瘦肉率高，适应性强，但肉质性状一般。另外，大白猪产仔数多并具有良好的母性，因此常用作母本。

在杂交利用方面，大白猪作为杂交的母本、中间父本或父本，都获得了很好的效果。在我国常用大白猪作母本或中间父本，然后再与杜洛克公猪杂交，如杜 × 长大（或杜 × 大长），所生产的商品猪规格一致，体型好。大白猪也广泛用作终端父本，如与我国培育猪种如哈白猪、上海白猪杂交生产商品猪，以及用于我国地方猪的杂交改良。

2. 长白猪（Landrace）

长白猪原产于丹麦，毛色全白，外形呈流线型，嘴筒直长，耳稍大而前倾。其显著优点为体躯长，腿臀部肌肉发达，眼肌面积大，因此长白猪的瘦肉率很高。另外，长白猪也以优良的繁殖力性能著称。但长白猪也有四肢较细弱，适应炎热气候能力稍差的缺点，肉质一般。

在杂交利用方面，长白猪与我国地方猪均有较好的配合力，在我国猪的品种改良和杂交利用中发挥了重要作用。如我国培育的瘦肉型品种三江白猪和湖北白猪，均含有较高的长白猪血缘。

3. 杜洛克猪（Duroc）

杜洛克猪原产于美国。其毛色特征为全身被毛棕红色，有少数为棕黄和浅棕色，个别皮肤上有小的黑色斑点。耳中等大小，耳根稍立，中部下垂而略向前倾。杜洛克猪体型高大，肌肉丰满，后躯肌肉发达，四肢骨骼粗壮结实。

杜洛克猪的主要特点是生长速度快，饲料利用率高，肉质较好，适应性强，但繁殖性能较差。在杂交利用方面，杜洛克猪与我国猪种均有良好的配合力，特别适合作终端父本。如我国“六五”期间筛选出的“杜湖”“杜三”“杜浙”“杜上”等优良组合，育肥性状和繁殖性状的杂交优势明显，胴体品质好，取得了良好的杂交效果。与外来品种杂交生产的“杜长大”也有很好的杂交效果，深受市场欢迎。

4. 皮特兰猪（Pietriean）

皮特兰猪原产于比利时。毛色为白色和大块的黑斑，体格较小但矮壮而结实。皮特兰猪后躯特别发达丰满，眼肌面积很大，是世界上瘦肉率最高的猪种。但肉质欠佳，肌纤维较粗，在转群、运输或配种时易猝死，表现出应激敏感综合征（porcine stress syndrome，PSS）；屠宰后很容易产生苍白、松软和切面渗水（pale，soft，exduative，PSE）的劣质肉。皮特兰猪常作为杂交利用的终端父本，与应激抵抗的母本品种杂交生产商品猪，从而生产出瘦肉率高的胴体，但不表现出 PSE 肉的特征。

5. 汉普夏猪（Hampshire）

汉普夏猪原产于美国肯塔基州布奥尼地区，是由薄皮猪和白肩猪杂交选育而成，原属脂肪型品种，20 世纪 50 年代后逐渐向瘦肉型分析发展，成为世界著名的瘦肉型品种。体貌特征为被毛有一白色环带且均匀，宽度不超过体躯的 1/3；直立耳，体躯较长。生长快，瘦肉率较高；母性好，体质强健，但是繁殖力低；适应性差，肌肉品质差。常用作终端父本。

6. 巴克夏猪（Berkshire）

巴克夏猪原产于英国，全身黑毛，“六斑白”，立耳，原来是红色和沙色，有斑点；耐粗饲性能好，结实，胴体品质优秀，肌肉品质好且呈大理石状花纹。适应力强，生长快，早熟。繁殖力偏低，生产中用作父本。

四、培育品种

为了充分利用中国地方品种猪繁殖力高、抗逆性强、肉质好的优良种质特性，改进其生长性状和胴体性状所存在的不足之处，我国利用地方品种和引入品种两类遗传资源已经杂交育成了多个新品种或配套系。截至 2021 年 1 月，《国家畜禽遗传资源目录》收录了我国培育品种（含家猪与野猪杂交后代）及配套系 39 个（具体目录见表 5-1）。培育品种与中国地方猪种相比体格较大，继承了地方猪种的许多优良种质特征，同时在生长和胴体性状方面较地方猪种有较大的改良；由于育成时间短，专门化选育的程度不及引入品种，存在群体规模小、遗传性不够稳定、外形整齐度差、后躯发育不理想、腹围较大的缺点。

表 5-1 《国家畜禽遗传资源名录》培育品种（含家猪与野猪杂交后代）及配套系

新淮猪	山西黑猪	光明猪配套系	大河乌猪	鲁烟白猪
上海白猪	三江白猪	深农猪配套系	中育猪配套系	鲁农 I 号猪配套系
北京黑猪	湖北白猪	军牧 1 号白猪	华农温氏 I 号猪配套系	渝荣 I 号猪配套系
伊犁白猪	浙江中白猪	苏太猪	鲁莱黑猪	豫南黑猪
汉中白猪	南昌白猪	冀合白猪配套系	滇撒猪	滇陆猪
松辽黑猪	苏姜猪	吉神黑猪	湘村黑猪	江泉白猪配套系
苏淮猪	川藏黑猪	苏山猪	龙宝 1 号猪	温氏 WS501 猪配套系
天府肉猪	晋汾白猪	宣和猪	湘沙猪	

1. 三江白猪

三江白猪以民猪为母本、与长白猪级进杂交育成，是 1983 年黑龙江省育成的瘦肉型新品种，是我国第一个自行培育瘦肉型猪品种。三江白猪具有瘦肉型猪的体躯结构，头轻嘴直，耳下垂；背腰宽平，腿臀丰满，四肢粗壮，蹄质坚实；被毛全白，毛丛稍密。三江白猪继承了亲本民猪繁殖性能优点，性成熟早，发情明显，产仔数较多；肉质良好，无 PSE 肉，大理石纹丰富且分布均匀，抗逆性好。常作为商品肉猪生产的主要亲体。

2. 湖北白猪

湖北白猪是 1986 年湖北省育成的瘦肉型新品种，以通城猪、荣昌猪、长白猪和大白猪为杂交亲本选育而成。湖北白猪具有典型的瘦肉型猪体型，体格较大，被毛全白，允许耳部有暗斑，头轻而直长，两耳前倾或稍下垂，颈肩部结合良好，背腰平直，中躯较长，腹小，有效乳头为 12 个；繁殖性能良好，胴体瘦肉率较高，适应性好，对高温、湿冷的耐受能力强，具有地方品种的耐粗饲性能。湖北白猪作为母本品种，与杜洛克等品种有很好的配合力，是生产商品瘦肉猪的优良母本，为中国肉用出口活猪的生产和发展发挥了重要作用。

3. 苏太猪

苏太猪是江苏省 1999 年育成的瘦肉型新品种，采用二元育成杂交法，由太湖猪和杜洛克猪杂交选育而成。苏太猪全身被毛黑色，耳中等大小向前下方垂，头面有清晰皱纹，嘴中等长而直，四肢结实，背腰平直，腹小，后躯丰满，具有明显的瘦肉型猪特征；生产性能继承了亲本太湖猪繁殖力高的特性，母性好，乳头数多，泌乳力强，发情明显；具有地方品种耐粗饲性能，生长发育快，肉质优良，无 PSE 肉，肉色鲜红，细嫩多汁，口味鲜美，肌内脂肪含量 3% 以上。苏太猪是理想的杂交母本之一，与大白猪和长白猪的杂交配合力高，是目前生产瘦肉型商品猪的优良母本之一，适合于集约化中小型规模养猪和广大农村的农户养猪。

第三节　种猪生产

种猪（包括公、母）是养猪业的基本生产资料，饲养种猪的目的是获得量多质优的仔猪。种猪生产是养猪生产的关键环节，种猪生产的水平（或繁殖效率），不仅以母猪的年生产力（即母猪每年所生产的断奶仔猪数）来衡量，而且要以提高种猪利用年限为目标。因此，养好种猪是提高养猪水平和经济效益的首要环节。

一、种公猪的饲养管理

种公猪在猪群中所占的比例虽然小，但公猪的好坏，对猪群的影响却很大。正如谚语所说："母猪好，好一窝，公猪好，好一坡"。在本交的情况下，一头公猪可负担 20 ~ 30 头母猪的配种任务，一年可繁殖 500 ~ 600 头仔猪；采用人工授精，一头公猪可繁殖仔猪万头左右。因此，种公猪的选育、利用和饲养管理，对提高猪群质量是十分重要。

1. 对种公猪的基本要求

种公猪首先要体质健壮，保持种用体况即中等膘度，不肥不瘦。其次具有优良的体型外貌：品种特征明显，肢蹄强健，后躯丰满，有效乳头数 6 对以上，睾丸大小均匀，无遗传缺陷。第三是精力充沛，性欲旺盛，配种能力强，特别是精液品质好，精子密度大，活力强。

2. 种公猪的营养

营养是维持种公猪生命活动，产生精子，保持旺盛配种能力，提高种用年限的物质基础。一般情况下，降低营养水平会降低精液总量，但对精子活力、精子浓度和异常精子比例等指标影响不明显。而在配种频率高，配种任务重时，日粮蛋白质水平不足就会影响精子产量；提高日粮赖氨酸，特别是蛋氨酸水平能增加精子产量。下面是种公猪日粮的安全临界水平：

蛋白质	13%	赖氨酸	0.60%
钙	0.95%	磷	0.80%

营养供应以保持种公猪中上膘情的种用体况为宜，避免以过高的营养水平来饲喂。但种公猪的营养中，要特别强调钙和磷的水平。一些研究者指出，日粮含有 1% 的钙和 0.8% 的磷时，后备种公猪的生长性能最好，但要骨骼强度达到最佳的状况，钙和磷应分别提高到 1.25% 和 1%。

种公猪（尤其是瘦肉型的种公猪）日粮体积不宜过大，因此应适当控制粗纤维含量高的原料的用量。从日粮组成来说，种公猪的口粮中必须给予优质适量的蛋白质饲料，供应一部分动物蛋白质饲料（如优质鱼粉等）对种公猪是有利的。另外，不能使用含有有毒、有害成分的原料如棉籽饼 / 粕和菜籽饼 / 粕等，或发霉、变质的原料。

3. 种公猪的管理

① 饲养密度：正在使用的种公猪一定要单栏饲养，每栏面积 6 ~ 8 m^2；没有进入配种的后备公猪可一栏 2 头。

② 加强运动：加强运动可促进血液循环，增强体质，促进食欲，强健四肢，提高繁殖机能。运动不足会导致种公猪贪睡，肥胖，性欲低下，肢蹄病多，影响配种效果。

③ 刷拭和修蹄：每天定时刷拭可使猪皮肤清洁，促进血液循环，而且可使种公猪变得温顺，便于管理和配种。夏天经常给种公猪冲洗可减少皮肤病和外寄生虫。蹄形不正或蹄甲过长时应及时修剪，防止配种时刺伤母猪。

④ 定期称重和检查精液：正在生长发育的种公猪，要求体重逐月增加但不宜过肥，成年种公猪体重应无太大的变化，但需经常保持中上等膘情。实行人工授精的种公猪，每次采精都要检查精液品质，如采用本交，在配种季节最好 10 天检查 1 次，根据精液品质的好坏，调整运动和配种次数，这是保证种公猪健壮和提高受胎率的重要措施之一。

⑤ 防止高温环境对种公猪造成不利影响：高温使种公猪精液中精子数量下降，畸形精子数量增加，受精力降低，这种现象的临界温度是 29℃。种公猪在 34～35℃的高温持续 72 h，其繁殖力就会受到严重影响。因此，在夏季采取有效的降温措施，保证种公猪舍应通风良好，饮水充足，夏季经常给种公猪冲凉降温等，是提高种公猪繁殖力的重要手段。

4. 种公猪的合理利用

种公猪的合理利用主要应注意适宜的初配年龄和体重。一般我国地方猪种性成熟早于国外引入品种和培育品种，初配年龄为 8～10 月龄，体重达 60～80 kg；引入品种和培育品种以 10～12 月龄，体重 90～120 kg 为宜。过早使用会影响种公猪本身的生长发育，缩短种公猪的利用年限；但初配年龄或体重过大时，也会引起种公猪性欲减退，失去配种能力。

种公猪应保持合理的使用强度。根据年龄而有所不同，最大使用强度，对于 8～12 月龄的种公猪来说是每天 1 次，每周 5 次；12 月龄以上每天 2 次，每周 8 次；成年种公猪，每天 2 次，每周 12 次。应注意保证每周至少让种公猪休息 1 天。

二、母猪的发情与配种

发情鉴定和适时配种是提高受胎率和产仔数的关键措施之一。

1. 发情周期和发情持续期

母猪第一次出现排卵称为初情期，这标志着母猪的性成熟。性成熟并不意味着可以立即配种，这是因为第一次发情时排卵数目少，身体其他器官和组织的发育也未达到成熟。因此一般应在第二或第三次发情时配种，这是提高第一胎母猪产仔数的重要措施之一。

母猪达到性成熟后，即会出现固有的性周期，亦称发情周期。通常把上次发情到下次发情的间隔成为发情周期，母猪的发情周期平均为 21 d。发情持续期是指从发情征状出现到消失的持续时间，一般为 2.5～5 d，随猪的品种和年龄不同而变化。一般国外引入品种发情持续期短，而地方品种较长；同一品种小母猪发情持续期长而经产母猪较短。

2. 母猪的发情鉴定

及时而正确地识别母猪发情是掌握适配期配种的重要技术环节。母猪发情的鉴别有许多方法。

① 外部观察法：母猪发情时会出现许多症状，一般表现为：精神兴奋不安，对周围环境反应敏感；食欲减退或停止采食；睡卧减少，而站立、走动和排尿次数增多；发出尖锐的叫声；爬栏跳圈，如爬跨同栏母猪，或接受其他猪爬跨；外阴红肿，有黏液流出。这些特征变化，不同猪种间有较大差异，一般地方品种发情表现十分明显，主要采用此法。而长白、大约克等引入猪种往往表现不明显或不典型。这正是生产上存在引入猪种配种难的问题。

② 公猪试情法：每天早晚用试情公猪与发情母猪试配，根据接受公猪爬跨的安定程度来判断母猪发情与否和发情期的早晚。此法鉴别准确率高，但工作量大。国外普遍采用愿意接受公猪爬跨作为母猪发情开始的起点来掌握配种的方法，可取得较高的受胎率。

③ 压背法：用手按压母猪背部或后躯，母猪站立不动，呈静立反射，表示母猪发情已到盛期，也是配种的适宜时间。

④ 黏液判断法：长白和大约克母猪在发情期，外阴部的黏液量和质地有明显的规律性变化。休情期，外阴黏膜干燥，较苍白，无光泽，阴唇较松弛。发情初期，外阴黏膜有光泽，有湿润感，但黏液量少而稀薄，阴唇有轻微充血；发情盛期黏液增多而变稠，手感有黏性，手指开合有弹性，可拉成丝。

3. 适时配种

母猪适时配种是提高受精率的技术关键。母猪发情持续时间一般为 2～3 天（以接受公猪爬跨持续时间衡量），分为前、中、后期。母猪排卵的时间多在发情的中、后期。发情期内平均排卵数 20 个左右，但这些卵子并不是同时排出，而是有规律的在一定持续的时间内陆续排出。母猪的排卵时间可持续 10～15 h。卵子的排出并非均衡的，排卵的高峰期约在发情后 24～36 h，故配种一般不早于发情后 24 小时。

配种后，精子要经过 2～3 h 的游动才能到达输卵管的上端与卵子结合、受精。据此推算，配种的适宜时间应是在母猪排卵前的 2～3 h。配种过早或过迟，都会使受精机会减少。为提高受精率和产仔数，最好一个发情期内配种或输精两次，这样会使母猪在同一发情期内先排和后排的卵都有受精机会。一般在第一次配种后间隔 12 h 再进行第二次配种。在育种场为保证血缘稳定，在一个发情期内用同一头公猪先后配种两次；在商品猪场也可利用双重配种的方式，即在母猪的一个发情周期内用两头不同的公猪先后配两次（或用不同的精液输精两次）。

但在实际生产中，发情的准确时间不易掌握，此外，品种、年龄和个体间也有差异。一般认为小母猪发情持续时间较长，老年母猪较短。故传统的“老配早、小配晚，不老不小配中间”的说法也是有道理的，即老龄母猪发情宜早配，小母猪发情宜晚配。

配种时还应注意有专门的场地。配种前用 0.1% 的高锰酸钾溶液清洗母猪外阴、肛门和臀部，以及公猪包皮周围和阴茎，可以减少母猪阴道和子宫感染，减少死胎和流产。在夏季配种时要注意降温，配种时间最好在清晨或晚间，以提高受胎率。配种后要做好记录。

三、后备母猪的饲养管理

后备母猪的饲养不仅要满足生长的营养需要，而且要为其后的繁殖进行营养储备。因此，后备母猪的饲养划分为生长阶段和配种前的准备阶段，进行分阶段饲养。

后备母猪在生长期应采用自由采食的方式饲喂优质日料，以保证后备猪身体和生殖系统的充分发育。当小母猪达到 150 日龄左右，进入后备母猪群后，应适当限制饲养，以促进后备母猪阶段肌肉持续增长和控制脂肪过度沉积，延长母猪的种用年限。

激发性饲养（又称短期优饲）是指受限饲法饲养的后备母猪，在配种前 10 ~ 14 d 内，将其饲料供应量增加约 1 kg，以促进后备母猪的发情和排卵。配种的当天小母猪的喂料量立即恢复到平常的用量。

为了最大限度增大后备母猪骨骼中矿物质的储备，日粮中钙、磷水平应该比生长育肥日粮高 0.1%。此外，较高的日粮铜、锌、硒和维生素 E 摄入量和机体内的潴留量，均有利于以后母猪的繁殖性能和预防泌乳期疾病的发生。

后备母猪断奶后应与公猪分开饲养，不饲养在同一栋猪舍内。后备母猪舍的小母猪以小群饲养（5 ~ 8 头 / 栏）方式为好，可以促进小母猪的采食、生长发育以及发情。对于达初情期年龄，但不发情的小母猪或断奶后乏情的母猪，应采取合栏、运动和公猪刺激等方式来促进母猪的发情。具体做法如下。

① 合栏：将达 165 日龄以上不同栏的小母猪转栏或重新合栏，结果发现大部分小母猪在调栏后 2 周左右开始发情。断奶后不发情的母猪也可通过调栏的方式，使与正在发情的母猪短期合圈饲养，通过发情母猪的爬跨，可促进母猪发情排卵。

② 公猪刺激：不发情的母猪接受公猪的刺激，能促使母猪发情排卵。若用不同的公猪轮换刺激，效果更好。

③ 运动：加强后备母猪运动也有利于母猪发情。

四、妊娠母猪的饲养管理

1. 妊娠诊断

在养猪生产中大多根据猪的发情周期来进行判断是否受孕。一般配种后 3 周不再发情，可以推断已经妊娠；当再过 3 周仍无发情征状时就可确认已经妊娠。母猪妊娠身体会相应地发生一些变化，如膘情逐渐增加，皮肤红润，毛色光滑，采食量大，性情变得温顺等。

2. 影响胚胎死亡的因素

正常情况下，母猪妊娠期内胚胎与胎儿会发生一定程度的死亡，损失的胚胎占排卵数的 30% ~ 40% 甚至更高。损失主要发生在三个高峰期，第一死亡高峰期出现在配种后的第 9 ~ 13 d；第二高峰期出现在妊娠后 3 周，此时正是器官形成的阶段；第三次死亡高峰出现在妊娠后 60 ~ 70 d。由于这些损失，一般母猪所排出的卵子大约只有一半能分娩成为成活的仔猪。

造成胚胎死亡原因，除排卵数或受精卵数过多等（构成一个物种正常的胚胎死亡水平外）因素外，延迟配种和高温是影响胚胎成活最主要的因素。环境温度对胚胎存活的影响，在妊娠第一周最明显，三周后猪的抵抗能力增强，但分娩前（102～110 d）的高温对胎儿成活率的影响也较大，高温下母猪产活仔数降低。

母猪年龄是一个影响较大、最稳定、最可预见的因素。在良好的饲养管理条件下，第5胎之前，窝产仔数随年龄增加而递增。第7～8胎之前保持这一水平，第8胎之后开始下降，因此，若要组成高产群，必须注意淘汰繁殖率低的老龄母猪。

近亲交配可使卵子和精子携带的隐性致死和有害基因纯合机会增加，导致结合子死亡、畸形胎、怪胎增多，而杂交则相反。母猪的繁殖力具有明显的杂种优势，产仔数、仔猪成活率及增重速度会超过双亲平均数，三品种杂交效果更佳。

从营养与饲料方面来看，能量水平和采食量对早期胚胎存活影响很大。很多证据显示，在母猪妊娠早期（特别是配种后72 h）增加能量水平（即提高采食量）是导致胚胎死亡率增加的重要原因。但妊娠后期（100～114 d）在饲料中添加脂肪（尤其是夏季高温季节）对提高仔猪初生重和断奶育成率有明显的好处。此外，严重缺乏多种维生素和矿物质时会增加胚胎死亡率。饲料中的毒素，如来自棉饼中的棉酚、花生饼中的黄曲霉毒素、菜饼中的硫苷分解产物等，都极易造成死胎。

妊娠母猪感染某些细菌和病毒时，会产生高烧等症状而引起胚胎死亡或流产。因此，应加强预防和免疫，控制乙型脑炎病毒、伪狂犬病毒、细小病毒、猪瘟病毒、大肠杆菌和白色葡萄球菌等病原微生物的侵袭。

3. 胚胎与胎儿的生长发育规律

正常发育的胚胎，在受精后即开始吸取子宫乳来得到营养。第9～13 d左右胚胎附植于子宫，18～24 d胎盘形成。第30 d时胚胎重2.0 g。妊娠前期主要表现为组织和器官的分化和形成。妊娠愈接近后期，胎儿生长愈快。在妊娠后50 d时，平均体重不超过100 g；到90 d时，平均体重达500 g以上；到110 d左右时，平均体重达1 000 g左右；可见，初生仔猪的体重约有60%是在妊娠末期的20～30 d增长的。所以，加强妊娠早期和末期的饲养管理，是提高产仔数和初生重的关键。

4. 母猪妊娠期的适宜增重

母猪在妊娠期的增重应控制在：成年母猪30～35 kg；小母猪40～45 kg，母猪在第5胎体成熟前，母体增重20～25 kg，繁殖组织增重20 kg。

5. 妊娠母猪的营养需要的特点和饲养管理方法

① 合成代谢效率高：妊娠母猪对饲料营养不仅具有较强的同化能力，而且当营养不足时，还可以分解自身体内营养，以保证胎儿发育。妊娠母猪在激素（孕酮、生长激素）作用下，对能量和蛋白质的利用率提高（同一日粮，妊娠母猪对消化氮利用率为99%，而空怀母猪为69%）。

② 妊娠母猪的营养用于维持、母体组织生长和胎儿生长三个方面。妊娠前期胚胎小，所需营养物质少，母猪本身增重多；而后期胎儿增重快，所需营养物质多，母猪本身增重减少。

③ 母猪妊娠期增重多，则哺乳期减重多。妊娠母猪过肥，会导致产后食欲不振，故应避免妊娠期增重过多。

在整个繁殖周期中，营养供应方案应该按照“低妊娠，高泌乳”的方式来分配。这是因为一方面从营养角度考虑，母猪在妊娠早期和中期对营养的需求并不大，只有在妊娠晚期才显著增加了对营养物质的需要量。另一方面，母猪妊娠期的采食量决定了分娩时的体况和其后泌乳期的采食量。妊娠期采食量越高，母猪在妊娠期增重越大（或分娩时背膘越厚）；但是泌乳期采食量越低，不仅导致产奶量降低和仔猪生长速度慢，而且使母猪泌乳期体重损失高，从而对下一个繁殖周期的性能产生影响。

因此，对妊娠母猪的饲养，一般在妊娠前期喂料量较低而后期较高，同时要根据母猪的体况评分适当增减料量。在配种前与妊娠前期，每日每头的喂料量为 1.8～2.5 kg（以母猪体况大小而定），后期 2.5～2.8 kg。喂料方式以湿拌料为宜，日喂两餐，定量饲喂。同时可以按 1∶1 的比例加喂青绿饲料。

从饲料组成特点来说，妊娠母猪的日粮应以青粗饲料为主，保证青绿饲料的供应；忌喂发霉、变质、冰冻、带有毒性和强烈刺激性的饲料。炎热季节，可在妊娠后期的母猪日粮中加脂肪（奶油脂厂的副产品油脚，或肉联厂的副产品骨油等），以提高仔猪初生重和存活率。

五、母猪分娩与接产

分娩是养猪生产中最繁忙的生产环节。这个阶段的任务是使母猪安全分娩，产下的仔猪存活率高。

1. 预产期的推算

确认母猪受孕后，应推算出预产期。预产期的推算可以用配种月加 3、日期加 24 或配种月加 4、日期减 6 的方法来推算。

2. 分娩前的准备

（1）产房和栏圈消毒

根据母猪的预产期推算，在母猪分娩前两周，就应准备好产房。产房要求干燥（相对湿度 65%～75%），保温（产房内温度 22～23℃），无贼风，阳光充足，空气新鲜。如果产房湿度过大，应及时通风。

栏圈应经过严格的清洗消毒。方法是：地面和墙面先用清水冲洗，再用 1%～2% 烧碱溶液浸泡 1～2 h 后，用大量清水冲洗干净，然后保持空栏干燥至少一周。母猪进栏前用 2%～5% 来苏儿溶液喷洒墙和地面。墙面可用 20% 生石灰粉刷。

（2）准备垫草和用具

母猪分娩前应准备的用具包括：仔猪保温箱（可用竹篮或木板箱制成）；白炽灯、红外灯泡或仔猪保温板；消毒药品（如碘酒、高锰酸钾、乙醇等）。冬春季节产仔还应准备充足的垫草。

（3）母体消毒

母猪在预产期前 5～7 d 进入分娩栏舍。预产期来临并已出现临产征状时，应立即清除母体的腹部、乳房和阴户附近的污物，并用 2%～5% 的来苏儿溶液或 1% 的高锰酸钾溶液擦洗消毒。

3. 临产征兆

母猪临产前，乳房和外阴部会发生一系列的变化。产前 20 天开始，腹部膨大下垂、乳梗膨胀而呈潮红色。用手挤时，有时有乳汁流出（临产前 1 ~ 2 天透明，临产时乳白色）；阴门松弛红肿，尾根两侧下陷、松胯；叼草做窝，无垫草时常用蹄刨地，做出做窝的姿态，这种现象出现后 6 ~ 12 小时就要产仔，是最重要的临产征状；食欲下降，呼吸加快，行动不安，时起时卧，频频排尿，阴部流出稀薄黏液（破水），这是即将产仔的征兆。应用清洁温水或高锰酸钾水溶液擦洗外阴部、后躯和乳房，准备接产。

4. 接产操作

母猪生产时，总是伴随着子宫强烈的阵缩，阴户流出羊水。待仔猪自然娩出后开始接产。

（1）擦干黏液

一般母猪破水后数 min 至 20 min 即会产出第一头仔猪。仔猪产出后，立即用手指掏除口腔中的黏液，然后用干净的毛巾、布或垫草将其鼻和全身黏液仔细擦干净，促使其呼吸，减少体表水分蒸发散热。

（2）断脐

先将脐带内血液向腹部方向挤压，然后在距腹壁 3 指（约 4 cm）处用手指掐断脐带（不用剪刀，以免流血过多），断端涂 5% 碘酊消毒。出血时，用手指捏住断端，直至不出血，再次涂碘酊。尽量不用线结扎，以免引起炎症。

（3）假死猪的急救

仔猪初生时，有的虽不能呼吸，但脐带基部和心脏仍在跳动，这样的仔猪称假死猪。原因：母猪产前剧烈折腾会造成脐带提前中断；仔猪在产道内停留过久（母猪过肥，老母猪、新母猪发生较多）；胎位不正，生产时胎儿脐带受压或扭转等都会造成仔猪窒息。急救的方法：先掏出仔猪口中黏液，擦净鼻部和身上黏液，然后进行人工呼吸。最简单有效的人工呼吸方法是：将仔猪四肢朝上，一手托肩背部，一手托臀部，然后将两手一曲一伸，使仔猪呈内屈和伸展状态，直到仔猪能自行呼吸并发出叫声，即可认为抢救成功。

（4）给奶

上述处理完后，即将仔猪送到母猪身边吃奶。一般采用“随生随哺”的方法。初生仔猪越早吃初乳越好，有利于恢复体温并及早获得免疫力。但对分娩过程不安的母猪，可先将仔猪放入仔猪保温箱中，待分娩结束再一起哺乳，但时间最长不超过 2 ~ 3 小时，必须让仔猪吃到初乳，否则会影响母猪泌乳和母性。

（5）拿走胎衣

母猪分娩时，经常 5 ~ 20 min 产出一头仔猪，一般正常分娩过程持续 2 ~ 4 小时。仔猪全部产出后经 10 ~ 30 min 开始排胎衣，胎衣排出后应立即从产栏中拿走，以免母猪吞食影响消化和养成吃仔恶癖。

一般情况下，产仔多在夜间，为了工作方便，希望白天产仔，可用前列腺素 $F_{2\alpha}$ 的类似物氯前列烯醇，在预产期前 40 ~ 50 小时，上午 9：00 至下午 4：00，一次肌肉注射 0.1 ~ 0.5 mg（1 ~ 5 mL），从药物注射至产仔平均间隔 25 小时左右。

母猪产仔时，应保持环境安静。产仔结束后，应将圈内清扫干净并换上干净垫草。

（6）难产处理

母猪分娩过程中，胎儿因多种原因不能顺利产出，称为难产。对老龄体弱、娩力不足的母猪，可进行肌肉注射催产素 10～20 单位，促进子宫收缩，必要时可注射强心剂。若半小时左右，胎儿仍未产出，应进行人工助产。具体操作方法是：术者剪短、磨光指甲，手和手臂先用肥皂水洗净，用 2% 来苏儿溶液（或 1% 高锰酸钾溶液）消毒，再用 70% 乙醇消毒，然后在手和手臂上涂抹润滑剂（凡士林、石蜡油或甘油）；然后五指并拢，手心向上在母猪阵缩间隙时，手臂慢慢伸入产道，抓住胎儿适当部位（下颌、腿），顺母猪阵缩力量慢慢将仔猪拖出。

助产过程尽量防止产道损伤或感染。助产后应给母猪注射抗生素药物，防止细菌感染。母猪有脱水症状的应耳静脉注射 5% 葡萄糖生理盐水 500～1 000 mL、维生素 C 0.2～0.5 g。

5. 分娩前后母猪的饲养管理特点

分娩前后是指产前一周至产后一周，在这个阶段应该分娩前一周母猪的膘情适当增增加或减少饲料量。一般分娩当天可不喂料，这样会使分娩全过程更加顺利。分娩后的第一天开始喂给母猪 1kg 的饲料，然后每日增加 0.5 kg 的饲料量，至达到泌乳期饲料量为止。

六、泌乳母猪的饲养管理

乳汁是仔猪出生后 2 周龄前唯一的营养来源，是 30 日龄前主要的营养来源。母猪泌乳量的高低对仔猪生长发育起很大作用。如果母猪营养不足，则产奶量下降，仔猪死亡率高，断奶体重小，而且母猪消瘦，断奶后发情时间延长。因此，饲养泌乳母猪的主要任务首先是始终保持母猪的旺盛食欲、提高泌乳量，这是仔猪增重的基础；其次控制母猪减重，以便在仔猪断奶后能正常发情、排卵，并延长其利用年限。

1. 影响母猪泌乳量的因素

（1）品种

不同品种母猪的泌乳量和采食量有较大差异，一般长白母猪的泌乳量显著高于其他母猪。不同的品种的哺乳母猪采食量表现出差异，如大白母猪（或以大白猪为父本的杂交母猪）采食量比长白母猪（或以长白猪为父本的杂交母猪）高，且差异显著；杜洛克母猪的食欲显著高于汉普夏母猪。

（2）胎次

初产母猪的泌乳量低于经产母猪，原因是初产母猪尚未达到体成熟，特别是乳腺等各组织还处在进一步发育过程中，又缺乏哺乳的习惯，因此泌乳量受到影响。从第 2 胎开始，母猪泌乳量上升；第 6～7 胎后泌乳量下降。例如对枫泾猪的连续 3 胎实际测定结果，第 1 胎平均日泌乳量为 5.97 kg，第 2 胎为 7.22 kg，第 3 胎为 8.07 kg。1～3 胎的泌乳量差异极显著。

（3）带仔头数

带仔头数多的母猪泌乳量高，原因是：母猪有固定乳头吃奶的习惯，母猪必须经过仔猪拱乳头的刺激引起垂体后叶分泌生乳素才能放奶，而未被吃奶的乳头分娩后不久即萎缩。因此，母猪带仔多，吸出的乳量也多。生产中，调整母猪产后的带仔数，使其有效乳头全部带满，可提高母猪的泌乳潜力。

（4）营养水平

营养水平对母猪的泌乳量起决定作用。保证足够的能量和蛋白质的摄入，特别是赖氨酸的摄入，可促进母猪泌乳潜力的发挥。

（5）季节

夏季高温热应激时，母猪的泌乳量下降，下降程度与母猪采食量呈反比，采食量越少，下降程度越大。尽管采用增加日粮营养浓度的方法可弥补部分采食量减少所导致的泌乳量下降，但效果有限。

2. 泌乳母猪的饲养管理

哺乳母猪在泌乳期中一直处于能量的负平衡中，故哺乳母猪有减重现象。减重的多少与母猪的泌乳量、饲料营养水平、采食量以及泌乳期长短有关。所以，对泌乳量高的母猪要千方百计地增加母猪的营养摄入量，否则会导致母猪失重过多、极度瘦弱、影响下次发情配种。

母猪的泌乳量直接受到妊娠与哺乳期间营养供应量的影响。母猪泌乳期日粮应保证较高的能量和蛋白质水平，注重蛋白质的品质。对于体型大，带仔数在 12 头以上的高产泌乳母猪，建议采用高能、高蛋白日粮，以最大限度满足其泌乳和繁殖需求。日粮能量为 14.2 MJ/kg，粗蛋白含量为 18%，赖氨酸含量为 1.0%。

① 饲料需要量：一般按体重的 1% 计算维持需要量，每带 1 头仔猪需 0.5 kg 饲料。例如，1 头 200 kg 的母猪带仔 12 头，每天需要采食 8 kg 饲料才能满足需要，而实际生产中，母猪的最大采食量距此甚远，故只能靠分解自身组织来满足泌乳需要。为减少母猪过度动员分解体组织导致失重过多，泌乳母猪一定要充分饲喂，尽最大可能提高母猪采食量。

② 泌乳的第 1 天给母猪提供 2 kg 饲料，随后每日增加 0.5 kg，3 天内逐渐恢复到正常量。

③ 提高母猪的采食量的方法：注意日粮适口性，体积不能过大；自由采食或增加饲喂次数，每日喂 4 次，只要母猪还有食欲就要充分供给；最好能喂湿拌料或颗粒料，可比干料采食量提高 10% 左右。

④ 使用自动饮水器，自由饮水。饮水不足或饮水不清洁而减少饮水量，也会影响到母猪的泌乳量。因此，对于哺乳母猪必须给以足量的清洁饮水，并多喂青绿多汁饲料。

⑤ 为减少夏季母猪便秘，可在饲料中加入 0.75% 泻盐（硫酸镁）。

⑥ 保持良好的环境条件。及时清扫粪便，保持栏位干燥、清洁，夏季定期灭蝇。尽量减少噪音等应激因素，安静的环境对母猪泌乳有利。

第四节　仔猪培育

仔猪是指从出生至 30 kg 左右的猪，具有生长发育迅速、物质代谢旺盛、对营养和环境敏感的特点，分为哺乳仔猪和断奶仔猪两个阶段。养猪生产中，做好仔猪培育是提高仔猪成活率、生长速度、断奶窝重、缩短出栏时间、提高出栏体重的首要工作。因此，把仔猪养活养壮是一项至关重要的生产任务，是保障猪场正常运转和经济效益的关键。

一、哺乳仔猪培育

1. 哺乳仔猪的生理特点

（1）体温调节机能不健全

哺乳仔猪是指从出生到断奶前的仔猪。初生仔猪大脑皮层发育不全，垂体和下丘脑的反应能力差，丘脑传导结构的机能低，对体温调节能力差；仔猪皮薄毛稀，皮下脂肪少，体脂仅占体重的 1%，隔热能力差；仔猪体表面积与体重之比大，散热面积大；仔猪肝糖原和肌糖原贮量少，产热能力弱，出生后 24 小时内主要靠分解体内储备的糖原和乳汁的乳糖提供热量，基本不能氧化乳脂肪和乳蛋白来提供热量。因此，仔猪对冷应激敏感，如果产房温度过低，很容易导致仔猪感冒、腹泻，严重的甚至可能导致死亡。合适的产房温度和保育温度可有效提高仔猪存活率，仔猪适宜温度一般为 1～3 日龄 30～32℃，4～7 日龄 28～30℃，8～14 日龄 25～28℃，15～30 日龄 22～25℃，31～60 日龄 23～25℃。在缺乏防寒保温措施的寒冷季节及护理不当的情况下，仔猪初生体重小、体质弱，往往会因吃不到初乳而冻僵或冻死。生产实践中，哺乳舍和保育舍技术员必须做好猪舍的防寒保暖和加强对初生仔猪的护理工作，尽快把初生仔猪体表擦干，尽量减少体热散发，给仔猪保温；及时让仔猪吃上初乳，减少体能损耗，增强抵抗力和仔猪活力。

（2）免疫系统发育不完全

猪的胎盘是上皮绒毛膜胎盘，胎盘屏障有 6 层，即母体子宫上皮、子宫内膜结缔组织和血管内皮以及胎儿绒毛上皮、结缔组织和血管内皮。由于猪胎盘的这种特殊血液屏障构造，在有效抑制了病原菌从血液入侵胚胎的同时，也导致母猪血液中的免疫抗体无法通过胎盘传入仔猪体内，引起初生仔猪缺乏先天性免疫力而容易得病，其获得免疫力的主要途径就是通过吸乳汁获得免疫抗体——免疫球蛋白。仔猪在出生后必须通过吸吮母猪的初乳而获得抗体和免疫力，称为被动免疫力或后天免疫力。资料显示，母猪初乳中免疫球蛋白含量很高，但降低也很快，分娩时每 100 毫升初乳中含免疫球蛋白 20 g，4 小时后下降到 10 g，3 天后下降至 0.35 g 以下。初乳在比较短时间里含有抗蛋白质分解酶，加上仔猪初生时胃底腺未能制造盐酸，保证了初乳中免疫球蛋白在胃肠道中不受破坏。仔猪在初生的 24 小时内，肠道上皮细胞处于原始状态，通透性比较大，初乳中的大部分免疫球蛋白能原样不变地通过肠道上皮细胞（即胞饮作用）进入仔猪血液中，起全身免疫抗病的作用。仔猪易拉奶屎，也是由于肠道上皮的通透性在出生 36 小时后显著降低而导致。一般仔猪出生 10 日龄以后才开始自产免疫抗体，到 30～35 日龄前数量还很少，2 周龄仔猪是免疫球蛋白的青黄不接阶段，是关键的免疫临界期。因此，仔猪出生后应尽早让仔猪吃上和吃好初乳是增强仔猪免疫能力、提高成活率的关键措施。另外，胃液尚缺乏游离盐酸，对随饲料、饮水中进入胃内的病原微生物没有抑制作用，管理上要注意栏舍卫生，补充免疫增强剂或益生素，防止仔猪疾病发生。

（3）消化系统发育和机能不完善

初生仔猪消化系统发育不完善，胃肠道的体积和质量均很小，胃仅能容纳 25～50 g 乳汁，胃的排空速度快，吮乳次数多；胃肠道运动功能微弱，胃底腺不发达，胃液分泌还没有与神经系统建立条件反射，胃液分泌不足（胃液是仔猪的御外界病原微生物的重要屏障），只有食物进入胃内直接刺激胃壁后才能分泌少量胃液，而成年猪即使胃内没有食物仍能大量分泌胃液。

仔猪的消化酶系统不完善，而仔猪对营养物质的消化吸收取决于消化道酶系的发育，初生期只有消化乳汁的酶系如乳糖酶、凝乳酶、乳脂酶等，消化非乳饲料的酶如胰淀粉酶、胰蛋白酶、胃蛋白酶、蔗糖酸、麦芽糖酶等大多在 3～4 周后才逐渐分泌；至 8 周龄左右乳糖酶的活性逐渐减弱，脂肪酶、蛋白酶和淀粉酶的活性逐渐升高至趋于正常。初生仔猪胃蛋白酶少且无活性，缺乏游离的盐酸，不能激活胃蛋白酶，故不能很好地消化蛋白质，尤其是植物性蛋白质。

随着日龄的增长和食物对胃壁的刺激，胃的生长发育才逐渐完善，胃蛋白酶才表现出对乳汁以外的多种饲料蛋白的消化能力。研究结果表明，20 d 左右仔猪胃内才有少量游离盐酸出现，到 60～90 日龄胃的功能才接近成年猪的水平。仔猪胃中 pH > 4 时，就会影响乳蛋白消化；pH > 2～3 时，就会严重影响豆粕或鱼粉的消化，导致腹泻的发生。根据上述仔猪的消化生理特点，对仔猪的饲养管理应该做到：养好哺乳母猪，让其分泌充足的乳汁，保障乳汁供应；及早调教让仔猪尽早开食，锻炼及完善其消化机能，给仔猪喂食营养丰富易消化的食物，补充因乳汁不足而缺少的营养，保证仔猪正常生长；配制不同生长阶段的仔猪饲料，缩短哺乳仔猪的离乳时间，提高母猪的年产胎次。

（4）新陈代谢旺盛和生长发育快

初生仔猪体重小，但是出生后生长发育快。初生仔猪体重通常在 1～2 kg，不到成年体重的 1%，10 日龄体重就可达到 2～4 kg，30 日龄时体重达出生重的 5～7 倍，2 月龄时达 10～13 倍。仔猪迅速生长以旺盛的物质代谢为基础，尤其是蛋白质代谢和钙、磷代谢比成年猪高得多，20 日龄每 kg 体重沉积的蛋白质相当于成年猪的 30～35 倍，每 kg 体重所需代谢净能为成年猪的 3 倍，乳汁的供应在 21 日龄后不能满足仔猪生长发育的需要，需要提早补料，喂给全价日粮，保证充足的营养供给，若营养物质供应不足或不平衡对仔猪的生长发育造成很大影响，有些甚至形成僵猪。

2. 哺乳仔猪死亡的主要时期与原因

仔猪出生后 7 日龄内死亡最多，死亡比例可占到哺乳期死亡总数的 70%。当仔猪初生重低于 1 kg，或没有吸吮初乳、乳汁不足、温度过低或保温不足及消化道疾病感染（以下痢为主），冻死、压死、踩死及疾病死加剧，容易导致产后的第一个死亡高峰。

仔猪出生后 10～25 天，营养需要迅速增加而母猪乳量分泌下降，如不及时开食和补料，仔猪对能量、蛋白质、氨基酸、维生素和微量元素等的摄取的营养达不到需求，会导致20日龄之后因乳量不足造成仔猪生理紊乱、瘦弱、患病，出现产后的第二个死亡高峰。

30天后仔猪食量增加是由吃奶向吃料完全过渡，由依赖母猪向独立生活过渡的重要准备时期，若过渡准备工作不好，如饲料更替、环境应激等处理不当，容易造成断奶后的第三个死亡高峰。

3. 哺乳仔猪的饲养管理技术

（1）剪犬齿与断尾断脐

出生仔猪有尖锐的犬齿，用于取食、自卫和攻击。因此，可能会咬破其他仔猪的头脸及母猪乳房和乳头（导致母猪不喂奶）等现象，为了避免这些伤害，于出生第一天要修剪这些牙齿。同时，为了防止猪的咬尾现象，要尽可能早地断尾，一般与剪犬齿同时进行，用手术刀或锋利的剪刀剪去最后3个尾椎并涂药预防感染；剪犬齿与断尾断脐的工具要事先做好消毒处理。每头仔猪的脐带应在约2 cm处剪断，剩下部分在脐带康复时会自然脱落。

（2）及早吃好吃足初乳

初生仔猪不具备先天性免疫力，必须通过吸收母猪初乳中的免疫球蛋白来获得被动免疫力。同时，初乳中蛋白质含量高，且含有轻泻作用的镁盐，可促进胎粪排出；初乳酸度较高，可弥补初生仔猪消化道不发达和消化腺机能不完善的缺陷；初乳的各种营养物质，在小肠内几乎全被吸收，有利于增长体力和御寒。因此，仔猪应早吃初乳，从出生到首次吃初乳的间隔时间最好不超过2小时。仔猪天生有固定乳头吸乳的习惯，开始几次吸食某个乳头，一经认定就不肯改变。对体重小、体质弱的仔猪，需要人为干预，辅助固定吮吸产奶量高的乳头；母猪前边的乳头产奶量大，后边的产奶量相对较少，做到“前小后大”安排最为理想。仔猪出生后一般都可自由活动，一般在10～15分钟内自动依靠嗅觉寻找乳头吃乳后，再对弱小和强壮的仔猪作个别调整，可以保障仔猪均匀发育，大小整齐。最初每隔1小时让仔猪吃乳汁一次，而后逐渐延至2小时或稍长时间，3天后可让母猪带仔哺乳。为了保障母猪产后泌乳量，产前3天开始对母猪乳房进行热敷和按摩处理，直至仔猪产出。猪场应建立昼夜值班制，注意检查观察，做好护理工作。

（3）仔猪保温防冻防压

初生仔猪的体温调节机能不完善，冬季或早春寒冷季节应做好猪舍的防寒保暖工作，防止仔猪被冻被压。新生仔猪环境适宜温度为30～34℃，适宜温度下，仔猪可以通过增加分解代谢产热，并收缩机体以减少散热。环境低于30℃时，新生仔猪依靠动员糖原和脂肪代谢来维持体温。仔猪受冻后行动笨拙，喜挤簇成堆或者钻入褥草，或者钻入母猪腋下，此时母猪如果产后乏力，或者同样受冷后行动不够灵活，最容易出现在起卧时发生踩踏和挤压，造成仔猪伤亡。产房的温度要维持在15～30℃，产出后要尽快擦净身体上的黏液，减少体热的散失。仔猪保温防压可采用保育箱实现，箱内悬挂距地面40 cm的250 W或175 W红外灯，或在箱内铺垫电热板。

（4）仔猪寄养或并窝

母猪产仔数过多或无力哺乳仔猪时，需实施仔猪寄养工作。寄养的原则是要有利于生产，实行“寄大不寄小，寄早不寄晚”，寄养仔猪应具备两窝产期不超过3天和个体相差不大等条件，选择性情温顺、护仔性好、母性强的母猪负担寄养的任务。仔猪寄养时要防止母猪或同窝仔猪对寄养仔猪的排斥和攻击，应通过同体味处理（如撒干燥粉）掩盖仔猪和母猪的异味差异，晚上寄养并圈。

（5）做好开食，补饲补水

对哺乳仔猪的补充饲喂饲料称为补饲。训练仔猪吃料叫开食。仔猪开食时间在5～7日龄，此时仔猪因出牙而感牙床发痒，特别喜欢啃咬东西，训练开食有助于消痒，促进胃肠道酶的产生和机能的完善，能避免其啃食脏物引起下痢，降低仔猪在断奶后对全部采食饲料的敏感性。可将特制的仔猪诱食颗粒料或者炒得焦黄的玉米、大麦等谷粒撒在干净干燥坚硬的料槽里，将仔猪赶到料槽旁，上、下午各1次，让仔猪拱咬和自由采食；也可采用放低母猪料槽等办法，让仔猪在母猪采食时模仿母猪拣食饲料。仔猪开食大约需要3～5天，最长1个多星期。

要本着勤给少添和干净卫生的原则补饲，在18～20日龄正式进行补饲。补饲料槽的底部应当呈圆形并且适当浅一些，便于仔猪看见饲料和采食。补饲的量可以依仔猪的粪便变化调整控制。补饲不足时，粪便会成为黑色粒串状并显干燥，补饲过多时粪便会太软以至拉稀。

补饲的同时不能忘记补水，补水宜在3～5日龄开始给清洁新鲜饮水，饮水可稍加甜味。若不及时给清洁饮水，仔猪容易喝脏水甚至尿液，造成下痢。饮水不足，会明显影响仔猪补饲的进食量。也可补饮含电解质的水，如将葡萄糖20 g、碳酸氢钠2 g、维生素C 0.06克溶于1 kg水中，具有防病和促进增重的效果。做好开食，补水补料，有利于提高仔猪断奶体重，提高存活率。

（6）补铁和硒

铁元素是造血的必需元素，仔猪出生时体内铁的贮存量只有50 mg左右，仔猪每日必须存留7～16 mg铁以维持足够的血红蛋白和铁贮存量，而出生后第1周每天从乳汁中只能补充1 mg，第2周只能补充2.3 mg，因此很容易出现缺铁性贫血，需要及早给仔猪补铁。通常在仔猪出生后3 d和10 d两次补铁，可采用颈部肌肉注射可溶性复合铁针剂（如右旋糖苷铁、铁钴合剂、乳铁素、苏氨酸铁）的方法。铜会影响猪对铁的吸收，饲料中120～240 mg/kg的铜可使猪肝铁含量降低50%～60%。

硒是谷胱甘肽酶系统的一个组分，在细胞内的抗氧化机制中扮演非常重要的角色。缺硒会使细胞无法有效地中和自由基而受到破坏。研究表明，在满足机体对硒的需要量上，有机硒比无机硒更为有效（250%～350%，相对于亚硒酸钠）。仔猪在断奶时常缺硒，而缺硒会导致桑葚心病的发生。仔猪3日龄补硒，可用0.1%亚硒酸钠溶液，每头1毫升肌肉注射。

二、断奶仔猪培育

1. 断奶日龄及方法

（1）断奶日龄

断奶仔猪是指从断奶到体重达30 kg左右或达70日龄的仔猪。应根据猪场的性质、仔猪用途及体质、母猪的利用强度及仔猪的饲养条件合理计划哺乳仔猪的断奶日龄。传统农户养猪多采用 8 周龄断奶。现代商品猪生产中实施早期断奶，一般猪场可在 35 或 45 日龄断奶，饲养条件好的可以实行 21 ~ 28 日龄断奶。早期断奶能够提高母猪年产胎次，但仔猪哺乳期越短，仔猪越不成熟，免疫系统越不发达，对营养和环境条件要求越严格，需要高度专业化的哺乳仔猪料和培育设施及高水平管理与技术人才作为支撑。

（2）断奶方法

断奶方法可分为一次断奶法、分批断奶法和逐渐断奶法三种方式。无论选择哪种断奶方式，都要求仔猪断奶时的体重在 5.5 kg 以上，如果在 28 日龄断奶则要求体重达到 7.5 kg，有利于减缓断奶应激。

① 一次断奶法：也称果断断奶法，即当仔猪达到预定断奶日期时，一次性将母仔分开的方法，可采用去母留仔或去仔留母的方式进行。规模养猪场常采用该断奶方法，有利于实施“全进全出”管理制度。但由于断奶突然，对母仔刺激较大，极易因食物及环境突然改变而引起消化不良性拉稀等不良反应。

② 分批断奶法：也称加强哺乳法，即按仔猪的体质发育及用途先后陆续断奶，一般是发育好、食欲强、体重大的仔猪先断奶；弱小的及要留作种用的仔猪后断奶，适当延长其哺乳期以促进发育，一般农户养猪可以采取此法断奶。

③ 逐渐断奶法：指逐渐减少哺乳次数，即在仔猪预定断奶日期前 4 ~ 6 天，逐步减少母猪的精饲料和青饲料饲喂量，把母猪赶离原圈，然后每天定时放母猪回原圈给仔猪哺乳；哺乳次数逐渐减少，如第一天放回哺乳 4 ~ 5 次，第二天减少到 3 ~ 4 次，经 3 ~ 4 天即可断奶。此法可避免母猪和仔猪遭受突然断奶的刺激，对母仔均有好处，但操作烦琐、工作量大，哺乳时间较长的情况下可以考虑采用此断奶的方法。

（3）隔离式早期断奶技术

① 隔离式早期断奶技术的概念：隔离式早期断奶技术（segregated early weaning，SEW）是美国养猪界在 1993 年开始试行的新的养猪方法，是一种控制传染性疾病的管理程序。母猪在分娩前按常规程序进行有关疾病的免疫注射，仔猪出生后保证吃到初乳并按常规免疫程序进行疫苗预防接种后，对所要控制的某种传染性疾病而言，断奶的时间应与母源抗体的半衰期一致，即 10 ~ 18 d。它是把仔猪与母猪分隔开来在隔离条件下保育饲养，达到有效控制母源性疾病对仔猪的感染的一种断奶技术。

② SEW 的主要特点：母猪在妊娠期免疫后产生的抗体可垂直传给胎儿，仔猪出生即可获得一定程度的免疫；仔猪通过免疫和吃乳增强自身免疫能力；保育猪开食料营养全面、适口性好、易于消化吸收；严格实行全进全出制度，保证母猪及时配种和妊娠，提高年产胎次；仔猪舍的隔离条件要求严格；仔猪在良好的饲养管理条件下，70 日龄体重可达 30 ~ 35 kg。但由于 SEW 的断奶时间比普通的早期断奶更早，这意味着断奶时仔猪的生理更加不成熟，若断奶后的营养、饲料、环境和管理等跟不上，就存在断奶后死亡率大大增加的风险。

③ SEW 断奶仔猪的饲养管理：根据场站技术水平确定断奶日龄，一般多在 16 ~ 18 日龄断奶；断奶仔猪每间猪舍养殖规模 100 头左右；断奶后要保证供给优质全价的诱食料或

代乳料，以小颗粒诱食料或代乳料为好；严控环境温湿度，保障良好通风和环境卫生；保育舍隔离条件及防疫消毒条件一定要好，仔猪运输中也要隔离；严格实行全进全出制。

2. 断奶仔猪的生理特点

（1）肠道菌群结构变化

肠道菌群是肠道环境的重要组成部分，与营养物质代谢、肠道屏障功能和免疫应答等密切相关，直接影响动物健康。新生仔猪肠道菌群的定植在出生后立即开始，此后随着肠腔环境改变、日粮结构调整以及断奶应激的发生，肠道内特定菌群的定植位点发生转变，菌群结构也发生变化。最初的定植者是来自母体和环境中的微生物，大多是需氧或兼性厌氧细菌，如大肠杆菌、福氏志贺菌和链球菌，这些细菌消耗氧气，从而创造一个有利于厌氧菌生长的厌氧环境，如拟杆菌属、梭状芽孢杆菌属、双歧杆菌属和乳酸杆菌属，最终抑制需氧菌的定植。仔猪肠道寄居的细菌主要有五大类（门水平），分别为厚壁菌门、拟杆菌门、变形菌门、螺旋菌门和柔膜菌门，其中厚壁菌门和拟杆菌门为优势菌门。

断奶不会影响门水平上细菌的种类，但会改变其相对丰度，主要是厚壁菌门和拟杆菌门的改变。然而在细菌的科和属水平上，断奶前后发生了显著的变化，拟杆菌科、韦荣球菌科、梭菌科和肠球菌科细菌为断奶前仔猪肠道的优势菌，而乳杆菌科、毛螺旋菌科、瘤胃球菌科、肠杆菌科、普雷沃菌科、普雷沃菌属、乳杆菌属细菌和梭状芽孢杆菌为断奶后仔猪肠道的优势菌。断奶后肠杆菌科（包含肠毒性大肠杆菌和鼠伤寒沙门氏菌）细菌的相对丰度增加，会导致腹泻和炎症。另外，仔猪断奶后拟杆菌属的相对丰度降低。肠道菌群与仔猪是共生关系，任何时候肠道菌群种类和数量变化都有可能导致肠道菌群紊乱，影响机体正常的生理活动，引起疾病。拟杆菌属细菌具有促进派尔集合淋巴结的 B 淋巴细胞分化产生免疫球蛋白 A（IgA）的作用，产生分泌型免疫球蛋白 A（sIgA）参与肠道黏膜免疫反应，抵抗致病菌的入侵。断奶后拟杆菌属细菌的相对丰度降低，导致 sIgA 含量降低，进而导致仔猪免疫力下降，这可能与断奶腹泻的发生有关。

（2）肠道组织结构改变

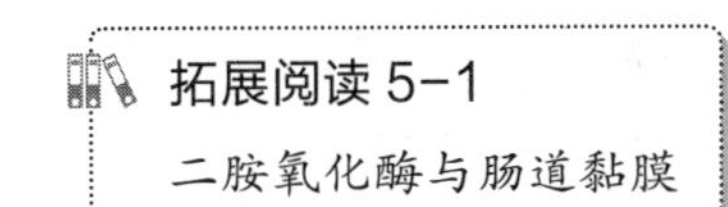

肠道是断奶应激的主要损伤部位之一。空肠和回肠是小肠中营养物质吸收的重要肠段，其绒毛形态和功能发育是否良好，直接影响机体对营养物质的吸收。断奶严重损坏仔猪肠道上皮细胞的完整性和成熟度，仔猪断奶后空肠和回肠绒毛变短，小肠绒毛由高密度手指状变成平舌状，绒毛萎缩脱落、隐窝加深，导致消化吸收面积变小，这是引起仔猪平均日增重极显著降低的重要原因之一。肠道绒毛作为机体营养物质吸收的主要部位，小肠绒毛上皮细胞将消化道中的氨基酸、葡萄糖、无机盐等吸收进入血液，若此部位受损，会影响营养物质的吸收。

（3）免疫机能仍然处于较低水平

仔猪断奶时被动免疫和主动免疫能力都没有发育完全。初生仔猪对疾病的抵抗能力来自母猪初乳中的免疫抗体，10 日龄以后才开始自产免疫抗体，形成主动免疫；在 4～6 周龄以后才能真正靠自身合成抗体。

拓展阅读 5-2
仔猪免疫机能变化

（4）消化机能仍较薄弱

刚断奶仔猪由于脾、肠、肝等消化器官发育仍不完善，胃液中仅有凝乳酶和少量的胃蛋白酶且胃酸不足，使其对饲料中蛋白质的消化率降低。消化不完全的饲料和胃肠道 pH 值上升，为肠内致病性大肠杆菌及有害病原微生物的繁殖提供了有利条件，而乳酸菌的生长受到抑制，如果饲养管理不当，极易出现消化不良或因病原微生物感染而发生腹泻。断奶后肠道形态的变化会使小肠绒毛刷状缘酶（如乳糖酶、蔗糖酶、异麦芽糖酶和 α- 葡萄糖苷酶）活性降低，消化道吸收能力降低，这些变化可导致肠道营养物质消化和吸收不良。乳糖酶在出生时相对较高，然后在出生后的 2～3 周急剧下降。仔猪在 0～4 周龄期间，消化酶（如胃蛋白酶、胰脂肪酶、胰淀粉酶、胰蛋白酶）活性成倍增长，4 周龄断奶应激会导致一周内各种消化酶活性降低到断奶前的三分之一。断奶后仔猪消化酶活性降低，导致仔猪常不能适应以植物为主的饲料，这也是仔猪断奶后 1～2 周期间消化不良、生长受抑制的重要原因。

3. 断奶仔猪的饲养管理技术

（1）培育方式

① 地面培育：断奶仔猪地面培育广泛被养殖户、家庭农场、中小规模养殖场应用。水泥地面温度低，仔猪卧地时腹部易受凉，会使仔猪抵抗力下降而发生多种疾病，影响其成活率。因此，在水泥地面的猪舍内饲养仔猪时，应注意猪舍的保暖，如在仔猪睡卧处垫一些草并经常翻晒或更换，保持圈舍的清洁卫生。

② 网床培育：断奶仔猪网床培育已被广泛应用于大型规模化养猪生产，该方式有利于粪尿、污水能随时通过网床间隙漏到网床下，减少了仔猪接触污染物的机会和地面传导散热的损失；网床面清洁卫生、干燥，能有效防止仔猪腹泻的发生和传播。据试验，在相同的营养与环境条件下，断奶仔猪网床培育比地面培育平均日增重提高 51 g，日采食量提高 67 g，成活率提高 15%。

（2）做好饲料与饲喂方法的过渡

仔猪断奶后要继续喂哺乳期饲料，严禁突然换饲料，防止因饲料更替产生应激而导致下痢。21 日龄断奶仔猪，继续饲喂 14 天的哺乳期饲料后，逐渐过渡到断奶仔猪饲料，过渡期 7 天；28 日龄断奶仔猪，继续饲喂 7 天的哺乳期饲料，逐渐过渡到断奶仔猪饲料，过渡期 3～5 天；35 天以上断奶仔猪，可在断奶前 7 天逐渐过渡到断奶仔猪饲料。仔猪断奶后 5 天内实行限量饲喂、勤添少喂，5 天后实行自由采食。

（3）做好环境条件过渡

无论去母留仔和去仔留母的断奶方法都不适应现代养猪生产需求。为了更大发挥哺乳母猪舍的利用效率，现代化养殖中当仔猪达到断奶时间，母猪转入空怀待配舍，仔猪转入保育舍。断奶仔猪进入陌生环境而产生环境应激，可将环境气味、温度、湿度、通风等调节与哺乳舍基本一致，保证环境卫生清洁，做好基础免疫工作，尽可能避免环境改变带来的应激。保育舍温度控制在 25～26℃，湿度在 65%～70%，防止贼风侵入。

（4）仔猪调教

饲养管理人员要规划好仔猪休息区、仔猪采食区、仔猪排便区，加强训练仔猪定点排粪尿，做好仔猪的三点定位，避免猪舍环境的潮湿、污染，减少疾病传播，有利于仔猪的生长发育。如果仔猪在其他地方排便要及时驱赶其到固定排放点，并及时清扫冲洗掉排泄错地方的粪便，一般一周左右仔猪群就会养成定点排便的习惯。

（5）控制饲养密度

刚断奶期间，饲养密度一般以 0.4 m^2/ 头为宜，每栏不超过 20 头为宜。随着日龄增加，待分群时按仔猪强弱、大小、性别分群饲养，按 0.9 m^2/ 头的饲养密度计算每栏饲养数量。每栏最多在 15 头左右，过多拥挤易发生咬尾、咬耳现象，不利于猪的生长。

（6）保证清洁充足的饮水

断奶仔猪不再能从乳汁中获得水分，饮水成为唯一的水分来源，因此饮水管理极为重要。饮水器离地面高度比仔猪平均肩高高出 5 cm；流量不可过大过小，以 250 mL/min 为宜；水温不低于 15℃，做好饮水消毒。一般每头仔猪每天需水量约为其体重的 10%。

（7）做好断奶仔猪保健严防腹泻

防止仔猪的断奶应激，严防仔猪腹泻是保证存活率的关键。

① 断奶仔猪日粮中添加香味剂、甜味剂、酸味剂等调味剂，保持胃肠道内的酸度，促进有益细菌的繁殖，增加食欲和提高采食量，提高消化能力。

② 断奶仔猪日粮中添加纤维素酶、β- 葡聚糖酶、植酸酶等酶制剂，弥补早期断奶仔猪体内消化酶的缺乏，提高饲料中营养物质的消化率。

③ 断奶仔猪日粮中添加亚硒酸钠、维生素 E、牲血素、苏氨酸铁等，增强仔猪的免疫力，提高对环境的适应性。

④ 断奶仔猪日粮中添加黄芪多糖、板青粉、青蒿素等中草药制剂，抑制消化道的病原微生物增殖，增强抵抗力，促进仔猪生长发育，保证断奶仔猪的生长速度和降低仔猪的腹泻发病率。

⑤ 做好免疫和驱虫。做好猪瘟病毒、伪狂犬病毒、圆环病毒等免疫工作。可用阿苯达唑伊维菌素预混剂、左旋咪唑、敌百虫等进行驱虫，驱虫后及时清除粪便（或冲刷栏舍）及消毒，防止排出体外的线虫和虫卵被猪吞食，影响驱虫效果。

第五节　生长育肥猪生产

生长育肥猪是指通过生长育肥后达到适宜上市体重的猪，又称为商品猪。生长育肥猪是一个猪场各类猪群中数量最多的猪，数量占整个猪群总数的 80% 以上。生长育肥猪生产的效果可以用生长速度、饲料转化率和胴体与肉质来衡量。现代生长育肥猪的生产不仅要经济而有效的生产瘦肉，而且对养猪生产与环境的影响提出了更高的要求。因此，在了解猪的生长发育规律的基础上，合理组织生长育肥猪生产，充分发挥猪的生产性能，对提高猪场经济效益具有重要意义。

一、猪的生长发育规律

生长是指达到成熟体重之前体重的增加；发育是指达成熟体重之前各种不同过程的协调，包括生长、细胞增殖、体型和结构的改变等。体重是各种组织和器官生长的综合反映，通常作为衡量生长的指标。但猪体内各种组织和器官并不是同步生长的，其发育的顺序（或达到最大生长强度的时间）与生理功能密切相关。

从猪的整体来说，可以用累积生长、相对生长和绝对生长来衡量；而器官或组织的生长均可以用异速生长方程来描述。在生长发育过程中，猪的体型和体成分也发生了相应的变化，即生产出的胴体品质也会发生改变。

1. 累积生长

累积生长是指从受精到成熟（即达到成年体重）过程，猪各种组织、器官的生长总和的规律。在这个过程中，体重的增加是一条典型的生长曲线——“S”形曲线（图 5-1）。不同的品种或类型的猪成熟体重不同，在达到成熟体重的过程中生长速度也不同（即“S”形曲线任意一点切线的斜率不同）。一般地，经过遗传改良的现代猪种与未改良的猪种相比，成熟体重更大，生长速度也越快；在正常的、一致的条件下饲养，在相同的年龄体重也更大一些。

在“S”形曲线中，B 点常称为生长转折点，也称为拐点。不同的品种或类型的猪 B 点的时间和体重可能有区别，但相对于成熟体重来说都约为成熟体重的 40%，相当于生长育肥猪的出栏体重或后备猪的初情期。此后，猪的生长速度明显减缓。经济有效地生产生长育肥猪，就是要充分发挥猪的遗传潜力，促进猪在生长转折点以前的生长。

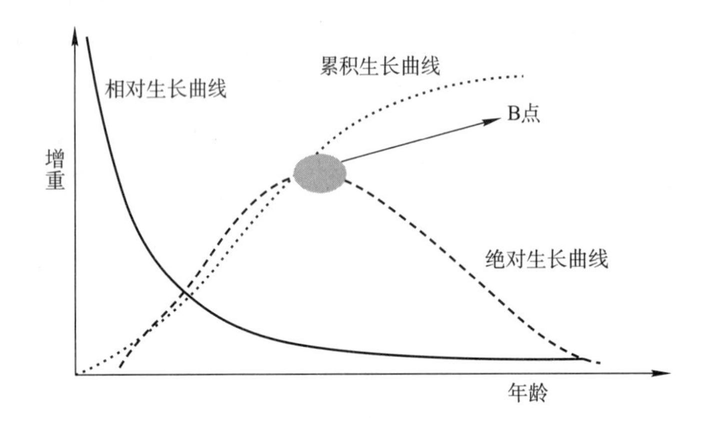

图 5-1　生长曲线对比图

2. 相对生长率

相对生长率是指在一定的测定期内增加的体重与初始体重相比的增长率。

$$相对生长率（\%）= \frac{期末体重 - 初始体重}{初始体重} \times 100$$

从猪的相对生长来看，年龄越小相对生长率越高，相应地饲料利用率越高。

3. 绝对生长率

生长育肥猪的绝对生长率即生长速度，生长速度先快并达到最高峰，后降低，曲线呈抛物线型。

$$绝对生长率（\%）= \frac{期末体重 - 初始体重}{测定时} \times 100$$

绝对生长率是指在一定的测定时期内平均的体重增长率，又称为平均日增重（average daily gain，ADG）。平均日增重是一个应用非常广泛的指标，也是猪最重要的经济性状之一。对猪而言，在生长转折点以前，随着年龄的增长，平均日增重越快，但饲料利用率的值越大。因此，在确定生长育肥猪适宜的出栏体重时，至少要根据平均日增重和饲料利用率来综合考虑。

4. 猪在生长过程中体型、组织和成分的变化规律

在猪的生长过程中，各种器官和组织以及身体各部分的生长发育具有阶段性和不平衡性。因此，猪的体型在生长过程中就会发生显著的变化，表现为首先是体长和身高的增长，随后是胸围的增加，最后形成丰满的后肢和臀围。

猪体内各种组织在生长过程中以特定的顺序经历各自的生长周期，各种组织成熟的顺序是：神经组织→骨骼组织→肌肉组织→脂肪组织。各种组织的生长顺序是由其生理重要性决定的，同时也决定了各种组织对营养物质利用的顺序。

在猪的生长发育过程中，机体的化学成分也发生了极大的变化，又称为化学生长。在身体的化学成分中，蛋白质、水分、灰分，以及少量的必需脂类（如磷脂）和少量的糖类（如糖原）以相对固定的比例结合在一起，构成了身体的结构成分部分（即肌肉和骨骼）；而身体中的可变组分就是贮存脂肪（如皮下脂肪和腹内脂肪）。在早期的生长中，增重的成分主要是骨骼和肌肉生长所需的水分、蛋白质和矿物质；随着年龄的增加，增重的成分中脂肪的比例越来越高，使饲料利用率降低。

由于营养水平影响猪体内各种组织生长的强度或最大生长强度的时间，因此，在生长育肥猪的生产中可以有意识地调控营养水平来调控猪体各种组织的生长发育。前期给予高营养水平，注意日粮中氨基酸含量及其生物学价值，促进骨骼和肌肉的快速发育；后期适当限饲减少脂肪的沉积，防止饲料的浪费，又可提高胴体品质和肉质。另一方面，经济有效地饲养生长育肥猪，必须最大限度地促进猪在早期的生长，即最大限度地促进瘦肉的生长。

二、影响猪生长育肥效果的因素

评定生长育肥猪生产性能的主要指标为生长速度、饲料转化率和胴体组成。生长育肥猪的生产性能主要是由遗传品质决定的，但环境因素影响遗传潜力的发挥。其中，营养是最重要的环境因素，而环境温度、饲养密度、面积及饲养方式等，也对猪的生产性能产生重要影响。

1. 品种、类型及杂交组合

猪的品种和类型对育肥影响很大，不同猪种的生长速度、饲料转化率和胴体组成有差异。采用不同的品种、品系或杂交组合，育肥效果不同，胴体组成也有差异。为了达到理想的育肥效果，必须了解不同品种和类型猪的育肥性能，根据不同市场对胴体组成的要求来采用适宜而合理的育肥方法。

杂交猪的育肥效果和胴体瘦肉率水平优于纯种猪。大量试验和生产实践证明，适宜的杂交组合对育肥效果具有关键性的影响。我国现代养猪生产中，大多数利用杜长大三元杂交猪，一般三品种杂交比两品种杂交效果好；专业的育种公司也推出了专门的配套系，如温氏食品集团的四元配套系，英国 PIC 公司的五元配套系等。

2. 营养因素

（1）营养水平

日粮能量水平（DE）是影响生长速度和饲料利用率的最主要的因素（表 5-2），这是因为日粮的能量浓度对猪生长阶段的采食量起决定性的作用。提高日粮能量浓度就提高了饲料采食量，同时提高饲料利用率和生长速度。相反，如果每日采食的消化能或饲料量不足，则影响瘦肉的生长。因此，生长育肥猪生产中，通常在生长阶段提高日粮的能量水平；而在育肥阶段适当控制能量水平和采食量。

◎ 表 5-2 日粮能量浓度对 22 ~ 50 kg 公猪随意采食量和生产性能的影响

DE 浓度 /（MJ/kg）	11.8	12.7	13.6	14.5	15.1
随意采食量 /（kg/d）	2.19	2.21	2.19	2.17	2.05
DE 采食量 /（MJ/d）	25.7	27.7	29.7	31.3	30.9
ADG/（g/d）	695	776	847	898	913
饲料利用率 /%	3.6	2.89	2.61	2.39	2.25
P2 背膘厚 /mm	14.40	15.30	15.60	16.00	16.40

（资料来源：Patience J. F. 等，1995）

日粮中蛋白质水平和氨基酸平衡对胴体品质有决定性影响。在大多数猪的日粮中，赖氨酸是第一限制性氨基酸，对猪日增重、饲料转化率及胴体瘦肉率的提高具有重要作用。当赖氨酸占粗蛋白质质量的 6% ~ 8% 时，蛋白质的生物学价值最高。赖氨酸供应不足，生长速度和胴体品质均受到严重影响。另外，为满足肌肉最大生长，所需的赖氨酸水平应高于最大生长速度所需的赖氨酸水平。其他限制性氨基酸的供应不足或比例不当，以及钙、磷供应不足或比例不当时，猪的生产性能也会受到影响。肉猪对维生素的需要量随其体重的增加而增多，在现代肉猪生产中日粮必须添加一定数量的多种维生素。

在营养水平相同的情况下，日粮中饲料组成不同，也影响猪的增重、胴体组成和肉质。如育肥后期的猪日粮中大量使用富含不饱和脂肪酸的米糠，则会造成猪的软膘肉，不利于贮藏；若以大麦、豆饼、豌豆、蚕豆为主的日粮催肥，则可获得肉质良好的胴体。所以在育肥猪的日粮结构上，要注意饲料品种及其合理搭配。粗纤维含量是影响饲料适口性和消化率的主要因素，饲料粗纤维含量过低，猪会拉稀或便秘；饲料粗纤维含量过高，则适口性差，并严重降低增重速度和饲料转化率。

（2）采食量

除营养水平外，采食量与猪的性能密切相关，但同时又受到很多因素影响。NRC

（1987）指出，日粮消化能浓度和体重是影响采食量的两个最重要的因素。另外，环境因素也影响采食量。如猪处于中等的热应激环境中，有效环境温度每增加 1℃，则生长猪和育肥猪分别减少 1% 和 2% 的采食量；但处于冷刺激时，有效环境温度每降低 1℃，生长猪需增加 25 g 饲料以保持体温恒定，育肥猪则要增加 40 g。若每头猪所占的面积减少 0.1 m^2，生长猪和育肥猪的采食量会减少约 3% 和 2%。食槽的设计和位置不当，也可能影响采食量。育肥阶段的采食量最大，其饲料转化率将直接影响整个猪场的饲料消耗和经济效益，关键是要确保饲料的质量，特别要注意霉菌、毒素的污染。

3. 环境因素

生长育肥猪多为舍饲，猪舍的小气候是其主要的环境条件，包括舍内温度、湿度、气流、光照、声音等物理因素，以及圈舍卫生、圈养密度、舍内有害气体、尘埃和微生物等其他因素。

（1）有效环境温度

有效环境温度是指猪所感受的实际温度，是体重温度、湿度、风速、地板类型等因素造成的综合结果，其中温度的影响最大。猪的最适有效环境温度范围是 15～29℃，如果有效环境温度太低，就需要额外消耗饲料来保持体温，使采食量增加但饲料利用率降低；另一方面，有效环境温度过高，猪会减少采食量，使生长速度降低。生长育肥猪的适宜有效环境温度为 16～21℃。

（2）圈养密度和每头猪的占地面积

育肥猪圈养密度过大和舍内通风不良时，不仅降低猪的采食量、饲料利用率和生长速度，而且常发生咬尾或咬耳等问题。实际生产中，在温度适宜、通风良好的情况下，每舍以 10～15 头为宜，最大不宜超过 20 头。可考虑当地的环境条件，60 kg 以内育肥猪所需面积为 0.6～1 m^2/ 头，60 kg 以上的育肥猪所需面积为 1～1.2 m^2/ 头。

（3）气流

空气的流动是由于不同位置的空气温度不一致而引起的，猪舍内气流以 0.1～0.2 m/s 为宜，最大不要超过 0.25 m/s。气流速度的调节可通过控制猪舍的通风换气来实现，亦可根据生产实际情况，采取自然通风或辅以机械通风。

（4）光照

适度的太阳光照能增强机体组织的代谢过程，促进猪的生长发育，提高抗病力。育肥猪舍内的光照可暗淡些，只要便于猪采食和饲养管理工作即可，使猪得到充分休息。

（5）有害气体、尘埃与微生物

注意猪场绿化，及时清除粪尿、污物，保持猪舍通风良好，做好清洗、消毒工作。

（6）噪声

噪声对猪的休息、采食、增重都有不良影响，会使猪的活动量增加而影响增重，还会引起猪惊恐，降低食欲。尽量避免突发性噪声，噪声强度以不超过 85 dB 为宜。

4. 性别、初生重和断奶重

（1）性别

猪的性别对生长育肥性能有很大的影响。相同体重的小母猪与阉公猪相比，采食量低

10%～12%，饲料利用率高 4%。未阉割的公猪瘦肉率最高。因此，在生长育肥猪的生产中，对不同性别的猪分别饲养，既可以充分发挥不同类型猪的特点，又能节约饲料。国外引进猪种和培育品种，因性成熟较晚，小母猪发情对育肥影响较小，育肥时只阉割公猪。

（2）初生重和断奶重

仔猪初生重、断奶重与育肥期增重之间呈正相关。加强对母猪的饲养和仔猪的培育，提高仔猪的初生重和断奶重，是提高生长育肥猪生产性能的良好的基础。提高同窝仔猪及同一组合的整齐度，要求原窝群饲，减少不必要的应激刺激。一群肉猪从起始时个体大小比较均匀，就有利于提高肉猪的生产效果和猪舍的利用率。

5. 疾病因素

疾病状态下，猪的采食量、生长速度和饲料利用率都受到严重影响。常规工作包括驱虫和免疫注射，并注意观察和治疗，以保持猪良好的健康状况。

三、生长育肥猪的饲养管理

1. 瘦肉型猪的饲养方式

（1）阶段饲养

阶段饲养是指在整个生长育肥期，把猪划分为不同的体重阶段，配合不同的日粮进行饲喂。阶段饲养的优点是为不同生长阶段和体重的猪提供更适宜的营养需要。按照猪在各个生长发育阶段的特点，采用不同的营养水平和饲喂技术，在整个生长育肥期能量水平始终较高且逐阶段上升，称为“一条龙”育肥法，又称直线育肥法。这一方法下猪增重快，饲料转换率高，是现代化养猪普遍采用的方式，不足是使猪沉积大量的体脂肪而影响瘦肉率。为兼顾增重速度、饲料转化率和胴体瘦肉率，商品瘦肉猪应采取“前敞后限”的饲养方式：60 kg 以前，按“一条龙”育肥法饲养；60 kg 以后，适当降低日粮能量和蛋白质水平，限制其每天采食的能量总量。

（2）分性别饲养

分性别饲养的目的是充分发挥各类不同猪的特点，又节约饲料。如前所述，不同性别的猪采食量、生长性能和胴体性能上存在显著差异，因此，小母猪日粮中的营养水平（如蛋白质和氨基酸）要高于阉公猪，以抵消小母猪采食量低造成的影响；公猪的瘦肉率最高，因此公猪日粮的蛋白质和氨基酸水平应最高。

（3）自由采食与限制饲养

自由采食有利于日增重，但猪体脂肪量多，胴体品质较差。限制饲喂可提高饲料利用率和猪体瘦肉率，但增重不如自由采食快。在生长育肥猪生产实践中，应兼顾增重速度、饲料转化率及胴体瘦肉率，在体重 60 kg 以前采取自由采食或限量饲喂的做法；体重 60 kg 以后适当限食，或采取适当降低日粮能量浓度而又不限量的饲喂方法是可行的。无论哪种性别的猪，在生长期都应采用自由采食的方式饲养，以获得最大的生长速度，并促进瘦肉的生长；但在育肥期，应对阉公猪进行一定的限制饲养，采食量应控制在随意采食量的 80% 左右，以期生产出瘦肉率更高的胴体。

2. 管理方法

（1）合理分群

群饲可以提高采食量，加快生长速度，有效地提高猪舍设备利用率以及劳动生产率，降低养猪生产成本。因此，生长育肥猪应根据品种和体重进行合理分群，一般把不同的品种分群饲养；同群内的猪按照体重合理分栏，一般要求仔猪阶段体重差异不宜超过4～5 kg，在断奶后体重差异不超过10 kg。分群分栏后除因为疾病等造成栏内体重过小的情况外，一般不应再频繁调动。确实需要进行调群时，要按照“留弱不留强”（即把处于不利争斗地位或较弱小的猪留在原舍，把较强的并进去），“拆多不拆少”（即把较少的猪留在原舍，把较多的猪并进去），“夜并昼不并”（即要把两群猪合并为一群时，在夜间并群）的原则进行，并加强调群后2～3天内的管理，尽量减少争斗发生。

（2）供给充足清洁的饮水

生长育肥猪饮水量随环境温度、体重和饲料采食量而变化。在春、秋季，正常饮水量为采食饲料风干重的4倍，占体重的16%左右；夏季约为5倍或体重的23%左右，冬季则为采食量的2～3倍或体重的10%。水是调节体温、饲料消化吸收和剩余物排泄过程中不可缺少的物质，水质不良会带入许多病原体，因此既要保证水量充足，又要保证水质。供水方式宜采用自动饮水器或设置水槽，保证育肥猪饮水充足，特别是在炎热的夏天，可降低猪的应激反应。当饮水器高度不合适、堵塞、水管压力小、水流速度缓慢时，都会影响到猪的饮水量，在猪的饲养过程中，缺水比缺料应激反应更严重。

（3）调教

调教就是根据猪的生物学习性和行为学特点进行引导与训练，使猪养成在固定地点排泄、躺卧、进食的习惯，这样既有利于其自身的生长发育和健康，也便于进行日常的管理工作。调教成败的关键在于抓得早（猪进入新舍前即进行）和抓得勤（勤守候、勤看管）。新合群或调入新舍时，可以从两方面着手进行训练：第一，防止强夺弱食，对喜争食的猪要勤赶，使弱者得到采食机会，并通过改进饲槽长度和投料方法次数来实现互不干扰。第二，形成固定地点，使吃食、睡觉、排便相对固定，保持猪圈干燥清洁，生活有序。

（4）创造适宜的小气候环境

育肥猪舍的环境应清洁干燥，空气新鲜，温度和湿度适宜。在炎热的夏季，降温是关键的管理措施。降温的方法很多，可采用水帘降温、房顶喷水、室外加遮阳网，目的都是提高猪的舒适程度，提高采食量。冬季则要注意防寒保暖，防御寒风，特别是防止贼风。同时，还要注重舍内换气和湿度控制，空气相对湿度以40%～75%为宜。对猪影响较大的是低温高湿和高温高湿，低温高湿会加剧体热的散失，加重低温对猪只的不利影响；高温高湿会影响猪只的体表蒸发散热，阻碍猪的体热平衡调节，加剧高温所造成的危害。同时，空气湿度过大时，还会促进微生物的繁殖，容易引起饲料、垫草的霉变。但空气相对湿度低于40%也不利，容易引起皮肤和外露黏膜干裂，降低其防卫能力，会增加呼吸道和皮肤疾病发生率。

（5）防止生长育肥猪过度运动和惊恐

生长育肥猪在育肥过程中，应防止过度的运动，特别是激烈地争斗或追赶，过度运动不仅消耗体内能量，更严重的是容易使猪患上应激综合征，突然出现痉挛、四肢僵硬，严重时会造成猪死亡。

四、生长育肥猪屠宰和猪肉品质评定

1. 屠宰

生长育肥猪的适时屠宰要结合日增重、饲料转化率、每 kg 活重售价、生产成本等因素进行综合分析。

（1）猪的屠宰要求

瘦肉型猪一般在 100 ~ 120 kg 左右屠宰；屠宰前禁食 24 h，允许饮水；严禁鞭打、拥挤、高温等有害刺激；实行宰前电击麻醉（高频低压）；采用切断颈部大血管放血法，击晕与宰杀间隔不超过 32 秒；烫毛温度 60 ~ 68℃。

（2）猪肉的卫生标准

无公害猪肉是指定点屠宰，检疫检验合格，符合猪肉卫生标准，所含有毒有害物质不超过最高限量的鲜猪肉、冻猪肉和可食性猪内脏。鲜猪肉是指生猪经屠宰后，经兽医卫生检验符合市场鲜销而未经加工的猪胴体及其内脏器官。冻猪肉是指生猪经屠宰后，经兽医卫生检验符合市场鲜销，并符合冷冻条件要求冷冻的猪胴体及其内脏器官。排酸肉又称冷却肉，是在严格控制 0 ~ 4℃、相对湿度 90% 的冷藏条件下放置 8 ~ 24 小时，使屠宰后的动物胴体迅速冷却，肉类中的酶将部分蛋白质分解成氨基酸，同时排空血液及占体重 18% ~ 20% 的体液，从而减少了有害物质含量的肉，食用更安全。

2. 猪肉品质评定

现代生长育肥猪生产对品质提出更高的要求。在养猪生产中，品质的含义包括胴体品质和肉质。

（1）胴体品质（carcass quality）

胴体品质主要包括胴体重、屠宰率、背膘厚度、眼肌面积、胴体长，腿臀比率以及皮、骨、肉、脂四种组织的质量和占胴体重的百分比。根据市场的需求或偏好，优秀的胴体品质可以定义为能生产出优质的脂肪或优质的瘦肉。随着经济的发展，市场和消费者越来越偏向于对胴体瘦肉的需求，因此胴体中瘦肉量越多、脂肪量越少，则品质越好，通常可以获得更高的经济效益。因此，胴体品质是反映生长育肥猪生产技术水平的重要依据。

（2）肉质（meat quality）

除胴体品质外，猪的肉质是另一个需要关注的方面。养猪生产者、肉类加工企业、贮存运输和销售商以及消费者对肉质的标准各不相同。在肉的各种物理化学特性中，肌肉的颜色、pH、系水力等三项指标是国际通用的区分生理正常与异常肉质［即苍白松软渗水肉（pale，soft，exudative meat，PSE；多称为 PSE 肉）］的指标；肌内脂肪和肌肉嫩度则反映了肉的食用品质。

① 肌肉颜色（meat color）：简称肉色，是肌肉的生理学、生物化学和微生物学变化的外部表现，可以很容易地用视觉加以鉴别。肉色的变化主要由肌红蛋白质决定。

② pH：pH 是反映宰杀后猪体肌糖原酵解速率的重要指标，宰后 45 ~ 60 min 度量的

pH（pH1）是区分生理正常和异常肉质（PSE 肉）的重要指标。

猪被屠宰后，一系列物理、化学和生物化学变化仍持续进行着。肌肉中有氧代谢转变为糖酵解后，产生乳酸的积累，导致肌肉 pH 降低。肌肉 pH 降低的速度和强度，对一系列肉质性状产生决定性的影响。肌肉 pH 降低首先导致肌肉蛋白质变性，使肌肉系水力降低，颜色变成灰白色，是形成 PSE 肌肉的重要机制。

正常肉样 pH1 多在 6.0 ~ 6.6 之间。如果 pH1 低于 5.9，又有肉色灰白（pale）、质地松软（soft）和肉的切面渗水（exduative）等，可判定为 PSE 肉。而 pH1 大于 6.5，肉色暗红（dark）、质地坚硬（firm）、肌肉表面干燥（dry），可判定为 DFD 肉。这两种情况均定义为劣质肉的表现，影响到食用效果。

③ 系水力（water holding capacity，WHC）：系水力是指当肌肉受到外力作用时保持其原有水分的能力。肌肉的系水力不仅直接影响肉的滋味、香气、多汁性、营养损失、嫩度、颜色等食用品质，而且具有重要的经济意义。

④ 肌内脂肪含量（intramuscular fat，IMF）：肌内脂肪是指肌肉组织内所含的脂肪，是用化学分析方法提取的脂肪量，不是通常肉眼可见的肌间脂肪。在主观品味评定中，富含适量肌内脂肪对口感、多汁性、嫩度、滋味等都有良好作用。肌内脂肪含量受品种因素的影响。中国地方猪种的肌内脂肪含量高于引入品种猪。肌内脂肪丰富是中国地方猪种肉质好的重要因素之一。

⑤ 嫩度（meat tenderness）：肉的嫩度是消费者对肉的口感惬意程度的重要指标。嫩度受多种因素的影响，例如品种、年龄、肌肉部位、肌纤维直径、肌肉化学成分、屠宰全过程，尤其是测定前处理工艺等。

（3）PSE 肉

PSE 肉是指宰后胴体肌肉在一定时间内出现肉色苍白、质地柔软、液汁外渗的现象。肉眼鉴定 PSE 肉可在常温状态下屠宰后 30 ~ 60 min 观察，严重者可从胴体表层肌肉明显看出系水性不良、外观亦差，同时因水分含量高而蛋白质低导致风味不佳，降低了猪肉的商品价值和利用价值。轻度的 PSE 肉可作鲜肉利用，而中度者则品质较差，加工利用时则加工制品不坚实，色泽和香味均差；轻度的 PSE 肉的加工制品品质较差，而中度者品质低劣；严重的 PSE 肉，无论作鲜肉用或加工用均不适当，没有利用价值。

产生 PSE 肉与遗传因素及环境刺激因素有关。皮特兰猪等品种 PSE 肉发生率较高。外界环境因素主要包括高温、运输、疲劳、剧烈运动以及电麻等。预防 PSE 肉发生的主要措施包括选育抗应激品系，日粮中添加维生素 E 和硒，减少宰前的各种应激措施和做好宰后处理等。

（4）DFD 肉

宰前猪处于持续的和长期的应激下，肌糖原都用来补充动物所需要的能量而消耗殆尽，屠宰时猪呈衰竭状态。宰后肌肉外观呈暗红色、质地坚硬、肌肉表面干燥的特征，即 DFD 肉。这类肉由于肌肉表面干燥、结构致密、嫩度差，既不适合鲜食用也不适合加工用。猪屠宰后肌肉呈现 DFD 特征与遗传因素无关，所有猪都可能发生，唯一条件是屠宰时肌肉中能量水平低、肌糖原耗竭，此时不能产生乳酸及不能正常的酸化，pH

也不会降低到 5.5 以下。因此，细胞内各种酶的活性得以保持，特别是氧合肌红蛋白的氧被细胞色素酶系统消耗掉而呈紫红色。同时，由于 pH 高，肌纤维不发生萎缩。为了防止 DFD 肉的产生，应避免使猪长期处于应激条件下，以保证屠宰时肌肉中能量水平适宜。

（5）其他异常猪肉

有时可见到脂肪呈淡黄色的猪肉，称为黄膘肉或黄脂，分为黄疸肉和黄脂肉。黄疸肉为病肉，绝对不能食用。黄脂肉主要由饲料或脂肪代谢障碍引起，黄染部位仅见脂肪，尤其皮下脂肪，肝胆无病变；吊挂 24 小时后黄色变浅或消失。为防止黄膘肉发生，应使鱼油量控制在给料量的 5% 以下，一般生鱼渣的给量限制在饲料量的 15%，并辅以淀粉类和 VE 等配合成混合料为佳。

心肌和骨骼肌变性，肌肉变白，称为白肌肉，是一种异常肉。白肌肉多发生于 20 日龄左右的仔猪，主要是饲料中缺乏硒和维生素 E。因此，应多喂富含维生素 E 的青绿饲料；在缺硒地区可按每千克体重肌肉注射 0.1 ~ 0.2 mg 亚硒酸钠，防止缺硒症。

软脂肉是指脂肪中不饱和脂肪酸含量高、熔点低、容易变质、也不容易切成薄片，主要是由于饲料配制不合理。腐败肉则主要由于加工贮藏方法不当引起。因此，应采取有效的贮存方法和必要的预防措施。

第六节　现代化养猪生产

一、养猪生产的工艺流程与工艺参数

现代化养猪生产工艺的制定主要依赖于猪的品种、机械化程度和经营管理水平等实际情况，因地制宜。生产工艺包括生产工艺流程、工艺操作实施要点和猪场建设与设施需求三个方面。现代化养猪普遍采用分段饲养、全进全出的生产工艺，它是适应集约化养猪生产要求，提高养猪生产效率的可靠保证。

1. 养猪生产的工艺流程

规模猪场的主要生产环节是配种、妊娠、分娩、保育、生长和育肥，可以划分为两种不同的工艺流程：即一场式一线生产工艺流程和两场式、三场式或多场式一线生产工艺流程。

（1）一场式一线生产工艺流程

指在一个地方，一个生产场按配种、妊娠、分娩、保育、生长、育肥组成一条生产线，适合规模小、资金少的猪场。其最大优点是地点集中，转群管理方便，猪群应激小；主要缺点是仔猪和公母猪、大猪在同一生产线上，易受疾病的垂直或水平传染，给仔猪健康和生长带来较严重的影响。根据商品猪不同生长发育阶段饲养管理方式的差异，一场式一线生产工艺可分为如下几种。

① 两段式生产工艺流程：这种生产工艺的特点是猪在断奶后直接进入生长育肥舍一

直养到上市，饲养过程中减少了应激。但由于较小的生长猪和较大的育肥猪饲养在同一类猪舍，增加了疾病预防的难度，也不利于机械化操作，且这种方式只适合规模小、机械化程度低或完全依靠人工饲养管理的猪场，其工艺流程如图 5-2。

② 三段式生产工艺流程：三段式生产工艺是国内部分规模化猪场主要采用的养猪生产模式。三段式生产工艺是将养猪生产分为配种妊娠期、产仔培育一体化期和生长育肥期三个阶段的生产工艺。母猪配种后经 114 d 的妊娠期，在预产期前 5～7 d 进入产仔栏，此为配种妊娠期。同批次妊娠母猪进入单元产仔栏分娩并哺乳新生仔猪，哺乳期一般为 25～28 d，断奶后将母猪驱至空怀舍参加下一个繁育周期，而仔猪留原舍（产仔栏内）进行保育，至 70～80 日龄（体重达到 20～25 kg 左右）为产仔培育期。此后，仔猪群整个单元周转至育肥舍饲养，直到达到 100 kg 时出栏为生长育肥期。这种工艺流程的主要特点是将哺乳期和保育期分开，加上生长育肥期共分三段饲养，其优点是猪群应激比较小，可根据仔猪不同阶段的生理需要采取相应的饲养管理技术措施，其工艺流程如图 5-3。

拓展阅读 5-3
四段式生产工艺流程

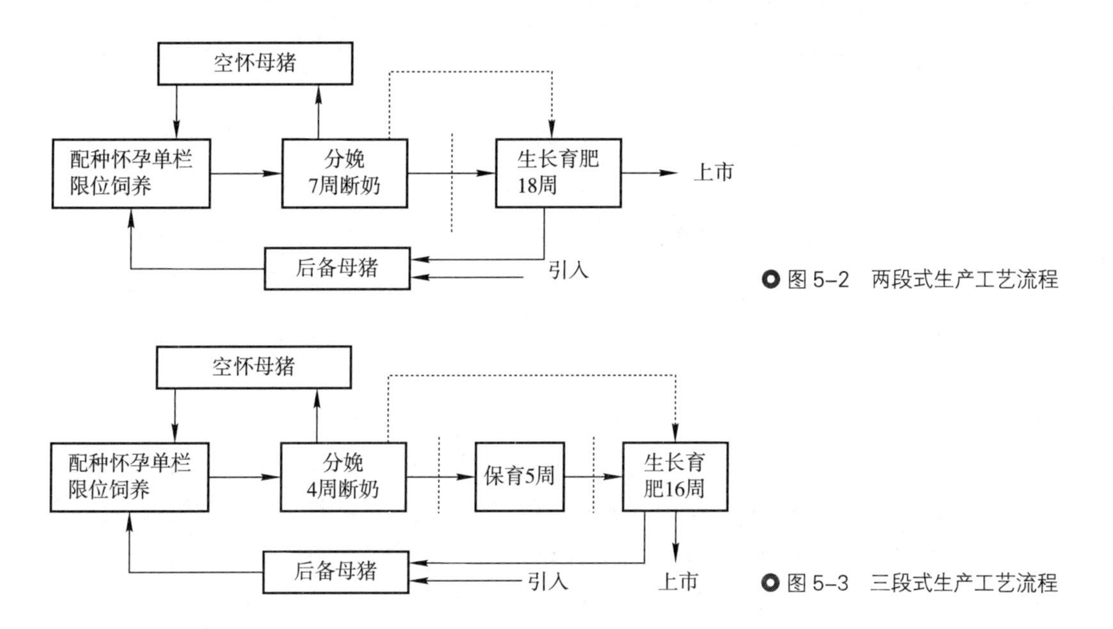

图 5-2 两段式生产工艺流程

图 5-3 三段式生产工艺流程

（2）两场式、三场式或多场式生产工艺流程

鉴于一场式一线生产工艺存在的卫生防疫问题及其对猪生产性能的限制，1980 年 Alexander 等提出了投药早期断奶法来获得与 SPF 同等卫生水平的仔猪的简易方法，后进行了进一步完善，形成了 SEW，即隔离式早期断奶技术。1993 年后，美国养猪界开始采用了一种新的生产工艺，是指仔猪在较小的日龄即实施断奶，然后转到较远的另一个猪场中饲养。它的最大特点是通过猪群的远距离隔离，防止病原物的积累和传染，实现仔猪早期断奶和隔离饲养相结合、提高各个阶段猪群生产性能的目的。SEW 可分两场式（图 5-4）、三场式（图 5-5）和多场式（图 5-6）生产工艺流程（图 5-4、图 5-5、图 5-6 中 A、B、C、D、E 代表不同场地）。

SEWF 有许多独立隔离的保育舍，分设在不同的地点。这类模式的好处是可大幅度地

图 5-4　两场式生产工艺流程

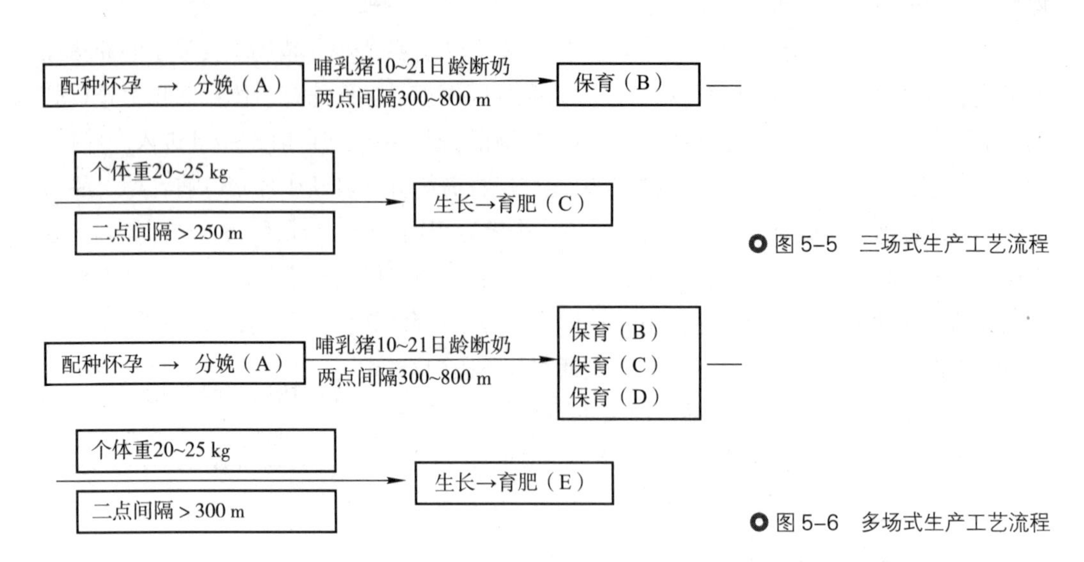

图 5-5　三场式生产工艺流程

图 5-6　多场式生产工艺流程

减少猪场发生传染病而带来的风险，万一某点发病，清场、消毒、复养较容易进行，不至于影响整个猪场的运作。

SEW 的主要优点是：在仔猪出生后 21 天前，其体内来自乳汁的特殊疾病抗体还没有消失以前，将仔猪进行断奶，然后转移到远离原生产区的清洁干净的保育舍进行饲养。由于仔猪健康无病，不受病原体的干扰，免疫系统没有激活，减少了抗病的消耗，不仅成活率高，而且生长非常快，到 10 周龄体重可达 30 ~ 35 kg，比一场式一线生产工艺流程高 10 kg 左右。美国明尼苏达大学的试验（1994）表明，10 日龄断奶的 SEW 猪（即采用 SEW 的猪）达到 18 kg 体重的生长速度比同窝 27 日龄断奶的非 SEW 猪提高了 23%。

两场式、三场式或多场式生产工艺流程的隔离距离最好尽可能远些，理想的距离应为 3 ~ 5 km，最少达 300 ~ 800 m（如以清除细菌性疾病为目的，应间隔 300 米以上；清除病毒性疾病为目的，应间隔 800 米以上）。如果条件允许，猪场中猪舍的间距也应当设计得大一些。

2. 养猪生产的工艺参数（表 5-3）

表 5-3　养猪生产的工艺参数

项目	参数	项目	参数
妊娠期 /d	114	35 日龄重 /kg	9.5
哺乳期 /d	21 ~ 30	60 日龄重 /kg	20
保育期 /d	30 ~ 35	育肥期平均日增重 /g	700 以上
断奶至受胎 /d	7 ~ 10	料肉比	2.8 ~ 3.0
母猪年产胎次	2.2 ~ 2.3	公母猪年更新率 /%	33

续表

项目	参数	项目	参数
母猪窝产仔数 / 头	10 ~ 12	发情期平均受胎率 /%	85
窝产活仔数 / 头	10	公母比例	1 ∶ 25
哺乳仔猪成活率 /%	95	圈舍冲洗消毒时间 /d	7
断奶仔猪成活率 /%	96	繁殖节律 /d	7
生长育肥猪成活率 /%	98	母猪临产前进产房时间 /d	7
初生重 /kg	1.2		

二、现代化养猪生产的主要模式

从养猪企业的经营模式看，目前我国养猪生产模式主要有“公司 + 农户”模式、“公司 + 基地 + 农户”模式和“自繁自养自加工”等模式。

“公司 + 农户”的经营生产模式以温氏食品集团为代表。由公司供应农户商品仔猪、饲料、兽药等生产资料，公司还提供统一技术与管理标准，其中技术标准包括免疫程序、保健程序等，管理标准指的是各类猪种各阶段的饲养方案。农户按统一标准，自行搭建猪舍进行商品猪养殖，待商品猪达到一定的规格（上市体重或上市日龄）后，公司保价回收和销售，最后统一核算金额。此模式下农户成为公司的契约养殖户，不承担市场风险；公司占用土地少，固定资产投资小，企业扩张速度快；饲养管理和发生疫病风险大；存在较大食品安全隐患；公司和农户在利益分配方面有所冲突，合作农户违约问题严重，农民弃养等导致企业回收商品猪、收回赊款风险较大。

“公司 + 基地 + 农户”模式：种猪由公司统一饲养，仔猪 21 日龄断奶后转至公司保育舍。育肥舍由农户进场契约代养，公司提供给农户 70 日龄的育肥猪，在饲养 105 d 后，公司回收 175 日龄的商品猪。此模式可大大缩减农户饲养周期、增加年饲养批次，并且农户无须增加保育的投入，即便是饲养量相同的情况下，农民也可增加收入。而且，农户进场饲养还可有效控制“公司 + 农户”模式下产生的“偷买偷卖”。

“自繁自养自加工”的一体化模式以牧原股份为代表，形成了生猪育种、种猪扩繁、商品猪饲养为一体的完整封闭式生猪产业链。采用“分阶段、流程化”的生产工艺，将生猪养殖分为“配种—妊娠—分娩—保育—育肥”5 个阶段并配置不同的猪舍。此模式可对生产过程进行严格控制，并且采用一些更科学的、先进的饲养方式，严格控制生产过程，极大地提高了产量和品质，为消费者提供安全、放心的食品。

从猪场的猪舍建筑模式看，养猪模式分平层养猪和楼房养猪。近年来楼房养猪方兴未艾。相较于平房养猪，楼房养猪的优势是大幅节约土地，减少饲料、断奶猪仔等的运输成本，还能提升养殖效率，促进规模化、智能化等。楼房养猪可以节约用地 90% 以上，节约用水 70% 以上。同时，封闭式的分区管理、智能化控制通风，可以确保生猪与外来疫病完全隔离。此外，粪污可以实现统一收集再利用。楼房养猪的劣势包括：前期工程造价高；由于饲养密度大，疫情防控难度大，对防疫要求更高。现代养猪工艺流程设计要求不断提高生物安全度，减少楼房层面的猪只转群流动性和人力物力消耗。提倡“产品专业化”“单层全程养殖”“小单元、小循环构建大规模”，包括猪舍通风、粪便处理、病死猪收集处理都要以楼层设置单独通道。病死猪要有统一密闭式通道集中处理，确保在生物安全应急情况下不受到污染影响。在楼房养猪工艺建筑设计中，需要建立“四大”系统，即人猪流通安全系统、饲料输送系统、小气候环境调控系统和污物收集处理系统。

拓展阅读 5-4
人工智能养猪

小　结

养猪业在国民经济中具有重要地位，猪肉占我国肉类消费的67%左右。猪的生物学特性是在长期的自然选择和人工选择的条件下形成的，与猪的生产力具有密切的关系，是科学养猪的依据。种猪生产的关键环节是配种、妊娠、分娩、哺乳和断奶，养好种公猪的关键措施是营养、运动和利用，而饲养种母猪的目的是提高母猪的年生产力。哺乳仔猪和断奶仔猪是发展养猪生产的物质基础，应尽量减少哺乳阶段和断奶阶段的死亡率，提高育成率和断奶重。商品猪生产目的是用最少的投入、在尽可能短的时间内，生产出数量多、品质好、成本低、绿色的猪肉，即高产、优质、高效、安全。

复习思考题

1. 猪的感觉行为有什么特点？举例说明如何在养猪生产中利用这些特性。
2. 试述猪的品种含义。我国有哪几类主要地方猪种？
3. 简述我国主要引入品种的生产性能及用途。
4. 种猪生产包括哪些关键环节？
5. 种公猪的饲养管理有哪些要点？ 种公猪的饲料有哪些要求？ 运动在种公猪的管理上有什么意义？怎样合理利用种公猪？
6. 如何进行母猪的发情鉴定和确定配种适期？可采取哪些措施促进母猪的发情排卵？
7. 影响母猪泌乳量的因素是什么？通过哪些饲养管理措施可以提高母猪的泌乳量？
8. 母猪在妊娠期和哺乳期的营养水平及饲料组成有什么要求？ 分娩前后的母猪的饲养管理有哪些特点？
9. 初生仔猪有哪些生理特点？为什么初生阶段最容易出现仔猪死亡？
10. 提高仔猪成活率和断奶重的技术措施有哪些？
11. 怎样选择仔猪饲料的原料？仔猪饲料有哪些要求？
12. 断奶仔猪的饲养管理特点有哪些？
13. SEW与一般的早期断奶有什么区别？
14. 影响猪育肥的主要因素有哪些？
15. 瘦肉型猪主要饲养方式有哪些？

参考文献

[1] 陈辉. 人工智能在养猪生产中应用研究进展 [J]. 猪业科学，2019，36 (4)：34-37.

[2] 纪孙瑞，邵水龙，周鉴卿. 母猪饲养新技术 [M]. 2 版. 上海：上海科学技术出版社，2003.

[3] 蒋思文. 畜牧概论 [M]. 北京：高等教育出版社，2006.

[4] 王林云. 现代中国养猪 [M]. 北京：金盾出版社，2007.

[5] 杨彩春，陈琼，陈顺友，等. 我国楼房养猪发展现状的浅析及改进措施探讨 [J]. 猪业科学，2020，37 (7)：34-38.

[6] 杨公社. 猪生产学 [M]. 北京：中国农业出版社，2002.

[7] 张金枝. 瘦肉型母猪饲养技术手册 [M]. 上海：上海科学技术出版社，2005.

[8] 赵书广. 中国养猪大成 [M]. 2 版. 北京：中国农业出版社，2013.

[9] 卓思凝，韦习会. 养猪企业经营模式的分析 [J]. 猪业科学，2015，32 (7)：46-49.

数字课程学习

◆ 视频　◆ 课件　◆ 拓展阅读　◆ 代表性品种图片

第六章 养牛生产

本章主要介绍牛的生物学特性、牛种资源、生产性能评定及饲养管理技术。通过学习，了解牛的生物学特性、品种资源及经济类型，掌握牛的消化生理特点及主要奶牛、肉牛品种特征及其生产性能评定指标以指导其饲养管理。了解奶牛、肉牛饲养管理环节，以及牦牛和水牛生产概况，重点掌握集约化、规模化条件下犊牛培育、产奶牛饲养管理及肉牛育肥技术，以及精准化、智能化饲养管理体系在牛生产中的应用。

第一节　牛的生物学特性

牛是草食动物，主要用于产奶、产肉和役用，奶牛、肉牛产业是畜牧业的重要组成部分。牛品种经过长期自然选择和人工选择，逐渐形成了不同于其他动物的生活习性和特点。在养牛生产中充分掌握其生活习性，是进行科学饲养管理、提高生产性能和经济效益的关键。

一、牛的形态特征

1. 普通牛的形态特征

（1）奶牛

奶牛是经过高度选育以产奶为主的牛种，我国奶牛主要为荷斯坦牛。大型奶牛（如荷斯坦牛）体格高大。小型奶牛（如娟姗牛）小巧玲珑，体躯结构匀称，属细致紧凑型体质；表现为皮薄骨细，皮下脂肪少，血管外露，被毛细、短，有光泽，肌肉发育适度；胸腹宽深，后躯较前躯发达，乳房大而丰满，乳静脉粗而弯曲；体态轻盈、优美。奶牛体型从前面、侧面、上面看均呈“楔形”，也称 3 个“三角形”。

（2）肉牛

大型肉牛体格高大结实，中小型肉牛体躯低矮；躯干宽深，背宽、平，腹小，四肢较短；属细致疏松型体质，表现为皮薄骨细，全身肌肉丰满、浑圆、疏松而匀称；被毛细密，皮下结缔组织发达，脂肪沉积多。肉牛体型的前视、侧视、背视和后视均呈“长方形”，整个体躯呈“长方砖型”。

2. 牦牛的形态特征

牦牛主要分布在青藏高原及周边高海拔地区，体格强壮，体型大小因地域或所处自然环境而不同。全身被毛长而密，尤其是腹下与体侧部被毛长而稠密，便于在雪地卧息；冬春季节被毛下着生绒毛以利于保暖。肩峰较突出，十字部较高，背腰略凹陷。头长而宽，嘴较尖，便于啃食矮草。有角或无角。毛色以黑色居多。四肢长，蹄大而坚实，适于山地行走。牦牛对高寒少氧、太阳辐射强烈的高原环境适应性强，耐寒怕热。

3. 水牛的形态特征

水牛是热带、亚热带地区特有的畜种。我国水牛体格短粗，骨骼粗壮，肌肉发达，前躯发育良好，后躯发育稍差，体质结实紧凑。头大小适中，面平额宽，鼻镜、鼻孔宽大。颈较粗，无垂皮和肩峰。胸宽深，背腰平直，腹大而不下垂。尻斜，尾短，四肢粗壮正直。母牛乳房小。毛色以青灰色、铁青色为主，四肢和腹下毛色较淡；皮肤厚为深灰色或黑色。犊牛出生时被毛密而长，随年龄增长被毛密度减小，成年牛被毛稀疏。水牛耐热怕冷，喜欢浴水滚泥。

二、牛的消化生理

牛能充分利用各种粗饲料和非蛋白质含氮物，就是因为其有独特的消化系统和生理机能。

1．牛的消化系统

牛的消化系统由口腔、食道、胃（瘤胃、网胃、瓣胃、皱胃）、小肠、大肠、肛门等消化道和消化腺（唾液腺、胃腺、肠腺、胰腺和肝）组成。

（1）口腔

牛无上切齿和犬齿，而有齿垫。嘴唇厚，吃草时靠舌头伸出将草卷入口中。

（2）食道

食道是自咽至瘤胃的通道，有很强的逆蠕动功能，既能输送草料进入瘤胃，又可使瘤胃内容物逆呕到口腔。

（3）胃

牛消化系统和消化的最大特点是有四个胃室，包括瘤胃（remen）、网胃（reticulum）、瓣胃（omasum）和皱胃（abomasum）。瘤胃接近牛胃总容积的 80%，大型牛约 220 L，小型牛约 120 L。瘤胃表面覆盖黏膜上皮，不分泌黏液、消化酶和盐酸，对饲料（尤其粗饲料）的消化和降解主要依靠瘤胃微生物来完成。瘤胃微生物主要为种类复杂的厌氧性纤毛虫、细菌和真菌等。据研究，1 g 瘤胃内容物中含 150 亿～250 亿个细菌和 60 万～180 万个纤毛虫，故瘤胃有“发酵罐”之称。瘤胃的主要功能，一是分解和利用糖类，如瘤胃微生物可将饲料中的纤维素逐级分解，最终产生挥发性脂肪酸（volatile fatty acid，VFA）；二是分解和合成蛋白质，即瘤胃微生物能将饲料蛋白质，或饲料中添加的非蛋白质含氮物质（如尿素、铵盐等），分解为氨基酸，再分解为氨、二氧化碳和有机酸，然后利用氨或氨基酸再合成微生物蛋白质。三是瘤胃微生物能以饲料中的某些物质为原料合成部分 B 族维生素和维生素 K。

网胃和瘤胃没有完全分开，功能基本相同，可帮助食团逆呕和排除胃内发酵气体。瓣胃内表面有许多星月状瓣叶，对来自网胃的食糜起到过滤、压榨作用。皱胃又称真胃，因其有消化腺，分泌胃蛋白酶并容纳胃液和胃酸，也是菌体蛋白质和过瘤胃蛋白质被消化的部位。

犊牛刚出生时，瘤胃体积很小，占四个胃总体积的 33%，10～12 周时增长至 67%，4 月龄时至 80%，1.5 岁时达到 85%，完成全部发育过程。犊牛到 3～6 周龄时，瘤胃内开始出现正常的微生物活动并逐渐开始反刍，6 月龄时建立完全的消化功能。

（4）肠

整个小肠均分布有消化腺，分泌的消化液与胰腺分泌物、胆囊分泌物一起进入肠管，共同对食物起消化作用。

（5）肛门

消化道最末端。食物由口腔进入，经胃肠消化吸收，代谢产物由肛门排出。

2．牛的特殊消化生理现象

（1）反刍

反刍也叫倒草、倒沫或回嚼，就像一种有控制的呕吐，是一种复杂的生理性反射过程，也是富含粗纤维的植物性饲料消化过程中的补充现象。犊牛在出生后 3～6 周龄出现反刍，如果训练犊牛提早采食植物性饲料，则反刍可提前出现。

（2）食道沟及食道沟反射

食道沟始于贲门，延伸至瓣胃口，收缩时呈一中空闭合的管子，可使食物穿过瘤－网胃直接进入瓣胃。哺乳期犊牛食道沟通过吸吮乳汁而出现闭合，称食道沟反射，使乳汁直接进入瓣胃和皱胃，以防牛乳进入尚未发育完善的瘤－网胃而引起细菌发酵和消化道疾病。哺乳期结束的育成牛和成年牛食道沟反射逐渐消失。

（3）瘤胃发酵及嗳气

瘤胃微生物不断发酵进入瘤胃中的饲料营养物质，产生大量挥发性脂肪酸及各种气体（如 CO_2、CH_4、H_2S、NH_3 等）。这些气体通过不断嗳气动作排出体外，以防止臌气。

三、牛的行为学特性

1. 群居和放牧行为

（1）群居行为

牛是群居家畜，具有合群行为。牛群在长期共处过程中经过争斗会建立起优势序列。放牧时，牛群不宜太大，一般以 70 头以下为宜，牛群过大则会增加争斗次数而影响采食；舍饲牛应有一定的运动场面积，一般每头成年牛运动场面积应为 15～30 m^2。

（2）放牧行为

牛的放牧行为即放牧吃草行为。牛一天用于吃草的累计时间为 8～9 h，每次连续吃草时间为 0.5～2.0 h；牛放牧采食时间白天约占 65%，夜间约占 35%。黎明和黄昏是牛吃草活动最活跃的两个时间。夏季中午炎热时，牛会寻找阴凉或有水的地方休息，而在清晨或傍晚天气凉爽时采食。

2. 繁殖行为

牛是单胎家畜，繁殖年限 10～12 年。普通母牛 14～22 月龄或体重达到成年母牛体重的 65%～75% 时开始配种，种公牛一般在 18～24 月龄体成熟时开始配种。公牦牛初配年龄为 3.5～4 岁，母牦牛为 3 岁。

3. 排泄行为

牛一般每天排尿约 9 次、排粪 12～18 次。牛排泄的次数和排泄量随采食饲料的性质和数量、环境温度以及牛品种和个体而异，如荷斯坦牛每天排粪约为 40 kg，而娟姗牛在同样情况下排粪约为 28 kg。一般牛在正常情况下，每天的排尿量为 10～15 kg。

四、牛对环境的适应性

各种牛对环境条件的适应性不同，普通牛对环境条件有广泛的适应性；牦牛生活在青藏高原及其周边地区，能适应高寒、少氧环境，是耐寒性最强的牛种；水牛主要分布于热带和亚热带地区，适应低洼、潮湿、高温的生活条件；瘤牛主要分布在热带和亚热带地区，是耐热性最强的牛种。

环境因素中，气温对牛的影响居首位，直接影响生长、泌乳、繁殖、生存等。普通牛种一般较耐寒而不耐热，最适温度范围为 10～20℃。高温环境或气温高于牛体温的环境下，牛的食欲降低、反刍次数减少、消化机能明显下降、甚至抑制皱胃的食糜排空活动；

持续长时间热应激情况下，牛的甲状腺机能降低。夏季气温高于26℃时，奶牛产奶量明显下降，高于35℃时产奶量下降达30%～50%，会造成较大经济损失。但气温低于牛适宜温度时，牛体产热量和体热散失量增加，饲料报酬降低。因此，北方地区冬季或冷季无舍饲条件时，肉牛育肥时生长速度会下降或出现“掉膘”的现象。另外，寒冷天气对妊娠母牛影响也很大，喝结冰水、雪水，吃冰冷的饲草料及受冻等，往往引起一些体弱的妊娠母牛子宫强烈收缩而造成流产。

第二节 牛的类型和品种

一、牛的生物学分类和经济类型

1. 牛的生物学分类

牛是一种多用途的家畜，既可产奶、产肉，又能役用。牛属于哺乳纲（Mammalia）、偶蹄目（Artiodactyla）、反刍亚目（Ruminantia）、洞角科（Bovidae）、牛亚科（Bovinae）。牛亚科是一个庞大的分类学集群，包括牛属（*Bos*）、水牛属（*Bubalus*）、非洲水牛属（*Syncerus*）、准野牛属（*Bibos*）和野牛属（*Bison*）。

牛属有普通牛（*Bos taurus*）、瘤牛（*Bos indicus*）和牦牛（*Bos grunuiens*）。普通牛又称家牛，包括我国地方黄牛品种如秦川牛、南阳牛等，奶牛如荷斯坦牛、娟姗牛等，以及肉牛如海福特牛、利木辛牛等。瘤牛鬐甲部高耸，形似瘤状。牦牛有家牦牛和野牦牛，野牦牛是家牦牛的祖先，体格较家牦牛大得多。

水牛属有亚洲水牛（*Bubalus bubalis*）、亚尼水牛（*Bubalus arnee*）、菲律宾水牛（*Bubalus mindorensis*，即民都洛水牛）、印尼水牛（*Bubalus depressiconis*，即低地安诺亚水牛）等。其中亚洲水牛可分为沼泽型和河流型两种类型，我国水牛主要为沼泽型。

准野牛属主要包括印度野牛（*Bibos gaurus*，即�牛）、林牛（*Bibos Sauvelis*）和大额牛（*Bibos frontalis*）。目前在我国云南省贡山独龙族怒族自治县的独龙江流域还生存有少量的云南大额牛（*Bibos yunnanesis*）。野牛属有欧洲野牛（*Bison bonasus*）和美洲野牛（*Bison bison*）。

2. 牛的经济类型

按经济用途，牛一般分为肉牛、奶牛、兼用牛、役用牛等几种经济类型。常见肉牛品种有国外的利木辛牛、夏洛来牛及我国近几年选育的夏南牛、延黄牛等，奶牛品种有荷斯坦牛、娟姗牛等，兼用牛品种有乳肉兼用品种西门塔尔牛、肉役兼用品种秦川牛等。我国习惯上将普通牛及瘤牛统称为黄牛。

二、牛的品种

中国牛品种遗传资源丰富。根据《中国畜禽遗传资源志·牛志》及国家畜禽遗传资源委员会2021年公布的最新遗传资源目录，我国共有中国地方黄牛（普通牛和瘤牛）品种

55个，培育品种10个，引入品种15个；中国地方水牛品种27个，引入品种3个；中国地方牦牛品种18个，培育品种2个；另外，还有大额牛品种独龙牛。

1. 中国黄牛

中国黄牛包括我国普通牛品种及瘤牛品种，是我国固有的、曾经长期以役用而目前多为肉役或役肉兼用为主的普通牛、瘤牛品种群体的总称，目前有近9 000多万头，约占我国牛总数的70%。中国黄牛耐粗抗病、性情温驯、能适应我国各地的气候及生态环境；用途广，以前以役用为主，改革开放后向肉用方向选育改良，目前多为肉役或役肉兼用。中国黄牛按分布区域、生态特征以及外形差异等可划分为中原黄牛、北方黄牛和南方黄牛三大地域类型。就体型大小而言，中原黄牛最大，北方黄牛次之，南方黄牛最小。主要的黄牛地方品种介绍如下。

（1）秦川牛

产于陕西省关中平原地区，为中国五大良种黄牛之一。毛色以紫红和红色为主，鼻镜肉红色。成年公牛平均体高142 cm，平均体重594 kg；母牛依次为125 cm和381 kg。秦川牛役用性能较好，肉用性能尤为突出，具有育肥快、瘦肉率高、肉质细、大理石纹状明显等特点。公、母牛初配年龄为2岁。母牛可繁殖到14～15岁。

（2）南阳牛

产于河南省南阳市，为中国五大良种黄牛之一。毛色以黄色最多。公牛平均体重648 kg，母牛412 kg。南阳牛肉质细嫩、颜色鲜红、大理石纹状明显。南阳牛体格高、步速快，是著名的“快牛”。母牛性成熟期较早，初情期为8～12月龄，2岁初配，利用年限5～9年。

（3）鲁西牛

产于山东省济宁市、菏泽市，为中国五大良种黄牛之一，毛色以黄色最多。成年公牛平均体重644 kg，母牛366 kg；公牛平均体高146 cm，母牛124 cm。18月龄平均屠宰率57.2%，净肉率49.0%。肉质细，脂肪分布均匀，大理石状花纹明显。母牛性成熟较早，一般10～12月龄开始发情，1.5～2岁初配，终生可产犊7～8头。

（4）晋南牛

产于山西省汾河下游的晋南盆地，为中国五大良种黄牛之一。毛色多为枣红色，成年公牛平均体重650 kg，母牛382 kg。耕作能力强，持久力大，最大挽力约为体重的55%左右。16～24月龄屠宰率、净肉率分别为59%～63%和49%～53%，育肥期平均日增重为681～961 g。性成熟期为9～10月龄，母牛初次配种年龄为2岁。

（5）延边牛

产于吉林省延边朝鲜族自治州，约有20万头以上。为中国五大良种黄牛之一。毛色为深、浅不同的黄色。公牛平均体重480 kg，母牛380 kg。产肉性能良好，易育肥，肉质细嫩，大理石花纹较明显。母牛20～24月龄初配。

2. 奶牛

奶牛是经过长期精心选育和改良，最适于生产牛奶的专门化品种。主要有荷斯坦牛、娟姗牛等，其中饲养量最多的是荷斯坦牛。

（1）荷斯坦牛

原产于荷兰，为世界著名乳用牛品种。被各国引入后，又经长期选育或同本国牛杂交而育成适应当地环境条件、各具特点的荷斯坦牛。由于各国的选育方向不同，分别育成了乳用型和乳肉兼用两大类型。

乳用型荷斯坦牛具有典型的乳用型牛外貌特征。体格高大，结构匀称。乳房发育良好、容积大，乳静脉粗大弯曲。毛色呈界限分明的黑白花片，额部有白星。成年公牛体重为 900～1 200 kg，体高平均为 145 cm，体长 190 cm；成年母牛依次为 650～750 kg，134 cm 和 170 cm。产奶量为各奶牛品种之冠。2000 年美国登记的荷斯坦牛平均年产奶量为 9 777 kg，乳脂率为 3.66%，乳蛋白率为 3.23%。

乳肉兼用型荷斯坦牛体格略小于乳用型，牛体呈矩形，乳房发育均称、附着好、多呈方圆形。成年公、母牛体重分别为 900～1 100 kg 和 550～700 kg。平均产奶量较乳用型低，年产奶量一般为 4 500～6 000 kg，乳脂率为 3.9%～4.5%。经育肥的公牛，500 日龄平均活重为 556 kg，屠宰率为 62.8%。淘汰的母牛经 100～150 d 育肥后屠宰，其平均日增重为 900～1 100 g。

中国荷斯坦牛原称中国黑白花牛，1987 年通过国家品种鉴定，1992 年农业部批准更名为“中国荷斯坦牛”。中国荷斯坦牛是由国外引进的各类型荷斯坦牛经长期选育或与各地黄牛进行三代以上级进杂交、选育逐渐形成的，也是我国唯一自主培育的乳用牛品种。中国荷斯坦牛外貌特征与世界各国的荷斯坦牛并无多大差别。成年公牛体重 1 020 kg，体高平均为 150 cm；成年母牛依次为 575 kg 和 133 cm。据约 8 000 头饲养管理条件良好、遗传基础优秀的头胎母牛产奶性能调查，中国荷斯坦牛 305 d 平均泌乳量为 7 965 kg，乳脂率 3.81%，乳蛋白率 3.15%。

（2）娟姗牛

原产于英吉利海峡的泽西岛（旧名娟姗岛），是英国的一个古老的小型奶牛品种。毛色为深浅不同的褐色，鼻镜、舌及尾帚为黑色。成年公、母牛平均体重分别为 650～750 kg 和 340～450 kg。平均产奶量为 3 500～4 000 kg。娟姗牛最大特点是乳质浓厚，乳脂率可达 5%～7%。乳脂肪球大、易于分离，乳脂黄色、风味好、适于制作黄油。另外，娟姗牛性成熟早，通常在 24 月龄产犊。娟姗牛还具有耐热和抗病力强的特点。

3. 肉牛

肉牛是经过选育、改良，适于生产牛肉的专门化品种。据估计，全世界有 60 多个专门化肉牛品种，其中我国育成 4 个肉牛品种。

（1）利木辛牛

又称利木赞牛，原产于法国利木辛高原，属大型肉用品种。毛色为黄棕色，口鼻、眼圈周围及四肢内侧和尾帚毛色较浅（“三粉特征”）。成年公、母牛体重相应为 950～1 200 kg 和 600～800 kg。公、母犊牛初生重相应为 36 kg 和 35 kg。利木辛牛早熟，是生产小牛肉的主要品种，8 月龄小牛就具有成年牛大理石纹状的肌肉，肉质细嫩、沉积脂肪少、瘦肉多。30～36 月龄体重为 600～750 kg 的育肥牛，屠宰率为 64%。成年母牛平均产奶量为 1 200 kg，乳脂率为 5%。母牛一般在 15～21 月龄配种，利用年限为 9 岁，平均产犊 6.4 头。利木辛牛体格高大、体躯长、结构好，性情温顺，对环境条件适应性强，耐粗饲，补偿生长能力较强，在肉牛杂交体系中起到良好的配套作用，被许多国家引入并使用。

（2）夏洛来牛

原产于法国夏洛来地区和涅夫勒省，是现代大型肉用品种之一。被毛为白色，也有浅奶油色个体；皮肤及黏膜为浅红色。体格大，体质结实，全身肌肉非常丰满，尤其是后腿肌肉圆厚，形成“双肌”特征。成年公、母牛活重分别为 1 100～1 200 kg 和 700～800 kg。夏洛来牛生长发育快，产瘦肉多，肉品质好。屠宰率 60%～70%，眼肌面积为 82.90 cm^2，胴体瘦肉率为 80%～85%。母牛初次配种年龄在 17～20 月龄，母牛难产率较高（平均为 13.7%）。我国利用夏洛来牛与地方黄牛品种杂交选育，育成了肉牛新品种——夏南牛和辽育白牛。

（3）海福特牛

原产于英格兰西部的海福特郡，是英国最古老的中小型早熟肉牛品种之一。具有典型的肉用牛体型。毛色主要为红色（个体间有深浅之别），具“六白”（头、颈下、腹下、四肢下部、鬐甲和尾帚）特征。成年公、母牛活重分别为 850～1 100 kg 和 600～700 kg。海福特牛增重快，肉质柔嫩多汁。18 月龄公牛体重可达 500 kg 以上，屠宰率一般为 60%～65%。早熟，耐粗饲，适宜放牧饲养，对环境条件适应性强。

（4）安格斯牛

原产于苏格兰北部，是英国古老的小型肉用品种之一。被毛一般为黑色，因无角又称无角黑牛；另外，还有被毛为暗红或橙红的红安格斯牛。体格较低矮，体质结实，全身肌肉丰满，具有典型的肉牛体型。成年公、牛活重分别为 800～900 kg 和 500～600 kg。生长发育快，早熟易育肥，具有出肉率高、胴体品质好、肉的大理石纹状好的特点。屠宰率一般为 60%～65%。耐粗饲，对环境条件适应性强，比较耐寒。

（5）中国肉牛品种

近年来，我国引入国外肉牛品种与本地黄牛杂交，选育出一些产肉性能优良的肉牛品种，如夏南牛、延黄牛、辽育白牛和云岭牛。夏南牛中心产区为河南省泌阳县，是以法国夏洛来牛为父本、我国南阳牛为母本，采用杂交育种方式选育而成的肉牛品种；夏南牛于 2007 年 5 月通过国家畜禽遗传资源委员会审定。延黄牛中心产区为吉林省延边朝鲜族自治州，是以利木辛牛为父本、延边牛为母本培育的肉牛品种；延黄牛于 2007 年 12 月通过国家畜禽遗传资源委员会审定。辽育白牛主要分布在辽宁省东部、北部和中部地区，是以夏洛来为父本、辽宁本地黄牛为母本，经过 30 余年努力选育成的肉牛品种；辽育白牛于 2009 年 11 月通过国家畜禽遗传资源委员会审定。云岭牛主要分布在云南的昆明、楚雄、大理等地，是我国第一个采用三元杂交（婆罗门牛、莫累灰牛和云南黄牛 3 个品种杂交）方式培育成的适应南方热带、亚热带地区的肉牛品种，具有适应性广、抗病力强、耐粗饲，繁殖性能优良等显著特点；云岭牛于 2014 年通过国家畜禽遗传资源委员会审定。

4. 兼用牛

兼用牛品种即具有两种或两种以上主要用途的品种，由于其生产方向有主辅的不同，体型上也有所偏向，主要指乳肉或肉乳兼用品种。

（1）西门塔尔牛

原产于瑞士阿尔卑斯山区的河谷地带，为大型乳肉兼用品种。目前，西门塔尔牛已成为世界第二大牛品种，其头数仅少于荷斯坦牛。西门塔尔牛毛色为黄白花或红白花，体躯长，肋骨开张，胸部发育好，尻部长而平，大腿肌肉发达。乳房发育较好，头、胸部、腹下和尾帚多为白色。成年公、母牛体重分别为 1 000 ~ 1 300 kg 和 600 ~ 800 kg。西门塔尔牛的平均产奶量为 3 500 ~ 4 500 kg，仅次于荷斯坦牛；乳脂率 3.64% ~ 4.13%。犊牛在放牧条件下日增重可达 800 g，舍饲育肥条件可达到 1 000 g，公牛育肥后屠宰率在 65% 左右。

中国西门塔尔牛为欧洲引进的西门塔尔牛与本地黄牛级进行杂交选育而成，于 2001 年通过国家验收。中国西门塔尔牛毛色多为黄白花或淡红白花。成年公牛体重 850 ~ 1 000 kg，体高 145 cm；母牛体重 550 ~ 650 kg，体高 130 cm。育种核心群 2 178 头平均产奶量为 4 300 kg，乳脂率 4.03%。经高强度育肥，97 头杂交改良西门塔尔牛 22 月龄平均体重 573 kg，屠宰率 61%，净肉率 50%。中国西门塔尔牛具有适应性强、耐高寒、耐粗饲、寿命长等特点，深受我国各地群众欢迎。

（2）短角牛

原产于英格兰东北部，具有肉用牛的典型外貌，全身毛色以红色居多，可分为肉用、兼用和乳用三种类型。角型有无角和有角两种。成年公、母牛活重分别为 900 ~ 1 000 kg 和 600 ~ 700 kg。阉牛育肥后屠宰率 65% 以上。英国兼用型短角牛平均产奶量为 3 310 kg，乳脂率 3.69%。我国引进的主要为乳肉兼用型短角牛。

（3）三河牛

产于我国内蒙古自治区呼伦贝尔市额尔古纳旗三河镇，并因此而得名，是我国自主培育的第一个乳肉兼用品种，其父本主要为西门塔尔牛。体质结实，肌肉发育好，体躯较长，乳房发育好，毛色以红（黄）白花为主。成年公、母牛体重分别为 1 050 kg 和 548 kg。母牛年产奶量一般为 3 600 kg，平均乳脂率 4.1% 以上。42 月龄经放牧育肥的阉牛，宰前活重 457.5 kg，屠宰率 53.11%，净肉率 40.2%。三河牛耐粗饲、宜放牧，能适应严寒环境。

（4）中国草原红牛

产于我国吉林省、内蒙古自治区等地，是由兼用型乳用短角牛与蒙古牛长期杂交选育而成的乳肉兼用型品种。毛色以紫红或红色为主。成年公、母牛体重分别为 760 kg 和 453 kg。放牧加补饲条件下，产奶量为 1 800 ~ 2 000 kg，泌乳期约 210 d。经短期育肥，3.5 岁阉牛屠宰重 500 kg，屠宰率 52.7%，净肉率 44.2%。对冬季严寒及夏季酷热干燥气候适应性好，耐粗放管理，是肉牛繁育的良好配套系之一。

（5）新疆褐牛

主要产于新疆维吾尔自治区伊犁哈萨克自治州，主要为瑞士褐牛与当地哈萨克牛长期杂交育成的乳肉兼用品种。体质健壮，肌肉丰满；背腰平直，乳房发育良好。全身被毛呈深浅不一的褐色。眼睑、鼻镜、尾尖和蹄壳呈深褐色。成年公、母牛体重分别为 950.8 kg 和 430.7 kg。全放牧条件下，秋季屠宰率 50.5%，净肉率 38.4%；平均产奶量

2 100～3 500 kg，乳脂率 4.03%～4.08%。新疆褐牛适应性好，耐粗饲，抗病力及放牧性能强，是适合于牧区饲养的优良品种。

（6）蜀宣花牛

主要分布在四川省宣汉县，是以宣汉黄牛为母本，瑞士的西门塔尔牛和荷兰的荷斯坦牛为父本，历经 30 余年选育而成的乳肉兼用型牛。蜀宣花牛于 2011 年通过品种审定。

5．瘤牛

瘤牛又称“高峰牛”，性耐热、耐旱、抗蜱，是热带、亚热带地区的特有牛种，与普通牛同为牛属，生物学特点与习性接近，种间杂交能生产后代，并还有一定杂交优势，故在我国常与普通牛一起称为“黄牛”。

（1）中国瘤牛

中国瘤牛是由原始瘤牛驯化而来，云南为起源地，主要分布于我国南方气候较为炎热的地区，主要有云南高峰牛、温岭高峰牛、雷琼牛等。中国瘤牛是我国宝贵的黄牛种质资源，对培育适应中国南方高温高湿气候的肉牛和奶牛新品种有重要作用。

（2）婆罗门牛

原产于美国西南部，是美国育成的肉用瘤牛品种。毛色多为银灰色，头或面部较长，耳大下垂，有角。公牛瘤峰隆起，母牛瘤峰较小，垂皮极为发达。成年公牛体高 150 cm，体重 800～1 000 kg；成年母牛体重约为 500～650 kg。出肉率高，胴体质量好，经育肥后屠宰率为 60%～65%。对饲料条件要求不严，适应性强，耐热，不受蜱、蚊和刺蝇的过分干扰，对传染性角膜炎及眼癌有抵抗力。利用年限长，合群性好，好奇胆小。婆罗门牛主要作为肉牛杂交的父本。

6．牦牛

牦牛属牦牛种，包括家牦牛和野牦牛，而家牦牛为野牦牛驯化而来。

（1）家牦牛

《国家畜禽遗传资源品种名录》（2021 年版）收录有家牦牛地方品种 18 个，培育品种 2 个。地方品种包括青海高原牦牛、西藏高山牦牛、九龙牦牛、玉树牦牛等，培育品种有大通牦牛及阿什旦牦牛。

（2）野牦牛

野牦牛是我国现存的珍贵野生牛种之一。主要分布在由雅鲁藏布江上游、昆仑山脉和祁连山西端环绕的高海拔（一般在 4 000～5 000 m 以上）寒漠中。目前总数有 2～4 万头。野牦牛体格高大，体质结实。全身被毛粗而密长，毛色为黑色或黑褐色。尾大膨起，形如马尾。成年野公牦牛体重 500～600 kg。配种季节多为 7～9 月，初情期多为 2 岁左右。野牦牛较家牦牛有更强的耐寒、抗逆特性，适应性极强。野牦牛与家牦牛杂交，表现出较强的杂交优势，且杂种公、母牦牛均有生殖能力，是目前我国各地改良家牦牛品种的重要手段。我国利用野牦牛与家养牦牛杂交，于 2005 年育成新品种大通牦牛。

7．水牛

水牛是热带、亚热带地区主要役用牛，其乳用、肉用性能也较好。据 FAO 统计，2017 年全球家养水牛数量达到 2.02 亿头，绝大多数分布在亚洲（97%），印度、巴基斯坦和中国是三个主要水牛饲养大国。

（1）中国水牛

广泛分布于长江流域及其以南18个省（直辖市、自治区），有26个水牛地方品种，包括海子水牛、盱眙山区水牛、温州水牛等。云南省腾冲市的槟榔江水牛是我国第一个地方河流型水牛品种，2008年通过国家畜禽遗传资源委员会的审定，其他中国地方水牛类群均为沼泽型。我国于1957年和1974年分别从印度和巴基斯坦引入摩拉水牛和尼里－拉菲水牛，于2012年和2015年引入两批地中海水牛。

我国水牛各地方品种的共同特征是体躯短粗，腹大，骨骼粗壮，后躯较前躯发育差，尻斜，头几乎与地面平行。角粗、长，向左右平伸并向内弯曲，呈新月形或弧形。母牛乳房小。全身被毛深灰色或浅灰色居多。成年公牛体重为450～650 kg，体高为125～142 cm；成年母牛相应为400～620 kg和120～140 cm。

水牛肌纤维较粗，肉色暗红，但肉味鲜美。2岁公水牛阉割后育肥，平均日增重0.64 kg，屠宰率48.5%，净肉率36.9%。公水牛一般在1.5岁开始性成熟，2.5～3岁配种，4～8岁为繁殖旺盛期。母水牛初配年龄2.5～3岁，常年发情，但发情旺季一般在8～11月，妊娠期为330 d左右；一般3年产2犊，终生产犊8头以上。

中国水牛体质结实强健，分布广，耐粗饲，放牧性好，性情温顺，利用年限长；耐热，对当地环境条件适应性强。抗血吸虫病和焦虫病的能力强，在我国南方的农业生产和畜牧业生产中具有很大的经济价值。

（2）摩拉水牛

原产于印度亚穆纳河西部地区。四肢粗壮，体格比中国水牛大，角短，向上向后内弯曲，呈螺旋状。被毛稀疏且多为黑色，尾帚白色或全黑。乳房发育良好。成年公、母牛活重分别为969 kg和648 kg。24月龄公牛育肥55 d，日增重0.35 kg，屠宰率和净肉率分别为55.9%和43.2%。摩拉水牛以产奶量高而著称，在原产地泌乳期产奶量1 400～2 000 kg，平均乳脂率7.0%。繁殖具有明显的季节性，在炎热季节母水牛一般不发情。摩拉水牛与本地水牛杂交的杂交一代产肉性能比当地水牛有不同程度的提高，且有更强的抗热和抗病能力。

（3）尼里－拉菲水牛

又称为尼里－瑞菲水牛，原产于巴基斯坦。母牛乳房发育良好；公牛粗壮结实，全身肌肉较丰满。呈玉石眼（虹膜缺乏色素），角短、基部宽广，呈螺旋状。皮肤、被毛通常为黑色。成年公、母牛体重分别为800 kg和600 kg。该水牛以产奶量高而闻名于世。泌乳期305 d产奶量为2 000～2 700 kg，乳脂率6.9%。

尼里－拉菲水牛与我国当地水牛杂交效果较好，杂种的泌乳性能可达到尼里－拉菲水牛的水平，产肉性能也有不同程度的提高。

第三节　牛的生产性能及其评定

一、奶牛生产性能及其评定

奶牛是一种生产力很高的家畜，较肉牛的生产力约高 4 倍。为了更好地发挥奶牛生产性能，首先需了解牛奶组成及其营养价值、合成分泌机制以及评定奶牛生产力的主要指标。

1. 牛奶的组成及其营养价值

牛奶是牛分娩后从乳腺分泌的一种白色或略带黄色的不透明液体，是由多种物质组成的混合物。按照泌乳期，可将乳分为初乳和常乳。初乳是奶牛分娩后 5～7 d 所分泌的乳汁，色黄而浓稠。常乳是奶牛分娩一周后到停止挤奶前一周所分泌的乳汁，是乳制品加工的主要原料。

（1）牛奶的组成

牛奶是一种化学成分复杂、结构有序、具有胶体溶液性质的液体，为多种成分的生物营养液。牛奶中至少有 100 余种化学成分，主要为水分、蛋白质、脂肪、乳糖、无机盐、维生素、磷脂、酶、色素、气体及其他微量成分，干物质含量在 12% 左右。牛奶各成分含量在牛品种或个体间有较大差异，且在泌乳期中也有变化。

（2）牛奶的营养价值

牛奶具有犊牛生长发育所必需的全部营养成分。牛奶也为人类提供重要的必需营养素，如氨基酸、钙、磷、钾、B 族维生素等营养物质。牛奶的营养价值常用干物质中营养成分的含量表示。①乳蛋白主要有酪蛋白、白蛋白和球蛋白。乳蛋白含有人体营养所必需的各种必需氨基酸和非必需氨基酸，是一种全价蛋白质，且乳蛋白极易被人体消化吸收；乳球蛋白与免疫有关，也称免疫球蛋白。②乳脂肪是牛奶和乳制品中最重要的成分之一，且含有一定数量的必需脂肪酸，是脂溶性维生素的重要载体，也影响乳制品的组织结构、状态和风味。乳脂肪的熔点低于人体温，且处于乳化状态，易于人体消化吸收。溶于乳脂肪中的磷脂主要有卵磷脂、脑磷脂和神经磷脂三种，磷脂在动物机体的生理机能和磷代谢方面起着重要作用。③乳糖在自然界中仅存于乳中，含量在 4.5% 左右，占干物质的 38%～39%，且相对稳定。乳糖对幼儿智力发育和人体对钙的吸收有重要作用。④牛奶中含有过氧化物酶、还原酶、乳糖酶等多种酶类，对促进牛奶的消化吸收具有重要作用。同时牛奶中含有人体必需的各种维生素，脂溶性维生素在动物机体内不能被合成，只能由前体物转化。

2. 产奶性能及其评定

奶牛产奶性能的测定是奶牛场的重要工作之一，是进行选育效果评定、饲料报酬验证、等级评定、生产计划制定、成本核算等的依据。

（1）个体产奶量

一般使用个体全泌乳期实际产奶量、305 d 产奶量及 305 d 校正产奶量来评定个体产奶量。①个体全泌乳期实际产奶量是指每头牛每次产奶量，由挤奶员记录，每天产奶再由统计员统计，然后计算出全泌乳期产奶量。这种统计方法准确但工作量大。中国奶牛协会建议每月记录 1 次，将每次所得的数值乘以所隔天数，然后相加，最后即得出每月产量和泌乳期产量。②个体 305 d 产奶量是奶牛产犊第一天开始到第 305 d 为止的产奶总量，泌乳期不足 305 d 者按实际产奶量计算并注明天数；泌乳期超过 305 d 者，超出部分不计在内；③个体 305 d 校正产奶量以统计 305 d 产奶量为标准，对实际产奶天数不足或超过 305 d 的进行适当校正，获得理论的 305 d 产奶量。

（2）乳脂率

乳脂率为乳中所含脂肪质量的百分率。可在全泌乳期中每月测定一次，或在第 2、5、8 泌乳月各测定一次，并根据以下公式计算出平均乳脂率。

$$平均乳脂率 = \sum(F \times M) / \sum M$$

式中，F 为相应时间段乳脂率的测定值，M 为相应时间段的总产奶量。

（3）4% 标准乳

不同牛个体所产的奶，其乳脂率高低不一。为评定不同个体间产奶性能的优劣，应将不同乳脂率的奶校正为同一乳脂率的奶，然后进行比较。常用的方法是将不同乳脂率的奶都校正为 4% 的标准乳（fat-corrected milk，FCM）。其校正计算公式为：

$$FCM（4\% 标准乳）= (0.4 + 0.15 \times F) \times M$$

式中：F 为实际乳脂率；M 为乳脂率为 F 的牛奶产奶量。

（4）排乳速度

一般用平均每分钟的泌乳量来表示。排乳速度是评定奶牛生产性能的重要指标之一，排乳速度快的母牛，有利于挤奶厅集中挤奶。

（5）前乳房指数

指一次挤奶中前两个乳区挤奶量占总挤奶量的百分比。奶牛四个乳区往往产奶量并不一致，左右乳区挤奶量相等，而后乳区的挤奶量显著多于前乳区。因此，前乳房指数是度量各乳区泌乳均衡性主要指标。

3. 奶牛生产性能测定（DHI 测定）

奶牛生产性能（dairy herd improvement，DHI；直译为“奶牛群体改良”，又称奶牛记录体系）测定自 1906 年诞生至今，已经过 100 多年的发展完善，为奶牛场配种、繁殖、饲料、营养、疾病、牛奶质量调控提供各类可参考依据，也是奶牛遗传改良的性能测定数据来源。

（1）DHI 测定指标

DHI 测定指标包括产奶性能、繁殖性能和体型评定等，具体项目包括日产奶量、牛奶干物质、乳蛋白、乳脂肪、乳糖、尿素氮（正常范围 10～18 mg/100 mL）、体细胞数、泌乳天数、胎次、校正奶量、上一次产奶量、泌乳持续力（测定日奶量与上一次测定日奶量之比）、脂蛋白比（乳脂率和乳蛋白率的比值）、高峰日、高峰奶量、90 天产奶量等。

（2）DHI 测定流程

DHI 测定流程主要包括奶牛基础信息及泌乳信息记录、乳样采集和实验室分析、数据处理并形成 DHI 报告 3 部分。奶牛场向 DHI 测定中心填报牛号、出生日期、父号、母号、本胎产犊日、胎次、奶量、母犊号、母犊父号等基础信息，以及每月填报繁殖、产奶量等泌乳信息。每月用特制的加有防腐剂的采样瓶采集一次泌乳样，奶样总量约为 40 mL；每日 3 次挤奶者早、中、晚奶样的比例为 4：3：3，每日 2 次挤奶者早晚奶样的比例为 6：4；乳样送 DHI 测定中心或者指定实验室测定乳成分、体细胞等数据。DHI 测定中心定期汇总并分析奶牛场记录和测定数据，形成 DHI 测定报告，奶牛场或根据报告改善饲养管理，并开展奶牛遗传改良。

（3）DHI 测定指标的应用

通过分析 DHI 测定指标，可以用于指导奶牛生产。

牛群产奶量：可以精确提供并衡量每个个体产奶情况，结果可用于分群管理、日粮配制及调整、饲养管理措施改变后生成水平的变化等。

测定日产奶量：是精确衡量每头牛产奶能力的指标。通过计量每头牛的产奶量，区分高低产奶牛，进行分群饲养，根据产奶量给予不同的营养需要。

平均泌乳天数：体现牛群繁殖性能及产犊间隔，可用来监测牛群繁殖状况，而后再查找影响繁殖的因素。如果牛群为全年均衡产犊，其平均泌乳天数 150～170 d 为宜；如果测定数据远远高于这个水平，表明存在繁殖问题，导致产犊间隔延长，将会影响下一胎次正常泌乳。另外，依据测定报告分析泌乳天数、日产奶量、校正奶量及繁殖状况，有利于制订繁殖配种计划。

高峰产奶量、高峰日和峰值比：①高峰产奶量是指牛个体在某一胎次中最高的日产奶量，高峰产奶量与本胎次总产奶量存在密切正相关关系，高峰产奶量较高的牛只，305 d 产奶量也高。②高峰日是指产后高峰产奶量出现的时间，一般在产后 6 周左右出现，若每月测定一次，其峰值日应出现在第二个测定日，即应低于平均值 70 d；若大于 70 d，提示有潜在的奶量损失，应检查干乳期长短、产犊时膘情、干乳牛日粮配方、产犊管理、干乳牛日粮向产奶牛日粮过渡的时间、泌乳早期日粮是否合理等。③峰值比是以头胎牛高峰产奶量除以其他胎次奶牛高峰产奶量。一般牛群峰值比变化范围在 76%～79%；若比例小于 75%，说明没有达到应有的泌乳高峰，头胎牛或育成牛的饲养管理可能存在问题。

泌乳持续力：是根据日产奶量与前次测定日产奶量计算所得，用于衡量测定固定间隔内奶牛产奶变化，也表示产奶高峰后母牛产奶量下降的速度。泌乳持续力高，可能预示着前期的生产性能表现不充分，应改善前期营养不良的情况。泌乳持续力低，表明目前饲料配方可能没有满足奶牛产奶需要，或者乳房受感染、挤奶程序、挤奶设备等其他方面存在问题。

乳脂率、乳蛋白率和脂蛋白比：①乳脂率和乳蛋白率反映奶牛营养状况，乳脂率低可能是瘤胃功能不佳，代谢紊乱，饲料组成或饲料物理形式大小、长短有问题等的指示性指标。②脂蛋白比是牛奶乳脂率与乳蛋白率的比值，正常情况下应在 1.12～1.30 之间。此指标可用于检查个体牛只、不同饲喂组别和不同泌乳阶段牛只的状况。高产奶牛的脂蛋白比偏小，特别是处于泌乳 30～60 d 的牛只。高脂蛋白比可能是日粮中蛋白质和非降解蛋白不足；而低脂蛋比则相反，可能是日粮中有较高的谷物精饲料或者粗纤维比例低。

体细胞计数（SCC）：是指牛奶中的巨噬细胞、淋巴细胞和多形核白细胞

（polymorphonuclear leukocyte，PMN）等，关系到牛奶产量、质量以及牛只健康状况，也是奶牛乳房健康水平的重要标志。其数值的多少可以用来诊断奶牛是否患上乳腺炎或隐性乳腺炎，有助于及早发现乳房损伤或感染、预防治疗乳腺炎，同时还可降低治疗费用，减少牛只的淘汰，提高牛只产奶能力。奶牛理想的体细胞数：第 1 胎≤15 万 /mL，第 2 胎≤25 万 /mL，第 3 胎≤30 万 /mL。

拓展阅读 6-1
现代奶牛生产管理评分

牛奶中尿素氮（milk urea nitrogen，MUN）含量：正常值在 12～18 mg/mL，过高，说明日粮中蛋白质含量过高或日粮中能量不足，日粮中蛋白质没有有效利用造成浪费；过低伴随低乳蛋白，表明日粮蛋白质不足或能量不足。MUN 与奶牛的繁殖率呈负相关关系，也影响饲料转化率和生产性能发挥。

4. 影响奶牛产奶性能的主要因素

奶牛产奶性能包括产奶量和牛奶质量等方面。牛奶中脂肪和蛋白质含量是最重要的两个质量指标。影响奶牛产奶性能的因素很多，归纳起来为三个方面，即遗传（如品种、个体）、生理（如年龄与胎次、体型大小、初产年龄与产犊间隔、泌乳阶段）和环境（如挤奶技术、饲养管理、产犊季节与外界温度、疾病与药物等）。

（1）品种与个体

不同品种的牛产奶量差异很大。从牛种看，水牛及牦牛产奶量低，但乳脂率要高于奶牛；从品种看，娟姗牛产奶量低于荷斯坦牛，但乳脂率高于荷斯坦奶牛。同一品种不同个体间因遗传基础不同，即使在同样环境条件下，产奶量和乳品质也有较大差异。

（2）年龄和胎次

奶牛各胎次的产奶量随年龄或胎次而逐渐增加，达到高峰后又逐渐下降。一般而言，若以 7～8 岁壮龄时年产奶量为 100%，则初胎牛和二胎牛产奶量为其 60%～70%，第五、六胎时产奶量达到最高峰。

（3）体格大小

一般情况下奶牛体型大，消化器官容积大，采食量多，产奶量较高。但过大的体型并不一定产奶量就多，在饲养管理上也不利。荷斯坦奶牛体重在 600～700 kg 时产奶量相对较高。

（4）初产年龄

初产年龄过早，会影响个体生长及泌乳器官发育，不仅影响产奶量，而且也不利于牛体健康；初产年龄过晚，则会使终生的产犊头数、泌乳胎次减少，且增加饲养成本。在一般情况下，育成母牛体重达到成年母牛体重 70% 左右时即可配种，即 14～15 月龄配种、24 月龄左右第一次产犊较为有利。

（5）产犊间隔

产犊间隔是指两次产犊之间的时间。最理想的是母牛一年一产，即妊娠期 10 个月（280 d 左右），空怀期 2 个月。因此，母牛产犊后应尽量使其在 60～90 d 内配种受孕，则可有效地缩短产犊间隔时间，增加终生产奶量。

（6）泌乳期

奶牛自产犊后产乳开始直至干乳期间的时间称泌乳期。①奶牛在一个泌乳期内产奶量多呈规律性变化，即奶牛分娩后几天产奶量较低，随产后身体和生殖道的恢复，产奶量不断增加，在 20～60 d 出现高峰（低产奶牛在产后 20～30 d，高产奶牛在产后 40～60 d）；高峰期维持 1～2 个月（高产奶牛可达 2 个月左右），然后开始缓慢下降。奶牛泌乳期产奶量变化可用泌乳曲线表示，反映了产奶量随泌乳月份的变化规律，是改善饲养管理的一种依据。②不同的泌乳阶段其牛奶组成有很大变化。初乳中含有大量的蛋白质；泌乳高峰期，乳脂率和乳蛋白率开始下降；在泌乳末期，乳脂率和乳蛋白率又开始升高。

（7）挤奶技术

合理的挤奶次数，适宜的挤奶间隔，再加上对乳房的精心按摩和熟练的挤奶技术是提高产奶量必不可少的重要条件。目前我国多数奶牛场日挤奶 3 次。

（8）饲养管理

奶牛产奶量的遗传力中等，为 0.25～0.30；环境因素对产奶量影响较大，占 0.70～0.75。在外界环境中，饲养管理是影响奶牛生产力最重要的因素，特别是日粮营养价值、饲料种类与品质、贮藏加工技术及日常管理等。一般而言，粗饲料数量和质量，尤其是日粮中纤维素含量对乳脂率有较大影响，因为粗纤维是牛瘤胃中乙酸的来源，而乙酸是主要的能量来源，同时也是牛奶脂肪合成的必需物质。饲喂大量精饲料会增加丙酸形成，降低乙酸含量，导致乳蛋白增加和乳脂率降低。

（9）产犊季节及外界温度

我国母牛最适宜产犊季节是在冬、春季，有利于提高产奶量。从外界气温来看，荷斯坦奶牛最适宜气温是 10～16℃。当外界温度升高时，奶牛呼吸频率加快，采食减少，使产奶量下降。高产母牛或泌乳高峰期奶牛受热威胁的影响甚于低产母牛。

（10）奶牛健康状况

奶牛健康状况较差或患病，对产奶量影响十分明显。①奶牛乳房如果发生感染，乳腺组织破坏增加，奶牛产奶能力下降。测定奶中体细胞数的方法是检查奶牛乳房炎感染的一种定量方法，体细胞数愈多，则表明感染愈严重，其产奶量损失愈大。据估计，如果一个 1 000 头奶牛的牛群，通过良好的管理，平均体细胞数从 80 万降到 40 万，产奶量每年可增加 182 000 kg。②奶牛在患病时，奶的组成会发生变化。用药物后，也会转移于乳中，使乳产生异色异味。

二、肉牛生产性能及其评定

产肉性能是肉牛主要生产力指标，包括育肥性能（或生长速度）、屠宰性能、胴体产肉力、牛肉营养价值及肉品质等。产肉性能是拟定肉牛育种指标、评定种用价值的依据，也是组织生产、获取高产优质牛肉产品及提高经济效益的基础工作。

1. 牛肉的组成及其营养价值

（1）形态学组成

牛屠宰后，除去头、皮、蹄、血及内脏的部分称为胴体，胴体剔除骨骼即是净肉，而把头、蹄、内脏等称为“杂碎”或“下水”。肉牛胴体主要包括肌肉组织 50%～60%、骨骼组织 15%～20%、脂肪组织 20%～30% 和结缔组织 9%～11%。

（2）化学组成及营养价值

牛肉主要由水分、蛋白质、脂肪与灰分所组成。不同肥度、年龄的肉牛屠宰后其营养成分，尤其是脂肪沉积量和水分含量有较大差异。中等肥度牛肉水分含量约为 68.3%，蛋白质 20%，脂肪 10.7%，灰分 1.0%。与其他畜禽肌肉相比，牛肉蛋白质含量高，氨基酸种类齐全且平衡，脂肪和胆固醇含量低，钙少而磷与铁含量丰富。

2. 产肉性能测定与计算

（1）生长速度及育肥性能指标

主要包括活重、日增重和饲料报酬（饲料转化效率）。

活重：指肉牛某一时间点所称取的体重。活重在早晨空腹前称取。肉牛生产中常测定初生重、断奶重、12 月龄重、18 月龄重、24 月龄重、育肥初始重和育肥末重。

日增重：可通过测定阶段体重计算获得。如某阶段期末重减去起始重，再除以饲养期天数，即为日增重。日增重是衡量牛生长发育和育肥效果的重要指标。

饲料转化效率：为肉牛每单位增重所消耗的饲料干物质量，是考核肉牛经济效益的指标。

（2）屠宰及胴体测定指标与计算

宰前重：屠宰前绝食 24 h，临屠宰时的实称体重。

胴体重：屠宰放血后除去头、尾、皮、蹄和内脏（留肾及肾周脂肪）后的胴体质量。

骨重：胴体剔除肉后所有骨骼的质量。

净肉重：胴体除去剥离的骨、脂肪后的净肉质量。

眼肌面积：第 12 和 13 肋骨间眼肌横断面的面积（cm^2）。一般在 12 肋骨前缘用硫酸纸描绘左、右半胴体的眼肌面积，用求积仪或方格透明卡片（每格 1 cm^2）算出眼肌面积值。

屠宰率：胴体重占宰前活重的比率。超过 50% 为中等指标，超过 60% 为高指标。

净肉率：净肉重占宰前活重的比率。良种肉牛一般在 45%～50%。

（3）肉质指标测定与计算

肉质为综合性状，主要包括肌肉颜色、嫩度、系水力、大理石纹等指标。

肌肉颜色：主要取决于肌肉中肌红蛋白和血红蛋白的含量与性质，与肉牛品种、饲料、屠宰工艺等有关。肉色一般呈现为鲜红色到深红或紫色。

嫩度：嫩度指肉在食用时口感的老嫩，反映了肉的质地，一般用肌肉嫩度剪切仪测定并用剪切力值（kgf 或 N）表示。肌肉嫩度与牛的年龄、肌肉脂肪含量、宰后嫩化工艺等有关。当牛肉剪切力值小于 4.2 kgf 时，肉质较嫩而消费者易于接受。

系水力：指当肌肉受到外力作用时（如加压、切碎、加热等），保持其原有水分的能力。系水力与肉的色香味、营养成分、多汁性、嫩度等食用品质有关，一般用失水率或滴水损失（drip loss）衡量。牛肉失水率一般为 27%～35%。

大理石花纹：脂肪沉积在肌纤维之间或肌纤维内部，形成明显的红白相间排列状态。大理石花纹与牛肉嫩度和风味密切相关，是牛肉质量等级评定的主要指标。一般根据第 12～13 肋骨间眼肌横切面脂肪分布情况评定大理石花纹等级。

3. 肉牛生长发育规律

犊牛出生后，在良好饲养管理条件下，12 月龄以前生长速度很快，以后明显变慢，成年后生长速度最慢。犊牛哺乳期（出生～6 月龄）生长强度远大于 6～12 月龄，增重的主要部分为骨骼、内脏和肌肉；因此除哺乳外，还要饲喂蛋白质丰富的饲料，以保证其生长需要。断奶后生长速度仍然较快，1 岁幼牛的增重最快，2 岁时增重为 1 岁时的 70%，3 岁时的增重仅为 2 岁时的 50%。因此，青年牛（如架子牛）适宜于较长期育肥；3 岁以后的成年牛体型、体重保持相对稳定，增重速度下降，体内脂肪沉积能力不断提高，适宜于 3～4 个月短期育肥。

体组织的增长主要指骨骼、肌肉及脂肪的生长。初生犊牛肌肉、脂肪发育较差，骨骼占胴体比重高。随年龄增长，肌肉生长由快到慢，脂肪则由慢到快，而骨骼生长速度相对平稳。据测定，胴体中肌肉与骨骼相对质量比例，初生犊牛为 2∶1，当达到 500 kg 屠宰时该比例就变为 5∶1，即肌肉与骨骼的质量比例随着生长而增加，可见肌肉生长速度比骨骼要快得多。幼牛肌肉组织生长集中在 8 月龄以前，脂肪比例在 1 岁后逐渐增加，而骨骼比例随年龄增加而减少。

脂肪沉积多少对形成牛肉大理石花纹、改善风味有重要作用。牛肉中脂肪含量少，肉质及风味差；沉积过多或过肥，不仅影响人体对营养物质的消化，而且影响销售价格。近年国内外市场上消费者喜欢的牛肉的蛋白质与脂肪的质量比例为（1.3～1.7）∶1。脂肪沉积与年龄有关，12 月龄前的肉牛，屠宰后肉质细嫩，但肌肉内沉积的脂肪不足，风味差；继续育肥或增加肥度后，肌肉内沉积一定的脂肪并与肌肉结合，才能形成大理石花纹及成熟牛肉的色泽和风味。肉牛随年龄或育肥月龄增加，脂肪沉积在各组织间有先后顺序，首先在内脏器官附近沉积较快形成网油和板油，其次为肌间脂肪和皮下脂肪增加较快，最后才沉积于肌纤维间形成大理石花纹。

4. 影响产肉性能的主要因素

肉牛的产肉能力受品种、类型、年龄、性别、饲养水平、杂交等因素影响。

（1）品种和类型

牛的品种和类型是决定生长速度和育肥效果的重要因素。如肉用牛与乳用牛、役用牛相比，产肉力高，能获得较高的屠宰率和胴体出肉率，肌肉大理石纹状明显，肉味鲜美，品质好。在同样条件下，当饲养到相同胴体等级时，大型晚熟品种（如夏洛来牛）所需的饲养时期较长，小型早熟品种（如安格斯牛）饲养时期较短。

（2）年龄

年龄对牛的生长速度、肉品质和饲料报酬有很大影响。①幼龄牛比成年牛增重快。牛的增重速度遗传力为 0.50～0.60。在充分饲养条件下，12 月龄以前的生长速度很快，以后明显变慢。我国地方品种牛较晚熟，一般 1.5～2.0 岁增重快。从饲料报酬上看，一般年龄越小的牛每 kg 增重消耗饲料越少，这是因为年龄较大的牛增重主要依靠体内贮存高热能的脂肪，而年龄较小的牛则主要依靠肌肉、骨骼和各种器官生长增加体重。②幼龄牛肌纤维较细嫩、水分含量高、脂肪含量少、肉色淡，经育肥可获得较佳品质的牛肉；老龄牛肌肉结缔组织增多、肌纤维变硬、肉质较粗又不易育肥。③任何年龄的牛，当脂肪沉积到一定程度后，日增重和饲料转化效率降低，延长育肥期后实际经济效益也下降。一般来讲，幼龄牛需要较长育肥期，年龄较大的牛需要较短育肥期。育肥肉牛一般在达到体成熟年龄的 1/2～1/3 出栏屠宰比较经济，国外肉牛的屠宰牛龄大多为 1.5～2.0 岁，国内则为 1.5～2.5 岁。

（3）性别与去势

牛的性别影响产肉量和肉质。研究表明，胴体重、屠宰率和净肉率从高到低的顺序为公牛 > 去势牛（阉牛）> 母牛，同时随着体重增加，脂肪沉积能力则是母牛 > 阉牛 > 公牛。由于育成公牛比阉牛的眼肌面积大，饲料转化率较高且增重速度较快，因而小公牛的育肥逐渐得到重视。但如果是生产优质高档肉牛，阉牛育肥为最好。

（4）饲养水平和营养状况

饲养水平和营养状况是提高肉牛产肉能力和改善肉牛肉质的重要因素。丰富饲养条件下，肉牛日增重和屠宰率较高，肉品质较好。所以，肉牛在屠宰前需进行适当育肥。

（5）外界环境

环境温度对育肥牛影响较大。气温低于 7℃时，牛为弥补体热散失而采食量增加，饲料转化效率下降；气温高于 27℃时，牛的呼吸加快，采食量减少，增重速度下降。另外，保持环境安静和尽量减少育肥牛的活动量，可减少营养物质消耗。

（6）杂交

杂交是提高牛产肉性能的主要手段，其后代均表现出良好的杂交优势。用国外肉牛品种改良中国黄牛，其后代肉用生产性能较当地牛可提高 5%～15%。肉牛经济杂交主要方式包括：品种间杂交、改良性杂交（肉用牛 × 本地牛）以及肉用和乳用品种的杂交等。

第四节　奶牛生产

奶牛饲养管理的主要目的和任务是为人们提供量多质优的奶产品，同时要平衡奶牛自身产奶与健康、产奶与繁殖的关系。因此，创高产、保健康、保繁殖是奶牛生产的中心。

一、奶牛一般生产技术

1. 奶牛分群饲养

奶牛生产中，根据其生产性能和生理阶段，划分为不同的群体，分别进行饲养。

（1）奶牛群体结构

奶牛场牛群可分为成母牛、后备牛、犊牛。成母牛包括泌奶牛、干乳牛（含围产前期牛），而泌奶牛又分为围产后期牛、泌乳初期牛、泌乳中期牛、泌乳后期牛。后备牛是育成牛和青年牛的统称，7 月龄到配种前（14～16 月龄）称为育成牛，14～16 月龄配种妊娠后到产犊前称为青年牛。犊牛是指出生到 6 月龄的小母牛，具体又可分为哺乳犊牛、断奶犊牛。通常，在一个成熟运行的奶牛场，成年母牛数量占全群总头数 60%、犊牛占

10%、育成牛占 17%、青年牛占 13%。

（2）奶牛分群饲养

分群饲养的优点如下：①可根据不同牛群的生产水平制定日粮营养水平；②随泌乳阶段和产奶水平的变化，调整日粮中精饲料与粗饲料的比例；③对于低产奶牛群，可配制一些廉价的日粮，降低饲养成本；④牛群的产量更一致，有利于挤奶厅的管理；⑤牛群的生理阶段较一致，有利于发情鉴定和妊娠检查，各项管理工作更为便利。分群饲养的缺点如下：①需要增加牛场的工作量；②需要更多的饲养设施；③当奶牛从高能日粮组转到低能日粮组时，产奶量可能会出现波动。

分群饲养的方法：根据奶牛的营养需要分群较为适宜，将营养需要相似的奶牛分为一群。随着泌乳阶段的变化，奶牛常常需要从一个群转到另一个群。为了减少由于转群应激对奶牛采食和产奶量的不利影响，可采取以下几项措施：①尽量将产犊月份相同的奶牛分在同一群；②尽可能多分几个群；③当奶牛从高能日粮群转到低能日粮群时，头几天适当提高低能日粮群的能量水平，以后逐渐降为原来水平；④喂给优质的粗饲料，并为新转来的奶牛提供足够的饲槽空间；⑤高产奶牛及头胎奶牛应使用高营养混合日粮饲喂较长时间。

2. 奶牛日粮配制

（1）奶牛常用饲料种类

在奶牛生产中，来源最丰富和利用最广泛的是植物性饲料。按生产习惯，奶牛常见饲料类型可分为：

青绿饲料：主要包括栽培牧草、野草、水生植物、树叶、蔬菜边叶等，有刺激奶牛泌乳的积极作用，应作为夏秋季的主要饲料。

青贮饲料：目前应用最普遍的是青贮玉米，其营养丰富、适口性好，是奶牛冬春季的基本饲料，对于维持和创造高产以及集约化经营具有非常重要的意义。

多汁饲料：主要应用瓜果、块根、块茎类饲料，对提高产奶量非常敏感，俗称“催乳饲料”或“敏感饲料”；但由于水分含量高，不可饲喂过多。

粗饲料：主要包括各种农作物秸秆、秕壳及青干草；除青干草外，其他粗饲料营养价值低、适口性差，但来源广、价格低，经适当处理后在奶牛饲养中应用很普遍。

精饲料；主要包括禾本科籽实、豆科籽实及加工副产品，其营养浓度很高但不能单独使用，需多样搭配；主要用于补充青、粗饲料能量和蛋白质的不足。

添加剂饲料：主要包括一些动物性蛋白质饲料、矿物质饲料、尿素类非蛋白饲料及维生素类添加剂饲料等，在现代奶牛生产中已成为日粮的重要组成部分。

（2）奶牛的日粮配制原则及要求

奶牛饲料成本占鲜奶生产总成本的 60% 以上。合理的日粮配制关系到奶牛的健康、生产性能的发挥和养殖场的经济效益。奶牛日粮配制原则及要求如下。

满足营养需要，灵活运用饲养标准。饲养标准是奶牛科学饲养的基本依据，是经过长期生产实践和科学试验论证后颁布实施的操作规范。但在实际生产中，奶牛处在复杂多变的环境中，不能将饲养标准相关参数视为一成不变的固定值，应针对各种情况加以动态调整，并在实践中进行验证。

注意营养的均衡性。奶牛日粮配制应注意能量和蛋白质之间、瘤胃降解蛋白和过瘤胃蛋白之间、钙和磷之间、各种维生素之间、结构性糖类和非结构性糖类等之间的平衡，保证瘤胃健康和营养均衡性。一般奶牛的日粮组成应以粗饲料为主，精饲料为辅的原则。按饲料干物质计算，粗饲料应占60%～65%，精饲料应占35%～40%；粗饲料喂量按干物质计算要达到母牛活重的1%～1.5%，精饲料给量取决于产奶量的高低，一般每产1 kg牛奶给200～300 g精饲料，精饲料最大比例不超过日粮干物质的60%。

优化饲料搭配。注意饲料间的组合效应，选用具有正组合效应的饲料搭配，避免原料间出现负组合效应，提高饲料的可利用性。一般奶牛日粮最好要有2种以上的粗饲料、2～3种多汁饲料和4～5种以上的精饲料组成。

要有适当的体积和能量浓度。日粮的体积要符合奶牛消化道的容量，体积过大，奶牛不能按定量采食全部日粮，从而不能满足营养需要；体积过小，虽能定量采食进全部日粮，但不能使奶牛有饱腹感而出现不安和饥饿状态，影响奶牛正常生长发育和生产性能发挥。日粮必须达到一定的能量浓度。泌奶牛的日粮中精饲料供给的多或少，应根据产奶量而定。

日粮要有轻泻性。麸皮是常用的轻泻饲料。

注意日粮适口性和经济性。日粮在配制过程中要考虑奶牛的适口性，注意原料搭配，增加奶牛食欲，促进采食量。另外，奶牛日粮配制关系到饲料成本，原料的选择必须考虑经济原则，要因地制宜开发和利用产地饲料资源，降低养殖成本。

3．全混合日粮配制

目前，规模化奶牛场均使用全混合日粮（total mixed ration，TMR）饲喂。所谓全混合日粮，是根据奶牛的营养配方，将切短的粗饲料和精饲料以及矿物质、维生素等各种添加剂在饲料搅拌喂料车内充分混合而得到的一种营养平衡的日粮，又称全价日粮。

（1）全混合日粮的优点

①可增加采食量；②简化饲养程序，便于实现饲喂机械化、自动化，与规模化、散栏饲养方式的奶牛生产相适应；③奶牛采食每一口，都是营养全价的日粮，避免了精、粗饲料采食不均的现象；④便于控制日粮的营养水平；⑤更高效使用非蛋白含氮物；⑥改善形态和适口性不佳的饲料或副产品；⑦减少饲料浪费，使奶牛在挤奶厅安静挤奶，提高挤奶效率。

（2）全混合日粮的不足

①奶牛必须分群，增加牛场工作量；②需要添置专业设备用于称重、混合及分发日粮；③需要经常检测日粮营养成分和计算日粮配方；④长干草需切短混合。

（3）全混合日粮饲喂技术

①要合理分群，将营养需要相似的奶牛分为一群，多数奶牛场分为高产奶牛群、中低产奶牛群和干乳牛群；②经常检测日粮及其原料的营养成分及其含量；③科学配制日粮，配备专用的饲料搅拌喂料车，并制定科学的原料投放顺序和混合时间；④控制全混合日粮的分料速度，以保证投料均匀；⑤注意观察奶牛状况，检查饲养效果。

4. 挤奶技术

挤奶是奶牛饲养管理过程中一项重要工作。正确且熟练的挤奶技术，能充分发挥奶牛产奶潜力，防止乳房炎的发生。挤奶方法可分为手工挤奶和机器挤奶两种，规模化奶牛场均使用机器挤奶，手工挤奶适用于产后奶牛或患病奶牛的护理阶段。

（1）手工挤奶

包括挤奶前人员、用具及奶牛准备，以及乳头前药浴、开始挤奶和乳头后药浴等环节。挤奶前，用 50℃左右的温水擦洗整个乳房，紧接着用双手按摩乳房，随后快速将每个乳头的前三把奶挤入专门容器，并检查是否正常。正式挤奶时，挤奶人员在牛体右侧后 1/3 处，坐在小板凳上，两腿夹紧奶桶，先挤后两个乳头，再挤前两个乳头。挤奶速度要随泌乳特性“慢—快—慢”进行，每分钟挤 80 ~ 120 次，每分钟挤出奶量为 1.0 ~ 1.5 kg，每次挤奶需要 5 ~ 8 min。挤奶完成后进行乳头药浴（碘甘油或 2% ~ 3% 次氯酸钠溶液或 0.3% 新洁尔灭溶液，每个乳头 30 s）

（2）机器挤奶

机器挤奶是利用真空造成乳头外部压力低于乳头内部压力，使乳头内部的奶被吸向低压方向排出。机器挤奶可有效防止牛奶污染，且挤奶杯自动脱落，可避免乳房炎的发生。机器挤奶的正确操作顺序包括“挤掉前三把奶→前药浴→擦干→套杯并开始挤奶→脱杯→后药浴”等环节。

5. 奶牛的一般饲养管理技术

（1）定时定量、少给勤添

突然提前上槽，由于食欲反射不强，牛必然会挑剔饲料，消化液分泌不足，而影响消化机能；临时推迟上槽，会使奶牛饥饿不安，打乱消化腺分泌活动，影响饲料消化和吸收。每次饲喂都要掌握饲料的合理喂量，过多过少都影响奶牛的健康和生产性能的发挥。应“少给勤添”，以保证旺盛的食欲，使奶牛吃好吃饱，不浪费饲料。

（2）饲料清筛，防止异物

饲喂奶牛的精饲料、粗饲料要用带有磁铁的清选器清筛，除去夹杂的铁钉、短铁丝、玻璃碎片、石块等尖锐异物。切忌使用霉烂、冰冻饲料喂奶牛。

（3）更换饲料逐步进行

由于奶牛瘤胃微生物区系形成需 20 ~ 30 d，一旦打乱，恢复很慢。因此，在更换饲料种类时，必须逐渐进行，过渡时间应在 10 d 以上。

（4）饲喂次数及顺序

奶牛饲喂次数一般与挤奶次数相一致，多实行 3 次挤奶、3 次饲喂；运动场应设补饲槽，供奶牛自由采食。个体饲养户也可实行 2 次饲喂、2 次挤奶。目前规模化牛场一般实行全混合日粮饲喂，即饲喂精饲料和粗饲料混合的全价日粮；如精饲料和粗饲料分开饲喂，则饲喂的顺序应是“先粗后精”“先干后湿”“先喂后饮”，这样在整个饲喂过程中牛会保持良好的食欲。

（5）饮水

奶牛饮水量较大，日产奶 50 kg 左右的高产奶牛，每天需水 100 ~ 140 kg 左右，低产奶牛需水 60～75 kg，干奶牛需水 35～55 kg。运动场应设饮水槽，冬季水温不得低于 8～10℃。

（6）运动与刷拭

要求每天逍遥运动不少于 6 h，但不得让奶牛剧烈运动。刷拭可清除牛体污物，促进血液循环。刷拭应在挤奶前半小时结束，以防尘埃污染牛奶。

（7）护蹄

防止牛蹄疾病，应使牛床干燥、勤换垫草，运动场应干燥不泥泞。

二、乳用犊牛饲养管理

犊牛是指出生至 6 月龄以内的幼牛。传统方法培育的犊牛一般在 5～6 月龄断奶；目前多采用早期断奶培育，尤其是奶牛犊牛，可在 2～3 月龄断奶。因此，犊牛饲养管理包括哺乳犊牛和断奶后犊牛饲养管理两个阶段。

1. 犊牛的特点

（1）新生犊牛的特点

新生犊牛指哺喂初乳的犊牛，一般为犊牛出生后 3～7 日龄，其具有以下特点：①犊牛出生后，生活环境发生巨大变化，由稳定的母体内环境转变为自然环境，而初生犊牛适应外界环境的能力很差；②营养由母体供应转为自体消化吸收母乳获得营养，胃肠消化机能弱，初乳是初生犊牛最重要的食物；③胎儿期母体免疫球蛋白无法经通过胎盘进入胎儿体内，胎儿自身也不能产生抗体，因此初生犊牛抵抗力很弱。

（2）常乳期犊牛的特点

①犊牛初生时，瘤胃容积很小，与网胃及瓣胃的容积共占全胃容积的 30%，而皱胃则占到 70%；到 6 周龄时，前三胃的容积占全胃容积的 70%，而皱胃仅占 30%；此后瘤胃不断增大，在 1 岁时将接近成年牛的水平。实践证明，尽早训练和让犊牛采食植物性饲料，特别是品质好的粗饲料，可促使瘤胃发育和瘤胃微生物的繁殖。②相对增重快。犊牛初生重仅为成年牛体重的 6.5% 左右，一般荷斯坦犊牛初生重为 40 kg 左右，在正常的饲养条件下，犊牛生后体重增加迅速，8 周龄左右断奶时体重可达 80 kg 左右，断奶之前平均日均增重在 700～800 g。出生以后如果饲养方式不当，会导致犊牛过肥或过瘦，则很难培育出健康的育成牛。

2. 乳用犊牛饲养技术

乳用犊牛出生后应母子隔离饲养，采取人工哺乳。犊牛饲养管理好坏，直接影响其成年时的体型结构和终生生产性能。犊牛培育应该遵守以下几项原则：①加强怀孕母牛饲养管理，给新生犊牛奠定一个健壮体质的物质基础；②应恰当地使用优质粗饲料，促进犊牛消化机能形成和消化器官良好发育；③应尽量利用放牧条件，加强运动并注意泌乳器官的锻炼。乳用犊牛的规范化饲养技术环节主要包括以下几个方面：

（1）哺喂初乳

母牛产犊后 7 d 以内分泌的乳叫初乳。严格来说，母牛分娩后第一次挤出的乳叫初乳。初乳是不可替代的犊牛食物，能为犊牛提供丰富的营养、使犊牛获得被动性免疫、起舒肠健胃的作用、初乳中含有较多的镁盐能促进胎粪排出等。哺喂初乳最好用经过严格消毒的带橡胶奶嘴的奶壶来喂，除了出生后的第一天喂初乳 3 ~ 4 次外，以后每天哺喂两次，每次约 2 kg，即每次喂奶量为体重的 5%；全天喂奶量应占到体重的 8% ~ 10%。

（2）哺喂常乳

犊牛从出生后第二周开始喂常乳，出生后 15 d 内最好喂母乳，出生 15 d 以后喂混合常乳。精饲料条件差的地区，哺乳期可定 3 ~ 5 个月，哺乳量为 300 ~ 500 kg；精饲料条件好的地区哺乳期可缩短到 2 ~ 3 个月，哺乳量为 300 kg 左右。随着草料的增加常乳量逐渐减少，即由喂乳逐渐过渡到喂植物性饲料。

（3）犊牛早期补饲

为让犊牛尽早采食植物性饲料、促进瘤胃发育、减少喂乳量，一般从 1 周龄后训练犊牛采食干草、青草和精饲料。但青贮饲料从 2 月龄开始喂，每天可给 100 ~ 150 g，3 月龄喂 1.5 ~ 2 kg，4 月龄喂 4 ~ 5 kg。

（4）饮水

犊牛出生后 1 周即可训练其饮温开水，2 周后改饮常温水，1 月后可任其自由饮水。

（5）乳用犊牛早期断奶

犊牛早期断奶可节约商品乳和劳动力，降低犊牛培育成本和犊牛死亡率，提高犊牛采食精粗饲料的能力，促进消化器官的迅速发育，提高犊牛培育质量。目前，我国乳用犊牛总哺乳量控制在 200 kg 以内，即 2 月龄断奶可视为早期断奶。国内外大量试验研究表明，犊牛哺乳期缩短为 3 ~ 5 周，喂乳量控制在 100 kg 以内，甚至可以减少到 20 kg 全乳，而代之以人工乳和开食料是完全能办到的。犊牛早期断奶的基本要求是犊牛体质健壮，饲养管理精细，注意卫生，配制良好的人工乳和开食料。开食料是犊牛由人工乳为主转向完全采食植物性饲料过渡的中间饲料，具有适口性强、易消化和营养丰富的特点。

3. 犊牛管理

犊牛出生后最重要的是卫生管理和防病工作。

（1）做好初生犊牛护理工作

犊牛出生后及时清除口、鼻及体表黏液，以免妨碍呼吸。在距犊牛腹部 10 ~ 12 cm 处用消毒剪刀剪断脐带并消毒。冬季应注意保暖。

（2）确保哺乳卫生

乳用犊牛一般人工哺喂，哺喂要做到定时、定量、定温、定人，要特别注意哺乳用具的卫生。最好单栏饲养以保证犊牛健康，或在饲喂两头以上犊牛时最好用颈架夹住。哺喂完毕用毛巾将其嘴唇周围残留乳汁擦净，防止互相乱舔造成乳头炎及脐炎等，同时也可防止舔食的毛在胃内形成毛球，影响消化和健康。

（3）加强运动

犊牛出生 1 周后可在运动场自由活动，运动时间一般每天不应少于 4 h。

（4）经常刷拭

刷拭可保持牛体清洁，促进血液循环，又可调教犊牛。每天应刷拭 1 ~ 2 次。刷拭时要用软刷，手法要轻，使犊牛有舒适感。

（5）保健护理

犊牛下痢和肺炎对其威胁很大，要认真预防和治疗。平时应注意观察牛的精神状态、食欲、粪便、体温和行为有无异常，犊牛发生轻微下痢，应减少喂乳量；下痢重时，应暂停喂乳 1～2 次，可喂饮加少许 0.01% 高锰酸钾溶液的温开水。

（6）及时去角

犊牛出生后 10 d 以内应去角，方法是首先在生角基部周围涂上凡士林油，然后用氢氧化钠或氢氧化钾棒涂擦生角基部直至皮肤出血为止。也可用烙铁处理生角基部，以达到破坏角的生长点的目的。去角后的犊牛要隔离牛群饲养，防止发炎、化脓。

（7）定期称重

每月测体重一次。满 6 月龄测量体尺、体重后，转入育成牛群饲养。

三、育成牛及青年牛饲养管理

1. 育成牛饲养管理

犊牛满 6 个月即转入育成牛群。育成牛是生长发育最旺盛阶段，如果饲养管理不良，则犊牛生长迟滞，延迟配种时间，影响一生的生产效能。因此育成阶段对牛的体型、体重、产乳及适应性的培育意义较犊牛期更为重要。

育成阶段培育的目标是保证正常生长发育，培养温驯的性情和适时配种，尽早投入生产。具体要求是 11～12 月龄达到性成熟体重（270 kg 左右），15～16 月龄达到初次配种要求体重（350～380 kg）。

育成牛的饲养可分为以下两个阶段饲养：① 7～12 月龄。该阶段是性成熟时期，性器官和第二性征发育很快。瘤—网胃已相当发达，容积扩大一倍左右。因此，在饲养上要求供给足够的营养物质，日粮要有一定容积以刺激瘤胃发育。日粮应以青粗饲料为主，适当补喂精饲料。按 100 kg 活重计算，日粮应包括青贮饲料 5～6 kg、干草 1.5～2 kg、秸秆 1～2 kg、精饲料 1～1.5 kg；② 13 月龄至初配阶段。育成牛的消化器官发育接近成年牛，又无妊娠和产奶负担。为了刺激瘤胃进一步发育，日粮应以青粗饲料为主，按干物质计算粗饲料占 75%，精饲料占 25%，注意补充钙、磷、食盐和必要的微量元素。

育成牛管理应注意以下几个方面：①分群。公母犊牛合群饲养时间以 4～6 个月为限，以后应根据性别和年龄情况分群饲养。②穿鼻。现代养奶牛，母牛一般不穿鼻，但育成公牛在 8～12 月龄应根据饲养的需要适时进行穿鼻，带上鼻环。③按摩乳房和刷拭。育成牛 12 月龄以后，应每天按摩一次乳房，经常刷拭牛体。④观察发情状况。观察记录每头牛初情期，对长期不发情的母牛，请人工授精员或兽医进行检查；体重达 370 kg 左右适时配种。

2. 青年牛饲养管理

青年牛的培育目标是在 23～25 月龄初次产犊时，体重达到 540～620 kg（达到成年体重的 80%～85%），并顺利完成第一胎犊牛的生产。

在青年牛的饲养方面，怀孕初期，营养需要与配种前相似。分娩前 2 个月，为满足胎儿后期发育需要以及适应产后对大量精饲料摄入的需要，应逐渐增加精饲料比例，可根据膘情灵活掌握，日粮应以优质干草、青草、青贮饲料及根茎类为主，每日精饲料不得少于 2～3 kg，根据妊娠牛的体况可逐渐增至 4 kg 以上，充分供给维生素 A、钙、磷。控制在分娩前达到理想体况评分 3.5 分。青年牛营养需要为 NND 18～20 个、DM 7～9 kg、CP 750～850 g、Ca 45～47 g、P 32～34 g。

青年牛的管理应注意：①乳房按摩。18 月龄后每天按摩 2～3 次，时间与日后挤奶时间一致。在产前 2 个月停止按摩。②分群管理。根据配种妊娠情况，将妊娠天数相近的牛编入同一群进行管理；③防止相互吸吮乳头。在青年牛管理中仔细观察，发现吸吮乳头的奶牛时应及时隔离。④防止流产。注意清除造成流产的隐患。如冬季勿使牛饮冰渣水，牛舍防止地面结冰，上下槽不急赶，不喂发霉冰冻变质饲料。⑤运动。每天进行 2 次慢步驱赶运动，每次 1 h 左右。

四、成年奶牛饲养管理

1. 奶牛泌乳阶段划分

（1）干乳期

产前 45～60 d 到下一胎分娩前 15 d。

（2）围产期

又分为围产前期（即产前 15 d）和围产后期（即产后 15 d）。

（3）泌乳盛期

产后 16 d 到产后 70 d。

（4）泌乳中期

产后 70 d 到产后 140 d。

（5）泌乳后期

产后 140 d 到停奶。

2. 泌奶牛饲养管理

泌奶牛饲养管理的要求是泌乳曲线高峰期持续时间较长，且比较平稳、下降缓慢；同时保证泌乳牛具有良好的体况及正常的发情和配种。因此，泌奶牛的饲养管理，既要遵循一般的饲养管理技术，也要采用一些先进实用的技术，如分阶段饲养、分群饲养、不同季节饲养等，以最大限度发挥奶牛的生产潜力。

泌奶牛阶段饲养管理是在不同的泌乳生理阶段，应采取不同的饲养方法。在产奶量上升时期，应遵循“料领着奶走”；在产奶量下降时期，应遵循“料跟着奶走”，即所谓的阶段饲养法。

（1）围产后期

这一时期的特点是母牛刚刚分娩，机体虚弱、食欲较差、产道尚未复原、乳腺和循环系统机能不正常、而产奶量逐渐上升。因此，该阶段饲养重点是做好母牛体质恢复工作，减少体内消耗，为泌乳盛期打好基础。

刚分娩后喂给 30～40 ℃麸皮盐水汤（麸皮约 1 kg、盐 100 g，水约 10 kg）。产后 2～3 d，喂给易于消化的饲料，适当补给麸皮、玉米，青贮饲料 10～15 kg，优质干草

2～3 kg，控制催乳饲料。分娩后 4～5 d，根据牛的食欲情况，逐步增加精饲料、多汁饲料、青贮饲料和干草的给量。高产奶牛产后 5 d 内，不可将乳房内的奶全部挤干净，防止血乳和母牛产后瘫痪的发生。一般产后 0.5 h 就可以挤奶，第一天每次挤奶量大约 2 kg，以够犊牛吃即可，第二天挤出全乳量的 1/3，第三天挤出 1/2，第四天挤出 3/4，第五天全部挤净。为尽快消除乳房水肿，每次挤奶时要用 50～60℃温水擦洗乳房和按摩乳房。

（2）泌乳盛期

这一时期的母牛生理特点是乳房水肿消失、乳腺和循环系统机能正常、体质恢复、乳腺活动机能旺盛、产奶量不断上升；科学饲养管理能使母牛产乳高峰更高，持续时间更长。为此，抓好泌乳盛期饲养管理是夺取高产的关键。

泌乳高峰一般多发生在产后 4～6 周，高产奶牛多在产后 8 周左右，而最高采食量出现在 12～16 周。因此，易出现能量和氮代谢的负平衡，靠体内贮积的营养满足泌乳需要，高产奶牛体重可下降 35～45 kg。因此，为提高产奶量，确保母牛健康和繁殖能力，在干乳期和泌乳初期，按饲养标准给予充分饲养，想办法使牛尽量多采食精饲料，使体内贮积较多营养，以供高峰期泌乳需要，减缓体重下降速度。

（3）泌乳中期

这一时期的母牛处于妊娠期，乳腺活动机能减弱，产奶量下降且月递减率为 5%～7%。这一时期的饲养任务是减缓泌乳量下降速度、保持稳产，母牛每天应增重 0.25～0.5 kg 以恢复体况。精饲料饲喂标准：日产奶 15 kg 给 6.0～7.0 kg、20 kg 给 6.5～7.5 kg、30 kg 给 7.0～8.0 kg 以下。粗饲料给料标准：青绿饲料、青贮饲料每天给 15～20 kg，干草 4 kg 以上，糟渣类 10～12 kg，块根多汁类 5 kg。饲料要多样化、适口性强，适当增加运动，加强按摩乳房，尽量减慢产奶量下降速度。

（4）泌乳后期

这一时期的母牛处于妊娠后期，胎儿生长发育快，产奶量急剧下降。精饲料每天饲喂量为 6～7 kg，粗饲料饲喂量：青饲料、青贮饲料日饲喂量不低于 20 kg，干草 4～5 kg，糟渣和多汁饲料不超过 20 kg。

3. 干乳牛的饲养管理

泌奶牛在下一次产犊前有一段停止泌乳的时间称为干乳期。干乳期是母牛饲养管理过程中的一个重要环节。干乳期一般为 45～75 d，平均 60 d。

（1）干乳的意义

妊娠后期胎儿生长发育快，初生犊牛体重的 60% 在干乳期内完成，妊娠母牛通过干乳期休整，可保证胎儿正常生长发育和增重，获得健壮犊牛；干乳期不产奶，乳腺上皮细胞得以充分休息和再生，为下一个泌乳期正常分泌做必要准备；母牛体内可贮积大量营养物质，以弥补泌乳高峰可能出现的营养负平衡；通过干奶期饲养管理，可提高母牛下一次泌乳时初乳营养浓度。

（2）干乳的方法

一般可分为逐渐干乳法、快速干乳法。

逐渐干乳法：在预定干乳期前 10～20 d 开始变更日粮组成，逐渐减少青绿多汁饲料和精饲料；改变挤奶次数和时间，当产奶量降至 4 ~ 5 kg/d 时，可停止挤奶。逐渐干乳法适于高产奶牛或过去干乳难及患过乳房炎的母牛。

快速干乳法：预计干乳前 5 ~ 7 d 内，减少青绿多汁饲料和精饲料供应，减少挤奶次数。挤奶次数由 3 次挤奶改为 2 次，由 2 次改为 1 次，再由 1 次改为隔日挤奶。在第 5 ~ 7 d 最后 1 次挤奶时，彻底挤尽乳汁，每个乳头用 5% 碘酊浸泡一次彻底消毒，并分别用乳导管向每个乳头注入抗生素油 10 mL。快速干乳法一般适用于低产或中产奶牛。

（3）干乳牛的饲养管理

在干乳期间，奶牛应保持中等营养状况，被毛光泽、体态丰满、不过肥或过瘦；体重可增加 50 ~ 80 kg，为下一个泌乳期产更多的奶创造条件。精饲料喂量为每日 3 ~ 4 kg。粗饲料日喂量：青饲料、青贮饲料头日量 10 ~ 15 kg，优质干草 3 ~ 5 kg，糟渣类、多汁类饲料不超过 5 kg。

4. 高产奶牛的饲养管理

目前初产奶牛产奶量达 5 000 kg，或经产母牛产奶量达 7 000 kg，即可算高产奶牛。

（1）高产奶牛的特点

高产奶牛一般有以下特点：①泌乳期产奶量高；②产犊后，奶牛产奶量呈直线上升，50 ~ 60 d 达到泌乳高峰期，且高峰期持续约一个月；③泌乳高峰期过后，产奶量下降缓慢，月平均递降率 5% ~ 8%；④有机体新陈代谢旺盛，体温、脉搏、呼吸、血压等生理指标均高于一般奶牛；⑤采食饲料量多、饲料转化率高，对饲料及外界环境反应敏感。

（2）高产奶牛的饲养　高产奶牛产奶多，需要营养物质也多，每天需 80 ~ 100 kg 饲料，折合 20 ~ 50 kg 干物质。要消化吸收这些饲料，不仅消化器官要强，而且整个机体代谢机能都要强。所以，高产奶牛的日粮应全价，适口性要好，易于消化吸收。高产奶牛的饲养应考虑以下几方面：

① 干乳期及泌乳初期加强饲养："引导"泌奶牛早期达到高产，即"引导"饲养法。这种方法是在一定时期内采用高能量、高蛋白日粮，以提高产奶量。具体方法是，从母牛干乳期最后 2 周开始，在喂给 1.8 kg 精饲料的基础上，逐日增喂 0.45 kg，直到 100 kg 体重吃到 1.0 ~ 1.5 kg 的精饲料为止。母牛产犊后 5 d 开始，继续按每天 0.45 kg 增加精饲料，直至泌乳高峰达到自由采食；泌乳高峰后再按产奶量、乳脂率、体重调整精饲料喂量。"引导"饲养法与常规饲养法相比，具有下列优点：可使母牛瘤胃微生物在产犊前得到调整，以适应产后高精饲料日粮；可使高产奶牛产前体内贮备足够的营养物质，以备产奶高峰期应用；促进干乳牛对精饲料的食欲和适应性；可使多数奶牛出现新的产奶高峰，增产趋势可持续整个泌乳期。

② 提高干物质营养浓度：母牛产犊后，产奶量急剧上升，对干物质和能量等营养物质的需要也相应增加。为了满足营养需要，必须提高干物质的营养浓度。

③ 保持日粮中能量和蛋白质的适当比例：生产中常因片面强调蛋白质饲料供应量，而忽视蛋白质与能量间的适当比例。如日粮中作为能源的糖类不足，蛋白质就得脱氨氧化供能，不但没有发挥其自身特有的营养功能，并且从能量的利用率的角度考虑也不经济。

④ 注意保持高产奶牛的旺盛食欲：高产奶牛泌乳量上升速度比采食量上升速度早

6~8周。因此，要保持母牛旺盛的食欲，注意提高消化能力。粗饲料可自由采食，精饲料日喂三次。高产奶牛的日粮要求容易消化，容易发酵，不仅考虑到营养需要，还应注意满足瘤胃微生物需要，促进饲料更快地消化。

⑤ 合理应用缓冲剂：发挥高产奶牛的生产潜力，必须提供充足的高能量饲料，如果粗纤维采食不足，势必导致形成过多酸性产物，导致pH降低，瘤胃微生物被抑制，甚至引起疾病。因此，饲料中添加缓冲剂在生产实践中很有必要。常用的缓冲剂有：碳酸氢钠、碳酸钙、碳酸氢钾、氧化镁等。常用缓冲剂的使用量如下：使用碳酸氢钠时，应占混合精饲料1%~1.5%，每日每头可给100~230 g；使用氧化镁时，应占混合料的0.75%~1.0%；用碳酸氢钠－氧化镁复合剂效果较好，其比例应为（2~3）：1。

5. 夏季奶牛的饲养管理

奶牛耐寒不耐热，其生产和生活的适宜一般为5~25℃。当气温高于25℃时，奶牛会产生明显的热应激，影响牛群健康、产奶量、生殖功能。因此，我国南方地区或湿热地区夏季奶牛饲养管理时，要注意防止热应激，可采取以下措施：

（1）调整日粮结构

通过调整日粮结构、饲料品质及营养浓度等，可缓解奶牛夏季热应激，具体措施包括：①增加适口性好、易消化的优质粗饲料；②调整日粮浓度，提高日粮蛋白质水平，减少粗饲料喂量，但精饲料不宜超过60%；③使用缓冲剂；④注意补充钠、钾、镁和维生素A。

（2）改变饲喂方式

调整全混合日粮饲喂次数和时间。每天投料次数增加1~2次；早晨投料时间提早2~3 h，晚上可推后1~2 h；增加奶牛早晚饲喂时，减少中午饲喂量。

（3）加强饮水管理

供给充足的饮水，每天5~7次。

（4）防暑降温措施

可采取在运动场搭建简易凉棚，屋顶安装喷淋设施进行蒸发冷却，舍内安装电风扇和喷淋降温系统，场区绿化种树减少辐射热等措施，改善奶牛活动区域小环境以达到防暑降温的目的。

第五节　肉牛生产

肉牛生产包括繁育和育肥两部分。繁育主要是饲养母牛以生产犊牛，包括繁殖母牛饲养管理和肉用犊牛培育；育肥是利用犊牛、架子牛或成年牛等，通过持续育肥、后期集中育肥等方式出栏肉牛。

一、肉用母牛饲养管理

肉用母牛按年龄及生理阶段可分为育成母牛、妊娠母牛和泌乳母牛，是扩大肉牛生产的基础，也是提供优质育肥牛源的关键。

1．育成母牛的饲养管理

断奶到配种前的母牛称为育成母牛。

（1）育成母牛的特点

①犊牛断奶后，日粮结构发生变化，从牛奶、人工乳、犊牛料占优势转变为以青粗饲料为主；②育成母牛生长发育快，断奶至1岁时是牛只生长高峰时期，特别是6～9月龄时生长最快，而泌乳系统在育成母牛体重150～300 kg阶段发育最快；③瘤胃发育迅速，12月龄左右接近成年水平；④繁殖机能逐步发育完善，6～9月龄开始发情排卵，18月龄左右或体重为成年体重70%时可配种。

（2）育成母牛的饲养

育成母牛日粮以青粗饲料为主，适当补充混合精饲料，以保持正常的生长发育。每天有0.4 kg以上的增重，体内不能过多沉积脂肪。不同阶段育成母牛饲养方法如下。

断奶至12月龄：此阶段育成母牛的日粮要满足生长的营养需要和促进消化器官发育，粗饲料占日粮总营养价值的50%～60%，混合精饲料占40%～50%。1岁时粗饲料逐渐加至70%～80%，精饲料降至20%～30%。放牧饲养时可少喂粗饲料，多采食青草。舍饲饲养应多喂优质干草、青贮饲料、根茎类饲料并添加少量农作物秸秆。

12月龄至初次配种：此阶段育成母牛的消化器官发育已趋向成熟且无妊娠和产奶负担。饲料基本上以青粗饲料为主，适当补充混合精饲料。至初次配种时，粗饲料可占日粮总营养价值的85%～90%；日增重0.60～0.65 kg时，混合精饲料可不喂或每头牛每天喂0.5 kg以下，优质干草、青贮饲料能满足育成母牛的营养需要。在优质粗饲料不足和日增重较高时，每天每头牛需喂1.0～1.3 kg混合精饲料。

初次妊娠至分娩：此阶段育成母牛的自身生长逐渐减弱，丰富饲养易于沉积脂肪，导致牛过肥而难产增多。妊娠前期胎儿以发育为主，增重有限，所需营养数量不大，但饲料配制要重视营养全价或饲料品质；日粮以优质干草、青贮饲料和多汁饲料为主，少喂或不喂精饲料。妊娠最后2～3个月，胎儿生长迅速，其增重占犊牛初生重的70%以上，饲料配制不仅要营养全价，而且要满足其数量需要。日粮构成中要减少粗饲料，增加精饲料，即每日补充2～3 kg精饲料；日粮中精饲料与粗饲料的比例（%）以25～30：70～75为宜。

（3）育成母牛的管理

按年龄和体格大小分群，同群育成母牛年龄差异一般不应超过2个月，体重差异低于30 kg。应及时配种，一般18月龄初配，或达成年体重70%时开始初配。

2．妊娠母牛饲养管理

（1）妊娠母牛特点

母牛在妊娠期间，至少要增重45～70 kg，保持中上等膘情，以保证产犊后能正常泌乳与发情。经产母牛（即二胎及以上母牛）妊娠期胎儿生长发育特点同初次妊娠母牛，母牛妊娠后饲养管理要兼顾本身及胎儿生长发育。

（2）妊娠母牛的饲养

妊娠前期（前5～6个月）的日粮以优质青干草及青贮饲料为主，适当饲喂精饲料和青绿多汁饲料，满足矿物元素和维生素A、D、E的需要。妊娠后期（最后3个月）应增加精饲料量及日粮中蛋白质含量。放牧的妊娠母牛应选择优质草场，延长放牧时间，归牧后对妊娠后期母牛每天补饲1～2 kg精饲料。初胎及二胎母牛虽然达繁殖年龄，但本身仍在继续生长，日粮营养要考虑胎儿生长发育和自身增重需求，应在饲养标准基础上相应增加20%和10%营养需要。

（3）妊娠母牛的管理

日常管理的重点是保胎或防止流产，并做好分娩工作。要做好圈舍和牛体卫生，防止挤撞、猛跑、滑跌、鞭打等，每天保持适当运动量。产前半个月，将母牛转入经过消毒（可用2%氢氧化钠溶液喷洒）、铺有清洁干燥垫草的产房，专人饲养和看护。发现母牛表现腹痛，不安，频频起卧等临产症状时，则用0.1%高锰酸钾溶液擦洗生殖道外部，做好接产准备。

3. 哺乳母牛饲养管理

（1）哺乳母牛的特点

母牛产后一般2～3个月发情配种。因此，哺乳母牛的饲养要满足其维持和增重、泌乳及胎儿生长发育所需的营养。

（2）哺乳母牛的饲养

母牛分娩前1月及产后70 d内饲养管理的好坏，对其分娩、产奶、产后发情、配种受胎及犊牛正常发育均十分重要。泌乳早期（产犊后3个月），肉用母牛日产奶量可达7～10 kg或更多，能量饲料需要量比妊娠后期高出50%，蛋白质、钙、磷的需要量加倍。一般母牛每产3 kg含脂率4%牛奶需喂1 kg混合精饲料；在饲喂青贮玉米等粗饲料保证维持需要的基础上，补喂混合精饲料2～3 kg，并补充矿物质及维生素添加剂。泌乳末期（泌乳3个月至干乳期），母牛产奶量下降但采食量增加，如精饲料饲喂过量容易造成牛体过肥，影响产奶和繁殖。因此，应根据母牛体况和粗饲料供应情况确定精饲料喂量，可补充混合精饲料1～2 kg，并补充矿物质及维生素添加剂。

（3）哺乳母牛的管理

哺乳母牛产后要加强护理，产后母牛应充分饮用麦麸盐温水以补充体内水分；1～3 d饮用温水及饲喂易消化饲料，不要突然增加精饲料；5～6 d后可恢复正常饲养。加强外阴部清洁和消毒，注意观察胎衣排出情况。另外，母牛产后2～3个月发情时要做好配种工作。

二、肉用犊牛饲养管理

肉用犊牛特点同乳用犊牛。

1. 初生期犊牛培育

（1）新生犊牛护理

要点如下：①为初生犊牛准备好清洁、干燥、柔软的垫草，保持良好的产犊及犊牛培育环境。②犊牛出生后及时清除黏液，尤其是口腔、鼻腔内的黏液，以防呼吸受阻。夏秋时节气温较高时，母牛大多会舔去犊牛体表黏液；如果母牛不能舔掉黏液，或冬春季气温较低时，可用清洁毛巾将犊牛全身黏液擦净以避免受凉。③对不呼吸或呼吸微弱，但心脏仍有跳动的假死犊牛，应使其仰卧进行人工呼吸，或使其倒挂并拍打胸部使黏液流出；④通常情况下牛犊出生时脐带会自然扯断，如未扯断时，可用消毒剪刀在离腹部 10 cm 左右剪断，将滞留在脐带内的血液和黏液挤净，并用 5% 碘酊或 10% 高锰酸钾溶液浸泡 2～3 min；⑤犊牛被毛干燥后可称量初生重。

（2）新生犊牛的饲养

犊牛出生后 0.5～1.0 h 内要吃足初乳，以获得良好的免疫能力，提高成活率。自然哺乳的犊牛在哺乳前，要用温水清洗母牛乳房、乳头，挤弃去头几把乳汁，辅助犊牛哺食初乳；人工哺乳时，初生重 30～40 kg 的犊牛每次哺喂量 1.5～2.0 kg，每日喂初乳 3～4 次，乳温不低于 35℃。

2. 哺乳期犊牛的饲养

哺乳期是犊牛生长发育最快的阶段，其饲养管理直接影响成年后生产性能。

肉用犊牛多为随母哺乳，即犊牛从哺喂初乳到断奶一直随母牛自然哺乳，同时进行必要补饲。哺乳期应注意观察犊牛是否吃足，当犊牛吸吮乳头一段时间后，口角出现白色泡沫，说明犊牛已经吃饱，应将犊牛拉开，否则容易造成哺乳过量而引起消化不良；犊牛频繁顶撞母牛乳房，且吞咽次数不多，说明母牛奶量少，犊牛不够吃，应进行补饲。

肉用犊牛也可人工哺乳。荷斯坦公犊牛或乳肉兼用牛所生犊牛，初乳期结束后可采用奶桶或奶嘴哺乳。犊牛 2 周龄内宜用奶嘴哺乳，乳汁通过食道沟直接进入真胃消化吸收；2 周龄后瘤胃微生物区系能对乳汁进行正常发酵，可用奶桶喂奶。

哺乳期犊牛要及时补饲粗饲料和精饲料（犊牛料或混合精饲料）以满足营养需要和早期断奶。7～10 日龄开始训练采食优质干草，15～20 日龄开始训练采食混合精饲料，最初每头犊牛日喂精饲料 10～20 g，数天后可增到 80～100 g，随日龄增加逐渐加大喂量。8 周龄前不宜喂青贮饲料，也不宜喂秸秆，可喂少量切碎的胡萝卜等块根块茎类饲料。

肉用犊牛可在 35～60 日龄实施早期断奶，其优点是通过提早补饲饲料以促进犊牛瘤胃发育，减轻哺乳母牛的泌乳负担，确保每年繁殖一头犊牛。早期断奶犊牛出生后喂足初乳，前 3 周可用全乳或代乳粉饲喂且逐渐减少喂量，1 周后训练采食犊牛饲料，2 周后饲槽内投放优质干草供自由采食。一般犊牛日采食犊牛饲料 1 kg 以上方可断奶。

3. 肉用犊牛的管理

加强饲养管理是获得健壮犊牛、保障其正常生长发育的关键。饲养管理中应注意以下方面：①新生犊牛饮用 35～38℃的温开水，10～15 d 后改饮常温水，1 月龄后可在水池（槽）内备足清水自由饮用，冬天水温要达到 30℃。②犊牛喂完奶后，应及时用干净的毛巾将残留奶汁擦净，以免形成舔癖。③及时预防传染病、寄生虫病，按规定做好牛病毒性腹泻、布氏杆菌、结核病等疾病疫苗的预防接种。④通过观察采食、粪便及精神状态，及时发现发病犊牛并治疗。⑤犊牛出生后第一次哺乳前，应称重并做好编号登记。⑥出生后 5～7 d 内可采用固体氢氧化钠或电烙铁去角以方便管理。

三、肉牛育肥

1. 肉牛育肥方式及育肥阶段

（1）肉牛育肥方式

肉牛育肥方式较多，按育肥目标可分为普通肉牛育肥和高档优质肉牛育肥；按年龄可分为小白牛肉生产、小牛肉生产、犊牛持续育肥、架子牛育肥和成年牛育肥；按育肥时间长短可分为持续育肥和后期集中育肥；按饲养管理方式可分为全舍饲育肥、放牧兼舍饲育肥及放牧育肥。由于我国肉牛来源复杂，各地饲养管理和育肥方式不尽相同，应结合生产目标、饲草料条件及市场需求，因地制宜，制定可行的育肥方式。

（2）肉牛育肥方式阶段划分

育肥牛要根据年龄和体重安排适当育肥阶段。一般来说，年龄及体重小的肉牛达到适宜出栏体重所需时间较长，而年龄及体重均较大的肉牛适宜短期育肥或快速育肥。肉牛育肥之前，一般安排 10 ~ 15 d 过渡期，以调理胃肠道、驱虫健胃，并使牛只尽快适应育肥期日粮。犊牛持续育肥，或架子牛和成年牛育肥时，根据其生长发育特点和饲养管理要求，育肥阶段可分为一般育肥期及强度育肥期，或育肥前期、中期和后期。不同育肥阶段应按照牛只的活重及增重速度配制不同营养水平的日粮，以实现精准饲养。育肥前期（或一般育肥期）、育肥后期（或强度育肥期）粗饲料分别可占日粮干物质的 30% ~ 40% 及 15% ~ 25%（表 6–1）。

◎ 表 6–1　架子牛育肥阶段及各阶段粗饲料比例 *

体重 / kg	过渡期			一般育肥期			强度育肥期		
	饲养天数 /d	增重 /g	粗饲料比例 /%	饲养天数 /d	增重 /g	粗饲料比例 /%	饲养天数 /d	增重 /g	粗饲料比例 /%
250	15	800	70	120	1 100	30 ~ 40	100	1 250	15 ~ 25
300	15	900	60	90	1 200	30	85	1 200	15
350	15	900	60	35	1 200	20	50	1 300	20
400	15	900	60	—	—	—	55	1 350	15

* 引自蒋洪茂主编:《肉牛高效育肥饲养与管理技术》，2003

2. 小白牛肉生产

小白牛肉是指犊牛出生后完全用全乳、脱脂乳或代乳品饲喂 3 个月，体重 100 kg 左右时屠宰所得的犊牛肉。小白牛肉肉质细嫩，肉呈白色稍带浅粉色，蛋白质含量比一般牛肉高 63%、脂肪低 95%，人体所需的氨基酸和维生素含量丰富，属于高档牛肉。

小白牛肉生产多选择奶牛或兼用牛公犊牛，要求身体健壮、外貌无畸形或缺陷、初生重 35 kg 以上。一般犊牛出生 1 ~ 7 日龄喂足初乳，出生 3 d 后与母牛分开，实行人工哺乳，每日哺喂 3 次；8 ~ 90 日龄完全依靠全乳、脱脂乳或代乳品饲养，不喂植物性饲料，严格控制食物的含铁量。生产小白牛肉的饲养成本高，平均每增重 1 kg 约消耗 10 kg 牛奶，或 13 kg 代乳品，但其售价也是一般牛肉的 8 ~ 12 倍。

3. 小牛肉生产

小牛肉是指犊牛出生后 6～8 月龄内，在特殊饲养条件下育肥至 250～300 kg 时屠宰所得的牛肉。小牛肉富含水分、鲜嫩多汁、蛋白质含量高而脂肪含量低、风味独特、营养丰富、属高档牛肉。

小牛肉生产宜选择体重不低于 35 kg、健康无病的荷斯坦公犊，也可选用西门塔尔牛三代以上杂种公犊牛。犊牛出生后 1 周内吃足初乳，出生 3 d 内可以采用随母哺乳，也可人工哺乳；3 d 后须改为人工哺乳，1 月龄内按体重 8%～9% 喂给全乳或代乳品。7～10 日龄训练犊牛采食精饲料并逐渐增加到 0.5～0.6 kg/d，自由采食青干草或青草。1 月龄后，犊牛随年龄增长日增重逐渐提高，日粮逐渐由以奶为主过渡到以草料为主。为了使小牛肉呈红色，在全乳或代乳品中补加铁、铜和维生素 E，并适当喂一些含铁丰富的饲料（如豆饼、豆粕、米糠、苜蓿粉等）。犊牛 14～16 周龄、混合精饲料每天采食量 2.0 kg 以上时可以断奶。断奶后完全饲喂混合精饲料，自由采食优质干草或青草；5 月龄后每日喂混合精饲料 2.0～3.0 kg，干草任其自由采食，直到 6 月龄、体重 250 kg 左右出栏。市场价格低或犊牛体重达不到要求，可继续喂给混合精饲料，粗饲料自由采食，至 8 月龄、体重 300 kg 左右出栏。

4. 犊牛持续育肥

持续育肥是利用犊牛生长快的特点，在犊牛断奶后，立即转入育肥阶段并给以高水平营养进行强度育肥，在 18 月龄左右、体重 500 kg 以上出栏，可以生产高档优质牛肉。育肥方式主要有舍饲强度育肥和放牧加补饲强度育肥两种。

（1）舍饲强度育肥

一般应安排过渡期和育肥期。刚进舍的断奶犊牛不适应育肥条件，要有 1 个月左右的过渡期。育肥期犊牛日增重 1.0 kg 以上，日粮干物质采食量为育肥牛体重的 2%。育肥期可分为育成期和育肥期两个阶段，育成期（6～12 月龄）以生长为主，多喂粗饲料，喂量占体重的 1.2%～1.5%；混合精饲料按占体重的 1.5% 以内限制喂量。育肥期主要是促进犊牛膘肉丰满，脂肪沉积。育肥前期（13～18 月龄）粗饲料、混合精饲料分别按体重 1.0%～1.2% 和 1.7%～1.8% 喂给，即增加混合精饲料喂量，减少粗饲料喂量；育肥前期结束后，如果市场价格不好，可以转入育肥后期（18～24 月龄），粗饲料、混合精饲料分别按体重 0.5%～0.8% 和 1.8%～2.2% 喂给。

犊牛要定期驱虫及健胃，一般在犊牛断奶后、10～12 月龄使用虫克星（或左旋咪唑等）各驱虫一次。育肥牛驱虫后最好连续饲喂 2～3 d 健胃散以健胃。育肥犊牛日粮可自由采食，也可每日 2 次或 3 次分次饲喂。

（2）放牧兼补饲育肥

牧区或农牧交错区犊牛多采用放牧兼补饲育肥。牧区犊牛断奶后，以放牧为主；根据草场情况，适当补充混合精饲料或干草，使其在 18 月龄时体重达 400 kg 以上。犊牛可以白天放牧而傍晚归牧后补饲，或盛草季节放牧而枯草季节补饲。一般在中上等牧场放牧体重 250～350 kg、日增重 0.6 kg 的青年牛，日采食青草 25～30 kg；体重 120～160 kg、平均日增重 0.6 kg 的 1 岁以下牛，日采食青草量 13～18 kg。可根据以上犊牛牧草采食量确定合理的补饲量。

放牧犊牛要合理分群，一般每50头为一群，实行划区轮牧。在我国，1头体重120 ~ 150 kg的肉牛约需1.5 ~ 2.0 hm^2 草场。注意育肥牛的饮水和补盐。

5. 架子牛育肥

架子牛一般指1 ~ 2岁、活重300 kg左右且未经育肥的青年牛。架子牛育肥属肉牛后期集中育肥，是我国肉牛生产的主要方式，可生产优质高档牛肉。

（1）架子牛选择

首选杂种肉牛，其次为我国良种黄牛，如秦川牛、南阳牛、晋南牛等；也可选择荷斯坦牛公犊牛。按生产计划选择架子牛性别、年龄和体重，短期育肥应尽量选择公牛，而生产高档优质肉牛选择阉牛为最好；3个月短期快速育肥可选择体重350 ~ 400 kg大架子牛，6个月或较长期育肥可选择体重300 kg左右小架子牛。

（2）架子牛育肥期及育肥方案

按照架子牛年龄和初始体重，并综合考虑市场因素确定架子牛饲养天数（表6–2）。根据架子牛生长发育和营养需要特点，分一般育肥期和强度育肥期（表6–3），或育肥前、中、后期，各阶段按体重和日增重配制不同营养水平的日粮。

表6–2　架子牛的体重与所需饲养天数*

体重 /kg	200	250	300	350	400	450
饲养天数 /d	300	240	180 ~ 200	150 ~ 180	90 ~ 100	60 ~ 70

* 引自张容昶，胡江主编：《肉牛饲料科学配制与应用》，2006

表6–3　架子牛育肥方案设计

体重 /kg	过渡期			一般育肥期			强度育肥期		
	饲养天数 /d	日增重 /kg	期末重 /kg	饲养天数 /d	日增重 /kg	期末重 /kg	饲养天数 /d	日增重 /kg	期末重 /kg
400	15	0.9 ~ 1.0	> 410	60	1.3 ~ 1.4	> 490	60	1.1 ~ 1.2	
350	15	0.8 ~ 0.9	> 360	120	1.2 ~ 1.3	> 500	60	1.1 ~ 1.2	> 550
300	15	0.8 ~ 0.9	> 310	150	1.1 ~ 1.2	> 470	90	1.0 ~ 1.1	

（3）架子牛育肥方法

依据育肥时喂的粗饲料不同，一般可分为以青贮饲料为主、以秸秆为主及以糟渣类饲料为主的育肥方法。目前，我国大力推广秸秆饲料化利用，青贮饲料在肉牛生产中得以广泛应用；另外，为提高农作物秸秆饲料化利用率，以风干秸秆为原料的各类加工调制方式，如秸秆颗粒饲料、膨化秸秆饲料均得以开发与推广，成为肉牛生产不可或缺的饲料资源。

以12月龄、体重300 kg架子牛育肥为例。育肥期12个月，前期（6个月）日增重0.9 ~ 1.0 kg，期末重450 kg以上；后期（6个月）日增重0.7 ~ 0.8 kg，期末重580 kg以上。精饲料和粗饲料在日粮中的比例（%）：育肥前期为（60 ~ 65）:（40 ~ 35）；育肥后期为

（75～80）：（20～25）。粗饲料在日粮中的最低比例为 10%～15%（表 6–4，表 6–5）。在育肥后期日粮中要有一定量大麦，使脂肪向肌肉内均匀沉积且脂肪硬度好、呈白色。此外，育肥最后两个月不喂或少喂青贮料及青草，以免脂肪变蓝，影响牛肉等级。

表 6–4　架子牛育肥前期的饲料喂量*

项目	月龄					
	13	14	15	16	17	18
预计活重 /kg	300	330	360	390	420	450
日增重 /kg	0.9～1.0					
混合精饲料 /kg	5.5	6.0	6.5	7.0	7.5	7.5
	粗饲料任一种喂量					
秸秆 /kg	3.0～4.0	3.5	3.5	3.0	2.5	2.5
青干草 /kg	4.0～4.5	3.5～4.0	3.5	3.0	3.0	3.0
青草 /kg	13.0～14.0	13.0～14.0	10.0	10.0	10.0	9.0
青贮料 /kg	8.0～10.0	8.0～10.0	8.0	8.0	8.0	7.0

* 引自郝正里主编:《畜禽营养与标准化饲养》，2014

表 6–5　架子牛育肥后期的饲料喂量*

项目	月龄					
	19	20	21	22	23	24
预计活重 /kg	475	500	520	540	560	580
日增重 /kg	0.7～0.8					
混合精饲料 /kg	8.0	8.5	9.0	9.0	9.5	9.5
	粗饲料任一种喂量					
秸秆 /kg	2.5	2.0	2.0	2.0	2.0	2.0
青干草 /kg	3.0	2.5	2.5	2.5	2.5	2.5

* 引自郝正里主编:《畜禽营养与标准化饲养》，2014

保证育肥牛有充足饮水，冬季最好饮温水；经常观察反刍情况、粪便、精神状态，如有异常应及时处理；适时出栏，一般肉牛出栏体重 500～600 kg，高档肉牛则为 600～700 kg；出栏肉牛体重增加，日增重便下降，饲料报酬降低，导致成本提高。

6. 成年牛育肥

成年牛一般指 3 岁以上的牛，属肉牛后期集中育肥方式。成年牛育肥牛源多是淘汰的役用牛、肉用母牛及乳用牛等，除无齿、过老、采食困难、有消化系统疾病的牛外，一般均可短期育肥后出栏。

成年牛已基本结束生长发育，因为瘤胃容积比架子牛大，所以能耐粗饲或对饲料选择不严，能采食大量粗饲料及糟渣类饲料；体型或骨架大，育肥期主要沉积脂肪以改善肉质，并有一定增重，适宜短期育肥。

成年牛一般采取强度育肥法，即在 80～100 d 内达到育肥目的。购入的成年牛要有 10～15 d 过渡期，进行兽医检查、驱虫和健胃。育肥期日粮中适当增加能量饲料比例，要求每 100 kg 体重消耗日粮干物质不少于 2.2～2.5 kg。我国各地有很多成年、淘汰牛传统育肥方法，如舍饲育肥、栓系管理，韁绳逐渐系短（俗称“站牛”），限制活动和避免相互干扰；又如放牧兼补饲育肥，第一阶段放牧兼补料以恢复体力，第二阶段主要是在夏末秋初牧草丰盛期放牧兼补栽培牧草，第三阶段舍饲育肥、拴系管理并加料催肥。一般粗饲料日喂 3～4 次或自由采食；混合精饲料日喂 2 次，喂量视粗饲料种类、质量而定，育肥初期 1.0～1.5 kg，中期 1.6～2.0 kg，后期 2.5～3.0 kg，并减少粗饲料喂量。做好牛体、圈舍及环境卫生和防疫，维持冬季牛舍温度在 10℃以上。

四、高档牛肉生产体系

高档牛肉是指通过选用适宜的肉牛品种，采用特定育肥技术和分割加工工艺，生产出肉质细嫩多汁、肌内脂肪含量较高、大理石花纹良好、营养价值高、风味佳的优质牛肉。我国进口高档牛肉主要指牛柳、西冷和肉眼，有时也包括嫩肩肉、胸肉，且要求符合一定的质量标准。高档牛肉价格比普通牛肉要高出很多，是增加肉牛养殖效益的重要途径。小白牛肉和小牛肉属高档牛肉，犊牛持续育肥和架子牛育肥可生产高档牛肉。

1. 高档牛肉标准

高档牛肉对色泽、嫩度、大理石花纹、脂肪含量、风味等有一定的评判标准，但世界各国的要求不尽相同。如美国消费者希望高档牛肉有适度脂肪，对屠宰肉牛及其胴体分级很细，如阉牛胴体等级分 8 级；欧盟消费者希望高档牛肉脂肪含量少，根据屠宰肉牛胴体的肥度、胴体结构分级，二者各分 7 级来评定。我国肉牛业起步晚，还没有实施全国普遍的牛肉分级标准。为了尽快和国际接轨，我国已开展相关研究并提出了高档牛肉的一些标志指标：

大理石花纹等级：眼肌大理石花纹应达到我国试行标准中的 1 级或 2 级。

牛肉嫩度：肌肉剪切力值 3.62 kgf 以下的出现次数应在 65% 以上；牛肉咀嚼容易，不留残渣、不塞牙；完全解冻的肉块用手触摸时，手指易进入肉块深部。

多汁性：质地松软，汁多而味浓。

牛肉风味：要求具有我国牛肉的传统鲜美可口的风味。

高档肉块质量：每块牛柳、西冷及眼肉质量分别在 2 kg、5.0 kg 及 6.0 kg 以上。

胴体表面脂肪：胴体表面脂肪覆盖率 80% 以上，脂肪颜色洁白。

不同国家的高档牛肉标准见表 6–6。

◎ 表 6–6　不同国家的高档牛肉标准*

指标	国家			
	美国	日本	加拿大	中国
肉牛屠宰年龄 / 月	< 30	< 36	< 24	< 30
肉牛屠宰体重 /kg	500～550	650～750	500	530

续表

指标		国家			
		美国	日本	加拿大	中国
牛肉品质	颜色	鲜红	樱桃红	鲜红	鲜红
	大理石花纹	1 ~ 2 级	1 级	1 ~ 2 级	1 ~ 2 级
	嫩度（剪切值）/kgf	< 3.62	–	< 3.62	< 3.62
脂肪	厚度 /mm	15 ~ 20	> 20	5 ~ 10	10 ~ 15
	颜色	白色	白色	白色	白色
	硬度	硬	硬	硬	硬
心脏、肾、盆腔脂肪质量占体重的百分比 /%		3 ~ 3.5	–	–	3 ~ 3.2
单块牛柳重 /kg		2.0 ~ 2.2	2.4 ~ 2.6	–	2.0 ~ 2.2
单块西冷重 /kg		5.5 ~ 6.0	6.0 ~ 6.64	–	5.3 ~ 5.5

* 引自昝林森主编:《牛生产学》, 2017

2. 高档肉牛育肥技术要点

（1）育肥牛源选择

①选择国外肉牛品种，或我国地方良种黄牛及其与国外肉牛的杂种后代。②屠宰年龄一般要求在 18 ~ 24 月龄，利用纯种肉牛生产高档牛肉时出栏年龄不超过 36 月龄，杂种牛最好不要超过 30 月龄。③最好选择阉牛育肥，犊牛去势时间应在 3 ~ 4 月龄以内。

（2）饲养管理

利用架子牛或犊牛生产高档牛肉时，可分阶段进行育肥，如过渡期、一般育肥期及强度育肥期等。按照育肥牛每个阶段的体重、日增重所对应的营养需要配制日粮，尽量做到多样化、全价化，正确使用各种饲料添加剂。过渡期应多给草，少给精饲料，一般育肥期逐渐增加精饲料至规定喂量。强度育肥期最后 2 个月要调整日粮结构，提高营养水平，使日增重达 1 300 g 以上，并添加大麦等使脂肪色泽白而坚实的饲料以改善牛肉品质，减少或不喂青贮饲料。高精饲料育肥时要防止发生酸中毒。

（3）适时出栏

一般架子牛育肥生产高档雪花牛肉，25 ~ 30 月龄、体重 700 kg 以上出栏。犊牛持续育肥生产高档牛肉，一般在 18 ~ 22 月龄、体重 550 ~ 600 kg 以上出栏。宰前活重达不到要求，胴体质量就达不到应有的级别或数量有限，失去经济意义。

五、肉牛的屠宰

育肥牛在屠宰前一天运到屠宰厂，饲养在待宰圈内。必须保证肉牛宰前有充分休息时间，并保持安静状态，防止代谢机能旺盛。宰前至少断食 12 h 并充分给水，最好是盐水，以利于宰后胴体达到尸僵并降低 pH，从而抑制微生物繁殖，防止胴体被污染。查看检疫合格证明和临床检查等，进行宰前检验，以控制各种疫病传入和扩散，减少污染，保障产品质量。肉牛屠宰加工工艺流程如下：

检疫→称重→淋浴→击昏→倒吊→刺杀放血→电刺激→剥皮（去头、蹄和尾）→去内脏→劈半→冲洗→修整→转挂称重→冷却→排酸成熟→剔骨分割、修整→包装。

第六节　牦牛及水牛生产

一、牦牛生产

牦牛是起源于青藏高原的特产家畜，是“世界屋脊”的景观牛种，也是青藏高原畜牧业的支柱。我国有牦牛 1 300 余万头，占世界牦牛总数的 90% 以上，主要分布在青海、西藏、四川、甘肃、新疆、云南等省（自治区）的高海拔牧区。

1. 牦牛对青藏高原生态环境的适应性

牦牛对青藏高原少氧、寒冷的生态环境有良好适应性。牦牛全身被毛丰厚，进入冷季后粗毛间丛生出绒毛，体表凸出部位、腹部粗毛（又称裙毛）密长；体躯紧凑，体表皱褶少，单位体重体表散热面积小；汗腺发育差，可减少体表蒸发散热。躯体胸腔容积大（比普通牛种多 1～2 对肋骨），心、肺发达，肺泡工作面积也大；气管短而粗大，软骨环间距离也大，能适应频速呼吸；血液中红细胞多、直径大。牦牛有不同于普通牛的体躯形态、解剖生理特点，均有利于适应青藏高原寒冷、少氧的环境特点。

2. 牦牛的生产性能

牦牛是一种“全能型”的家畜，即可以产肉、产奶和役用，也是世界上唯一产毛绒的牛种，但各种生产性能均不高。牦牛初生重低，一般为 10～16 kg。受气候、饲草料季节性变化等因素影响，牦牛生长发育较普通牛缓慢，在传统的培育条件下，12 月龄以前的幼龄牦牛由于经过一个冷季的减重，平均日增重一般在 200 g 以下。但如果改善哺乳期的培育条件及冷季补饲，可明显提高 12 月龄前幼牦牛的增重，据资料报道，平均日增重可达 350 g。同普通牛相比，牦牛比较晚熟，一般在 4～6 岁时体重才达成年时水平。由于各地牦牛类型、生态条件、饲养管理水平等的不同，成年时的年龄及成年活重、生产性能也有较大的差异。一般成年公、母牦牛体重分别为 250～460 kg 和 190～280 kg，屠宰率分别为 48%～53% 和 42%～50%；泌乳期 5～6 个月，挤奶量 250～400 kg。成年天祝白牦牛（4 岁）公、母牛抓绒量分别为 0.4 kg 和 0.75 kg。

3. 牦牛生产方式

牦牛生产一般按照青藏高原牧草季节性变化，以放牧为主，也可以放牧兼补饲饲养或育肥。高寒草原地区依牧草生长情况，一年中可划分为冷季（10 月—翌年 5 月）和暖季（5—10 月）。暖季牧草生长旺盛，牦牛主要以放牧为主，也是增重的最好时期；冷季持续时间长（达 8 个月），天寒草枯，甚至有时大雪覆盖住枯干的牧草，牛只饲草料极度缺乏，有条件的情况下可以补饲一定量草料，尽量满足牛只冷季的营养需要。

（1）牦牛的放牧

多数地区按照季节划分放牧草地，然后分群放牧；部分地区实行围栏分群放牧。

依据牦牛分布区的气候条件，一般将牧场划分为夏秋（暖季）和冬春（冷季）牧场。夏秋牧场选在远离定居点、海拔较高、通风凉爽、蚊虻较少、有充足水源的阴坡山顶地带；冬春牧场则选在定居点附近、海拔较低、交通方便、避风雪的阳坡低地。夏秋和冬春牧场的利用时间，主要根据牧草生长情况和气候而定，一般各用半年。

每年夏初（4—5月），牦牛分群后开始出牧，由冬春牧场转入夏秋牧场；夏秋季放牧的主要任务是做好抓膘和配种，提高产奶量，使当年要屠宰的牦牛在入冬前出栏，其他牛只为越冬过春打好基础。要早出牧、晚归牧，延长放牧时间，让牦牛多采食。

每年冬前（11—12月）牦牛转入冬春牧场。冬春季放牧的主要任务是保膘和保胎。应防止牦牛乏弱，使牛只安全越冬过春，妊娠母牦牛安全产仔，提高犊牛成活率。要晚出牧、早归牧，充分利用中午温暖时间放牧和饮水。

（2）牦牛放牧兼补饲

有条件的地区或牧户在暖季时可贮备一定量草料以便牛群归牧后补饲。冷季补饲可缓解牦牛减重或使其有一定增重。如0.5～4.5岁天祝白牦牛冷季每天补饲1.0～4.5 kg复合秸秆颗粒（60%玉米秸秆+20%燕麦草+10%苜蓿草+10%玉米），公、母牦牛日增重分别为0.10～0.56 kg和0.01～0.23 kg，较未补饲牦牛分别高出0.07～0.61 kg和0.09～0.25 kg。暖季补饲草料可提高牦牛生长速度，在秋季出栏时获得更高的体重。如1.0～3.5岁牦牛3个暖季持续补饲，即暖季选择水草丰茂的草场放牧，归牧后补饲玉米粉或青稞粉等精饲料和食盐，其中1.0～1.5岁、2.0～2.5岁及3.0～3.5岁牦牛精饲料补饲量分别为0.1 kg、0.2 kg和0.6 kg，食盐添加量为精饲料的1.5%，将两者混匀后用水拌湿后进行补饲。3岁牛6月进行强度育肥，10～11月体重240 kg以上出栏。

二、水牛生产

1. 水牛的生产方向

水牛主要为乳用、肉用及役用。乳用水牛乳脂率、乳蛋白和干物质高于其他牛奶；水牛乳制品中的干酪被作为“乳制品之王”而闻名世界。世界著名的乳用水牛品种主要有摩拉水牛和尼里－拉菲水牛，我国大部分的地方水牛品种产奶量较低，全泌乳期仅为400～800 kg。水牛具有良好的产肉性能，2～2.5岁水牛经2～3个月育肥，平均日增重400～800 g，屠宰率60%左右，净肉率50%左右。水牛肉的颜色相对较深，本地水牛为深红色，杂交水牛肉为鲜红色，味鲜且多汁，有香气。

中国地方水牛品种多作役用，其用途主要包括耕作、拉车、踩泥等。经过长期选育，中国水牛逐渐形成了挽力大、持久、易饲养、温驯等优良品质；水牛役用年限较长，尤其是母牛，一般为15年；一般公牛役用能力最高，其次为阉牛和母牛。

2. 水牛的饲养管理

（1）犊牛饲养管理

水牛犊牛一般采取随母牛哺乳，也可人工哺乳。犊牛出生后处理、饮水、补料及管理等措施和普通牛类似。随母牛哺乳的犊牛一般在 6 ~ 8 月龄断奶，人工哺乳的犊牛在精饲料日采食量达到 1.5 kg 时即可断奶。

（2）青年牛饲养管理

青年牛以饲喂青粗饲料为主。饲料品种要多样化，青粗饲料采食量应达到体重 10% 以上（干物质采食量占体重 2% 以上）。青粗饲料质量不佳时，应适当补充精饲料，喂量为每天每头 1 ~ 2 kg。青年公、母牛 12 月龄起应分群饲养，防止早配、乱配。青年牛适配年龄为 2 ~ 2.5 岁，体重达成年体重的 70% 以上。

（3）成年母牛饲养管理

中国水牛妊娠期平均为 330 d，摩拉水牛、尼里 – 拉菲水牛妊娠期平均为 307 d。①水牛妊娠的前 8 个月，一般不需特别增加营养。②当母牛怀孕到第 9 个月至分娩阶段时，应视牛膘情增加精饲料用量，保证胎儿正常生长发育及母牛泌乳储备的营养需要。青贮饲料喂量要控制在 10 kg 以内，适当补充矿物质、维生素类饲料。③水牛产前和产后 1 ~ 2 周的饲养管理方法与奶牛类似。④对于泌乳母牛，围产期过后即可按正常挤奶牛饲养，日粮干物质采食量应占泌奶牛体重的 2% ~ 3.5%，精粗饲料比例可根据牛的产奶情况、胎次、母牛体况及泌乳阶段做调整。精饲料占日粮干物质比例为 30% ~ 40%，粗蛋白质含量 17%。对初产水牛要进行挤奶调教。初产水牛对触摸乳房十分敏感，应在妊娠中、后期进行按摩，产后由技术熟练的饲养员进行挤奶调教。⑤母牛在产犊后 30 ~ 60 d 时，应注意观察母牛是否发情，以防止漏配并提高受胎率。水牛发情持续期长，所以一般应在观察鉴定水牛发情、并拒绝爬跨后 8 h 左右输精。

3. 水牛的育肥

水牛的最佳育肥年龄为 2 ~ 3 岁，最好不要超过 5 岁。育肥牛应是健康无病、发育良好，最好选择阉牛或公牛。

对进场育肥的牛，应按性别、体重和体况分群分栏饲养。拴系育肥时每头牛应有 2 ~ 3 m^2 的圈舍面积，露天育肥时每头牛应有 15 ~ 20 m^2 的牛栏面积。牛只进场 2 ~ 3 d 以后进行防疫注射和驱虫处理。

水牛育肥以青、粗饲料为主，可适当补饲精饲料，以降低育肥的成本。育肥场要根据育肥牛数量，准备或储备充足的草料。对同一批牛，最好从始至终都使用相同或相近饲料，这样可以保持瘤胃微生物区系的相对稳定性。

4. 水牛的杂交利用

目前，世界上水牛的杂交改良主要是引进河流型水牛以提高本国水牛的乳、肉生产性能。我国主要利用印度的摩拉水牛和巴基斯坦的尼里 – 拉菲水牛与本地水牛进行二品种和三品种杂交改良，近年来又引进了意大利的地中海水牛与本地水牛进行杂交。

第七节　现代化养牛生产

一、精准化饲养体系

按牛的营养需要配制日粮，并根据采食量进行精准投喂，是解决奶牛及肉牛粗放饲养管理、提高生产效益和降低饲养成本的关键举措。

目前，随着奶业的快速发展，奶牛养殖智能化、精准化程度不断提高，部分牛场已实现以“配方日粮”“投喂日粮”“采食日粮”“消化日粮”高度统一为基础的精准化饲养，生产效率和效益得到显著提升。

1. 日粮配制精准化

奶牛饲养管理过程中，应针对各泌乳阶段的营养需要，根据《奶牛饲养标准》，借助配方软件，科学、合理地配制日粮，以满足其营养需要。一般奶牛群按其泌乳天数、活重、产奶量、乳脂率等的平均值，结合各类饲料原料营养价值及安全使用条件等，计算营养需要并配制日粮。如某牛场奶牛群平均活重 550 kg，日产乳脂率 3.5% 的牛奶 20 kg，根据《奶牛饲养标准》中成年母牛维持需要及每产 1 kg 牛奶的营养需要，利用各种饲料原料配制的全混合日粮，应为每头牛提供饲料干物质 14.44 kg、奶牛能量单位 31.48、可消化粗蛋白质 1 401 g、钙 117 g、磷 81 g，以精准满足产奶牛的营养需要。

2. TMR 配制精准化

TMR 加工制作的精准化可保证按日粮配方要求配制，做到配方日粮、投喂日粮、采食日粮一致。投放料重是否准确、搅拌时间是否充分等是按配方制作 TMR 的关键。目前，利用 TMR 精准饲喂管控系统等软件，可实现对 TMR 制作过程的精准控制。在装载该系统的 TMR 车中，操作显示器可清楚标明每种饲料剩余所需投放料量，确保只有将饲料投放准确后才能进行下一项投放操作，并将投放量记录备查；管理者可通过监控软件，查看每个工人的饲料准确投放状况，查看每一种饲料在任意时间段的准确使用情况。

3. 投喂日粮精准化

随着以信息采集为切入点的物联网技术快速发展，开发基于信息感知为基础、具有物联网特征的畜禽精细饲喂设备已成为可能。例如，已有研究人员设计出一种由行走机构、饲料仓、搅拌装置、饲料输送装置、控制系统、射频识别装置等组成的奶牛饲喂送料系统，可根据奶牛个体体况饲喂不同质量的 TMR，其投料误差≤5%，投料效率可达 240 头 /h。在 TMR 饲喂技术的基础上，还可应用精确饲喂机器人饲喂奶牛，即给机器人下达配料指令后，其自动进入配料车间的特定位置，饲料原料按顺序、种类及比例投入机器人的饲料仓；机器人按固定的导航轨道，向牛舍前进过程中完成饲料混合，进入牛舍后完成投料并自动返回到待岗位置。

4. 采食日粮精准化

将加工好的饲料投喂给奶牛后，应加强饲养管理，确保其采食到新鲜、安全、足够的饲料。投料 2 ~ 3 h 后须及时推料，促使奶牛尽量采食；及时清槽以保障饲料新鲜及适口性。另外，生产者可通过评价奶牛挑食情况和剩料情况，评定日粮和牛群是否相互适应，如观察剩料时发现饲槽中无饲料或大部分饲槽缺乏饲料，需增加 2% ~ 5% 的投料量；日粮剩料占投喂量的 3% ~ 5% 时表明投喂量适宜；剩料超过 5% 应逐步减少投喂量。

二、智能化管理体系

牛的智能化管理体系是将信息化、物联网和智能管理等技术应用于奶牛和肉牛饲养管理中，主要涉及牛只的自动识别、奶量自动记录、自动称重、自动发情监测、信息化管理等方面。

1. 牛只自动识别

牛只自动识别是奶牛和肉牛精细化管理的前提。应用电子标签技术是目前解决牛只自动识别的最好途径。牛只自动识别系统主要包括应答器和阅读器，是解决牛场实时控制问题的关键部件，它与其他信息技术结合，可延伸出许多控制系统，如自动分隔系统、奶量自动记录系统、体重自动记录系统、自动监察发情系统等。目前广泛应用的应答器主要为项圈和耳牌式应答器。

2. 智能化挤奶厅管理系统

挤奶厅智能管理系统主要通过挤奶厅牛只自动识别技术，配合挤奶厅挤奶位上的电子测量技术，从而实现挤奶厅牛只的识别，以及对应产奶量数据的收集。系统可以记录所有挤奶牛只编号以及相对应的挤奶过程参数。通过对挤奶厅智能管理系统所提供的牛只泌乳曲线、牛奶质量等数据的分析，牧场可以对挤奶厅的挤奶效率、管理水平、牛只乳房健康状况等有更加客观的分析，提升了生产管理水平。

3. 体重自动记录系统

将电子秤与奶牛的自动识别系统相结合，即形成了自动体重记录系统，大大提高了称重的准确性与效率。

4. 自动发情监测

自动监察发情系统是利用奶牛发情期时活动量增加这一特性，采用计步器的原理制成发情监察器，安置在奶牛脚部或胸部。发情监察器不断地将动作频率发送给计算机，计算机对接收到的频率信息自动进行监察与分析，并输出疑似发情奶牛报告，以便配种员做进一步诊断。另外，部分系统还能 24 小时不间断收集奶牛反刍量、躺卧时间等信息，更加客观、详实地记录了奶牛生理健康的数据。

5. 牛舍环境监测与控制系统

采用物联网感知技术，通过在牧场引入牛舍环境监测与控制系统，监测牛舍内温度、湿度、氨气等环境指标。当指标超过临界值时，启动相关措施，如开动牛舍风扇或喷淋系统，调节牛舍环境至舒适状态，防止奶牛出现应激反应。

6. 奶牛场智能管理系统

奶牛场智能管理系统作为众多物联网设备及系统的对接平台，承担着为各系统提供基础数据和存储、归纳、总结和反馈设备数据的作用，为生产管理者提供决策依据。其功能具体包括：①作为牧场牛只管理软件，记录牛只基础档案、繁殖事件、健康事件等信息。②收集产奶量、活动量、体重等数据。③收集管理上所需要的其他各类信息，如奶牛场人员管理信息、牛奶品质信息、奶牛场各类物资的动态变化等。

小　结

我国是世界养牛大国，奶牛、肉牛存栏量及牛肉、牛奶产量均居世界前列。养牛业是现代农业的重要组成部分，其持续健康发展对于改善居民膳食结构、增强国民体质、优化农业产业结构、增加农牧民收入和促进乡村振兴具有重要意义。奶牛业和肉牛业的发展状况，直接体现一个国家和地区的畜牧业发展水平。通过本章的学习，要求大家了解养牛业在国民经济发展及生产生活中的重要地位，识记常见各类型的牛品种及其特征，掌握奶牛和肉牛生产性能所涵盖的指标体系和评定方法以及各类型牛的生产技术，特别是奶牛和肉牛生产技术体系。

复习思考题

1. 试述我国牛种资源状况。
2. 奶牛生产中如何实现精准化饲养和智能化管理?
3. 肉牛育肥方式有哪些?如何开展优质高档牛肉生产?
4. 结合中国水牛生产现状，试述提高中国水牛产肉和产奶性能的措施。
5. 试述牦牛对我国青藏高原牧区人民生活、生产等方面的重要性。

参考文献

[1] 常洪.动物遗传资源学[M].北京：科学出版社，2009.

[2] 郝正里.畜禽营养与标准化饲养[M].2版.北京：金盾出版社，2014：344-345.

[3] 蒋洪茂.肉牛高效育肥饲养与管理技术[M].北京：中国农业出版社，2003.

[4] 李建国，李胜利.中国奶牛产业化[M].北京：金盾出版社，2012.

[5] 李胜利.奶牛营养学[M].北京：科学出版社，2020.

[6] 刘建新.反刍动物营养生理[M].北京：中国农业出版社，2019.

[7] 莫放.养牛生产学[M].北京：中国农业出版社，2012.

[8] 王根林.养牛学[M].3版.北京：中国农业出版社，2013.

[9] 昝林森.牛生产学[M].北京：中国农业出版社，2017.

[10] 张容昶，胡江.牦牛生产技术[M].北京：金盾出版社，2002.

[11] 张容昶，胡江.肉牛饲料科学配制与应用[M].北京：金盾出版社，2006：168.

[12] 赵丽萍，徐杰，赵清来，等.奶牛变量饲喂送料系统的设计[J].中国农机化学报，2017，38(5)：80-83.

[13] 赵一广，杨亮，郑姗姗，等.家畜智能养殖设备和饲喂技术应用研究现状与发展趋势[J].中国农业文摘：农业工程，2019，31(3)：26-31.

数字课程学习

◆ 视频　◆ 课件　◆ 拓展阅读　◆ 代表性品种图片

第七章

家禽生产

系统了解家禽生产各个环节的基本概念、基本知识和基本理论，如不同品种特征、家禽生物学特性等。掌握家禽生产中的基本技能，如家禽的人工授精、种蛋管理、家禽孵化与雌雄鉴别技术、家禽饲养管理技术等。

第一节　家禽的生物学特性

家禽（domestic fowl）是指家养动物中用以生产肉、蛋、肥肝和羽绒等产品的禽类，主要包括鸡、鸭、鹅、火鸡等。这些禽类的生产经营称为家禽业。家禽品种是一种家禽生产资料，掌握家禽的特征、生物学特性和品种的特色，对指导科学饲养家禽意义重大。

一、家禽的一般特征

家禽是由鸟类进化而来的，除丧失飞翔能力外，有些构造特征和鸟类相似，不同于家畜。家禽身体构造一般特征为：全身被覆羽毛；头小，没有牙齿；眼大，视叶和小脑发达；骨骼大量愈合，中有气室；前肢演化为翼，胸肌和腿肌发达；有嗉囊和肌胃；卵生，繁殖性能强；左侧卵巢和输卵管发育，产卵而无乳腺，雄性睾丸位于体腔内；有泄殖腔，无膀胱；肺较小且有气囊，靠肋骨和胸骨运动呼吸。

二、家禽的生理学特性

1. 体温调节机能不完善，耐寒不耐热

家禽体表大部分覆盖着羽毛，具有较好的保温性能；没有汗腺，不能通过出汗排出体热，当气温高至25℃以上时，主要通过呼吸、改变体姿、饮水等方式散热。所以，成年家禽具有很强的保暖御寒能力，但家禽不耐热，夏季酷热天气对其生产性能影响很大。

2. 体温高，新陈代谢旺盛

成年家禽的正常体温在40～43℃，高于一般家畜的体温。成年鸡的正常体温为41.5℃，成年鸭为42.1℃，成年鹅为41.0℃。家禽心率明显高于其他家畜，一般在160～470次/min。鸡平均为300次/min，马仅为32～42次/min，牛、羊、猪为60～80次/min。家禽呼吸频率高，但因品种和性别而不同，一般在22～110次/min。家禽对氧气不足敏感，单位时间内消耗的氧气和散发的二氧化碳的体积是家畜的2倍。

3. 家禽的消化器官和机能特殊

家禽无唇和牙齿，有坚硬的喙，陆禽喙呈圆锥形，水禽喙呈扁平形。采食的饲料主要靠肌胃内壁的黄色角质膜来磨碎，在有沙砾的情况下，可使消化率提高10%。家禽消化道较短，仅为体长的5～6倍（猪、羊分别为14、27倍），饲料通过时间短，所以家禽对饥饿比较敏感。

家禽对谷物饲料的消化率与家畜差异不大，对饲料中纤维素的消化能力显著低于家畜，所以鸡与鸭饲料中的粗纤维含量不宜过高。鹅主要依靠盲肠微生物对粗纤维进行消化，故有较强的食草能力。

4. 抗病力差

家禽的肺较小，连着许多气囊，且许多骨腔内都有气体彼此相通，空气传播的病原易于进入体内；家禽的生殖道和排泄孔道共同开口于泄殖腔，易受污染而患病；家禽的胸腹

腔间无横膈膜隔开，腹腔病很容易感染到胸腔；家禽的淋巴结不发达（鸡无淋巴结），缺少防疫屏障。饲养管理中应加强消毒并做好防疫工作。

5. 生长快，性成熟早

肉用禽出生重 39 ~ 50 g，在良好的饲养条件下，35 ~ 42 日龄的肉鸡体重可达到 2 kg，40 日龄的肉鸭体重可达到 3 kg，相当于初生重的 50 倍。蛋用禽性成熟早，蛋鸭一般在 100 d 左右开产，蛋鸡一般在 120 d 见蛋。

6. 繁殖力强，饲料转化效率高

禽类繁殖力强，卵巢上的卵泡可达 12 000 个以上，蛋用禽年产蛋量可达 300 枚以上。采用人工授精，每只公禽可承担 30 ~ 50 只母禽的配种任务。公禽精液浓度大、精子数量多，精子在母禽输卵管内可以存活 5 ~ 10 d，个别可以存活 30 d 以上。现代家禽饲料报酬高，肉鸡的料重比可达（1.6 ~ 2.0）：1。

7. 群居性强，有啄斗行为

家禽个体较小，所需活动空间不大（例如每 m^2 可养鸡 25 只左右），加之合群性较好、易于管理，非常适合集约化、工厂化饲养。在群居情况下，家禽群内个体会通过争斗，在采食、交配、产蛋蹲窝等方面形成群体序列。

8. 抗逆性差，敏感性高

家禽体小、力弱、胆小，对药物、环境变化反应敏感。如，对抗胆碱酯酶的药物（如有机磷）、链霉素、卡那霉素、磺胺类药物、食盐等敏感；对陌生人或飞鸟入舍、异常声响等敏感，极易造成“惊群”或“炸群”。鸡的视觉发达，光照时间和强度对鸡的生长和产蛋有很大影响；环境温度的变化也能直接影响鸡的生产性能。所以，饲养现代家禽，必须为其创造良好的环境条件，满足其对温度、湿度、光照、声响等多方面要求，最大限度地发挥其生产潜能，获得良好的生产效果。

第二节　家禽的类型和品种

家禽的品种是现代家禽生产用配套体系的基础，加强种质资源保护和多元化利用是建设现代畜牧业强国、保障国家畜禽产品供给安全、实施乡村振兴战略的重中之重。经过一代又一代的接续努力，家禽遗传育种工作已经取得可喜的成就，培育出许多优良的家禽生产配套系，为家禽生产奠定了坚实的基础。

一、家禽的品种及其配套生产体系的概念

1. 家禽的品种概念

由于人类生产和生活的需要，经长期驯养、选育，形成了性状一致、经济性能相似、具有一定数量的群体并能够稳定遗传给后代的家禽品种（poultry breed），根据经济用途分类，可分为蛋用品种、肉用品种、玩赏品种等。

2. 家禽生产配套体系的概念

现代家禽生产的目的是采取各种有力措施，充分挖掘家禽的生产潜力，以获取最大的经济效益。一般来说，育种过程包括：育种工作者制定育种目标，搜集各种育种素材，在标准品种或者地方品种的基础上，采用现代育种方法培育出家禽高产新品系，并进行配合力测定，筛选出生产性能和适应性最好的商品配套组合，进行固定制种模式的生产扩繁推广。整个育种过程注重提高生产性能而进行遗传改良。

现代家禽繁育体系包括育种体系和制种体系两大部分。

（1）育种体系

育种体系又分为品种场和育种场。品种场又称基因库，其任务是收集、保存家禽各种品种、品系，包括利用从国外引进的和国内的优良地方品种进行繁殖、观察，并研究它们的性状特征及其遗传状况，挖掘可能有利用价值的基因和分子标记，为育种场提供选育新品种、新品系的素材。育种场的主要任务是利用品种场提供适应生产需求的品种、品系素材，选育具有一定特点的专门化高产品系并进行杂交组合试验；筛选出杂种优势强大的配套组合，供生产上使用。育种场是现代养禽业繁育体系的核心。

（2）制种体系

一个完整的制种体系包括曾祖代场、祖代场、父母代场和商品代场。生产中通常采用两系配套、三系配套、四系配套。其配套制种模式见图 7-1。

曾祖代场是整个制种体系的核心，其任务是饲养育种场提供的配套原种或配套纯系，进行纯繁制种，提供祖代种禽；祖代场接受曾祖代场提供的祖代种禽；父母代场接受祖代场提供的父母代种禽，为商品场提供杂交商品禽。

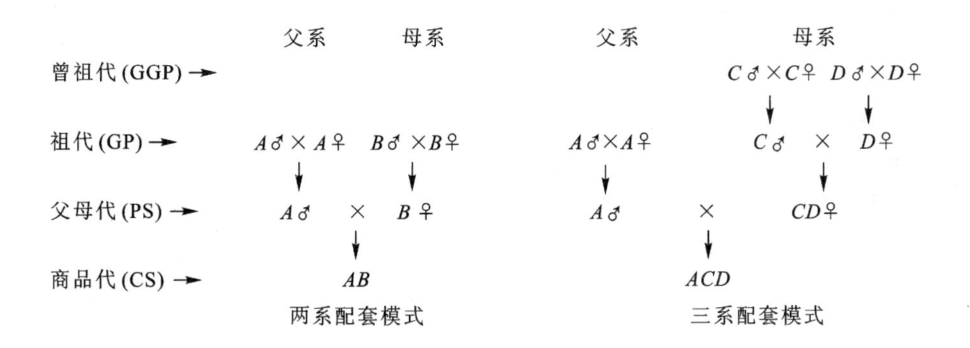

父系　母系

曾祖代(GGP) → A♂×A♀ B♂×B♀ C♂×C♀ D♂×D♀

祖代(GP) → A♂ × B♀ C♂ × D♀

父母代(PS) → AB♂ × CD♀

商品代(CS) → ABCD

四系配套模式

图 7-1　不同的商品禽配套制种模式

二、家禽的品种分类

1. 按《中国家禽品种志》分类

我国饲养家禽历史悠久，由于地理位置、生活习惯等的不同，各地形成了不少地方品种。根据《国家畜禽遗传资源品种名录》(2021 年版)，主要有地方品种、培育品种、培育配套系、引入品种、引进配套系等。

① 地方品种：我国现有地方鸡品种 115 个，分为蛋用、肉用、兼用、玩赏、药用和其他 6 个类型；鸭品种 37 个，分为蛋用、兼用和肉用 3 个类型；鹅品种 30 个，都属于肉用型。

② 培育品种：我国家禽生产工作者根据生产实际需要，培育鸡品种 5 个，鸡配套系 80 个；培育鸭配套系 10 个；培育鹅品种 1 个，鹅配套系 2 个。

③ 引入品种：我国引入品种分为蛋用、肉用和兼用 3 个类型，引入鸡品种 8 个，鸡配套系 32 个；鸭品种 1 个，鸭配套系 7 个；鹅配套系 6 个。

2. 按标准品种分类法分类

所谓标准品种分类，是由英国、美国、加拿大等国的家禽生产工作者为推动家禽育种工作而制定的一种品种登记方法。该法将家禽分为类（class）、型（type）、品种（breed）和品变种（variety）四级。

类：按家禽的原产地可分为亚洲类、美洲类、地中海类、英国类等。每类之中又可细分品种和品变种。

型：按家禽的用途可分为蛋用型、肉用型、兼用型和观赏型。

品种：指通过育种而形成的具有一定数量的群体，它们具有特殊的外形和基本相同的生产性能，并且能稳定遗传，适应性也相似。

品变种：又称亚品种、变种或内种，指在一个品种内按照羽毛颜色、斑纹或冠型而分成不同的品变种。

3. 按现代家禽业分类

现代养鸡业用配套鸡种可分为蛋鸡和肉鸡。蛋鸡包括白壳蛋鸡、褐壳蛋鸡、粉壳蛋鸡和绿壳蛋鸡；肉鸡包括白羽快大肉鸡、黄羽肉鸡、白羽丝毛乌鸡等。

鸭分为蛋用、肉用和兼用型品种，现代养鸭业主要饲养的是蛋用型鸭和肉用型鸭。

鹅都是肉用的，其分类是根据体型大小进行的。大型品种鹅；中型品种鹅；小型品种鹅。

三、家禽的品种

1. 鸡的主要品种

（1）标准品种

① 白来航鸡：原产意大利，1835 年由意大利的来航港输往美国，名字也因此而来，1874 年被正式认定为标准品种。按冠型和毛色共有 12 个品变种。单冠白来航属轻型白壳蛋型品种，分布最广，是世界最优秀的蛋用型鸡品种，在现代商业蛋鸡生产和白壳蛋的配套杂交商品鸡中占重要地位。白来航鸡体型小而清秀，冠大鲜红，羽毛紧密洁白，体质强

健，早熟，产蛋量高，蛋壳白色，耗料少，平养、笼养均宜，成年公鸡 2.5 kg，成年母鸡 1.75 kg，活泼好动，易受惊吓，无就巢性，适应能力强。

② 洛岛红鸡：原产美国，有单冠和玫瑰冠两个品变种，由红色马来斗鸡、褐色来航鸡和鹧鸪色九斤鸡与当地土种鸡杂交而成；羽毛深红色，尾羽黑色有光泽，体躯中等，背长而平；产蛋和产肉性能都好，产蛋量高，蛋重大，蛋壳褐色，广泛用于褐壳蛋鸡生产；在现代养禽业中，用作杂交父本；利用其特有的伴性金色羽基因，通过特定的杂交形式可以实现后代雏鸡的雌雄鉴别。

③ 洛克鸡：原产于美国，属洛克鸡品种，为肉蛋兼用型。羽毛颜色有横斑、白色、鹧鸪色，黄色最为普遍。1869 年被承认为标准品种。

拓展阅读 7-1
洛克鸡的类型

④ 科尼什鸡：原产于英国，是著名的肉鸡品种，羽毛有褐、白、红色之分。现今的白科尼什鸡为豆冠和单冠，羽毛短而紧密，全身羽毛白色，体躯坚实，肩胸很宽，脚粗壮，体大，早期生长快，胸肌特别发达；但产蛋量少，蛋壳为浅褐色；与有色羽母鸡杂交，后代为白色或近似白色。

⑤ 澳洲黑鸡：属兼用型，为在澳大利亚利用黑色奥品顿鸡，注重产蛋性能选育而成。体躯深而广，胸部丰满，头中等大，喙、眼、胫均黑色，脚底为白色。单冠，肉垂、耳叶和脸均为红色，皮肤白色，全身羽毛黑色，有光泽，羽毛较紧密，蛋壳褐色。

⑥ 狼山鸡：狼山鸡是我国古老的优良地方品种，在世界家禽品种中享有盛名。该品种原产于江苏省南通市，早在 1872 年就输入英国，英国著名的奥品顿鸡就含有狼山鸡的血液；1879 年又先后输入德国和美国，1883 年被承认为标准品种。最大特征是颈部挺立，尾羽高耸，背呈 U 形。胸部发达，体高腿长，外貌威武雄壮，头大小适中，眼为黑褐色；单冠直立，冠、肉垂、耳叶和脸均为红色；皮肤白色，喙和跖为黑色，跖外侧有羽毛；适应性强，抗病力强，胸部肌肉发达，肉质好。

⑦ 九斤鸡：九斤鸡也是我国古老的优良地方品种，于 1843 年输入英国，1847 年输入美国，因均由上海出口，故又称之为“上海鸡”，1874 年被正式承认为标准品种。有 4 个品变种：浅黄色、鹧鸪色、黑色和白色。九斤鸡在世界鸡品种改良中贡献较大，闻名于世的美国芦花洛克鸡、洛岛红鸡、英国的奥品顿鸡以及日本的名古屋鸡、三河鸡等均含有我国九斤鸡血液。头小，喙短，单冠，冠、肉垂、耳叶均为鲜红色，眼棕色，皮肤黄色；颈粗短，体躯宽深，背短向上隆起，胸部饱满，羽毛丰满，体型近似方形；胫短，黄色，具胫羽和趾羽；性情温顺，就巢性强，性成熟晚。

⑧ 丝毛乌骨鸡：因其体躯披有白色的丝羽，皮肤、肌肉及骨膜均为乌（黑）色而得名，是我国古老的鸡种之一，为国际承认的标准品种。又称丝羽鸡，日本称乌骨鸡，在国内则因地区不同而名称各异，如江西称其为泰和鸡、武山鸡，福建称其为白绒鸡，而两广称其为竹丝鸡。原产于江西省泰和县和福建省泉州市、厦门市和闽南沿海等地，现遍及全国各地。该品种身体轻小，行动迟缓。头小、颈短、眼乌，羽毛白色，呈丝状。外貌可总结为“十全”特征：紫冠、缨头、绿耳、胡子、五爪、毛脚、丝毛、乌骨、乌皮、乌肉。眼、跖、趾、内脏和脂肪呈乌黑色。蛋壳淡褐色。

（2）地方鸡种

① 仙居鸡：又名梅林鸡、元宝鸡，产于浙江省仙居县及邻近的临海市、天台县、黄岩区等地，属蛋用型鸡种。羽毛紧凑，尾羽高翘，体型健壮结实，单冠直立，喙短，呈棕黄色，胫黄色无毛。部分鸡只颈部羽毛有鳞状黑斑，主翼羽红夹黑色，镰羽和尾羽均呈黑色。虹彩多呈橘黄色，皮肤白色或浅黄色，蛋壳以浅褐色为主。

② 白耳黄鸡：又名白耳银鸡、江山白耳鸡、玉山白耳鸡、上饶白耳鸡，主产于江西省上饶市广丰区、玉山县和浙江省江山县，属我国稀有的白耳蛋用早熟鸡种。三黄一白，即黄羽、黄喙、黄脚、白耳。单冠直立，耳垂大，呈银白色，虹彩金黄色，喙略弯，黄色或灰黄色，全身羽毛黄色，大镰羽不发达，黑色呈绿色光泽，小镰羽橘红色。皮肤和胫部呈黄色，无胫羽。蛋壳呈深褐色。

③ 大骨鸡：又名庄河鸡，主产于辽宁省庄河市。体型魁伟，胸深且广，背宽而长，腿高粗壮，墩实有力，腹部丰满，觅食力强。公鸡羽毛棕红色，尾羽黑色并带金属光泽。母鸡多呈麻黄色。头颈粗壮，眼大明亮，单冠，冠、耳叶、肉垂均呈红色。喙、胫、趾均呈黄色。蛋壳呈深褐色。

④ 惠阳三黄鸡：属肉用型，体型肥硕，体型近似方形。主要产于广东省博罗市、惠阳区、惠东县等地。特点可概括为黄毛、黄嘴、黄脚、胡须、短身、矮脚、易肥、软骨、白皮及玉肉（又称玻璃肉）等10项。主尾羽颜色有黄、棕红和黑色，以黑者居多。主翼羽大多为黄色，有些主翼羽内侧呈黑色。腹羽及胡须颜色均比背羽色稍淡。头中等大，单冠直立，肉垂较小或仅有残迹，胸深、胸肌饱满。背短，后躯发达，呈楔形，尤以矮脚者为甚。成年公鸡体重2.0 kg、母鸡1.8 kg，年产蛋约80个，平均蛋重47 g。

⑤ 寿光鸡：又叫慈伦鸡，产于山东省寿光市。属蛋肉兼用型鸡种。寿光鸡有大型和中型两种，还有少数是小型的。大型寿光鸡外貌雄伟，体躯高大，骨骼粗壮，体长胸深，胸部发达，胫高而粗，体型近似方形。成年鸡全身羽毛黑色，颈背面、前胸、背、鞍、腰、肩、翼羽、镰羽等部位呈深黑色，并有绿色光泽。其他部位羽毛略淡，呈黑灰色。单冠，公鸡冠大而直立；母鸡冠形有大小之分，喙、胫、趾灰黑色，皮肤白色。蛋壳呈褐色。

⑥ 北京油鸡：原产于北京市郊区。羽毛呈赤褐色（俗称紫红毛）的鸡体型偏小，羽毛呈黄色（俗称素黄色）的鸡体型偏大。三羽（凤头、毛腿、胡子嘴），虹彩多呈棕褐色，喙和胫呈黄色，少数个体分生五趾。肉味鲜美，蛋品优良，蛋壳呈褐色，个别为淡紫色。就巢性强。

⑦ 固始鸡：原产于河南省固始县。体型中等，外观清秀灵活，体形细致紧凑，结构匀称，羽毛丰满。公鸡羽色呈深红色和黄色，母鸡羽色以麻黄色和黄色为主，白、黑很少。尾型分为佛手状尾和直尾两种，佛手状尾羽向后上方卷曲，悬空飘摇。成鸡冠型分为单冠与豆冠两种，以单冠居多。冠直立，冠、肉垂、耳叶和脸均呈红色，虹彩浅栗色。喙短略弯曲，呈青黄色。胫呈靛青色，四趾，无胫羽。皮肤呈暗白色。蛋壳呈浅褐色。

⑧ 河南斗鸡：产于河南省开封市、郑州市、洛阳市等地，属观赏型鸡种。体型分为4种：粗糙疏松型、细致型、紧凑型、细致紧凑型。头半棱形，冠型以豆冠为主。喙短粗，

呈半弓形。羽色以青、红、白三色为主色，三色羽之间相互交配形成青、红、紫、皂、白、花等色。骨骼比一般鸡种发达，最突出的是脑壳骨厚，是普通鸡的二倍厚。胸骨长，腿裆较宽。蛋壳以褐色、浅褐色为多。

（3）我国现代养鸡业商用配套鸡种

① 白壳蛋鸡：主要有罗曼白、海兰白、京白 1 号、新杨白等。均来源于原国际标准品种中的白来航鸡。

② 褐壳蛋鸡：主要有罗曼褐、海兰褐、京红 1 号、大午褐壳蛋鸡、伊萨褐、海塞克斯褐等。父系的培育多来自标准品种的洛岛红鸡，母系则主要来自洛岛白鸡和白洛克鸡。

③ 粉壳蛋鸡：主要有罗曼粉、京白 939、京粉 1 号、农大 5 号、大午金凤、豫粉 1 号等。是由褐壳蛋鸡品种作父（母）本、白壳蛋鸡品种作母（父）本杂交而成。

④ 绿壳蛋鸡：主要有苏禽青壳蛋鸡、东乡青壳蛋鸡、新杨鸡、卢氏鸡、淅川乌骨鸡等，新培育的品种（配套系）多由我国地方鸡种选育出的绿壳蛋鸡作父（母）本与白（褐）壳蛋的品种作为母（父）本杂交而成。

⑤ 白羽肉鸡：主要有艾维茵肉鸡、爱拔益加肉鸡、罗曼肉鸡和肉鸡 WOD168 等。其父系由标准品种的白科尼什鸡培育而成，母系则主要来自白洛克鸡。

⑥ 有色羽肉鸡：主要有安那克 40、红布罗、迪高鸡等，为我国引进的“三黄”（黄羽、黄皮、黄胫）快大型肉鸡；广东温氏新兴鸡、江村黄鸡、岭南黄鸡等，为我国地方鸡种导入引进的国外快大肉鸡不同血缘量的“三黄”肉鸡配套系列鸡种。三高青脚黄鸡 3 号、皖南青脚鸡配套系、新广铁脚麻鸡等黄（麻）羽青脚（黑）、白（乌）皮鸡等，为我国地方鸡导入引进的国外快大肉鸡不同血缘量的黄（麻）羽、青脚（黑）、白（乌）皮鸡肉鸡配套系列鸡种。

⑦ 白羽丝毛乌鸡：主要有广东温氏新兴丝毛乌鸡、苏禽丝毛乌鸡、豫农丝毛乌鸡等，为丝毛乌鸡导入引进的国外快大肉鸡血缘后选育的快长系，或快长系与纯种丝毛乌鸡杂交的两系配套。

2. 主要水禽品种（配套系）

（1）鸭的主要品种

① 绍兴鸭：又称绍兴麻鸭、浙江府鸭，因原产于浙江省旧绍兴府所辖的绍兴、萧山、诸暨等县而得名，是我国优良的高产蛋用型鸭品种。其结构匀称，紧凑结实，体躯狭长，喙长颈细；全身羽毛以深褐麻雀色为基色；喙、胫、蹼橘红色，皮肤黄色。公鸭头和颈上部及尾羽性羽为墨绿色，有光泽，分颈中间有白圈和无圈二大类型。产蛋性能好，繁殖力强。

② 高邮鸭：又称台鸭、绵鸭，原产于江苏省高邮市，是我国比较好的蛋肉兼用（瘦肉型）鸭品种，是麻鸭中体形较大的一种，以善产双黄蛋著名。公鸭呈长方形，头颈部羽毛深绿色，背、腰、胸褐色芦花羽，腹部白色；喙青绿色，胫、蹼橘红色，爪黑色。母鸭羽毛紧密，全身羽毛淡棕黑色，喙青色，爪黑色。

③ 金定鸭：金定鸭属蛋用型鸭，原产于福建九龙江下游潮沙地区，在旧龙溪、海澄等县（位于今漳州市龙海区）饲养较多。该鸭种是适应海滩放牧的优良蛋用鸭种。公鸭胸

宽，体躯较长。喙黄绿色，虹彩褐色，胫、蹼橘红色，头部和颈上部羽毛具翠绿色光泽，前胸红褐色，背部灰褐色，翼羽深褐色，有镜羽。母鸭身体细长，匀称紧凑，颈秀长，喙古铜色，胫、蹼橘红色，羽毛纯麻黑色，尾脂腺发达，性成熟早。蛋壳绿色。

④ 建昌鸭：主产于四川省凉山彝族自治州安宁河谷地带的西昌市、德昌县、冕宁县、会理市和攀枝花市米易县等地。属偏肉用型的鸭种。体躯宽阔，头大、颈粗。公鸭头颈上部羽毛墨绿色，有光泽，颈下部多有白色颈圈；尾羽黑色，2～4根性羽，前胸和鞍羽红褐色，腹部羽毛银灰色。母鸭浅褐麻雀色居多。胫、蹼橘红色。易于育肥，用于生产肥肝和板鸭。

⑤ 北京鸭：北京鸭原产于北京市，遍及世界各地，是现代肉鸭生产的主导品种。体形硕大丰满，体躯呈长方形；全身羽毛丰满，羽色纯白并带有奶油光泽；喙为橙黄色，喙豆为肉粉色，胫、蹼为橙黄色或橘红色。母鸭开产后喙、胫、蹼颜色逐渐变浅，喙上出现黑色斑点，随产蛋期延长，斑点增多，颜色加深。公鸭尾部带有 3 ～ 4 根卷起的性羽。

⑥ 攸县麻鸭：产于湖南省攸县，属小型蛋用型鸭种。体型狭长、呈船形，羽毛紧凑。公鸭颈上部羽毛呈翠绿色，颈中部有白环，颈下部和前胸羽毛赤褐色；翼羽灰褐色；尾羽和性羽墨绿色。母鸭全身羽毛黄褐色具椭圆形黑色斑块。胫、蹼橙黄色，爪黑色。蛋壳以白色居多，其余为绿壳蛋。

（2）鹅的主要品种

① 太湖鹅：太湖鹅原产于太湖地区，属小型绒肉兼用鹅种。全身羽毛洁白，偶尔眼梢、头颈部、腰背部出现少量灰褐色羽毛。喙、胫、蹼橘红色，爪白色，虹彩灰蓝色。肉瘤淡姜黄色。无咽袋，偶有腹褶。开产日龄160天，年产蛋60～90个，蛋重135克，蛋壳呈白色。肉质好，加工成苏州的“糟鹅”、南京的“盐水鹅”深受欢迎。

② 豁眼鹅：又称烟台五龙鹅、疤拉眼鹅、豁鹅。豁眼鹅原产于山东省莱阳市，由疤瘌眼鹅和当地土鹅杂交而成，现分布于辽宁、吉林、黑龙江、山东等省部分地区，是我国肉用性能较好、产蛋量较高的鹅种之一。属小型蛋用鹅种。体型轻小紧凑，头中等大小，额前有表面光滑的肉瘤。眼呈三角形，上眼睑有一疤状缺口。颌下偶有咽袋。体躯蛋圆形，背平宽，胸满而突出。喙、肉瘤、胫、蹼橘红色，羽毛白色，虹彩蓝灰色。成年母鹅腹部丰满，略下垂，偶有腹褶。蛋壳呈白色。黑龙江省一些地方用豁眼鹅与狮头鹅及白鹅杂交，效果很好。

③ 皖西白鹅：皖西白鹅属于中型鹅种，产于安徽省西部丘陵山区和河南省固始县一带，在河南省当地也称固始鹅。绒肉兼用型鹅种。全身羽毛白色，绒羽厚密，尤其以羽绒的绒朵大而著称；产绒量高，3～4 月龄 1 只鹅可产绒约 350～400 克。头顶有橘黄色肉瘤，圆而光滑无皱褶。喙橘黄色，虹彩灰蓝色，胫、蹼橘红色，爪白色。约 6% 的鹅颌下有咽袋。公鹅肉瘤大而突出，颈粗长有力；母鹅颈较细短，腹部轻微下垂。少数个体头顶后部生有球形羽束，称为“顶心毛”。早期生长快，耗料少，肉质好，产区用其腌制“腊鹅”。羽绒好，产蛋少，蛋壳白色。

④ 狮头鹅：原产于广东省饶平县溪楼村，主产于澄海区、饶平县，是我国大型肉用鹅种，世界上也少见。体躯呈方形，前躯高，头大颈粗，头部前额黑色肉瘤发达，向前突出。额下咽袋发达，一直延伸到颈部。虹彩棕色，胫、蹼橘红色，有黑斑。皮肤米黄色或

乳白色。颈背有象鬃状的棕色羽毛带。背、前胸、翼和尾羽均为棕色，胸羽浅棕色。腹羽白色或灰白色。

⑤ 朗德鹅：朗德鹅原产于法国朗德省，是世界闻名的肥肝专用品种。世界上很多国家引进朗德鹅作父本杂交，以提高肉用鹅后代的生长速度。朗德鹅体型中等偏大，羽毛灰褐色，在颈背部接近黑色；在胸腹部毛色较浅，呈银灰色；下腹部则是白色。也有不少的个体是白羽或灰白杂色的。喙橘黄色，胫、蹼为肉色。有就巢性。

第三节 家禽的繁殖与人工孵化

卵生动物的受精卵在母体外，受到一定温度或其他条件的作用发育成新的个体的过程叫孵化（incubation）。家禽是依靠卵生孵化的方式来繁衍后代。主要有天然孵化和人工孵化两种形式。

受精禽蛋中的胚胎主要在体外完成发育，野生状态下，绝大多数是母禽利用自身的体温，创造了胚胎发育的条件。人工孵化是人们利用孵化机械，模拟自然状态下胚胎发育所需的环境条件，完成胚胎发育成雏禽的过程。

一、家禽的繁殖

家禽的繁殖是通过受精的种蛋在体外孵化而实现。受精种蛋是靠公母禽自然交配或人工授精获取的。

1. 母禽的生殖系统及各部位功能

母禽的生殖系统由卵巢和输卵管道组成。母禽的右侧卵巢和输卵管在胚胎期发育中期开始退化，仅左侧生殖系统发育完善，具有生殖功能。卵巢不仅是形成卵子的器官，而且还累积卵黄营养物质，以供胚胎体外发育时的营养需要。输卵管道分五个部分，即喇叭部、蛋白分泌部（膨大部）、峡部（管腰部）、子宫部和阴道部，是形成禽蛋的器官。鸡和鹌鹑输卵管各部位长度及功能见表 7-1。

表 7-1 鸡和鹌鹑输卵管各部位长度及功能

部位	长度 /cm		功能	蛋滞留时间
	鸡	鹌鹑		
漏斗部	11	3.5	承接卵及受精	15 ~ 20 min
膨大部	34	17.0	分泌蛋白	3 h
峡部	11	5.5	形成内外膜	1 h 10 ~ 1 h 30 min
子宫部	10	3.5	形成蛋壳、蛋壳颜色	20 h 左右
阴道	7	3.0	接纳精液、蛋产出	5 min 以内
全部	70 ~ 75	30 ~ 35		24 ~ 27 h

2. 公禽的生殖器官及各部位功能

公禽的生殖器官包括睾丸、附睾、输精管及退化的交媾器。睾丸产生精子并分泌雄性激素；附睾和输精管是精子成熟、贮存、运送精子的场所；公鸡退化的交尾器由八字状襞和生殖突起组成。交配时，由于八字状襞充血勃起，围成输精沟，精液由此流入母鸡阴道口。在雏鸡刚出壳时，交尾器明显，据此可鉴别公母鸡。

3. 家禽的繁殖

（1）自然交配家禽的公母配种比例

家禽在自然交配时公母配种适宜的比例为：蛋种鸡 1：（9～12），肉种鸡 1：（5～8），蛋种鸭 1：（11～19），肉种鸭 1：（6～7），中小型鹅 1：（7～8），大型鹅 1：（4～5）。

（2）种鸡的人工授精

① 操作程序：公鸡采精→精液品质检查→稀释→母鸡翻肛→输精。

② 人工授精方法

采精：用背腹式按摩法采精。一般情况下公鸡采精以隔天采一次为宜；繁殖任务重时可连续采精 5 d，让公鸡休息 1～2 d，每次采精量以 0.5 h 输完为宜。

精液品质检查：检查精液的颜色、采精量、精子的活力和密度等。

稀释：一般用生理盐水 1：1 稀释后输精，也可以用原精直接输精。

输精：采用阴道内浅部输精法，深度以 0.5～1.0 cm 为宜，输精量为 0.005 mL（原精），输精时间以下午 2 h 以后为宜，每隔 4～5 d 输精 1 次。

③ 人工授精注意事项：加强种公鸡的饲养管理，饲喂公鸡专用日粮；注意人工授精器械的消毒；每个繁殖季节开始的第一次授精，输精量应加倍或连续输 2 d；为保证高的受精率，输精时间间隔以 3～4 d 为宜；输精时操作应轻缓，母鸡翻肛时应轻拿轻放。

二、家禽种蛋管理

1. 种蛋的选择

种蛋品质既影响孵化率又影响雏禽质量，因此种蛋选择非常重要。种蛋应来自符合国家相关规定、有政府颁发许可证的合格种禽场饲养的性能优良、遗传稳定的高产品种，种禽饲喂全价饲料且管理完善，种禽群管理良好，无通过蛋传播的疾病（如白痢、白血病、支原体相关疾病、马立克氏病等）。种蛋表面要清洁，无粪便、血液等污物。蛋重和蛋壳颜色应符合品种要求，一般要求蛋重为：蛋鸡蛋 50～65 g，肉鸡蛋 52～68 g，鸭蛋 80～100 g，鹅蛋 160～200 g。种蛋蛋形正常，蛋壳致密均匀，蛋壳颜色符合品种要求。挑选种蛋时应注意剔除蛋壳过厚的钢皮蛋、过薄的沙皮蛋和异形蛋、裂纹蛋等。

2. 种蛋的保存

低于某一温度胚胎发育就会被抑制，高于这一温度胚胎才开始发育，这一温度即被称为生理零度，也称临界温度。生理零度随家禽品种、品系不同而异，鸡胚胎生理零度一般认为约为 23.9℃。种蛋在高于 23.9℃的临界温度时，胚胎开始分裂发育，对孵化不利。为了保证孵化效果，种蛋产出须保存在专用的种蛋库内。

种禽场的种蛋库要求隔热保温，清洁防尘，通风良好，无老鼠、蚊蝇等。库温一般保持在 15～18℃，保存期不超过一周，若种蛋保存期较长时可将温度降低至 13～15℃。种蛋库湿度要求 70%～80%，种蛋保存要用专用的蛋托、蛋架等。一般要求种蛋在保存时是大头向上，小头向下。

3. 种蛋的消毒

种蛋产出后遭受污染的机会随着在外保留时间的延长而增加，污染会影响胚胎的正常发育及孵化效果，因此应在集蛋后尽快消毒，并在孵化前再次消毒。种蛋的消毒多采用甲醛熏蒸法，即：将种蛋放入可密封的消毒间或消毒柜内，按每 m^3 容积用高锰酸钾 21 g 和甲醛 42 mL，混合熏蒸 20～30 min，保持环境温度为 25～27℃、相对湿度为 75%～80%。熏蒸后将气体放出，种蛋转入蛋库保存或入孵化器。孵化器开启前，种蛋上盘后入孵化器内消毒（每 m^3 用高锰酸钾 14 g 和福尔马林 28 mL），消毒人员应戴好防毒面具。

4. 种蛋的运输

种蛋应用特制蛋箱装箱运输，防止碰撞和振荡。冬季应注意保温，夏季应注意防止日晒和雨淋。运输工具要求平稳、快速、安全，并小心轻放、防止倒置。

三、家禽的胚胎发育

家禽的胚胎发育分为母体内发育和母体外发育两个发育阶段。我国是世界上最早发明人工孵化的国家之一，早在 2000 多年以前，就开始了家禽的人工孵化。家禽的人工孵化从最初的马粪发酵孵化，到火炕法、缸孵法等，逐渐发展进步。现代家禽生产采用大型机器孵化法，调温、调湿、翻蛋等管理都靠机器自动完成。

1. 各种家禽的孵化期

各种家禽均有一定的孵化期，虽然家禽的孵化期受到种蛋大小、保存条件、孵化温度等多个条件的影响，呈现出一定的变化，但会维持相对稳定。同一种家禽，蛋越大孵化期越长，种蛋保存时间也会影响孵化时间和孵化效果。常见家禽的孵化期见表 7-2。

表 7-2 主要家禽的孵化期

禽种	孵化期 /d	禽种	孵化期 /d
鸡	21	珍珠鸡	26
鸭	28	鸽	18
鹅	31	鹌鹑	17-18
火鸡	28	鹧鸪	23-25

2. 胚胎的发育过程

受精蛋在适宜的孵化条件下，胚胎从休眠中苏醒，并继续发育，最后形成雏禽。

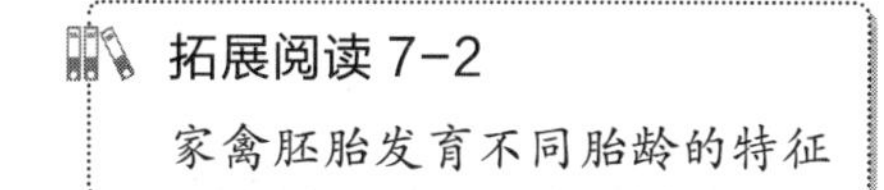

四、家禽人工孵化的条件

受精蛋产出后，遇到适宜的温度、湿度、通风、翻蛋和凉蛋等条件便开始发育。

1. 温度

温度是家禽胚胎发育最重要的条件。一般来讲，温度高时，胚胎发育快，但胚胎较软弱。相反，温度低时，胚胎发育迟缓，雏鸡腹部比较大，难以站立。因此孵化应掌握适宜的温度。

孵化温度常与家禽品种、蛋的大小、孵化室的环境、孵化器类型和孵化季节等有很大关系。如水禽蛋脂肪含量高且蛋重大，孵化后期的温度应低于鸡蛋孵化后期的温度；蛋用型鸡的孵化温度略低于肉用型鸡；气温高的季节低于气温低的季节等。一般情况下，鸡胚胎发育的适宜温度为 37～39.5℃。巷道式孵化器采用的是恒温孵化，鸡蛋的恒温孵化温度保持在 37.8℃左右，鸭蛋的孵化温度较鸡低 1℃，鹅蛋的孵化温度又较鸭蛋低 1℃。孵化室内的温度应控制在 22～24℃。

2. 湿度

孵化器内湿度过高或过低都会影响胚胎的正常物质代谢，同样会影响孵化率和雏鸡品质。高湿会妨碍水汽蒸发和气体交换，甚至引起胚胎酸中毒，使雏鸡腹大，脐部愈合不良，卵黄吸收不良。低湿会使水分过多蒸发，易引起胚胎与壳膜粘连，或引起雏鸡脱水；孵出的雏鸡轻小，绒羽稀短。孵化前期，要求温度高湿度低，出雏时要求湿度高而温度低。孵化的任何阶段都必须防止同时高温和高湿。

在鸡蛋孵化初期，相对湿度为 60％～65％，孵化中后期相对湿度为 55％～60％，出雏期相对湿度应增高至 70％。水禽蛋要求的相对湿度比鸡蛋更高，孵化初期为 65%～70%，孵化中期保持相对湿度 60% 为宜，孵化后期为 70%～75%。

3. 通风

种蛋孵化过程就是胚胎由小到大发育，直至成为一个生命。胚胎发育需要消耗氧气、排出二氧化碳，且随着孵化过程中胎龄增大，物质代谢率的提高，胚胎与外界气体交换不断加强，因此必须提供充足的新鲜空气，排出孵化环境中的二氧化碳气体。若蛋周围的二氧化碳不能及时排出，达到一定浓度后（超过 1％），胚胎发育迟缓，出现胎位不正，死亡率高。所以必须做好通风换气工作。

4. 翻蛋

孵化过程中必须经常翻蛋，特别是前 14 d 更为重要。翻蛋的目的是为了防止胚胎受热不均匀而造成胚胎与壳膜粘连，同时改变胚胎方向，增加胚胎运动，保持胎位正常，使胚胎受温均匀，促进羊膜运动。

为保证翻蛋效果，鸡蛋的翻蛋角度为 90°（垂直线 ±45°），孵化鸭、鹅蛋时，翻蛋的角度要适当大一些，机器翻蛋为 100～120°/ 人工则为 180°。转动角度较小不能起到翻蛋的效果，太大会使尿囊破裂从而造成胚胎死亡。1～18 d 每 1 h 一次，19～21 d 为出雏期，不需要翻蛋。

5. 凉蛋

凉蛋是指蛋孵化到一定时间，关闭电热甚至将孵化器门打开，让胚蛋温度下降的一种孵化操作程序。凉蛋可使孵化器内大幅度换气，且间歇地降温可增强胚胎的生活力，增加后期生理热的散发，这对于水禽有更重要的生物学意义。

凉蛋的时间：鸡一般在孵化的第 14～18 d、水禽在 18～25 d 进行。每天早晚凉蛋 2 次，每次 20～30 min。凉蛋时关闭电源，打开孵化机门，让温度自然下降，水禽蛋凉蛋时可在蛋表喷 40℃的温水。鸡蛋可不必凉蛋，但凉蛋能提高胚胎的生活力。

五、孵化操作管理技术和影响孵化的因素

1. 孵化操作管理技术

（1）孵化工艺流程

孵化工艺流程包括：种蛋收集→消毒→储存→分级码盘→消毒→入孵→照蛋检查→移盘→出雏→鉴别、分级→预防接种→雏禽存放→雏禽发运。

（2）孵化前的准备

孵化室应和养殖场有一定的间隔（至少有 150 m），以防止疾病传播。孵化室应严密，保温性能良好，同时具有良好的通风设备，以保证空气新鲜。孵化室地面要坚固、平坦，并设有排水沟，以便于冲洗；四壁要光滑，以便于消毒。孵化室温度为 22～24℃，出雏时升高到 30℃；相对湿度为 55%～60%，出雏时提高到 60%～65%。孵化器在孵化前应经过认真检修、消毒、试温，然后才能入孵。主要检修孵化器的电加热、风扇、电机、控温、控湿、翻蛋等部件，并对温度计进行校正。检修后，要彻底清扫、洗刷、熏蒸、消毒，然后在入孵前 2 d 再次试机，待运转正常后方可入孵。

（3）入孵

将合格种蛋大头向上均匀地摆放在孵化盘上，放在孵化室内进行预温。经消毒后，在下午 4 时左右（保证届时出雏整齐）将承有孵化盘的蛋架车推入孵化器开始孵化。

（4）孵化期间的管理

孵化过程中，主要孵化条件靠孵化器自动调节，管理相对简单。但是，要求值班人员必须有高度的责任心，认真观察和记录孵化过程中各个条件的变化，包括温度、湿度、通风、翻蛋等，发现异常时应及时进行调节。同时调整好孵化室内的温、湿度条件，并做好环境卫生。

（5）照蛋检查

照蛋检查的目的是检查胚胎的发育是否正常，并剔除无精蛋、破蛋、死胚蛋等异常蛋。现代种禽孵化照蛋检查通常采用手持照蛋器进行操作，照蛋检查时应保持照蛋室相对黑暗，种蛋在照蛋室内停留的时间一般不应超过 20 min。家禽孵化过程中一般进行两次照蛋检查，分头照和二照，规模化孵化场也有只进行 1 次照蛋检查的。

① 头照：一般在孵化的第 5～7 d 进行。目的是剔除无精蛋和死胚蛋。

■ 正常的活胚蛋：气室边缘界线明显，胚胎上浮，隐约可见胚体弯曲。头大，有黑点；躯体弯，有血管向四周分散，犹如蜘蛛网状。

■ 无精蛋：蛋内透明，隐约呈现蛋黄浮动暗影，气室边缘界线不明显。

■ 弱胚：体小，血管色浅、纤细、扩张面较小。

■ 死胚蛋：气室边缘界线模糊，蛋黄内出现一个血圈、半环或线条。

② 二照：于孵化的第 18～19 d 进行。目的是剔除死胚蛋及头照漏拣的无精蛋，利于

活胚蛋转入出雏机内的出雏。

■ 正常的活胚蛋：气室显著增大，边缘界线更加明显。除气室外，胚胎占据蛋全部空间，漆黑一团，仅看见气室边缘弯曲。血管粗大，有时见胚胎黑影闪动。

■ 弱胚：气室边缘平齐，可见明显血管。

■ 死胚蛋：气室更加增大，边缘不明显，蛋内发暗，混沌不清，气室边界有黑色血管，小头色浅，蛋不温暖。

（6）落盘

落盘又称移盘，就是将 19 d 胎龄、即将出雏的种蛋转入出雏器的操作过程。禽蛋孵化过程中，孵化期和出雏期所需的条件不同，出雏期间的温度较低，而湿度要求较高，故出雏要在专门的出雏器内进行。落盘操作要求轻快，防止碰撞。

（7）出雏

禽蛋正常孵化到期后，会较为集中出雏。要根据雏禽出壳的情况，一次或分次从出雏器中捡出绒毛干燥、腹部吸收良好的雏禽，防止由于待在出雏器内时间过长，造成雏禽脱水。雏禽出雏后，应及时清理孵化器和出雏器，消毒晾干备用。

（8）衡量孵化效果的指标

受精率 =（受精种蛋数 ÷ 入孵种蛋数）× 100%；

受精蛋孵化率 =[孵出雏禽数（含弱雏、死雏）÷ 受精蛋数] × 100%；

入孵蛋孵化率 =[孵出雏禽数（含弱雏、死雏）÷ 入孵种蛋数] × 100%；

健雏率 =[健康雏禽数 ÷ 孵出雏禽数（含弱雏、死雏）] × 100%。

2. 影响孵化的因素

（1）遗传因素

家禽品种、品系不同，其培育进化程度不同，孵化效果也不同，近交品系孵化率较低，杂交时孵化率提高。

（2）种禽因素

种禽的年龄、产蛋率、健康状况及营养水平对孵化效果影响明显。母禽刚开产时受精率、孵化率较低，孵化出的雏禽也较弱小；产蛋高峰期种蛋品质良好，孵化效果也好；其后随着种禽年龄的增长，产蛋率下降而蛋重增加，孵化效果逐渐变差。种禽应喂给营养平衡的全价配合饲料，以满足种蛋孵化的需要，饲料中营养成分缺乏时，会明显影响种蛋的孵化效果，如饲料中缺乏维生素或微量元素时，会导致孵化期间胚胎发育异常，造成死亡率增加。当种禽患有疾病、代谢异常时，所产种蛋孵化率降低。

（3）环境因素

环境因素中对孵化效果影响较大的是温度和通风。夏季高温时，胚胎始终处于湿热环境，其活力受到影响，孵化效果很差；冬季环境温度较低，必须加热使孵化室温度维持相对稳定，否则会使孵化率降低。

（4）管理因素

孵化过程中的操作管理非常重要，相关人员务必具备高度的责任心，按照要求认真地做好孵化管理工作。要注意环境清理消毒、温湿度的变化和调整、孵化室环境调节等各种操作，并认真做好记录，保证孵化工作的正常进行和孵化效果的稳定。

（5）其他因素

蛋的品质、保存条件、存放时的胎位、放置位置及孵化场海拔高度等都对孵化效果有不同程度的影响。

六、初生雏禽的处理

1. 初生雏禽的雌雄鉴别

雏禽出壳后进行雌雄鉴别，可以将不用的公雏淘汰或单独饲养作肉用，实现节省饲料、充分利用空间，提高养禽的经济效益的目的。

（1）肛门鉴定法

以鸡为例，在雏鸡出壳后 2 ~ 12 h，借助于 60 ~ 100W 白炽灯的强光照明，人工观察雏鸡泄殖腔开口部下端的中央有无生殖突起。母鸡无生殖突起，或很小且比较松软、缺乏弹性、不易充血；突起表面无光泽、顶端为尖形、周围组织无力。公鸡生殖突起明显。操作熟练者鉴别准确率可达 95% 以上，是当前最有效的鉴别方法。

（2）羽色鉴定法

育种公司利用伴性遗传的原理，选育出具有显隐性关系的配套系，交配后产生的后代，会表现出不同的羽色，人们据此可以分别出雏禽的性别。如褐壳蛋鸡的商品代雏鸡公雏为白羽，母雏为金色绒羽。

（3）快、慢羽鉴别法

用快羽公鸡和慢羽母鸡杂交，所产生的子代公雏全部为慢羽，而母雏全部为快羽。快、慢羽的区分主要由初生雏鸡翅膀上的主翼羽和覆主翼羽的长短来确定。主翼羽明显长于覆主翼羽的雏鸡为快羽，自别雌雄时为母雏。慢羽在羽速自别雌雄时为公雏。慢羽类型比较多，主要有 4 种类型（倒长型、等长型、未长出型、稍长型（< 2 mm）。

2. 初生雏禽的强弱分群

为了提高成活率，使雏禽发育均匀，雏禽孵出、鉴别雌雄后，应进行强弱分群。弱雏单独装箱，而腿、眼睛、喙有疾病或畸形，以及脐带愈合不良或过于软弱的雏禽不宜饲养，应立即全部淘汰。

通过看、摸和听，从羽毛和外貌状态，腹部和脐部收缩情况，雏禽的活力、叫声、体重大小等可区分健雏和弱雏（表 7-3）。

表 7-3 健雏与弱雏的比较

比较项目		健雏	弱雏
出壳时间 /d	轻型蛋用雏	< 21	> 21
	中型蛋用雏	< 21.5	> 21.5
初生重 /g	轻型蛋用雏	36	过重或过轻
	中型蛋用雏	38	

续表

比较项目		健雏	弱雏
精神与行为	眼睛	大而有神	闭合或无神
	行动	活泼好动	呆立、不爱活动
	叫声	洪亮	低弱
	反应	敏感	迟钝
脐部		无血痕吸收良好	有血痕或残留一段脐带
卵黄吸收情况		良好	不良、腹硬
绒毛		有光泽、中羽长	过长或过短、色过深或过浅
握在手中感觉		饱满有反弹	软绵无力

3. 初生雏禽的免疫注射

初生雏禽出壳后，要按防疫要求，注射马立克氏病疫苗。

4. 初生雏禽的运输

雏禽出壳后可以利用腹腔内剩余的卵黄作为营养物质满足其需要，对其进行异地运输。雏禽运输的基本原则是迅速及时、舒适安全、注意卫生。要用专用雏禽运输箱或坚实的容器装雏禽，最好在 12 h 内运到育雏舍，一般不要超过 24 h。运输途中要注意观察雏鸡状态，发现过热、过冷或通风不良时，应及时采取措施进行调整。远距离不应超过 48 h，运输途中要将上下、前后、内外的雏禽箱调换位置。一般中途不能停车。冬季应选择在气温比较高的中午运输，做好保温工作；夏季应选择气温比较低的早晨运输。

第四节　蛋鸡生产

从 1 日龄开始，根据饲养管理条件和营养需要不同，蛋鸡的一生可划分为两个阶段或者三个阶段，即 0～18 周龄的育雏育成期、19～72 周龄的产蛋期两个阶段；或 0～6 周龄的育雏期、7～18 周龄的育成期、19～72 周龄的产蛋期三个阶段。

一、雏鸡的饲养管理

育雏期是养鸡生产中重要而又困难的基础阶段，必须认真做好育雏工作，为其后的生产打下良好基础。此阶段的鸡只又称为雏鸡。

1. 雏鸡的生长发育特点

① 生长发育迅速：各周期阶段体重为初生重的倍数见表 7-4。

② 体温调节机能不完善：体小娇嫩，大脑体温调节还没有发育完善，机体产热能力差。绒毛稀而短，保温能力差。

③ 胃肠容积小，消化机能尚未健全。

◎ 表 7–4 各周期阶段体重为初生重的倍数

	2 周龄	6 周龄	8 周龄
蛋用雏鸡	2	11	15
肉用雏鸡	7	36	52

④ 新陈代谢旺盛，所需的新鲜空气和呼出的二氧化碳及水蒸气量较多。

⑤ 具有神经敏感、无自卫能力、怕惊群等习性，故要保持环境安静，清洁卫生，门窗要严密，防止鼠害。

⑥ 抗病能力差，要及时做好免疫接种和喂药，杜绝串舍和外人入舍，加强防疫消毒，预防疾病发生。

⑦ 羽毛生长更新速度快：从出壳到 18 周，分别脱换羽毛 4 次。

2. 雏鸡的饲养和供热方式

（1）雏鸡的饲养方式

① 地面平养：将雏鸡饲养在铺有垫料的地面上。一般是先在地上铺上一层 3 ~ 5 cm 厚的生石灰，再在上面铺设 10 ~ 15 cm 厚的垫料，如锯末、谷壳、稻草、麦秸等。地面平养的优点是投资少、费用低、适合于雏鸡的生活习性，缺点是鸡只和粪便直接接触，易患通过粪便传播的疾病，如寄生虫病等。同时，地面平养鸡舍内空气中的灰尘和细菌较多，对雏鸡不安全。

② 网上平养：将雏鸡饲养在高于地面的栅条上或网板上。该方式克服了地面平养的不足，较为安全，但鸡舍利用效果稍差。一般用砖等材料，垒成离地面 60 ~ 70 cm 高的墩，上面用木条、竹条、铁网铺设，再在上面放一层塑料网，雏鸡在离开地面的网上活动采食。

③ 立体笼养：将雏鸡饲养在专用的育雏笼内。该方式是现代最先进的养禽方式，其特点是育雏数量大、鸡舍利用效率高、温湿度等条件容易控制、雏鸡饲养安全、方便饲养管理等；不足是投资大，鸡舍条件要求较高，适宜于有一定条件的鸡场育雏。常见育雏笼为四层重叠式育雏笼。

（2）供热方式

温度是育雏的首要条件，合适的环境温度是育雏的关键因素。雏鸡出壳后要求温度较高，必须依靠人工供热的形式满足其温度需要。目前，养鸡生产中主要的供热加温方式有火炕加热、暖风加热、红外线灯供温、电热伞供温等。

3. 育雏条件

（1）温度

适宜的温度是育雏成败的关键，它与雏鸡的散热、采食、消化、饮水等活动密切相关。在生产实践中要选择适合雏鸡生长活动的温度，满足雏鸡生长发育的需要。育雏期的适宜温度变化见表 7–5。当温度适宜时，雏鸡分布均匀，活泼好动，采食、饮水正常。若温度偏高，雏鸡远离热源，双翅下垂，张口喘气，不断饮水；温度偏低，则靠近热源，相互聚集在一起靠体温取暖，部分鸡只不断尖叫。温度的调整应逐渐进行，切忌忽高忽低，变化无常。

◎表 7-5　育雏期的适宜温度

周龄	1 ~ 3 d	4 ~ 7 d	2	3	4	5	6
适宜温度 /℃	35 ~ 32	32 ~ 30	30 ~ 29	29 ~ 26	26 ~ 23	23 ~ 20	20 ~ 18
最高温度 /℃	39	37.5	35	33.5	31.5	30.5	30
最低温度 /℃	27	20	16	14	11	10	8

（2）湿度

由于育雏温度高，若其环境过于干燥，很容易使雏鸡失水，造成蛋黄吸收不良，羽毛发干；如果饮水不足，甚至引起雏鸡脱水死亡。湿度过高则雏鸡羽毛潮湿污染、零乱，雏鸡体弱多病。育雏室相对湿度：早期（1 ~ 10 d）应尽量保持在 60% ~ 65%，其后调整为 55% ~ 60%。

（3）通风

雏鸡生长发育快、新陈代谢旺盛，需要消耗较多的氧气并排出二氧化碳；且育雏舍内温度高，鸡群密度大，鸡的排泄物容易分解产生氨气、二氧化硫等有害气体。若环境中有害气体浓度过高，会对雏鸡健康造成不利影响，甚至引起呼吸道疾病。因此，育雏舍保温的同时，必须注意保持适宜的通风量，保持舍内足够的新鲜空气。

（4）光照

育雏期光照主要是为了方便雏鸡进行采食、饮水等活动，同时也便于饲养管理。雏鸡 1 ~ 3 d 采取 23 h 光照、1 h 黑暗的光照形式，使其适应相关条件；其后至 3 周龄，采取 14 h 光照，晚间加 0.5 h 光照，喂料一次；4 ~ 8 周龄采取 12 h 光照。雏鸡育雏阶段光照强度为 20 lux。

（5）饲养密度

雏鸡的饲养密度与饲养方式密切相关，合理的饲养密度有利于雏鸡的健康生长。饲养密度过小造成育雏效率低；过大则容易造成群体发育不均匀，有的个体大，有的偏小，有时会引起雏鸡啄癖的发生，造成部分雏鸡损伤。不同育雏方式的参考密度见表 7-7。

◎表 7-7　雏鸡的饲养密度（只 /m^2）

周龄	地面平养	网上平养	立体笼养
1 ~ 2	25 ~ 30	30 ~ 35	60 ~ 70
3 ~ 4	18 ~ 25	25 ~ 30	40 ~ 60
5 ~ 8	13 ~ 15	20 ~ 25	30 ~ 35

4. 雏鸡的饲养管理

（1）准备工作

① 育雏舍的清理消毒：雏鸡抗病力差，易患疾病，育雏前要做好育雏舍（特别是已经养过鸡的育雏舍）的清理消毒工作，以保证育雏的安全进行。

育雏舍清理消毒包括：清理杂物粪便→高压水冲洗→密闭育雏舍、熏蒸消毒（24 h 以上）→火碱溶液消毒地面→石灰水粉刷墙壁→火焰消毒鸡笼→育雏舍和用具喷雾消毒→密闭育雏舍备用。消毒过程中，熏蒸一般每 m^3 采用 40 mL 甲醛溶液 + 20 g 高锰酸钾，火碱液浓度为 1 ~ 2%，其他按相关说明书的介绍进行。

② 用具准备：雏鸡饲养是一项管理细致的工作，相关的设备用具使用前应准备充足、完好，以免影响育雏效果，甚至造成不应有的损失。鸡笼、饮水器、喂料设备、照明设备、加温设备等要进行调试维修，确保能正常运用。

③ 预加热：育雏舍进雏鸡前 3 d 开始加热，至进雏鸡前育雏舍温度应达到 35℃左右。

（2）具体饲养管理措施

① 雏鸡的饮水：雏鸡的第一次饮水叫初饮，初饮应及早进行。一般在雏鸡入舍前就应准备好初饮的用水，生产中常用 5% 的葡萄糖水、维生素水或其他营养水，以帮助雏鸡恢复体力、防止脱水。雏鸡前两周饮水要用温开水，以后用水质良好的井水或自来水。雏鸡饲养过程中，除了防疫等特殊要求外，平时不能断水。饮水器要定期清洗、消毒。

② 雏鸡的饲喂：雏鸡的第一次进食叫开食。开食时间不宜过早，一般在出生后 36 h ~ 48 h 进行，或鸡群内 60% 以上的个体有啄食行为时进行。雏鸡从 1 日龄开始便可直接喂配合饲料，但在夏季育雏时，为防止雏鸡糊肛，育雏前 3 d 可用碎玉米或碎小米开食，以后换用常规的配合饲料。雏鸡前三周每天饲喂次数不少于 6 次，少喂勤添；以后每天 4 ~ 5 次。雏鸡饲喂过程中要尽量防止饲料抛洒，造成浪费。

③ 控制环境温度：雏鸡的抗逆能力非常有限，对环境条件的变化非常敏感且抗病力差，一旦感染疾病，损失很大。因此，应给雏鸡创造一个安静、卫生的环境条件。一方面，要严格控制育雏舍温湿度、光照、通风等条件，保持适宜的环境；另一方面，要控制周围环境，防止巨响、鸟兽侵入等应激现象的发生，引起惊群；同时，还要定期进行育雏舍内外环境的消毒工作，育雏舍内每周喷雾消毒 1 ~ 2 次（带鸡消毒），育雏舍外环境每周消毒 1 次，确保环境的安全无污染。

④ 观察鸡群：饲养员除了每天对雏鸡进行饲喂、饮水、通风等正常的管理外，还要认真观察鸡群的健康状况，以便及早发现问题，尽快采取相应措施，减少损失。雏鸡的观察应从其精神、运动、采食、粪便、呼吸、反应等方面着手。健康无病的雏鸡食欲旺盛、饮水有度、反应灵敏、活泼好动、鸣叫清脆、呼吸无异常声音、排出的粪便为灰白色条形或塔形。病鸡则会出现一些异常。

⑤ 断喙：雏鸡活泼好斗，经常出现相互叨啄的现象，有时甚至会造成明显的损伤，所以，现代化养鸡中，要对雏鸡进行断喙。断喙的目的在于防止啄癖，减少饲料浪费。断喙的时间应在 6 ~ 10 日龄左右，由专人用专用的断喙器将上喙切去 1/2，下喙切去 1/3。为了减轻应激和避免出血过多，断喙的前后 3 d，饮水中加入水溶性维生素，饲料中加入维生素 K_3 3 mg/kg。

⑥ 称重：育雏期间要对雏鸡进行称重，目的是为了了解鸡群的均匀度，使其整齐发育。隔周随机抽取鸡群中 5% ~ 10% 的雏鸡称其空腹重，与标准体重进行比较，根据实测体重和标准体重的差别，调整饲养管理，保证雏鸡的整齐一致。若体重偏小，则应分群，调整饲养密度，加强饲养管理，促进雏鸡的发育；若体重偏大，则应适当控制饲料喂量，适当减缓其发育速度，防止过肥；若体重大小不均，则应分群采取相应的管理措施，保证

其健康成长。

⑦ 防疫：为了防止鸡群疾病的发生，要根据当地鸡病流行的特点，制定合理的疾病防疫程序。在具体的饲养管理中，要严格按照防疫程序的要求，进行认真的防疫操作，以防疾病发生。

二、育成鸡的饲养管理

育成期时，鸡的体温调节机能和消化机能基本健全，具有较强的适应能力；羽毛已经丰满，具备了体温调节能力；消化吸收能力日趋健全，食欲旺盛。育成鸡的骨骼、肌肉发育旺盛，机体沉积脂肪的能力逐渐增加，育成中、后期生殖系统开始发育，至育成期结束，基本达到性成熟。这一时期的鸡只又称为育成鸡。育成鸡的饲养总目标：健康无病，体重和跖长达标，肌肉发育良好、无多余脂肪，骨骼坚实，整齐度高，适时性成熟。

1. 育成鸡饲养管理的关键环节

（1）控制适宜的体重

控制鸡只开产体重与鸡群性成熟体重，使其在本品种要求范围内，既不能营养不良过于瘦小，又不能太肥，是养好育成鸡的关键。不同品种或品系都有各自不同时期的体重要求，饲养育成鸡的目的，就是要千方百计地把鸡体重控制在规定范围内。如：商品代（中型蛋鸡）20 周龄体重：1 550～1 650 g；产蛋率达 5% 时体重：1 700～1 750 g（21～22 周龄）；产蛋率达 50% 时体重：23～24 周龄体重：1 800～1 850 g。这样鸡才能有高产蛋量、高受精率、高孵化率和高种蛋合格率。由于育成鸡的生理特点决定了在育成鸡阶段容易过肥，这就需要限制饲喂（简称限饲）来控制其生长发育，使其达到理想的体重标准。

① 限饲目的和作用：延迟性成熟；控制体重；减少产蛋初期产小蛋数；降低产蛋期的死亡率。

② 限饲的时间：据雏鸡体重及健康情况而定。一般在 8～9 周开始制定计划，最迟不能超过 9 周，16～18 周结束限饲。

③ 限饲的方法：主要有限质法、限量法和限时法。在生产中应据具体情况选择不同方法进行。

限质法：育成期的营养标准规定的蛋白质、能量均比育雏期低，这本身就是一种限质法；但仅依靠此常不能达到目的，需要进一步降低饲料质量，如：低能量法、低蛋白法、低赖氨酸法。上述各法可延迟鸡性成熟，节约饲料 6%～8.5%，减少蛋白质用量，而不影响产蛋。蛋白质短缺而技术过关、又能自配料的地区或单位可考虑使用此法，技术不过关且高温地区切勿用此法。

限量法：不限制饲喂时间和饲料质量，每天仅供给自由采食量 90% 的全价饲料。常用的方法是限量法，即用减少饲喂量、隔日饲养或限制每天的喂料时间等方法来控制鸡的体重。此法在使用中必须了解自由采食量才能准确限量，故需每天秤料，费时费工。此外，饲料营养要全价，否则会导致育成鸡发育受阻。

限时法：每天限时，即每天让其采食 3～4 h（如 9：00～13：00），其他时间饲料槽加盖或不添料；还可采取隔日法，即从 8～9 周开始，隔日自由采食 8～10 h；或每周停喂一天，8～9 周开始，周日不喂，星期一至星期六自由采食（称“6-1”计划）；或每周停喂 2 d，8～9 周开始，星期天和星期三不喂，其他时间自由采食（简称“5-2”计划）。

④ 限饲注意事项

制订计划：根据饲养手册体重标准、出壳日期、鸡舍类型、饲料条件制订限饲计划。

挑选鸡只：挑出弱、病、体重过小的鸡单独饲养，不参加限饲，让其自由采食。

称量体重：每 1～2 周随机逐只称量 1% 鸡群的体重（不少于 100 只）；笼养鸡群固定称若干笼鸡的体重；平养鸡群每周随机称量 100 只鸡的体重；不分圈时，用围栏在鸡舍不同区域分隔若干小群体称重。

此外，要设足够食槽和饮水器；结合光照，注意防止啄癖出现；如果饲料差，体重又达不到标准时，切不可进行限饲。若遇到下列情况，应终止限饲，改为自由采食全价饲料：鸡群患病时；接种疫苗或转群时；鸡舍温度突然升高或下降时。

在限饲期间，要密切注意鸡群生长发育是否一致，即均匀度是否高。遇到下列情况，应对计划做相应的调整：实际体重比标准体重高 1%～2% 时，下周喂饲料量应减少 1%～2% 左右；实际体重比标准体重低 1%～2% 时，下周喂饲料量应增加 1%～2% 左右；若实际体重与标准体重相差太大时，不应骤然增加或减少饲料量。

在限饲中，若采用每日限量法时，应在 3 周内逐渐增加或减少饲料量；一般按 1 g 饲料：1 g 增重进行增减，如育成鸡比标准体重轻 100 g，则应在 3 周内共增加 100 g 饲料。采用每周停喂 2 d 时，体重大，则可在下周改为停喂 3 d；反之则在下周改为停喂 1 d 或不停喂。

（2）提高鸡群的均匀度

① 概念：均匀度（u）=（群体被测鸡的平均体重 ±10% 的个体数 / 被测鸡数）×100%

② 意义：均匀度是反映鸡群生长发育优劣的一致性标准。均匀度越高，鸡群开产越整齐，蛋重大小一致，产蛋高峰来得快，持续时间长，总产蛋量也较高。

③ 具体做法：从 6 周开始，每周随机取样（1 万只取 1%，1 万只以下取 100 只）称重，按上式计算即得均匀度。为了提高鸡群的均匀度，每次称重后应及时按育成鸡体重大小分成若干群体，以针对不同情况采取相应措施，使鸡群发育整齐，均匀度高。

④ 标准：对蛋鸡而言，80% 以上优秀，80% 为良好，70%～80% 为一般，低于 70% 为较差需改进；对肉鸡而言，80% 为优秀，70%～80% 为良好，70% 以下需改进。

（3）控制适时性成熟

① 概念：个体性成熟指母鸡产第一枚蛋时的日龄，群体性成熟指群体产蛋率 50% 的日龄。

② 意义：不同品种有不同的适宜开产日龄，过早过晚都不好。

③ 控制适时性成熟的措施：主要包括控制适宜体重及光照。控制适宜体重已在前文阐述，这里仅介绍控制光照。

控制光照原则：宜短，不能短时要平稳或递减，切勿递增。

控制光照方法：对开放式鸡舍，饲养 4 月 15 日—9 月 1 日孵出的雏鸡，其生长后半期处于日照渐短或日照时间较短时期，可完全利用自然光。饲养 9 月 1 日至次年 4 月 15 日孵化的雏鸡，其生长后半期处于日照渐增阶段，易刺激母鸡早熟。为此，应制造一种渐减的光照制度，在母鸡长到20周龄时当地的日照时间的基础上加5 h。如某一批雏鸡从出壳之日到20周龄时，当地当日的日照时间为15 h，加上5 h共计20 h（自然+人工光照时间）作为雏鸡第一周的光照时间；以后每周减15 min，至20周龄时正好是当地当日的自然光照时间，从而人为地制造一种渐减的光照制度。对密闭式鸡舍，由于人工控制光照，光照制度简单，第一周23 h光照，1 h黑暗，第2～19周每天8 h光照。

④ 目的：商品代褐壳蛋鸡，一般应在23～24周鸡群平均产蛋率达到50%。

2. 育成鸡的其他饲养管理措施

（1）调整密度

随着育成鸡不断长大，要经常调整饲养密度，防止育成鸡因密度过大发生互相叨啄，或因采食不均而大小分化。一般地面平养时每平方米6～8只，网养时每平方米10～12只，笼养时每平方米25～30只。

（2）称重

育成鸡体重的大小和均匀度是衡量育成鸡发育好坏的指标，也是育成鸡限制饲喂的依据，所以要称育成鸡每周的空腹重。具体做法参照前文要求进行。

（3）补断鸡喙

在分群和转群中，对雏鸡阶段断喙不彻底、喙又长出的鸡只，进行补充断喙。

（4）选择淘汰

结合平时的分群和18周龄的转群工作，挑出生长发育较差的个体，进行单独饲喂，促其尽快发育。对于残弱育成鸡，可将其淘汰。

（5）添喂沙砾

鸡无牙齿，依靠肌胃运动来磨碎饲料，饲料中添喂一定量的沙砾可以帮助鸡只消化。添喂时要注意沙砾的用量和粒度，一般每周添喂一次，将沙砾均匀地撒入料槽中，让鸡自由采食。1 000只鸡添喂沙砾的用量和直径：5～8周龄时喂量4.5 kg，颗粒直径1 mm左右；9～14周龄时喂量9 kg，颗粒直径2 mm左右；15～20周龄喂料12 kg，直径3 mm左右。沙砾使用之前，要用清水淘洗，然后用消毒液消毒，晾干后再用。

3. 卫生防疫

育成期期间，除了做好日常的卫生消毒工作以外，还要依据防疫程序的要求，对育成鸡进行鸡新城疫、鸡痘、传染性法氏囊等疾病的免疫接种。同时，平养鸡要定期进行寄生虫病的防治。

三、产蛋鸡的饲养管理

产蛋期饲养管理的主要任务是提供鸡只所需的营养物质，创造最佳的生产环境，消除环境中各种不利因素对蛋鸡可能产生的影响，以最大限度地挖掘蛋鸡的生产潜能，达到稳产、高产、低死淘率、低饲料消耗的目的。这一阶段的鸡只又称为产蛋鸡。

1. 产蛋鸡的生理特点和产蛋变化规律

（1）产蛋鸡的生理特点

产蛋鸡在20周龄前后，生殖系统发育基本成熟，在内分泌激素的作用下，第二性征发育，冠、髯发达，颜色鲜亮，鸣叫声音洪亮，鸡群陆续开始产蛋。此时产蛋鸡的体重尚未完全达标，还需继续生长至30周龄前后，该阶段必须保证产蛋鸡的营养需要。

（2）产蛋鸡产蛋规律

产蛋鸡生产期间，正常情况下产蛋变化呈现出一定的规律性。一般产蛋前期（开产期）产蛋增长迅速，每周产蛋率成倍增加，至25周龄产蛋率可以达到90%以上；该阶段的管理重点是创造条件满足产蛋鸡的营养需要和环境要求，促进鸡群产蛋率尽快提高，避免异常的波动。产蛋中期（高峰持续期）时，产蛋率一直维持在较高水平，并持续至42～45周龄，是养鸡生产极其重要的阶段；该阶段的要求和前期基本一致。产蛋后期（缓慢下降期）的特点是：由于产蛋鸡生理机能的原因，产蛋率开始缓慢下降，个别产蛋鸡停产。此阶段要创造条件，延缓鸡群产蛋率下降的速度；降低饲料的营养水平，防止产蛋鸡过肥，但饲料中钙的水平要适当提高，以弥补产蛋后期产蛋鸡吸收钙的能力下降的不足，保证蛋壳质量。

2. 产蛋鸡对环境条件的要求

对产蛋鸡影响明显的环境条件是光照、温度、湿度和鸡舍空气质量。

（1）光照

光照是重要的产蛋鸡产蛋调节信号，生产管理中必须保证产蛋鸡的光照时间和光照强度。目前养鸡生产中多采用每天16 h的光照制度。一般从20周龄开始增加光照，至28周龄左右光照时间达到每天16 h。产蛋鸡适宜的光照强度为10.0 lux左右，不宜过强。开放型鸡舍自然光照不足时，应采用人工光照补足。常用人工光源为白炽灯，应在鸡舍房顶均匀分布。每天应维持相对稳定的开关灯时间，防止忽早忽晚、忽强忽弱、变化无常。

（2）温度

产蛋鸡的最适温度为16～21℃，可适应温度范围为8～26℃。产蛋期温度长期高于30℃时，会使产蛋率和蛋重明显下降；当鸡舍温度低于5℃时，产蛋鸡会为了维持体温而增加采食量，当温度长时间低于0℃时，产蛋鸡产蛋会受到明显影响，难于维持正常体温和较高的产蛋量。为保证蛋鸡正常产蛋，应尽量使鸡舍温度达到或接近最适温度。

（3）湿度

成年产蛋鸡要求的相对适宜湿度为60%～65%，高温高湿对产蛋鸡自我调节不利。成年产蛋鸡由于饲养密度较大，饮水量较多，每天排泄出的水也较多，因而面临的多是湿度过大的问题。因此，鸡舍应建在干燥、向阳的地方，并采用保温防潮材料，平时要注意通风换气。

（4）空气质量

鸡舍内的有害气体主要有NH_3、H_2S、CH_4、CO_2等，是由鸡代谢过程中产生及排泄物分解产生的。该类气体浓度过大时，会对鸡群的健康造成伤害，一般以人在鸡舍内感觉不到明显的刺激为宜。防止有害气体浓度过高的办法主要是加大通风量，经常清粪，勤换垫料。

3. 产蛋鸡的饲养管理

（1）转群

转群即将鸡只从育成鸡舍转入产蛋鸡舍的操作过程，转群一般在18～20周龄时进行。

转群应注意以下几个方面的工作。

① 准备工作：转群前做好鸡舍冲洗、工具准备、鸡舍及设备的维修和消毒等工作，使鸡舍的温湿度、通风、光照等条件符合产蛋鸡的要求，让产蛋鸡生活在一个稳定、健康的环境中。

② 转群的时机：转群应在鸡群见蛋前进行，早则 17 ~ 18 周龄，晚则 20 周龄。若转群过晚，鸡群中部分产蛋鸡已经开产，会对以后的开产与产蛋率的上升不利。

③ 转群的注意事项：转群要选在合适的天气条件下进行，避免恶劣的天气增加鸡的应激，避开过冷、过热、刮风、下雨等异常天气；转群当天，在产蛋鸡入舍前，产蛋鸡舍的食槽、水槽要加好料和水，使产蛋鸡入舍后尽快适应新的环境；转群过程中要轻抓轻放，避免对产蛋鸡造成意外的伤害；结合转群，对鸡群进行分类整顿，严格淘汰病残瘦小、不适宜产蛋的个体；鸡群转入产蛋鸡舍后，要分类放入产蛋笼内，并做好记录。

（2）饲喂和饮水

应根据鸡只的发育状况和产蛋情况，合理调整饲料营养和采食量。产蛋鸡要饲喂营养丰富、养分平衡、原料优质的配合日粮；特别是钙元素，是蛋壳形成的主要成分，产蛋期鸡只对钙的需要量是其他阶段的 5 ~ 6 倍，饲料中要专门加以满足。产蛋鸡的日粮一般分三顿饲喂，每次喂量不超过食槽的 1/3，防止饲料浪费；食槽中不能长期留有陈饲料，防止饲料霉变，造成产蛋鸡产蛋下降甚至食后中毒。产蛋鸡饲养过程中，应保持饲料组成的相对稳定，尽量不要改变饲料营养水平和配方组成；阶段性换料或特殊情况下必需换料时，要采取逐渐过渡的形式：前 3 d 喂 2/3 的原饲料 + 1/3 的新饲料，随后 3 d 喂 1/3 的原饲料 + 2/3 的新饲料，然后再彻底更换。

产蛋鸡新陈代谢旺盛，需水量也较多，一般是采食量的 2 ~ 3 倍。饮水不足会明显影响生产，造成产蛋率急剧下降。生产管理中要保证产蛋鸡 24 h 都能饮上符合卫生要求的水，非特殊情况（防疫要求等）不能断水。

（3）加强管理，防止应激

从产蛋鸡的产蛋规律中可以发现，其需要一个良好的外界环境，来满足其生产的需要。如果环境中出现应激条件，会造成产蛋率的急剧下降，特别是在产蛋的上升期和高峰持续期，一旦出现这种情况，应激消失后也难以恢复到原来的高峰状态，对生产效益影响巨大。所以，产蛋鸡饲养管理中，必须做好环境管理工作，防止应激现象的产生。要避免巨大的声响、鸟兽的侵入、天气的急剧变化、突然的换料、产蛋期间抓鸡防疫、疾病等因素刺激。对于可预见而又难以避免的应激，要提前采取措施，如安排好管理工作，避免在产蛋期间防疫、换料等，补充维生素、镇静剂抗应激，让熟悉的饲养员现场安慰等。

（4）严格开展日常饲养管理

蛋鸡生产中的喂料、给水、开关灯、捡蛋、清扫、清粪等日常工作要严格遵守操作规程的时间规定，按时操作，不可随意变化。若使鸡无所适从，则难以建立良好的条件反射。要固定饲养人员，不要经常更换。

（5）加强产蛋鸡的日常观察

和雏鸡一样，蛋鸡的日常观察应从其精神、采食、鸣叫、粪便、呼吸、反应以及鸡的冠髯色泽、产蛋变化等方面着手。健康无病的产蛋鸡食欲旺盛、饮水正常、反应灵敏、鸣叫有力、冠髯鲜红、粪便呼吸无异常、产蛋变化平稳、蛋品质正常。患病产蛋鸡精神沉郁、反应不敏感，不思饮食，冠髯苍白或发暗，产蛋停止。鸡群患病前兆除了精神饮食等表现外，还出现产蛋量急剧下降，软蛋、破壳蛋明显增加等现象。

（6）调整鸡群，淘汰低产产蛋鸡

产蛋鸡生产期间，为了节省饲料，提高经济效益，对过早停产的低产产蛋鸡，应提前淘汰。

① 高产产蛋鸡的特征：头部清秀，冠髯垂大、发育充分细致、色泽鲜红；喙短宽且微弯曲；胸宽深、向前突出，胸骨长且直；背部长、宽、深；腹部柔软、容积大，胸骨末端与趾骨间距在 4 指以上；耻骨软而薄，相距 3 指以上；羽毛较为凌乱，换羽迟，但换羽速度快。

② 低产产蛋鸡的特征：头部粗大或狭小；冠髯小，发育不充分，苍白粗糙；喙长、窄直；胸窄、浅，胸骨短或弯曲；背部短、窄、浅；腹部硬，容积小，胸骨末端与趾骨间距在 3 指以下；耻骨弯曲且厚、硬，相距 2 指以下；羽毛较完整，换羽早，换羽速度慢。

③ 停产产蛋鸡的特征：腹部较硬，容积较小，胸骨末端至耻骨间的距离小于 3 指，两耻骨间距离小于两指；另外，身体的喙、胫、皮肤等处，因停产色素积累而颜色较深。

（7）特殊季节的饲养管理

① 炎热季节的饲养管理要点：炎热季节是产蛋鸡饲养难度最大的时期。产蛋鸡适宜环境温度的上限为 28℃，当气温达到 32℃时鸡群就会表现出强烈的热应激反应：张嘴喘息，大量饮水，采食量显著下降，甚至停食；产蛋量会大幅度下降，小蛋、破蛋显著增加。持续的热应激会造成产蛋鸡的死亡，所以必须做好防暑降温工作。

炎热季节降温的一些具体做法有：用白色涂料将屋顶、外墙四周刷成白色，反射一部分阳光，减少热量的吸收；鸡舍周围种植遮阴的树木、攀缘植物，或搭架遮阳凉棚；在每天最炎热的中午向屋顶、外墙及附近地面喷洒凉水，吸收一部分热量；加强舍内通风，提高舍内空气流动速度，加速舍内热量的排出；有条件的可安装湿帘通风装置，可降低舍温 3 ~ 5℃；给鸡群供应充足的清凉深井水。在饲料中添加维生素、碳酸氢钠或镇静药物，可以减轻热应激的影响。

② 寒冷季节饲养管理要点：鸡最适宜温度的下限为 13℃，当鸡舍温度低于 5℃时，鸡只会为了维持体温而增加采食量；温度长时间低于 0℃时，鸡只产蛋会受到明显影响，因此冬季重点要放在保证通风的前提下做好防寒保温工作，力争鸡舍温度保持在 8℃以上。具体做法有：保持鸡舍的密闭性能，冬季天冷时关闭门窗保温；调整鸡群，淘汰过于瘦弱的鸡只，适当增加饲料量，比温和季节增加 10%，满足其产热消耗；有条件的鸡场可冬季补充加热，维持鸡舍温度。

（8）种用产蛋鸡的管理要求

种用产蛋鸡的生产目的是生产较多的、质量合格的种蛋。围绕这个目标，要加强相应的管理工作。

① 开始配种时间：配种过早，鸡只发育不成熟，对以后的生产会造成不利影响；配

种过晚，会影响种蛋的产量，要做到适时配种。种公鸡在 170 日龄以上、母鸡在 165 日龄以上开始配种，在此之前，公母鸡分开饲养。

② 配种方法和配种比例：配种方法分自然交配和人工授精两类，自然交配比例为 1∶8~12，人工授精比例为 1∶30 左右，具体操作见前文有关内容。

③ 种鸡生产的环节：挑选合格的公母鸡，特别是种公鸡，使用前必须进行两次以上的精液品质检验，选留优秀个体，淘汰低劣个体；应严格按照饲养标准配料，满足种鸡的各种营养物质需要，特别是各种矿物质和维生素的需要；合理配置产蛋设备，保持清洁，及时收取种蛋，防止污染；严格按照产蛋鸡的管理要求，做好环境控制、鸡群管理的各项工作。

拓展阅读 7-3
特色蛋鸡的生产

第五节　肉鸡生产

肉鸡生产类型分为快大型肉鸡和优质黄羽肉鸡两种类型。前者以美国等西方国家为代表，利用不同品种间的杂交优势进行商品肉鸡生产，其特点是增重快、产肉率高、饲料转化率高，代表品种有 AA 肉鸡、艾维茵肉鸡、罗曼肉鸡、星布罗肉鸡等。优质黄羽肉鸡生产是具有中国特色的肉鸡生产类型，其特点是增重较慢，但肉质优异，味道鲜美，非常适合中国人的传统消费习惯。优质黄羽肉鸡外观以黄羽、麻羽为主，以我国各地的地方品种为代表。

一、快大型肉鸡生产

快大型肉鸡包括引进的白羽及有色羽鸡种，其具有生长速度快、饲料转化率高、抗病力差等特点，对饲养和管理条件要求严格。

1. 快大型肉鸡的生产特点

（1）生长速度快、饲养周期短

一般快大型肉鸡初生重约 40~45 g，在良好的饲养管理条件下，哈伯德公母混养 42 d 可达 2.9 kg，公鸡单独饲养 3.1 kg，母鸡单独饲养 2.7 kg，建议生产中公母分开饲养。随着育种改进速度，出栏日龄几乎每年减少 1 d。目前国内快大型肉鸡达到 2.5 kg 就可上市。出场后留 2 周时间清理消毒鸡舍，8 周饲养一批，一年可生产 6 批左右。

（2）饲料转化率高、屠宰率高

快大型肉鸡的饲料转化率在所有肉用家禽中是最高的。目前大多数地方快大型肉鸡饲养的肉料比已接近 1.6∶1 的水平，屠宰率在 88% 以上。每生产 1 只（2.7 kg）白羽商品肉鸡，比生产同等质量的猪肉节约粮食 2.6 kg。

（3）繁殖力强，整齐度高

快大型肉鸡由于利用了杂交优势原理，除了保持很高的生长发育速度外，还具有很强的繁殖力（产蛋性能）。一般一只快大型肉种鸡母鸡每年可产种蛋 180 枚以上，可孵雏鸡

130只以上，生产效率很高。快大型肉鸡除了生长快、易饲养外，一般还具有较好的商品利用性，表现在发育均匀，体格一致，整齐度高，便于生产线屠宰加工、分割销售。

（4）饲养和管理技术要求严格

快大型肉鸡生长十分迅速，日粮中任何养分的缺乏对其影响都很大。同时，由于饲养密度大，极易发生胸囊肿、腹水症、腿部疾病和猝死症。所以，创造良好的鸡舍环境与科学的饲养管理是极其重要的。

（5）经营规模化、投资见效快

快大型肉鸡性情温顺，除了采食和饮水外，很少跳跃、啄斗，活动量很少，饲养密度比蛋鸡高一倍左右，适于集约化、规模化生产，鸡群周转采用全进全出制。在我国目前条件下，采用平面饲养，每年可出栏5万～10万只以上；采用机械化饲养，根据机械化程度，饲养数量可以更多。由于快大型肉鸡生长迅速，生产周期短，鸡舍、设备、人力的利用率高，资金周转快，投资回收期短。

2. 快大型肉种鸡的饲养管理

快大型肉种鸡（简称肉种鸡）的饲养目标是获取大量的、合格的种蛋或雏鸡，这和蛋鸡的饲养目标非常相似。由于肉种鸡遗传上具有增重快的特点，为了防止其体重过快增加，影响其产蛋量及种蛋合格率，必须对其采用严格的限制饲喂技术措施。

肉种鸡生产同样分为育雏、育成和产蛋三个阶段，其管理要求很多地方和蛋鸡相似，比如鸡舍的清理消毒；温度、相对湿度、通风等条件的创造；断喙、饮水、防疫及产蛋期的种蛋管理等管理措施。但也有较大的不同，主要体现在饲养方式、限制饲喂和光照调整等。

（1）肉种鸡的饲养方式

肉种鸡的饲养方式主要有三种：平养（地面垫料平养和网上平养）、笼养、平笼混合。由于肉种鸡具有生长发育快的遗传潜力，平时除了采食、饮水外，喜欢伏卧休息。为了防止其增重过快和出现胸囊肿、腿病等胸腿缺陷，肉种鸡后备期（包括育雏期和育成期）大多采取地面垫料平养的形式。这种方式方便鸡只活动，能有效地减少胸、腿病发生率。产蛋期一般采用“两高一低”的饲养模式，即鸡舍分三部分，两侧部分离地网上饲养，中间部分地面平养，三者之间通过坡道相互连通，肉种鸡采食、饮水、产蛋在网上进行。肉种鸡整个饲养期间，要定期整理和更换垫料，防止垫料板结；经常消毒，防止病原微生物繁殖滋生；定期给鸡群服用预防药物，防止其患寄生虫病等。

地面垫料平养节省劳力，投资少，肉种鸡残次品少；但球虫病难以控制，药品和垫料开支大，鸡只占地面积大。网上平养、笼养饲养量大，利于防球虫病，但一次性投资大。随着土地资源的高效利用和畜牧业规模化、产业化飞速发展，平养变笼养是今后肉鸡发展的必然趋势。

（2）肉种鸡的限制饲喂

肉种鸡具有易沉淀脂肪、快速增加体重的遗传本能，如果任其采食，不仅增加饲料消耗，而且会导致鸡只过肥，从而影响其种用性能。因此，应对肉种鸡进行严格的限制饲养。

① 限制饲喂的时间：肉种鸡母鸡一般从 3 周龄开始限饲，公鸡从 6 周龄选种后开始限饲。具体开始时间视鸡群发育状况而定，产蛋阶段应视鸡群产蛋效果和该品种饲养手册的要求，在不影响产蛋效果和种蛋质量的前提下适当限喂，防止种鸡过肥。

② 限制饲喂的方法：肉种鸡限制饲喂的方法有两种，即限质法和限量法。

限质法：是限制饲料中主要营养物质的水平，常见的是降低蛋白质水平，也可以降低赖氨酸的水平，但钙、磷等矿物质元素必须充分供应。

限量法：就是限制饲料的喂给量，主要有以下几种限量方式。

■ 每日限饲：即每天饲喂给鸡群少于其饲养手册中规定需要的饲料量，并将全天的饲喂量在上午一次投给。该方式适用于全程限喂。

■ 隔日限喂：即把鸡群 2 d 的规定喂料量在一天内喂完，第二天停喂。该方式适用于 3～8 周龄鸡只限喂。

■ 五二限饲：即将一周的饲料量分五天间隔饲喂给鸡群，停料日不可连续。该方式适用于 8～16 周龄鸡只限喂。

■ 综合限饲方案：根据肉种鸡生长期的不同，采用不同的限料方式，使限喂程度随着日龄的增加而逐步放宽，以利于性成熟和正常开始产蛋。

无论哪种限制饲喂方式，其目的都是仅让鸡只采食适量的饲料，限制其过快增重，使其体重均匀一致，提高和促进其种用价值。

③ 限制饲喂的注意事项：限制饲喂的目的是控制鸡只体重过快增长，使种鸡群的平均体重和均匀度达到要求，以取得良好的生产效果。限制饲喂应注意做好以下工作：

称重：限制饲喂的依据是鸡只的体重，肉种鸡限制饲喂期间，每周末要准确称取鸡只的空腹体重，大群饲养随机抽取 5%～10% 的鸡只，小群养殖（200 只以内）全部称重。计算鸡只的平均体重和均匀度，和该品种饲养手册的标准体重进行比较，视其差异来确定下周限制饲喂的给料量。一般平均体重高于或低于 10% 时，下周给料量在饲养手册提供给料量的基础上，减少或增加 10%，再按相应的限喂方式给料。

调节饲喂、饮水条件：限制饲喂过程中，必须保证鸡群有足够的采食、饮水位置，保证每只鸡都能够同时采食饲料和正常的饮水，防止因抢食造成鸡群强弱分化，影响限喂效果。同时，限喂过程中要集中喂料，可把一天的饲料一次性喂给。

调整鸡群：限喂前及限喂过程中，要结合称重，进行适当的分群，保持合理的饲养密度。同时，鸡只分群后有助于根据鸡群的不同情况，采取相应的、程度不同的饲喂措施，保证限喂的效果。

防止应激：鸡群限制饲喂过程中，应随时注意鸡群的健康状况，如要进行防疫或其他应激性较强的管理操作，或发现鸡群出现发病症状时，应停止限喂并恢复正常饲喂，待鸡群正常时再进行该项工作。

（3）肉种鸡的光照控制

肉种鸡育成期中 10～18 周龄的光照非常关键，为防止早熟，光照时间可恒定或缩短，但不可延长。光照强度为 10 lux 左右。由于快大型肉种鸡对光照的敏感性较差，开产前的光照刺激宜较强。一般根据鸡群发育情况，在 19 周龄后逐渐延长光照时间，增加光照强度，至 26 周达到每天 16 h、强度 30 lux。产蛋期间维持相对稳定。

（4）肉种鸡产蛋期的饲养管理

① 种公鸡的饲养管理：由于快大型肉种鸡主要采用平养的方式进行饲养，其配种形式为自然交配，因此种公鸡的配种能力非常重要。种公鸡饲养管理要严格控制体重，不可超出标准体重 10%以上，以免影响配种；为防止互啄造成伤害和配种过程中种公鸡伤及种母鸡，要对种公鸡进行剪冠和断趾。剪冠在出壳后即进行，断趾在 7 日龄左右进行；种公鸡要在 6 周龄（限制饲喂前）、18 周龄（公母合群前）进行选择，淘汰有缺陷的鸡只；育成期间公母分群饲养，以方便管理，防止种公鸡过肥。

② 种母鸡的饲养管理

■ 产前期的饲养管理：18～23 周龄是鸡从育成期进入产蛋期的生理转折阶段，称为产前期。产前期应将种母鸡转入产蛋鸡舍；适时逐渐增加光照，直至 16～17 h；开产前适时进行种公母鸡合群饲养，以建立鸡只间的优胜序列，稳定生产；开产前 2 周放入产蛋箱，让鸡只适应；逐渐更换产蛋日粮，满足其生产需要。

■ 产蛋期高峰期的饲养管理：种母鸡从 22 周龄开始，改为每日限饲，喂料量适当增加。当母鸡达到 50%左右的产蛋率时，饲喂量应达到最高峰，饲喂量的增加应适当安排在产蛋量增加之前。要注意饲料中各种营养成分的平衡，满足种母鸡对氨基酸的需要，促进鸡只高产、稳产。

■ 产蛋期高峰期至淘汰前的饲养管理：产蛋高峰期过后，随着产蛋率的下降，饲喂量应逐渐减少。产蛋率每减少 4%～5%，就调减一次饲料量。种母鸡一般在产蛋 50 周后适时淘汰。

3. 快大型肉鸡的饲养管理

（1）饲养方式和饲养制度

① 快大型肉鸡的饲养方式：快大型肉鸡主要采取地面垫料平养的方式，其优点是投资少，费用低，利于寒冷季节里增温，降低了胸囊肿和胸骨弯曲等缺陷的发生率，商品合格率高。

② 全进全出制：就是在一个鸡场或鸡舍中，同一时期只饲养同一批次、同一日龄的快大型肉鸡，到期同时出栏。出栏后彻底地清扫、消毒，空舍 10～15 d，然后接养下一批雏鸡。

③ 公母鸡分群饲养：公母鸡的生理基础不同，因此对生活环境、营养条件的要求也不同。公母鸡分群饲养，各自在适当的日龄出栏，便于对公母鸡实行不同的饲养管理制度，这样可以发挥了公母鸡的生长潜能，有利于提高增重、饲料转化率和整齐度，改善胴体品质。

（2）快大型肉鸡的饲养管理

① 快大型肉鸡的饲养：快大型肉鸡的饲养一般采用自由采食的方式，但要注意不要一次加料过多，要少量勤添、防止饲料浪费。雏鸡一般间隔 2～3 h 饲喂一次，每天饲喂 8～10 次，以后逐渐减少饲喂次数，并增加饲喂量。快大型肉鸡的饮水量一般为其采食量的 2～3 倍，生产中要保证饮水的充足卫生，同时防止一次加水过多溢出，污染垫料。

② 快大型肉鸡的管理要点

■ 保持良好的环境条件

控制温度：快大型肉鸡对温度的要求和一般雏鸡类似：1 日龄为 35℃左右，以后每天减低 0.5℃左右，每周降低 3.0℃左右，至 4 周龄时，温度降至 21～24℃，以后维持此温度相对稳定。

合理通风：在保证温度的同时，加强鸡舍通风，降低鸡舍内氨气、硫化物、二氧化碳等有害气体的浓度，保持鸡舍内合理的温度和湿度，防止鸡只感染呼吸道病等。

光照管理：快大型肉鸡光照的目的是保证鸡只的采食亮度，延长采食时间，增加采食量，促进生长。目前生产实践中常用的光照制度有两种，一是低强度连续光照，即在育雏前 2 d 连续 48 h 光照，而后每天 23 h 低强度光照，夜间 1 h 黑暗；二是间歇光照，一般采用 1 h 光照和 3 h 黑暗，4 h 一个周期，一昼夜循环 6 次。

■ 加强防疫制度

包括做好鸡舍内外的环境卫生，加强垫料管理，定期对鸡舍内外环境进行消毒，制定合理科学的免疫程序，认真进行防疫和疾病预防工作等。

（3）快大型肉鸡的育肥措施

快大型肉鸡饲养至 28～30 日龄后进入后期育肥阶段，要采取措施促进鸡只的生长发育。主要有以下措施：

① 调整日粮配方：提高日粮的能量水平，适当降低蛋白质、粗纤维含量。

② 加强管理，增加鸡只的采食量：例如饲喂颗粒饲料，增加饲喂次数，在饲料中合理添加帮助消化、促进食欲的药物。

③ 饲料中添加促生长剂：促生长剂包括促生长类化学制剂、促生长类酶制剂和促生长类抗生素等，根据国家的相关要求，合理添加允许使用的促生长剂。

④ 减少鸡的运动：采用笼养、圈养和限制光照的时间和强度等措施，减少鸡只的运动，促进其生长发育。

（4）快大型肉鸡常见的发育缺陷

随着快大型肉鸡生产水平的不断提高，其生长发育过程中也表现出一些缺陷，这些缺陷有时会明显地影响快大型肉鸡的商品合格率，降低快大型肉鸡的生产效益，生产管理中必须采取措施，避免或减少这些发育缺陷。

快大型肉鸡常见的发育缺陷有胸囊肿、腿部疾病、腹水、猝死等。其产生的主要原因是鸡只增重过快，相关器官发育滞后；鸡只长期伏卧、磨损；日粮中缺乏某些营养元素；垫料管理不善，板结成块；鸡舍环境卫生不良，有毒气体浓度长期偏高；鸡只患有某些疾病等等。为避免或减少快大型肉鸡发育缺陷，应采取如下措施：

① 加强垫料管理，保持垫料松软：饲养管理中，及时观察垫料状况，更换潮湿、结块的垫料，保持垫料的干燥、松软。快大型肉鸡笼养或网上平养时，底网上要加一层弹性较好的垫网。

② 减少鸡只伏卧的时间：快大型肉鸡平均一天有 79％左右的时间是伏卧在垫料上休息，伏卧时体重主要由胸部承担，易造成胸囊肿，可采取少量多次的饲喂措施，促进鸡

只适量运动。

③ 合理配制饲料：按照快大型肉鸡的饲养标准，合理配制饲料，满足其全面营养需要，避免因营养元素不足造成发育缺陷。

④ 加强鸡舍环境管理：加强通风，防止鸡舍内湿度过大、有害气体浓度长期过高，影响鸡只的健康。同时，避免环境中突然应激的发生。

⑤ 采用合理措施，进行预防：饲料中适量添加微量元素和维生素；限制残留量大的药物的使用时间；适当采取限量饲喂的措施进行预防。

二、优质黄羽肉鸡的生产

优质黄羽肉鸡是适应中国居民传统消费习惯，满足粤港澳等消费市场的一种肉鸡生产类型。优质黄羽肉鸡以我国各地的地方鸡品种为主，适当引进外血在生产性能方面进行改良，但仍保持了地方鸡种的外貌和商品特点。

1. 优质黄羽肉鸡生产的特点

（1）优质黄羽肉鸡生长较慢

和快大型肉鸡相比，优质黄羽肉鸡生长较慢，根据当地消费习惯，培育出不同出栏时间的优质黄羽肉鸡，一般 7 ~ 16 周龄上市，体重约为 1.3 ~ 1.8 kg。

（2）优质黄羽肉鸡的适应能力较强

优质黄羽肉鸡适应性、抗病力明显强于快大型肉鸡，且耐粗饲，对日粮中营养水平的要求低于快大型肉鸡。

（3）优质黄羽肉鸡肉味鲜美

优质黄羽肉鸡皮嫩、骨细、肉厚，肌间脂肪高，肉味鲜美，非常受国内消费者的欢迎，有着广泛的市场前景。

（4）优质黄羽肉鸡保持了地方品种的外貌特征

优质黄羽肉鸡具有地方品种的“三黄”（黄羽、黄喙、黄脚）或青（黑）脚、白（乌）皮的外貌特征。

2. 优质黄羽肉种鸡的饲养管理要点

（1）一般饲养管理要求

优质黄羽肉种鸡一般的饲养管理与产蛋鸡和快大型肉种鸡相似，要采取合理措施，保证育雏、育成和产蛋期的环境条件；按照优质黄羽肉种鸡的营养需要，合理配制饲料，满足其各阶段的营养要求；做好饲养管理工作，控制好育成鸡、产蛋鸡体重的增加，提高其产蛋效率；做好产蛋期种蛋的收集管理，提高种蛋合格率等。

（2）抱窝母鸡的管理

由于开展优质黄羽肉鸡生产的时间较短，优质黄羽肉种鸡的系统选育有限，母鸡很大程度上保持了地方品种的一些特征，其中包括母鸡的抱性，即部分母鸡开产后，每产一定数量的种蛋后，就停产抱窝孵化。对于抱窝的母鸡，应进行醒抱处理，其措施包括：夜间关闭产蛋箱；集中抱窝母鸡进行强光照射刺激，或利用种公鸡追逐进行性刺激（非育种群）；冷水浴刺激醒抱；利用药物醒抱等等。但解决这一问题的根本途径是育种。

3. 优质黄羽肉鸡的饲养管理要点

（1）饲养方式

优质肉鸡的适应能力很强，脱温后可以适应田间放养、家庭散养、地面和网上平养以及笼养等多种饲养方式，育肥过程中胸囊肿等生理缺陷的发生率很低。

（2）分阶段饲养

根据优质黄羽肉鸡的生理特点、营养需要和上市要求，一般将其饲养过程分三个阶段，根据不同阶段的特点，采取相应的饲养管理措施。

① 育雏期（0～4 周龄）：育雏期的优质黄羽肉鸡适应性和抵抗力非常有限，饲养上采用高营养的育雏饲料饲喂，管理上要认真做好环境条件的调节工作，从温度、湿度、通风、光照、密度等方面，进行合理的控制和调整，具体数据参考蛋鸡育雏期的相关内容。

② 生长期（5～8 周龄）：此阶段的鸡只采食能力和适应能力都很强，生长发育速度很快，饲养上应提供多种饲料（包括青绿饲料和部分粗饲料等）供其利用。同时，管理上根据不同的饲养方式的要求，让鸡只适当运动，以促进其体质发育。

③ 育肥期（9 周龄以上）：优质黄羽肉鸡上市前的育肥阶段，宜采用高能量饲料饲喂，可以在饲料中适量添加动物油脂，对改善肉质和羽毛色泽效果显著。

（3）公、母鸡分开饲养

公鸡活泼好动、生长快，上市时间比母鸡早 1 周左右；母鸡性情温和，抢食能力差。鸡群在育雏结束后将公、母鸡分养，可以减少残次鸡数量、提高鸡群的均匀度和商品合格率。

（4）适当添加黄色素

优质黄羽肉鸡除了肉味鲜美外，其外观也是很重要的商品指标。对于具有“三黄”特征的优质鸡品种，在饲料中适当添加富含叶黄素的原料，对凸显其外观特点作用相当明显。常用的原料有苜蓿草粉、金盏花花粉、辣椒粉等，但要避免使用对人体有害的、化学合成的色素添加剂。

第六节　水禽生产

中国是世界水禽生产第一大国，水禽生产有着悠久的历史和丰富的经验。目前中国水禽饲养已经不仅是南方水面丰富的省市特有的现象，全国各地利用本地的饲料资源，高起点、规模化全面发展，发展了一批肉用水禽重点企业。

一、水禽的生活习性

家禽生活习性的形成与其野生祖先及其驯化过程的生态环境关系密切，鸭、鹅等水禽与鸡等陆禽的生活习性有明显的不同。

1. 喜水喜干性

水禽喜欢在水中觅食、嬉戏和求偶交配，宽阔的水域、良好的水源是饲养水禽的重要环境条件之一。采取舍饲方式饲养的水禽，需设置一些人工小水池，以供水禽洗浴之用，但要求在干燥场所栖息和产蛋，以保证种禽的健康和种蛋的清洁。

2. 合群性

水禽的野生祖先性喜群居和成群飞行，现代水禽仍然保持了群居的特性，鸭、鹅表现出很强的合群性。经过训练的鸭、鹅群可以呼之即来，挥之即去。鸭、鹅在放牧中可以远行数十里而不混乱。个体离群独处时会高声鸣叫，彼此呼应归群。这种合群性使水禽适合大群放牧饲养或圈养，也比较容易管理，便于集约化饲养。

3. 耐寒性

水禽的羽毛比鸡的羽毛更贴身、绒羽层更厚，水禽浓密的羽毛与发达的尾脂腺，能有效防水御寒，具有更强的防寒保暖作用。水禽的皮下脂肪比鸡厚，具有更强的耐寒性。水禽在0℃左右，仍然能在水中活动自如，在10℃左右仍可保持较高的产蛋率。然而，水禽的散热性能差，耐热性能也较差。

4. 耐粗饲

水禽的食性比鸡更广，更耐粗饲。鸭的嗅觉、味觉不发达，对饲料要求不高，凡是无酸败和异味的饲料都会无选择地大口吞咽，所以不论精、粗饲料或青绿饲料等都可以作为鸭的饲料。鹅具有强健的肌胃和比身体长10倍的消化道，以及发达的盲肠，更喜食植物性食物。鹅的肌胃收缩时产生的压力比鸡、鸭都大，能有效地裂解植物细胞壁，使细胞质溶出。鹅的盲肠中含有较多的厌氧纤维分解菌，能将纤维发酵分解成脂肪酸，因而鹅具有利用大量青绿饲料和部分粗饲料的能力。

5. 敏感性

水禽神经敏感，反应敏捷，能较快地接受管理训练和调教。鸭胆小性急，易受外界突然的刺激而惊群，对人、畜及偶然出现的色彩、声音、强光等刺激均有害怕的感觉。所以，应保持水禽饲养环境的安静稳定，以免因受惊而影响产蛋和增重。

6. 生活规律性

水禽具有良好的条件反射能力，反应灵敏，比较容易接受训练和调教，可以按照人们的需要和自然条件进行训练，以形成各自的生活规律。一天之中水禽的放牧（出栏）、觅食、嬉水、歇息、交配和产蛋等行为都有比较固定的时间，且这种规律一经形成就不容易改变。

二、水禽的饲养管理

鸭是杂食的水禽，适应性广，生产性能高，性情温顺，容易饲养管理。鸭的饲养管理分为放牧饲养（季节性或全年性）和舍内饲养两种方式。鹅的体质健壮，抗病力和抗寒力强，合群性好，适于放牧。

鸭的舍内饲养方式主要有三种：地面平养、网上平养、笼养。

（1）地面平养

水泥或砖铺地面撒上垫料即可。若出现潮湿、板结可局部更换厚的垫料。一般随鸭群的进出全部更换垫料，可节省清圈的劳动量。但采用这种饲养方式，舍内必须保持良好的通风，否则会出现垫料潮湿、空气污浊、氨气浓度上升，容易诱发各种疾病。这种管理方式缺点是需要大量垫料，舍内尘埃、细菌较多等。各种肉用鸭均可采用这种饲养管理方式。

（2）网上平养

在地面以上 60 cm 左右铺设金属网或竹条、木栅条。这种饲养方式下，粪便可由空隙中漏下去，省去日常清圈的工序，防止或减少由粪便传播疾病，而且饲养密度比较大。采用塑料或铁丝编织网时，网眼孔径如下：0～3 周龄为 10 mm × 10 mm，4 周龄以上采用 15 mm × 15 mm，网下每隔 30 cm 设一条较粗的可拆装式金属架。网面下可以采用机械清粪设备，也可人工清理。采用竹条或栅条时，竹条或栅条宽 2.5 cm，间距 1.5 cm，这种方式要保证地面平整、网眼整齐、竹条或栅条无刺及锐边。实际应用时，可根据鸭舍长度和宽度分成小栏。饲养雏鸭时网壁高 30 cm，每栏容 150～200 只雏鸭。食槽和水槽设在网内两侧。

（3）笼养

目前在我国，笼养的方式多用于鸭的育雏阶段，并正在推广中。笼养可提高饲养密度，一般每平方米可饲养 60～65 只；如果分两层，则每平方米可饲养 120～130 只。目前一般采用单层笼养，但也有采用两层重叠式或半阶梯式笼养。布局一般采用中间两排或南北各一排，两边或中间留通道。笼子可用金属或竹木制成，长 2 m，宽 0.8～1 m，高 20～25 cm。底板采用竹条或铁丝网，网眼 1.5 cm^2，两层重叠式，上层底板离地面 120 cm，下层离地面 60 cm，上下两层之间设一层粪带。单层式的底板离地面 1 m，粪便直接落到粪带。食槽置于笼外，另一边设常流水。笼养可以显著提高单位面积的养殖量，有效利用棚舍空间，也利于粪污等废弃物的集中处理；相较于传统养殖模式，其生产性能与经济效益均有显著提高。

1. 鸭的饲养管理（主要介绍舍内饲养的方式）

（1）雏鸭的饲养管理（0～4 周龄为雏鸭）

① 适宜的温度：育雏舍合适的温度为 1～3 日龄 28～32℃，以后随日龄增长每天下降 0.5℃，达到 15℃后不再降低。如果条件所限达不到标准，略低 1～2℃也可，但必须做到平稳，切忌忽高忽低，否则容易导致雏鸭疾病。

② 合理的密度：平养时第一周为 15～20 只 /m^2，第二周为 10～20 只 /m^2，第三周为 5～10 只 /m^2。网养通常 1～2 周 20～25 只 /m^2，2～3 周 10～15 只 /m^2。

③ 科学配制日粮：雏鸭日粮应按标准配制，其日粮蛋白质含量为 20%～22%，代谢能为 11 296.8～11 715.2 kJ/kg。

④ 合理饲喂：雏鸭开食后每小时饲喂一次，1 周龄之内可自由采食，1 周龄后改为每昼夜喂 6 次，2 周龄后喂 5 次，3 周龄以上喂 4 次。

⑤ 调教戏水：第 3 天起，每天把雏鸭赶入 3～5 cm 深的水中戏水 5～8 min。1 周龄以后的雏鸭可在 5～10 cm 深的水池内戏水 10 min 左右。2 周龄戏水 15～20 min，以后逐渐延长戏水时间，直到自由游泳。

（2）育成鸭的饲养管理（5～16周龄）

育成鸭生长发育迅速、活动能力很强、能吃能睡、食性很广，需要给予较丰富的营养物质。鸭神经敏感、合群性强、可塑性强，适于调教和培养良好的生活规律。

① 日粮配合：育成鸭青绿饲料的饲喂十分重要，不仅质量要好，用量也要大。160日龄后应适当提高日粮蛋白质水平，代谢能也要逐渐增加。注意粗蛋白的水平不要突然增加过多，以免引起旧羽脱换，新羽生长（掉碎毛），严重影响正常开产。

② 选择与淘汰：作为种鸭的育成鸭，在育雏结束后满8周龄和10周龄进行两次选择，淘汰不良体型、羽毛生长缓慢、体重不够标准的鸭，转入填鸭或肉鸭用。

③ 限制饲养：在120～160 d之间要防止鸭群过早开产，应进行限制饲养。日粮中粗蛋白质可控制在11%左右，饲喂次数可减少到每昼夜2次，每天每只鸭喂料150 g左右。

④ 加强运动，促进体质发育：作为产蛋用的育成鸭要求体质发育良好，为产蛋打下良好的基础；肉用填鸭育雏育成阶段要求消化系统强健，为填饲期大量填喂和脂肪蓄积打下基础。

⑤ 建立稳定的作息制度：舍内可给予24 h弱光照明。

（3）产蛋鸭的饲养管理

① 产蛋初期和前期（150～300 d）的饲养管理要点：随着鸭群不断开产，产蛋量逐日上升，此时日粮的营养水平（特别是蛋白质）要随产蛋的增加而增加，使鸭群尽快达到产蛋高峰。开产后逐渐延长光照，至高峰期光照增加至14 h/d。保持环境的相对稳定，避免应激因素对产蛋的不利影响。

② 产蛋中期（301～400 d）的饲养管理要点：产蛋高峰期体力消耗大，营养稍有不慎，就难以维持高峰产蛋率，甚至引起换羽。为此，要做到提高日粮蛋白质的浓度，达到20%左右；补充青绿饲料，补充维生素；光照增加至16 h/d；环境温度控制在10～28℃。

③ 产蛋后期（401～500 d）的饲养管理要点：此阶段产蛋率将会逐渐下降，应采取措施，减缓产蛋率下降的速度。应根据体重和产蛋率确定饲料质量和饲喂量，以防鸭过肥。当产蛋率降至60%以下时，光照增加至17 h/d，直至淘汰。

（4）肉用鸭的饲养管理

① 雏鸭期（0～3周龄）的饲养管理：进雏鸭之前，应及时维修门窗、墙壁、通风孔、网板等，并准备好育雏用具，同时对育雏室周围道路和生产区入口进行环境消毒净化，彻底切断病原体传染途径。应制定好育雏计划，建立育雏记录制度，包括进雏时间、进雏数量、育雏期的成活率等纪录指标。

■ 育雏环境条件：包括温度、湿度、密度、通风、光照等。

温度：温度对雏鸭的影响最大，育雏温度的掌握应根据雏鸭的活动状况来判断。温度合适时雏鸭活泼好动，采食积极，饮水适量，过夜时均匀散开；若温度过低，则雏鸭密集聚堆，靠近热源，并发出尖叫声；若温度过高，雏鸭远离热源，张口喘气，饮水量增加，食欲降低，活动量减少；若有贼风（缝隙风、穿堂风）从门窗吹进，则雏鸭密集在热源的一侧。饲养管理人员应根据雏鸭对温度的反应动态，及时调整育雏温度，做到“适温休息，低温喂食，逐步降温”。

湿度：湿度对雏鸭的生长发育影响比较大。湿度过低，可引起雏鸭轻度脱水，影响健康和生长。当湿度过高时，病原微生物如霉菌大量繁殖，容易引起雏鸭发病。舍内湿度以60％为宜。

密度：第1周地面垫料饲养15～16只/m^2；第2周10～15只/m^2；第3周7～10只/m^2。

通风：通风的目的在于排除室内的污浊空气，更换新鲜空气，并调节温度和湿度。一般以人进入育雏舍内感觉不到臭味、眼睛不刺激为适宜。

光照：为使雏鸭尽早熟悉环境，尽快饮水后开食，一般第一周采用24 h或23 h光照。从第二周起，逐渐减少光照时间，直到14日龄时过渡到自然光照。

■ 雏鸭的选择和分群饲养：初生雏鸭质量的好坏直接影响到雏鸭的生长发育及上市整齐度。因此，要对商品雏鸭进行选择，将健雏和弱雏分开饲养。健雏是指在同一日龄内大批出壳、大小均匀、体重符合品种要求的，绒毛整洁，富有光泽，腹部大小适中，脐部收缩良好，眼大有神、行动活泼，抓在手中挣扎有力，体质健壮的雏鸭。将腹部膨大、脐部突出、晚出壳的弱雏单独饲养，精心管理，仍可以生长良好。

■ 饮水和开食：大型肉用鸭早期生长迅速，饮水后1 h左右就可以开食。早期开食有利于雏鸭的生长发育，锻炼雏鸭的消化道；开食过晚则体力消耗过大，失水过多而虚弱。一般采用直径2～3 mm的颗粒饲料开食。

■ 饲喂次数：实践证明，饲喂颗粒饲料可以促进雏鸭生长，提高饲料转化率。雏鸭自由采食，在食草或料盘中应昼夜都有饲料，原则是“少喂多餐逐步过渡到定时定餐”。

■ 其他管理：1周龄以后可以用水槽供水，水槽密度为100只/m^2。水槽每天清洗一次，3～5 d消毒一次。

② 生长育肥期（22日龄至上市）饲养管理要点：包括饲养方式和上市日龄两个方面。

■ 饲养方式：由于鸭体躯较大，所以一般采用地面平养。转群前应停料3～4 h。适宜的饲养密度为：4周龄7～8只/m^2，5周龄6～7只/m^2，6周龄5～6只/m^2。

■ 上市日龄：肉鸭的最佳上市日龄应根据市场需要确定，不同的加工目的所要求的上市体重不一样。从饲料转化率的角度来讲，42～45 d是理想的上市日龄；如果用于分割肉生产，则8～9周龄较为理想。

2. 鹅的饲养管理

（1）雏鹅的饲养管理

① 饮水：雏鹅的第一次饮水叫“潮口”。雏鹅对水的要求很迫切，应先饮水后开食。如果先开食后饮水，或者连续数顿不饮水，则雏鹅一遇水就会暴饮致病，俗称“抢水”。雏鹅的饮水应根据气候而定，一般每天2～3次。

② 开食：以手指引诱，大部分雏鹅会张口啄食手指、发出尖叫时即可开食，大约在出壳后24～36 h。开食后用围席在塑料布上围成小圈，撒上用水泡过的小米，然后放入雏鹅舍，任其自由采食。

③ 保温：雏鹅一般采用自温育雏。初生仔鹅比较娇嫩，对外界环境的适应能力不强，须防止受凉和受热。

④ 防潮：潮湿对雏鹅的危害很大，过湿会导致感冒、下痢，应勤换干草，每天换一次。

⑤ 训练放牧：第 4 d 起，如果没有风即可放牧。放牧时间由短到长，距离由近及远，放牧应照常饲喂。

（2）仔鹅的饲养管理

雏鹅养到一月龄左右即进入育成期的中雏鹅阶段，即仔鹅阶段。

① 仔鹅的生长发育规律及生理特点：从中雏鹅到大雏鹅的整个育成期中，前期长骨架，后期长肌肉，同时也是脱换旧羽毛生长新羽毛的时期。仔鹅对外界适应能力不断增强，消化器官发育完善，消化能力强。因此在这一时期应供给充足的营养，使其体重迅速增加，以培育出健壮的鹅群。

② 仔鹅的饲养管理要点

正确放牧：鹅的采食习性是“采食－饮水－休息－采食”。放牧应根据这一习性，有节奏地、合理地安排放牧和休息，才能使鹅群吃得饱、长得快。

合理补饲：为了使鹅群生长迅速，除放牧外，可以用糠麸加入一些薯类和切碎的蔬菜作为补饲饲料。补饲量根据草场情况和鹅只日龄而定。

特殊季节的放牧要求：夏秋季节天气炎热，中午阳光猛烈，不能整天放牧，一般在清晨放牧，10 时左右收牧并补饲；下午 3 时以后再次出牧，傍晚时收牧并补饲；晚间可以补饲 1～2 次。

（3）种鹅的饲养管理

种鹅的饲养管理应视是否产蛋而不同。在冬季和休产期间，日粮以优质粗饲料（如干草）为主，适当补充一些精饲料。一般在产蛋前 4 周开始改用种鹅日粮，粗蛋白质水平为 15%～16%。在整个繁殖期间，每天每只鹅按体重不同喂给 250～300 g 混合饲料，并全天供应足够的优质粗饲料，条件适宜时即可放牧。母鹅多于夜间或上午产蛋，一般上午产蛋结束时才开始放牧。平时公鹅单养，繁殖时放入鹅群内。

三、水禽常用的生产技术

水禽常用的生产技术包括肉鸭填肥技术、鸭鹅的活拔羽绒技术、肥肝生产技术等。

1. 肉鸭填肥技术

填鸭的饲养管理重点在于快速增重，加速肌肉间脂肪沉积，提高屠体品质，缩短填肥期，降低耗料和伤残。

（1）开填日龄

6 周龄左右的健康中鸭，体重在 1.6～1.8 kg 时开始填食，一般经过 10～15 d 的填肥期后，体重达到 2.6 kg 以上即可上市。过早开填长不大，伤残多；过晚开填耗料多，增重慢。

（2）填饲饲料

饲料分前期和后期饲料，各填 1 周左右。前期饲料能量低，蛋白质水平高；后期饲料正好相反。

（3）填饲操作

填饲一般采用填饲机械来进行，填饲机械有专用的，也有人工制作的简易机械。填饲时将饲料和水按 1∶1 左右的比例调成糊状，填饲初期应稀些，后期可稠些。填前先用水浸泡饲料 2 ~ 3 h 以利消化，但要注意防止饲料酸败变质。填饲量要随天数和鸭只的消化情况逐渐增加，开始时每次 150 g 稀料，8 d 后增至每次 350 ~ 400 g，填饲一般每天四次，每次间隔 6 h。机械填喂要求抓鸭要稳、持鸭要平、开嘴要快、压舌要准、进食要慢、撤鸭要快。填饲后适当控制饮水 20 ~ 30 min，防止鸭只甩料。

（4）填鸭肥度检验

填鸭期间一般日增重在 50 ~ 60 g。肥度好的填鸭肋骨上的脂肪大而突出，尾根宽厚，背部朝下，平躺时腹部隆起。

2. 鸭鹅的活拔羽绒技术

活拔羽绒技术（简称拔羽）是在不影响水禽产肉、产蛋性能的前提下，拔取鸭鹅活体的羽绒，以提高经济效益的一种生产技术。

（1）活拔羽绒的适宜时期

采用人工活拔羽绒可以提高羽绒的产量和质量，且羽绒弹性好，杂质含量少，便于分类和包装。活拔羽绒应根据羽绒生长规律、活拔羽绒后对生长发育和产蛋性能有无影响来决定。实验表明，活拔羽绒后，鹅的新羽长齐约需要 40 ~ 45 d，鸭约需要 35 d ~ 40 d；活拔羽绒对增重无明显影响，但对产蛋量有一定影响。种鹅育成期可拔羽 2 次；种鹅休产期可拔 2 ~ 3 次；成年公鹅每年拔羽 7 ~ 8 次。

（2）活拔羽绒的具体操作

① 准备工作：拔羽前一天停食，拔羽当天清晨放鸭（鹅）下水游泳，洗净禽体，然后赶入围栏内，等待羽毛晾干后拔羽。

② 保定：拔羽者坐在矮板凳上面，使鸭（鹅）腹部朝上、头朝下，将鸭（鹅）胸部朝上平放在拔羽者的大腿上面，再用两腿将鸭（鹅）的头部和翅夹住。

③ 拔羽顺序：先从胸上部开始拔，由胸到腹，从左到右开始拔羽。腹部拔完后，再拔体侧、腿侧、颈后半部和背部的羽绒。拔羽时如果发现毛根带血，说明羽毛还没有成熟，应推迟拔羽的时间，等羽毛根部不带血时再拔。

④ 拔羽手法：拔羽者左手按住鸭（鹅）的皮肤，右手的拇指、中指和食指捏羽毛的根部，每次适量（一般 2 ~ 4 根），沿着羽毛的尖端方向，用巧力迅速拔下。一排挨一排，一小撮一小撮地往下拔，切不要无序地拔羽。经过 1 ~ 2 次拔羽的鸭（鹅）逐渐习惯，反抗减弱，皮囊较易松弛，更容易拔羽。

（3）拔羽后的饲养管理

第一、二次拔羽后，大多数的鸭（鹅）都会出现不适应的现象，表现行走不稳，愿意站立而不愿意睡觉，不思饮食，一般经 2 ~ 3 d 就会恢复正常。拔羽后应补喂蛋白质饲料，尤其是动物性蛋白质饲料。另外须注意：拔羽毛后 7 d 内不要游泳，切忌暴晒和雨淋，保持舍内地面多铺垫草，保持温暖干燥，以防感冒。

3. 肥肝生产技术

（1）肥肝的概念

肥肝是采用人工强制填饲，使鸭、鹅的肝脏在短时间内大量积聚脂肪等营养物质，体积迅速增大，形成比普通肝脏大 5 ~ 6 倍，甚至十几倍的肝脏。

（2）品种选择

朗德鹅（又称法国西南灰鹅）是国外最著名的肥肝专用鹅种。8 月龄仔鹅活重 4.5 kg 左右，经填饲后可以达到 10～11 kg，肥肝平均重 700～800 g。我国目前用于肥肝生产的主要鸭品种是北京鸭，狮头鹅、豁眼鹅和溆浦鹅的肥肝性能也比较好。

（3）填饲技术

① 选择适宜的填饲周龄和季节：填喂的适宜周龄随品种和培育条件的不同而不同，但总的原则是在骨骼生长基本完成，肌肉组织停止生长（即达到体成熟）之后进行效果较好。仔鸭在 3 月龄、仔鹅在 4 月龄左右。肥肝生产不宜在炎热的夏季进行，因为水禽在填饲高能量饲料后，皮下脂肪大量储积，不利于体热的散发。如果环境温度过高，填饲后其会出现瘫痪或发生疾病。填饲的最适温度是 10～15℃，20～25℃尚可，超过 25℃则很不适应。相反，填饲家禽对低温的适应性较强。在 4℃条件下，对肥肝生产无不良影响。

② 填饲饲料的选择和调制：国内外试验和实践证明，玉米是最佳的填饲饲料。玉米含能量高，容易转化为脂肪储积。填饲玉米的调制多用水煮法。具体操作方法为：将用于填饲的玉米淘洗后，放入沸水锅中，水面浸过玉米粒 5～10 cm，煮 10～15 min，捞出，沥去水分；然后加入占玉米质量 1%～2% 的猪油和 0.3%～1.0% 的食盐充分搅拌，待温凉后供填饲用。

③ 预饲期的饲养管理：从非填饲期进入填饲期，应经过预饲期，让鸭、鹅有一个逐渐的适应过程，使其适应高营养水平的日粮，适应大的精饲料饲喂量。在填饲前，鸭、鹅以粗饲、放牧饲养为主，自由采食。进入预饲期后逐渐由放牧转为舍饲，由粗饲转为精饲的过渡期，到预饲期结束前几天，要停止放牧和放水。预饲期每天喂料 3 次，自由采食，喂料量要逐渐增加。并且在饲料中逐渐加入整粒玉米，使其习惯填饲料。预饲期除了放牧采食青绿饲料外，舍内仍要投放青绿饲料，自由采食不限量，目的是使鸭、鹅的消化道逐渐膨大、柔软，便于以后的填饲。

④ 填饲的具体操作

填饲期：填饲期的长短取决于鸭、鹅的成熟程度。我国民间有 14 d、21 d、28 d 为填饲期的习惯。鹅的填饲期较长，鸭的较短。填饲期的长度也与日填饲次数有关，一般鹅日填饲 4 次，鸭日填饲 3 次。

填饲量：日填饲量和每次填饲量应根据鸭、鹅的消化能力而定；填饲量应逐渐增加。在消化正常的条件下，小型鹅的填饲量（以干玉米计）为 0.5～0.8 kg，中型、大型鹅为 1.0～1.5 kg；北京鸭为 0.5～0.6 kg，骡鸭为 0.7～1.0 kg。

填饲方法：填饲方法有手工填饲和机械填饲两种。前者劳动强度大，效率低，多在民间传统生产中使用；机械填饲有手摇填饲机和电动填饲机两种，填饲效果较好。

（4）填饲期的饲养管理

① 保持舍内干燥：填饲鸭、鹅多采用舍饲垫料平养，应经常更换垫料，保持舍内干燥。

② 保证充足饮水：增设饮水器，保证随时都有清洁饮水供应，以满足育肥家禽对饮水的需要。注意，填饲后 30 min 不能让鸭和鹅饮水，以减少它们甩料，提高消化率。另

外，可以在饮水中添加沙砾。

③ 保持舍内安静：鸭、鹅神经敏感，易受外界干扰，这会影响消化、增重和肥肝生长。不能粗暴对待填肥家禽。

④ 保持合理的饲养密度：一般每平方米可饲养鸭4～5只，鹅2～3只。舍内围成小栏，每栏养鹅不超过10只，鸭不超过20只。

⑤ 限制运动：禁止鸭、鹅下水，以减少能量消耗，加快脂肪沉积。

（5）屠宰与取肥肝

① 屠宰：宰前要禁食8～12 h。将鹅或鸭倒挂在屠宰架上面，割断颈部血管和气管，放血3～5 min。充分放血的屠体皮肤白而柔软，肥肝色泽正常；如果放血不净，则屠体色泽暗红，肥肝淤血，影响质量。

② 浸烫和脱毛：将放血后的鹅或鸭浸于60～65℃的热水中，浸烫1～3 min。浸烫时水温过高易损伤皮肤，严重者影响肥肝质量；水温过低时拔毛困难。一般采用人工拔毛。手工拔不净的羽毛，可用酒精喷灯燎烧，最后将屠体清洗干净。拔毛时不要碰撞腹部，也不可相互挤压，以免损伤肥肝。

③ 预冷和取肥肝：将屠体放在特制的金属架上面，使腹部朝上，置于4～10℃冷库中预冷18 h，以便完整地取出肥肝；将屠体放置在工作台上，腹部朝上，尾部对着操作者。左手持刀沿腹中线切开皮肤，直至泄殖腔前沿。在切口上端割切一小口，右手持刀划破腹膜，用双手同时把腹部皮肤、皮下脂肪及腹膜从中线切口处向两侧扒开，使腹脂和部分肥肝暴露。然后小心将内脏和屠体的腹腔剥离，仔细将肥肝和其他脏器分离。操作时不能划破肥肝，以保持肥肝完整。去除肥肝后用小刀剔除依附在上面的神经纤维、结缔组织、残留脂肪、淤血、出血斑点和破损部分，然后放在0.9%生理盐水中浸泡10 min。捞出后，沥去水分，称重分级。

小　结

通过本章学习，应重点掌握：家禽品种分类及与现代商用品种关系密切的部分标准品种、地方良种；家禽生物学特性、雏鸡雌雄鉴别、人工授精、种蛋管理、人工孵化、断喙、免疫等技术；雏鸡生长发育规律和提高育雏成活率的措施；育成期光照控制性成熟以及鸡群的体重、均匀度的控制技术；产蛋期的饲养管理要点；学习和比较快大型肉鸡与优质黄羽肉鸡饲养管理。在水禽生产中，不同饲养阶段应科学饲养，重点掌握如何实施光照和限制饲养，并能根据不同水禽灵活运用。肥肝和羽绒是水禽的特色产品，肉鸭填肥技术、鹅肝生产技术是我国家禽生产中传统的特色生产技术，应了解其概况，并掌握如何进行生产。

复习思考题

1. 现代家禽是如何分类的？请以鸡为例，列出每一类有代表性的三个品种。
2. 现代家禽繁育体系的基本结构和特征是什么？
3. 雏鸡的生长发育有哪些特点？怎样根据其行为特性来掌握育雏温度？

4. 限制饲养的方法有哪些？如何正确实施？

5. 试述影响家禽孵化率的因素。

6. 试述影响蛋鸡产蛋的主要因素并思考怎样提高其产蛋量。

7. 请设计一个密闭式鸡舍的光照程序。

8. 肉鸡饲养的方式有几种？试述其优缺点。

9. 试述水禽的生活习性。

10. 试述鹅肝填饲的方法和注意事项。

参考文献

[1] 陈凌风，陈幼春，安民，等. 中国农业百科全书：畜牧业卷［M］. 北京：农业出版社，1996.

[2] 康相涛，崔保安，赖银生. 实用养鸡大全［M］. 郑州：河南科学技术出版社，2001.

[3] 李建国. 畜牧学概论［M］. 北京：中国农业出版社，2002.

[4] 邱祥聘，杨山. 家禽学［M］. 3版. 成都：四川科学技术出版社，1993.

[5] 王恬. 畜牧学通论［M］. 北京：高等教育出版社，2002.

[6] 杨宁. 家禽生产学［M］. 2版. 北京：中国农业出版社，2009.

[7] 杨宁. 家禽生产学［M］. 北京：中国农业出版社，2002.

[8] 杨山，李辉. 现代养鸡［M］. 北京：中国农业出版社，2002.

数字课程学习

◆ 视频　　◆ 课件　　◆ 拓展阅读　　◆ 代表性品种图片

第八章

养羊生产

了解绵羊、山羊的生物学特性，国内外主要优良绵羊和山羊品种，羊肉、羊奶、羊毛、羊绒、羊皮等产品特点和生产过程等内容。重点掌握绵羊和山羊的饲养管理要点。

第一节　羊的生物学特性

绵羊和山羊在动物分类学上分别属于偶蹄目（Artiodactyla）、反刍亚目（Ruminantia）、洞角科（Bovidae）、羊亚科（Caprinae）的绵羊属（*Ovis*）和山羊属（*Capra*），染色体数目分别为54条和60条。国内外有关研究结果认为，家绵羊（*Ovis aries*）的野生祖先是摩弗伦羊（*Ovis musinon*）、阿卡尔羊（*Ovis orientalis*）和羱羊（*Ovis ammon*）；中国现有绵羊品种与阿卡尔野绵羊（*Ovis orientalis* ‘arkal’）和羱羊或盘羊及其若干亚种的血缘关系最近；家山羊（*Capra hircus*）的野生祖先主要有镰刀状角野山羊（*Capra aegagrus*）和螺旋状角野山羊（*Capra falconeri*）两种。研究表明，绵羊和山羊的驯化时间较早，其中山羊的驯化时间仅次于犬，早于绵羊等其他家畜。

羊的生物学特性是指其内部结构、外部形态以及正常的生物学行为，在一定的生态环境条件下的综合反应，包括羊的生理特点、生活习性、生长发育规律等。探讨羊的生物学特性，对于科学认识羊生产管理各环节，正确地进行遗传繁育、饲料营养、环境控制、生产管理、疾病诊断等均具有重要意义。

一、羊的生理学特性

绵羊和山羊的生理学特性相似，归纳起来有以下几点：

1. 胃肠发达，采食性广

羊是以草食为主的反刍家畜，不同于鸡、猪、狗等单胃动物，而是具有区分为四室的复胃，由瘤胃、网胃、瓣胃和皱胃组成。从前至后，第一个胃称为瘤胃，主要功能是贮存食物，贮存了在较短时间采食的未经充分咀嚼而咽下的大量饲草；瘤胃里有大量共生的细菌和纤毛原虫等微生物，这些微生物能分解消化饲料中的纤维素。第二个胃称为网胃，同瘤胃连在一起，为球形；内壁分隔成很多网格，如蜂巢状，故又称为蜂巢胃。第三个胃称为瓣胃，内壁有很多纵列的褶膜，主要作用是对食物进行压榨过滤，如同一过滤器，分泌出体液和消化细粒，输送食物进入皱胃；进入瓣胃的水分有30%～60%被吸收，有40%～70%的挥发性脂肪酸、钠、磷等物质被吸收。第四个胃称为皱胃，也叫真胃，同单胃动物的胃相似，具有消化腺，能分泌盐酸、胃蛋白酶，主要对食物起消化作用。前三个胃由于没有腺体组织，不分泌消化液，对食物主要起浸泡、发酵和生物消化的作用，故又称为前胃。胃的容积很大，其容量因年龄、品种不同而有所差异。一般来说，成年绵羊4个胃总容积近30 L，成年山羊为16 L左右。四个胃中瘤胃最大，占整个胃容量的79%；网胃占7%、瓣胃占3%、皱胃占11%。

小肠是食物消化和吸收的主要场所，小肠液的分泌与其他大部分消化作用在小肠上部进行，而消化产物的吸收在小肠下部。蛋白质消化产物多肽和氨基酸，以及糖类消化产物葡萄糖通过肠壁进入血液，运送至全身各组织。各种家畜中，山羊和绵羊的小肠最长，成年山羊小肠长度约为25 m，为其体长的27倍多。

大肠的直径比小肠大，长度比小肠短，约为8.5 m。大肠无分泌消化液的功能，但可吸收水分、盐类和低级脂肪酸。大肠主要功能是吸收水分和形成粪便。凡小肠内未被消化吸收的营养物质，也可在大肠微生物和由小肠液带入大肠内的各种消化酶的作用下分解、消化和吸收，剩余渣滓随粪便排出。

2. 勤于反刍，消化率高

羊采食时，先是将食物咀嚼并同唾液一起进入瘤胃，进行浸泡，然后返上来再咀嚼、再吞咽，这种现象称为反刍。反刍是反刍动物特有的消化生理现象。

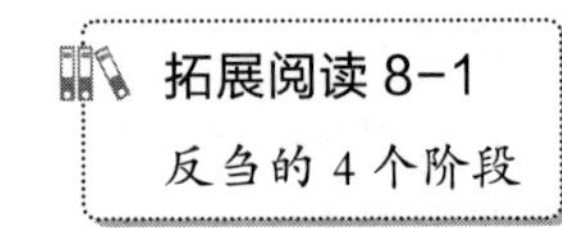

反刍通常在采食后 0.5 ~ 1 h 内开始，反刍中也可随时转入吃草。白天或夜间都有反刍，羊每日反刍时间约为 8 h，一般白天 7 ~ 9 次，夜间 11 ~ 13 次，每个食团咀嚼 40 ~ 60 次，每次持续 20 ~ 50 min，午夜到中午期间反刍的再咀嚼速率较慢。反刍次数和持续时间与饲料种类、品质、调制方法及羊的体况有关，饲料中粗纤维含量越高反刍时间越长，相反则时间缩短；牧草含水量大，反刍时间短；粉碎干草较长干草反刍时间短；同样饲喂量，分批多次饲喂的反刍逆呕食团的速率快于一次全量饲喂。过度疲劳或受外界强烈刺激，会造成反刍紊乱或停止，引起瘤胃鼓气，对羊的健康产生不利影响。羊反刍姿势多为侧卧式，少数为站立。为保证羊有正常的反刍，必须提供安静的环境。

反刍可进一步磨碎饲料，同时使瘤胃内环境有利于瘤胃微生物的繁殖和进行消化活动。主要的瘤胃微生物有细菌、纤毛虫和真菌，其中起主导作用的是细菌。细菌有纤维分解菌、淀粉分解菌、蛋白质分解菌、产甲烷菌；游离于瘤胃液中的细菌主要以可溶性营养物质为食物，附着于饲料颗粒上的细菌主要以纤维素和半纤维素为食物。据测定，每克羊瘤胃内容物中，细菌数量高达 150 亿个以上，纤毛虫为 60 万 ~ 180 万个。在瘤胃微生物的作用下，饲料在瘤胃内发生一系列复杂的消化过程后，变成可利用的营养物质。瘤胃微生物通过其产生的粗纤维水解酶，将食入粗纤维的 50% ~ 80% 转化成糖类和低级脂肪酸；把生物学价值低的植物蛋白质或非蛋白氮转化成全价的细菌蛋白和纤毛虫蛋白，并随食糜进入皱胃和小肠，充当羊的蛋白质饲料而被消化和利用；能合成 B 族维生素和维生素 K，将牧草和饲料中的不饱和脂肪酸变成饱和脂肪酸，将淀粉和糖发酵转化成低级挥发性脂肪酸，能用无机硫和尿素氮等合成含硫氨基酸。

3. 性成熟早，繁殖力强

一般来说，绵羊在 6 ~ 8 月龄性成熟，山羊在 4 ~ 6 月龄性成熟；通常要求羊只体重达到正常成年体重的 70% 以上时可以开始配种，但在饲料、饲养条件良好时，7 ~ 8 月龄即可配种。大部分羊是季节性发情动物，每年 8—10 月是发情高峰期，发情明显，受胎率高。有些品种一胎产三羔、一年两胎或两年三胎，利用年限相对较长。

二、羊的生活习性

1. 合群性强

羊的群居行为很强，羊只主要通过视、听、嗅、触等感官活动，来传递和接受各种信息，以保持和调整群体成员之间的活动。绵羊的群居性较山羊更强，很容易建立起群体结构。不同绵羊品种群居行为的强弱有别，一般地讲，粗毛羊品种最强，毛用比肉毛兼用品种强，肉用羊最差；夏、秋季牧草丰盛时，羊只的合群性好于冬、春季牧草较差时。在羊群出圈、入圈、运羊等活动时，只要有头羊先行，其他羊只即跟随头羊前进并发出保持联系的叫声。一旦羊群中的一只羊受惊，则其他羊也会跟群乱跑。特别是在放牧过程中，“头羊”能发挥明显的护群作用，带领羊群觅食。羊的合群性有助于其大群放牧，节省体力及成本。

2. 绵羊胆小温顺，山羊活泼好动

绵羊性情温顺，反应迟钝，易受惊吓，是最胆小的家畜之一。绵羊可以从暗处到明处，而不愿从明处到暗处。遇有物体折光、反光或闪光，例如药浴池和水坑的水面、门窗栅条的折射光线、板缝和洞眼的透光等，常表现为畏惧不前。而山羊生性好动，行动敏捷，喜欢攀高，善于游走，除采食、反刍和休息外，大部分时间都是走走停停；尤其是羔羊，经常前肢腾空，躯体直立，猛跑跳跃。山羊喜角斗，角斗形式有正向互相顶撞和跳起斜向相撞两种；绵羊则只有正向相撞一种。因此，有“精山羊，疲绵羊”之说。

3. 喜干燥，厌湿热

羊喜欢生活在干燥、向阳、空气流通、凉爽的地方，因此，养羊的圈舍、牧地和休息场，都以地势高燥为宜。在低洼、潮湿的地方，羊宁肯站立也不愿卧地休息；如久居泥泞潮湿之地，则羊只易患寄生虫病和腐蹄病，甚至导致毛质降低，脱毛加重。

羊汗腺不发达，散热机能差。在炎热天气应避免湿热对羊体的影响，尤其在我国南方地区，高温高湿是影响养羊生产发展的一个重要原因。不同的绵羊品种对气候的适应性不同，如细毛羊喜欢温暖、干旱 / 半干旱的气候，而肉用羊和肉毛兼用羊则喜欢温暖、湿润、全年温差较小的气候。我国北方很多地区相对湿度平均在 40% ~ 60%（仅冬、春两季有时可高达 75%），故适于养绵羊（特别是养细毛羊）；而在南方的高湿高热地区，则较适于养肉用羊。

相比而言，山羊较绵羊耐湿，南方高湿高热地区较适于养山羊。在南方地区，除应将羊舍尽可能建在地势高燥、通风良好、排水通畅的地方外，还应在羊圈内修建羊床或建成带漏缝地面的羊舍。

4. 喜净厌污

羊具有爱清洁的习性。羊喜吃干净的饲料，饮清凉卫生的水。通常羊只每次采食前总先要用鼻子闻一闻，草料、饮水一经污染或有异味，就不愿采食、饮用。因此，在舍内饲养时，应少喂勤添，以免造成草料浪费。平时要加强饲养管理，注意饲草饲料清洁卫生，饲槽要勤扫，饮水要勤换。

5. 嗅觉灵敏

羊的嗅觉比视觉和听觉灵敏，这与其发达的腺体有关，其具体作用表现在以下三方面：

（1）靠嗅觉识别羔羊

羊嗅觉灵敏，母羊主要凭嗅觉鉴别自己的羔羊，视觉和听觉起辅助作用。分娩后，母羊会舔干羔羊体表的羊水，并熟悉羔羊的气味。羔羊吮乳时母羊总要先嗅一嗅羔羊后躯部，以气味识别是不是自己的羔羊。利用这一特点，寄养羔羊时，只要在被寄养的孤羔和多胎羔羊身上涂抹保姆羊的羊水，寄养多会成功。个体羊有其自身的气味，群羊有群体气味，一旦两群羊混群，羊可由气味辨别出是否是同群的羊。在放牧中一旦离群或与羔羊失散，羊只就靠叫声互相呼应。

（2）靠嗅觉辨别植物种类或枝叶

羊在采食时，能依据植物的气味和外表细致地区别出各种植物或同一植物的不同品种（系），选择含蛋白质多、粗纤维少、没有异味的牧草采食。

（3）靠嗅觉辨别饮水的清洁度。

6. 适应性强，抗病力强

适应性主要包括耐粗饲、耐渴、耐热、耐寒、抗病力等方面的表现。这些能力的强弱，不仅直接关系到羊生产力的发挥，同时也决定着各品种的发展命运。

（1）耐粗饲性

绵羊在极端恶劣条件下，具有令人难以置信的生存能力，能依靠粗劣的秸秆、树叶维持生活。与绵羊相比，山羊耐粗饲性更强，除能采食各种杂草外，还能啃食一定数量的草根树皮，对粗纤维的消化率比绵羊要高出3.7%。

（2）耐渴性

绵羊的耐渴性较强，尤其是当夏秋季缺水时，能在黎明时分沿牧场快速移动，用唇和舌接触牧草，以便更多搜集叶上凝结的露珠。与绵羊比较，山羊耐渴性更强，山羊每千克体重代谢需水188 mL，绵羊则需水197 mL。

（3）耐热性

绵羊的汗腺不发达，蒸发散热主要靠喘气，其耐热性较差。当夏季中午炎热时，常有停食、喘气和“扎窝子”等表现。“扎窝子”即羊将头部扎在另一只羊的腹下取凉，互相扎在一起；越扎越热，越热越扎，挤在一起，很容易伤羊。粗毛羊与细毛羊相比，前者较能耐热，只有当中午气温高于26℃时才开始“扎窝子”，而后者在22℃左右即有此种表现。所以，夏季应设置防暑措施，要使羊休息乘凉，羊场要有遮阴设备，可栽树或搭遮阴棚，防止“扎窝子”。比较而言，山羊较耐热，气温37.8℃时仍能继续觅食。当夏季中午炎热时，山羊也从不发生“扎窝子”现象，照常行走。

（4）耐寒性

绵羊有厚密的被毛和较多的皮下脂肪，以减少体热散发，故较耐寒。细毛羊及其杂种的被毛虽厚，但皮板较薄，故其耐寒能力不如粗毛羊。长毛肉用羊原产于英国的温暖地区，皮薄毛稀；引入气候严寒之地后，为了增强抗寒能力，其皮肤常会增厚，被毛有变密变短的倾向。山羊没有厚密的被毛和较多的皮下脂肪，体热散发快，故其耐寒性低于绵羊。

（5）抗病力

羊的抗病力较强，其抗病力强弱，因品种而异。一般来说，粗毛羊的抗病力比细毛羊和肉用品种羊要强，山羊的抗病力比绵羊强。体况良好的羊只对疾病有较强的耐受能力，病情较轻时一般不表现症状，有的甚至在临死前还能勉强跟群吃草。因此，在放牧和舍饲管理中必须细心观察，才能及时发现病羊。如果等到羊只已停止采食或反刍时再进行治疗，疗效往往不佳，会给生产带来很大损失。

三、羊的生长发育规律

1. 体重增长规律

羊只在早晨饲喂前空腹情况下称重。出生前 100 d，增重慢；出生前 50 d，胎儿质量占到出生时的 80%；母羊怀孕 130 d 时胎儿日增重最快。胎儿体内的干物质、蛋白质、脂类及矿物质均在母羊怀孕后期沉积。母羊怀孕早期，胎儿头部发育迅速，以后四肢发育速度加快，而肌肉、脂肪等组织发育速度慢。因此，羔羊出生时头大、体重、腿长、皮松。出生后 1～3 月龄时，羔羊增重速度的顺序是内脏 > 肌肉 > 骨骼 > 脂肪；4～12 月龄时增重速度顺序是生殖器官 > 内脏 > 肌肉 > 骨骼 > 脂肪；1～2 岁时增重速度顺序是肌肉 > 脂肪 > 骨骼 > 生殖器官 > 内脏；2～8 岁时增重速度缓慢。

2. 体型和骨骼生长发育规律

羔羊和幼年羊前期体型呈长方形，相比出生前而言，头变小，头形变狭长，四肢变得短而细，体躯变得深而宽、且前躯较后躯更加显著，中躯变长，臀部趋于方正。青年羊高度增长最为迅速，其次是长度和宽度，最后是深度。从骨骼本身性状来说，一般先增加长度，然后是增加宽度和厚度。

3. 补偿生长发育规律

生产实践中常见到因生长发育某阶段饲料不足或管理不善和疾病影响，而使青年羊的生长速度下降甚至停止，一旦恢复高营养水平时，经过一个时期尚能恢复正常体重，这种特性叫作补偿生长。但并不是任何情况都能进行补偿，若在羊只生命的早期（即 3 月龄以前），生长发育受到严重影响时，则在下一阶段（3～9 月龄）很难进行补偿生长。补偿生长期间，采食量同时也增加了，若在体重相同时进行饲料转化率的比较，正常生长的羊只要比正在补偿的羊只高。

第二节　羊的类型和品种

一、羊的品种分类

全世界现有绵羊品种 620 多个，山羊品种和种群 200 多个。我国列入《中国畜禽遗传资源志》的绵羊品种有 71 个，山羊品种有 69 个。对于绵羊品种分类，动物学上根据尾的长短和形态可分为短瘦尾、短脂尾、长瘦尾、长脂尾和肥臀尾绵羊品种；根据绵羊的生产方向可分为细毛绵羊、半细毛绵羊、粗毛绵羊、兼用绵羊、裘皮绵羊、羔皮绵羊和乳用绵羊（奶绵羊）七大类。山羊品种主要根据其生产方向进行分类，包括肉用山羊、乳用山羊（奶山羊）、绒用山羊、毛用山羊、毛皮山羊和兼用山羊（普通山羊）六大类。

二、绵羊品种

1. 国内优良绵羊品种

（1）哈萨克羊

主要分布在新疆维吾尔自治区的天山北麓和阿尔泰山南部。成年公羊平均体重为 60 kg，成年母羊为 50 kg，屠宰率 48%，产羔率 102%。哈萨克羊被毛色杂，异质毛和干死毛所占的比例大，成年公羊剪毛量为 2.03 kg，成年母羊为 1.88 kg，净毛率分别为 57.8% 和 68.9%。

（2）乌珠穆沁羊

主要分布在内蒙古自治区锡林郭勒盟东乌珠穆沁旗和西乌珠穆沁旗，毗邻的锡林浩特市、阿巴嘎旗部分地区也有分布。属肉脂兼用短脂尾粗毛绵羊，以体大、尾大、肉脂多、羔羊生长发育快而著称。毛色以黑头羊居多，约占 62%；全身白色者约占 10%；体躯花色者约占 11%。生长发育较快，2～3 月龄公、母羔羊平均体重为 29.5 kg 和 24.9 kg；6 月龄的公、母羊平均体重达 39.6 kg 和 35.9 kg。成年羊秋季的屠宰率一般可达 50% 以上。成年羯羊秋季屠宰前活重为 60.13 kg，胴体平均重达 32.3 kg，屠宰率 53.8%，净肉重 22.5 kg，净肉率 37.42%，脂肪（内脂肪及尾脂）重 5.87 kg。每年剪毛两次，产毛量低、毛质差，成年公、母羊平均年剪毛量分别为 1.9 kg 和 1.4 kg，1 周岁公、母羊分别为 1.4 kg 和 1.0 kg；净毛率高，平均为 72.3%（60%～88%）。产羔率 100.69%，母性强、泌乳性能好。

（3）小尾寒羊

主要分布在山东、河北和河南等省，为高繁殖力的地方优良绵羊品种。小尾寒羊生长发育快，早熟，1 周岁公羊体重 46～74 kg，1 周岁母羊为 34～48 kg，成年公羊体重 71～117 kg，成年母羊为 38～58 kg。1 周岁公羊屠宰率 55.6%。小尾寒羊性成熟早，母羊四季发情，通常是两年产三胎，有的甚至是一年产两胎，每胎产双羔、三羔者居多，平均产羔率 270%，居我国地方绵羊品种之首。

（4）湖羊

主要分布在浙江省桐乡市、湖州市吴兴区、杭州市余杭区和江苏省苏州市吴江区等地，以及上海市的部分郊区，为我国特有的羔皮用地方绵羊，生产世界上少有的白色羔皮，以羔皮花纹美观而著称。成年公、母羊平均体重分别为 49 kg 和 36 kg。产羔率 229%。屠宰率 40%～50%。湖羊对潮湿多雨的亚热带气候和常年舍饲的管理方式适应性强。

（5）滩羊

主要分布于宁夏贺兰山东麓的银川市附近各县市，与宁夏毗邻的甘肃、内蒙古、陕西也有分布，为我国特有的裘皮用绵羊品种。成年公、母羊的体重分别为 47 kg 和 35 kg。滩羊繁殖力不高，产羔率为 101%～103%。滩羊肉质细嫩，品质好，膻味小，成年羯羊屠宰率为 45%。

2. 国外优良绵羊品种

（1）澳洲美利奴羊

澳洲美利奴羊（Australian Merino）是在澳大利亚特定的气候环境和饲养管理条件下，经过 100 多年有计划的育种工作和闭锁繁育培育而成世界上最著名的细毛绵羊品种。澳洲美利奴羊体型近似长方形，腿短，体宽，背部平直，后肢肌肉丰满。公羊颈部有 1～3 个发育完全或不完全的横皱褶，母羊有发达的纵皱褶，每种类型中又分为有角羊和无角羊两种。澳洲美利奴羊的被毛毛丛结构良好，羊毛密度大，细度均匀，油汗白色，弯曲弧度均匀、整齐而明显，光泽良好。羊毛覆盖头部至两眼连线，前肢达腕关节，后肢达飞节。

（2）罗姆尼羊

罗姆尼羊（Romney）原产于英国东南部的肯特郡马尔士地区，19 世纪曾用莱斯特羊改良，现除英国以外，罗姆尼羊在新西兰、阿根廷、乌拉圭、澳大利亚、加拿大、美国和俄罗斯等国均有分布。新西兰是目前世界上饲养罗姆尼羊数量最多的国家，目前在新西兰绵羊品种中占主导地位，占该国绵羊饲养总数的一半以上。罗姆尼羊具有早熟、生长发育快、放牧性强和被毛品质好的特点。罗姆尼羊属肉毛兼用绵羊。成年公羊体重 102 ~ 124 kg，成年母羊 68 ~ 90 kg。成年公羊剪毛量 4 ~ 6 kg，成年母羊 3 ~ 5 kg。净毛率 65% ~ 80%。毛长 11 ~ 15 cm，细度 40 ~ 48 支。在所有长毛品种中，罗姆尼羊羊毛品质最好。产羔率 120%。成年公羊胴体重 70 kg，成年母羊 40 kg；4 月龄育肥胴体重公羔为 22.4 kg，母羔为 20.6 kg。

（3）无角陶赛特羊

无角陶塞特羊（Poll Dorset）原产于澳大利亚和新西兰，该品种是以雷兰羊（Ryeland）和有角陶赛特羊为母本、考力代羊为父本进行杂交，杂种羊再与有角陶赛特公羊回交，然后选择所生的无角后代培育而成的肉毛兼用半细毛绵羊品种。无角陶赛特羊体质结实，头短而宽，耳中等大，公、母羊均无角，颈短、粗，胸宽深，背腰平直，后躯丰满，四肢粗、短，整个躯体呈圆桶状，面部、四肢及被毛为白色。该品种生长发育快，早熟，成年公羊体重 90 ~ 110 kg，成年母羊为 65 ~ 75 kg，剪毛量 2.25 ~ 4.0 kg，净毛率 50% ~ 70%，毛长 7.5 ~ 10 cm，羊毛细度 56 ~ 58 支。可全年发情配种产羔，产羔率 137% ~ 175%。经过育肥的 4 月龄羔羊的胴体重，公羔为 22 kg，母羔为 19.7 kg。在新西兰，该品种羊用作生产反季节羊肉的专门化品种。

（4）萨福克羊

萨福克羊（Suffolk）原产于英国，是用南丘羊与有角的诺福克绵羊（Norfolk）杂交，于 1959 年培育而成的肉用绵羊品种。萨福克羊体格较大，骨骼坚实，头长无角，耳长，胸宽，背腰和臀部长宽而平，肌肉丰满，后躯发育良好。脸和四肢为黑色，头肢无羊毛覆盖。成年公羊体重为 110 ~ 160 kg，成年母羊 80 ~ 110 kg，成年公羊剪毛量 5 ~ 6 kg，成年母羊 2.5 ~ 3.6 kg，被毛白色，毛长 8.0 ~ 9.0 cm，细度 50 ~ 58 支。产羔率 130% ~ 140%。4 月龄育肥羔羊胴体重公羔 24.2 kg，母羔为 19.7 kg。

（5）杜泊羊

杜泊羊（Dorper）原产于南非，用从英国引入的有角陶赛特（Dorset horn）品种公羊与当地的波斯黑头（Black-heed Persian）品种母羊杂交，经选择和培育育成的肉用绵羊品种。该品种被毛呈白色，有的头部黑色，被毛由发毛和无髓毛组成，但毛稀、短，春、秋季节自动脱落，只有背部留有一片保暖，不用剪毛。杜泊羊身体结实，能适应炎热、干旱、潮湿、寒冷等多种气候条件，采食性能良好；生长快，成熟早，瘦肉多，胴体质量好；母羊繁殖力强，发情季节长，母性好。成年公羊体重 100 ~ 110 kg，成年母羊 75 ~ 90 kg。

成年母羊产羔率 140%。

（6）卡拉库尔羊

卡拉库尔羊（Karakul）为著名的羔皮羊品种。在我国又名三北羊，原产于中亚贫瘠的荒漠、半荒漠草原。卡拉库尔羊头稍长，鼻梁隆起，颈部中等长，耳大下垂（少数为小耳），前额两角之间有卷曲的发毛。公羊大多数有螺旋形的角，角尖稍向两旁伸出，母羊多数无角。体躯较深，臀部倾斜，四肢结实，尾的基部较宽，特别肥大，能贮积大量脂肪，尾尖呈“S”形弯曲下垂至飞节。毛色以黑色为主，也有部分个体为灰色、彩色（苏尔色）和棕色等。

（7）东弗里生羊

东弗里生羊（East Friensian）原产于荷兰和德国西北部，是目前世界上最优秀的乳肉兼用型绵羊品种。该品种性情温顺，易管理，对其他绵羊品种产奶性能改良效果好；乳房结构好，泌乳周期长，泌乳量高，泌乳期 7～10 个月，泌乳量 500～700 kg，乳脂率为 5.5%～9%。体格大，成年公羊体重 90～120 kg，成年母羊 70～90 kg。头大额宽，公、母羊均无角，体躯宽长，腰部结实，肋骨拱圆，臀部略有倾斜，体型结构良好，尾瘦长无毛（俗称猪尾巴）。四肢结实，肢势端正，前后腿左右分距好；系部短，蹄部刚健。全身被毛白色，皮肤柔软而呈粉红色，耳、唇、鼻及乳房皮肤上无明显色斑。成年公羊产毛量 5～6 kg，成年母羊产毛量 4.5 kg。被毛毛长 10～15 cm，细度 46～56 支，属于同质半细毛。净毛率 60%～70%。被毛结构较松，膝关节和飞节以下着生短刺毛。东弗里生羊繁殖力强，大部分羔羊在 5—6 月龄性成熟，初配年龄在 12 月龄左右，成年母羊产羔率为 200%～230%。

三、山羊品种

1. 国内优良山羊品种

（1）关中奶山羊

关中奶山羊是自 1937 年开始，利用萨能奶山羊与当地山羊杂交选育而成的乳用山羊品种，主产于陕西的渭河平原（关中盆地），包括宝鸡市、渭南市等地。关中奶山羊在放牧加补饲的条件下，8～10 月龄羯羊屠宰率 46%。一般饲养条件下，关中奶山羊 300 d 的产奶量：一胎 652 kg，二胎 704 kg，三胎 736 kg，四胎以上为 691 kg。乳的比重为 1.03，总干物质 12.94%，乳脂率 4.21%，总蛋白质 3.52%，乳糖 4.26%，灰分 0.84%。

（2）南江黄羊

南江黄羊是以四川省南江县北极种畜场、元顶子牧场及场周“三区、十三乡”为基地，经 40 多年采用多品种杂交培育而成的肉用山羊。公羊体重 80 kg，母羊体重 40 kg 左右。1 周岁羯羊平均屠宰率 50%，肉质细嫩、鲜美多汁，脂肪分布均匀。该品种山羊繁殖性能好，母羊年产两胎，多为双羔。板皮品质良好，为制革工业的重要原料。

（3）马头山羊

马头山羊主要分布于湖北省竹山县、郧西县、房县等地和湖南省常德市、湘西土家族苗族自治州、怀化市等地。经育肥的 12 月龄羯羔，宰前平均活重 37 kg，胴体重 19 kg，内脏脂肪重 2.45 kg，平均屠宰率 58%。马头山羊肌肉发达，肉色鲜红，膻味轻，板皮品质好，张幅大。马头山羊繁殖力强，一般两年三胎，产羔率为 187%。肉质鲜嫩、多汁，脂肪分布均匀。

（4）辽宁绒山羊

辽宁绒山羊主要分布于辽宁省盖州市、瓦房店市、庄河市、凤城市、宽甸满族自治县及辽阳市等地。该品种体格较大，头小。公母羊均有角，公羊角大，由头顶部向两侧呈螺旋式平直伸展；母羊多板角，向后上方伸展，尾短瘦，尾尖上翘，被毛白色。成年公母羊的平均体重分别为 54 kg 和 44 kg；产绒量分别为 633 g 和 435 g；绒纤维自然长度分别为 6.6 cm 和 6.2 cm；细度分别为 17.1 μm 和 16.3 μm。净绒率 70% 以上，屠宰率 50%，产羔率 120%～130%。

（5）中卫山羊

中卫山羊主要分布于宁夏的中宁、同心、海原及甘肃的景泰、靖远等县，为我国优良的裘皮山羊品种。成年公母羊的平均体重分别为 30～40 kg 和 25～30 kg。被毛分两层，外层粗毛长度为 24～28 cm，细度平均为 50～56 μm；内层绒毛长度为 6.6～6.8 cm，细度平均为 12.6～13.4 μm。屠宰率 40%～49%，产羔率为 103%。

2. 国外优良山羊品种

（1）萨能山羊

萨能山羊（Saanen）原产于瑞士西北部伯尔尼奥伯兰德州的萨能山谷地带，主要分布于瑞士西部的广大区域，目前在许多国家均有分布。公羊平均体高 85 cm，体长 100 cm；母羊体高 76 cm，体长 82 cm。成年公羊体重 75～100 kg，母羊 50～65 kg。该品种早熟、繁殖力强，繁殖率为 190%，多产双羔和三羔，泌乳期 8～10 个月，产奶量 600～1 200 kg，乳脂率 3.8%～4.0%。

（2）吐根堡山羊

吐根堡山羊（Toggenburg）原产于瑞士东北部圣仑州的吐根堡盆地，与萨能奶山羊同享盛名。被毛褐色或深褐色，随年龄增长而变浅，幼羊色深，老龄色浅。平均泌乳期 287 d，在英国、美国等国一个泌乳期的产奶量 600～1 200 kg。瑞士最高个体产奶纪录为 1 511 kg，乳脂率 3.5%～4.5%。饲养在我国的吐根堡山羊，300 d 产奶量，一胎为 688 kg，二胎为 843 kg，三胎为 751 kg。

（3）努比亚山羊

努比亚山羊（Nubia）原产于非洲东北部的努比亚地区及埃及、埃塞俄比亚、阿尔及利亚等地，在英国、美国、印度、东欧及南非等国都有分布。头较短小，鼻梁隆起，两耳宽大下垂，颈长，躯干短，臀部短而斜，四肢细长。公、母羊多无须无角，个别公羊有螺旋形角。被毛细短有光泽，色杂，有暗红色、棕色、乳白色、灰色、黑色及各种杂色。母羊乳房发达，多呈球形，基部宽广，乳头稍偏两侧。成年公羊体重 70～80 kg，成年母羊体重 40～50 kg，泌乳期较短，仅有 5～6 个月，盛产期日产奶 2～3 kg，高产者可达 4 kg 以上。乳脂含量高，为 4%～7%，鲜奶风味好。母羊繁殖力强，一年可产 2 胎，每胎 2～3 羔。

（4）波尔山羊

波尔山羊（Boer）原产于南非的卡普省等四个省，并遍布南部非洲各国，是唯一能与优良肉用绵羊品种媲美的山羊品种。波尔山羊成年公羊的体重为 115 kg，母羊为 55 kg；5～6 月龄即可达到性成熟，8 月龄可配种，全年发情；初产母羊的产羔率 190%，经产母羊为 230%。该品种母羊的泌乳力也较高，能保证哺乳期羔羊的快速生长需要，羔羊 100 日龄的平均断奶重为 24 kg。育肥后羔羊的平均胴体重为 15.6 kg，成年山羊为 25.8 kg。波尔山羊羔羊初生重约为 4.15 kg，双羔出生重在 2.20～3.50 kg 之间，屠宰率为 48%～55%，肉骨比 4.71 ∶ 1。

（5）安哥拉山羊

安哥拉山羊（Angora）主要分布于土耳其中部，是著名的毛用山羊品种。安哥拉山羊被毛白色，为类似毛股状结构的弯曲下垂的长毛。羊毛具有极为强烈的光泽，毛股长度 10～25 cm，最长可达 35 cm；羊毛细度随年龄的增大而变粗，其平均直径为 19～30 μm。产羔率为 100%～110%。另外，安哥拉山羊还产肉和优质板皮。

第三节　羊的产品

一、羊肉

1. 羊肉生产概况

FAO 统计表明，全世界 2019 年羊肉总产量为 1 617.5 万 t，其中绵羊肉和山羊肉分别占 61.3% 和 38.7%；以亚洲产量最高，为 965.4 万 t，占世界羊肉总产量的 59.7%；我国 2019 年羊肉总产量为 482.7 万 t，居世界各国之首，占世界总产量的 29.8%。我国绵羊、山羊数量同样居世界首位，2019 年底存栏量分别为 1.635 亿只和 1.372 亿只。近年来，世界羊肉产量逐年增加，随着生产力的发展和人民群众生活水平的不断提高，羊肉生产发展迅速。从世界养羊业发展趋势看，羊肉和肥羔生产的增长速度显著优于羊毛，养羊业的发展方向开始由“毛主肉从”转向“肉主毛从”。可以预料，世界羊肉总产量和消费量将持续增长，发展羊肉生产的前景广阔。

2. 羊肉的营养成分特点

羊肉是我国传统的食药两用、营养丰富的肉类食品，也是冬季人们进补的佳品。中医学认为，羊肉性干热，能增加人体热量，具有助元阳、补精血、疗肺虚、益劳损的功效；对肺结核、气管炎、哮喘、贫血、产后气血两虚及其他虚寒症均有一定的疗效。羊的脏器如心脏还有补心、解心气瘀滞等功效；羊肚（胃）富含蛋白质、脂肪、水分、维生素 B_1、维生素 B_2、钙、磷、铁等，能够补益脾胃，治疗消瘦、反胃等疾病；羊肝具有平肝养血、明目等功效。

羊肉纤维细嫩，含有各种人体所需的氨基酸，特别是羔羊肉脂肪少、肌肉纤维细、瘦肉多、膻味轻、味美多汁、容易消化，因此深受消费者的青睐。羊肉营养丰富，胆固醇含量低，每 100 g 羊肉中的胆固醇含量为 60～70 mg，脂肪的含量低于猪肉而高于牛肉，蛋白质含量低于牛肉而高于猪肉。定期育肥可以显著提高羊的肉脂品质，肉中的水分和蛋白质含量下降，而脂肪的含量增加。与绵羊肉相比，山羊肉色泽较红，脂肪量低，体脂肪主要沉积在内脏器官周围，其营养成分与中等肥度的牛肉相似（表 8-1），蛋白质含量可达 20.7%，脂肪较低。普通成年羊可产肉 14～25 kg，脂肪 3 kg，少数肉用羊品种，其产肉量更高。

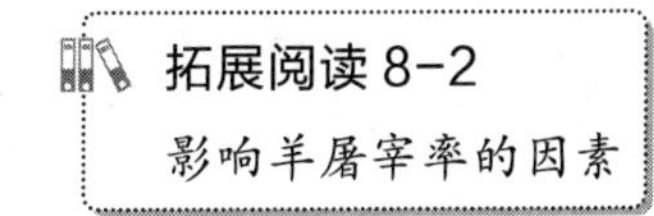

表 8-1　几种家畜的鲜肉成分

畜种	水分 /%	蛋白质 /%	脂肪 /%	灰分 /%
牛肉（肥）	56.2	18.0	25.0	0.8
牛肉（中等）	71.5	21.1	7.4	1.0
牛肉（瘦）	75.5	20.5	2.8	1.2
山羊肉	73.8	20.6	4.3	1.3
绵羊肉	55.2	16.8	27.0	1.0
马肉	74.2	21.5	3.3	1.0
猪肉（瘦）	71.0	21.4	6.5	1.1

3. 肉羊产肉力评定

（1）胴体重

指屠宰放血后，剥去毛皮、除去头、内脏及前肢膝关节和后肢趾关节以下部分后，整个躯体（包括肾脏及其周围脂肪）静置 30 min 后的质量。

（2）净肉重

指胴体精细剔除骨头后所得的净肉质量。要求在剔肉后的骨头上附着的肉量及耗损的肉屑量不超过 300 g。

（3）屠宰率

指胴体重占屠宰前活重（宰前空腹 24 h）的百分比。

屠宰率（%）=（胴体重 / 宰前活重）×100

（4）净肉率

一般指胴体净肉重占宰前活重的百分比。而胴体净肉重占胴体重的百分比，则为胴体净肉率。

净肉率（%）=（净肉重 / 宰前活重）×100

胴体净肉率（%）=（净肉重 / 胴体重）×100

（5）骨肉比

指胴体骨重与胴体净肉重之比。

（6）眼肌面积

测量倒数第 1 与第 2 肋骨之间脊椎上眼肌（背最长肌）的横切面积，因为它与产肉量呈高度正相关。测量时，一般用硫酸绘图纸描绘出眼肌横切面的轮廓，再用求积仪计算出面积。如无求积仪，可用下面公式估测：

$$眼肌面积（cm^2）= 眼肌高度 \times 眼肌宽度 \times 0.7$$

4. 羊肉的品质评定

（1）肉色

肉色是指肌肉的颜色，由组成肌肉的肌红蛋白和肌白蛋白的比例所决定。肉色与羊的性别、年龄、肥度、宰前状态、放血的完全与否、冷却、冷冻等加工过程有关。成年绵羊的肉呈鲜红或红色，老母羊肉呈暗红色，羔羊肉呈淡灰红色；在一般情况下，山羊肉的肉色较绵羊肉色红。

（2）大理石纹

指肉眼可见的肌肉横切面红色中的白色纹理结构，红色为肌细胞，白色为肌束间的结缔组织和脂肪细胞。肌肉白色纹理多而显著，表示其中蓄积较多的脂肪，肉多汁性好，是简易衡量肉含脂量和多汁性的方法。若要准确评定，需要经化学分析和组织学等方法测定。现在常用的方法是取第一腰椎部背最长肌鲜肉样，置于 0 ~ 4℃冰箱中 24 h 后，取出横切，观察新鲜切面的纹理结构，并用大理石纹评分标准图评定。只有大理石纹痕迹的评为 1 分，有微量大理石纹评为 2 分，有少量大理石纹评为 3 分，有适量大理石评为 4 分，若是有过量大理石纹的评为 5 分。

（3）羊肉酸碱度（pH）

羊肉酸碱度是指肉羊宰杀停止呼吸后，在一定条件下，经一定时间所测得的 pH。肉羊宰杀后，其羊肉发生一系列的生化变化，主要是糖酵解和腺苷三磷酸（ATP）的水解供能变化，结果肌肉中聚积乳酸、磷酸等酸性物质，使肉 pH 降低。这种变化可改变肉的保水性能、嫩度、组织状态和颜色等性状。评定标准：鲜肉 pH 为 5.9 ~ 6.5；次鲜肉 pH 为 6.6 ~ 6.7；腐败肉 pH 在 6.7 以上。

（4）失水率

失水率是指羊肉在一定压力条件下，经一定时间所失去的水分占失水前肉重的百分数。失水率越低，表示保水性能强，肉质柔嫩，肉质越好。

（5）系水率

系水率是指肌肉保持水分能力，用肌肉加压后保存的水量占总含水量的百分比表示。它与失水率是同一问题的两个不同概念，系水率高，则肉的品质好。测定方法是取背最长肌肉样 50 g，按食品分析常规测定肌肉加压后保存的水量占总含量的百分数。

$$系水率（\%）= [（肌肉总含水量 - 肉样失水量）/ 肌肉总含水量] \times 100$$

（6）熟肉率

指肉熟后与生肉的质量比率。用腰大肌代表样本，取一侧腰大肌中段约 100 g，于宰杀后 12 h 内进行测定。剥离肌外膜所附着的脂肪后，用感量为 0.1 g 的天平称重（W_1）；将样品置于铝蒸锅的蒸屉上，用沸水在 2 000 W 的电炉上蒸煮 45 min，取出后冷却 30 ~ 45 min 或吊挂于室内无风阴凉处，30 min 后再称重（W_2）。计算公式如下：

$$熟肉率（\%）=（W_2/W_1）\times 100$$

（7）嫩度

指肉的老嫩程度，是人食肉时对肉撕裂、切断和咀嚼的难易、嚼后在口中留存肉渣的大小和多少的总体感觉。

（8）膻味

膻味是绵羊、山羊所固有的一种特殊气味，与己酸、辛酸和癸酸等短链脂肪酸及游离脂肪酸有关，但是它们单独存在并不产生膻味，必须按一定的比例结合成一种较稳定的络合物，或者通过氢键以相互缔合形式存在，才产生膻味。

二、羊奶

1. 羊奶生产概况

世界奶类构成中，羊奶所占的比例不足 4%，牛奶占奶类总产量的 85%。据 FAO 统计，2019 年，全世界羊奶总产量为 3 049.7 万 t，其中山羊奶总产量为 1 991.0 万 t，绵羊奶总产量为 1 058.7 万 t，山羊奶和绵羊奶分别占世界总产量的 65.3%、34.7%，绵羊奶产量较高的国家主要分布在欧洲和中东地区，如意大利、希腊、西班牙、法国、罗马尼亚、土耳其、伊朗、叙利亚等国家。FAO 统计资料表明，2019 年，全世界乳用羊总数为 4.66 亿只，其中，乳用山羊数量为 2.15 亿只，乳用绵羊数量为 2.50 亿只，分别占到世界总量的 46.2% 和 53.8%。亚洲的乳用羊总数为 2.35 亿只，包括 1.10 亿只乳用山羊和 1.25 亿只乳用绵羊，占到世界总量的 50.4%。近年来，随着人们对羊奶保健功能的进一步认识，消费者逐渐接受羊奶和羊奶制品，少数投资者也将目光转向羊奶的产业化开发，生产出配方奶粉、酸奶、液态鲜奶、奶酪、奶皂等更丰富多元的产品。一直以来，我国农区和牧区没有挤绵羊奶的习惯，羊奶生产主要靠乳用山羊。我国一直没有专用乳用绵羊品种，2010 年曾引进少量东弗里生乳用绵羊胚胎，但数量有限，2018 年甘肃元生农牧科技有限公司从澳大利亚批量引进东弗里生乳用绵羊，我国乳用绵羊逐步开始了规模化养殖与生产。当前，我国羊奶原料奶来源更丰富、生产规模不断扩大、产品更多元化，其前景十分广阔。

2. 羊奶成分及营养价值

（1）羊奶营养丰富

羊奶的干物质、蛋白质、脂肪、矿物质含量均高于人奶和牛奶，但乳糖含量低于人奶和牛奶。几种鲜奶的营养成分对比如表 8–2 所示。

表 8–2　几种鲜奶营养成分对比

奶类	干物质 / ($g \cdot L^{-1}$)	蛋白质 / ($g \cdot L^{-1}$)	脂肪 / ($g \cdot L^{-1}$)	乳糖 / ($g \cdot L^{-1}$)	矿物质 / ($g \cdot L^{-1}$)
人奶	12.4	2.01	3.74	6.37	0.30
牛奶	12.8	3.39	3.68	4.94	0.72
山羊奶	12.9	3.53	4.21	4.36	0.84
绵羊奶	18.4	5.70	7.20	4.60	0.90
水牛奶	18.7	4.30	8.70	4.90	0.80
马奶	11.8	2.35	1.50	7.63	0.35

据测定，每 kg 山羊奶和绵羊奶中能量含量分别比牛奶高 209 J 和 1 632 J。

（2）羊奶中蛋白质含量高、品质好、易消化

从羊奶蛋白质构成来看，10 种必需氨基酸中除甲硫氨酸外的其余 9 种氨基酸含量均高于牛奶。山羊奶中的游离氨基酸含量也高于牛奶，游离氨基酸容易消化。羊奶中酪蛋白含量较牛奶低，但易消化的白蛋白、球蛋白含量较牛奶高；食入后，乳蛋白在胃内形成絮状凝块，其结构细小松软，所以羊奶蛋白质易于消化吸收。

（3）羊奶脂肪酸种类多，磷脂类物质含量高

羊奶脂肪酸主要由甘油三酯类组成，也有少量的磷脂类、胆固醇、脂溶性维生素类、游离脂肪酸和单酸酯类；除含有多种饱和脂肪酸外，同时含有较多的不饱和脂肪酸。羊奶色泽呈乳白色，熔点较牛奶乳脂低，夏天气温高时呈半固体状态。羊奶脂肪球直径小于牛奶，且大小均匀，食入后可与消化液充分接触，容易被消化吸收，而且在保存过程中不易上浮结成奶皮。羊奶富含中短链脂肪酸，尤其是 C2 至 C10 脂肪酸的含量比牛奶中高 4～6 倍，这也是羊奶消化率高的主要原因之一。

（4）羊奶矿物质和维生素含量丰富

羊奶中的矿物质含量远高于人奶，也高于牛奶，特别是钙和磷。奶中的钙主要以酪蛋白钙形式存在，很容易被人体吸收，是给老人、婴儿补钙的佳品。羊奶中的铁含量高于人奶，和牛奶接近。

羊奶中维生素 A、维生素 B_1、维生素 B_2、尼克酸、泛酸、维生素 B_6、叶酸、生物素、维生素 B_{12} 和维生素 C 等 10 种主要维生素的总含量高于牛奶，其中维生素 C 的含量是牛奶的 10 倍，维生素 D 的含量也比牛奶高。由于羊将胡萝卜素转化成无色的维生素 A 的能力强，因此羊奶胡萝卜素含量甚微，鲜奶呈白色。另外，羊奶中的维生素 B_{12} 含量低于牛奶，与人奶接近，但是不会导致长期食用羊奶的儿童出现贫血，况且维生素 B_{12} 很容易从蔬菜和其他食物中获得。

（5）羊奶具有一定的缓冲作用

羊奶和牛奶 pH 接近，均呈弱酸性，由于其中含有多种有机酸和有机酸盐，为优良的缓冲剂，可以中和胃酸，对于胃酸过多或胃溃疡患者来说是一种具有治疗作用的保健食品。

3. 羊奶的主要物理特性

（1）色泽及气味

新鲜羊奶呈白色不透明液体。奶的色泽与奶成分有关，如白色是由脂肪球、酪蛋白钙、磷酸钙等对光的反射和折射所产生，白色以外的颜色是由核黄素、胡萝卜素等物质决定的。

（2）密度与比重

羊奶的密度是指羊奶在 20℃时的质量与同体积水在 4℃时的质量比。羊奶的比重是指在 15℃时，一定体积羊奶的质量与同体积、同温度水的质量之比。

正常羊奶的平均密度为 1.029，牛奶为 1.030，而其比重则分别为 1.031 和 1.032。羊奶的密度随着羊奶成分和温度的变化而异。乳脂肪含量增加时密度降低；掺水时密度也降低，每加 10% 的水，密度约降低 0.003（即 3 度）。在 10～25℃范围内，温度每变化 1℃，

乳的密度相差 0.000 2（即 0.2 度）。

4. 羊奶的膻味及脱膻

（1）羊奶膻味的来源

膻味是绵羊和山羊本身所固有的一种特殊气味，羊奶和羊肉都有膻味。母羊皮脂腺的分泌物有膻味，繁殖季节公羊身体、尿液的气味以及公羊两角基部的分泌物都有膻味，绵羊的膻味略小于山羊。

（2）羊奶脱膻方法

使用以下方法可以达到脱膻的目的。

① 遗传学方法：由于膻味能够遗传，所以通过对低膻味或羊奶中短、中链脂肪酸含量少的个体的进行选择，可建立低膻味品系。

② 微生物学方法：利用某些微生物（如乳酸菌）的作用，使奶中产生芳香物质，来掩盖膻味或使奶中产生乳酸，降低 pH 以抑制解酯酶的活性。可通过高温处理，使膻味的主要成分挥发出去，而降低膻味强度，如蒸气直接喷射法、超高温杀菌及脱膻等。

③ 化学方法：利用鞣酸、杏仁酸进行脱膻，可中和或除去羊奶中产生膻味的化学物质。

④ 脱膻剂方法：利用环醚型脱膻剂，对奶中产生膻味的脂肪酸进行中和酯化，使其变为不具有膻味的酯类化合物而除去膻味。

三、羊毛及羊绒

1. 绵羊毛、山羊毛和山羊绒生产概况

世界上的三大绵羊毛生产大国分别是澳大利亚、中国和新西兰，绵羊毛生产总量占世界总产量的 50% 以上。2019 年，我国绵羊毛总产量为 35.7 万 t，山羊毛 2.7 万 t，中国、印度、巴基斯坦、蒙古、伊朗等均为山羊毛出口国。

绒山羊是中国宝贵的山羊品种资源，主要分布于北方地区，目前存栏数量约 6 000 万只，2019 年山羊绒的总产量为 15 437 t。我国山羊绒的出口量约占世界贸易量的 60%，是出口创汇额最高的山羊产品。由于受国际市场羊绒价格波动的影响，我国的绒山羊业的起伏也较大，但绒山羊个体的生产性能在不断地提高，优秀绒山羊个体的平均产绒量达 300 g。中国的绒山羊品种主要包括内蒙古白绒山羊、辽宁绒山羊、乌珠穆沁白绒山羊、河西绒山羊等近 10 个优良品种。

2. 羊毛纤维类型和羊毛种类

羊毛纤维类型和羊毛种类是两种不同的概念，但两者有密切联系。羊毛纤维类型是指羊毛单根纤维而言，它是根据羊毛纤维的细度、形态、组织构造及工艺性能来区分的；而羊毛种类是指羊毛的集合体而言，如毛丛、毛股等，它是根据组成羊毛集合体的纤维成分来区分。

（1）羊毛纤维类型

一般可分为以下 4 种，即刺毛、有髓毛、无髓毛和两型毛。

① 刺毛：分布于绵羊鼻端附近和四肢下部。刺毛的组织学构造接近有髓毛，髓层发

达，鳞片较小、非环状，毛纤维表面光滑，故光泽较强。

② 有髓毛：又叫发毛、刚毛。有髓毛又可分成正常有髓毛、干毛和死毛。

■ 正常有髓毛：这种纤维是各种纤维类型中最长的，细度一般为 40 ~ 80 μm，有髓毛的工艺价值不如无髓毛，含有有髓毛的羊毛一般只作较粗织物的原料，如制毛毯、地毯等。

■ 干毛：是正常有髓毛的变态，其工艺性能降低，羊毛脆弱，缺乏光泽，且不易染色。

■ 死毛：也是正常有髓毛变态，细度 90 μm 以上，工业上无利用价值。

③ 无髓毛：外观细、短，弯曲多而明显。长 5 ~ 15 cm，细度 30 μm 以下。工艺价值高，是优良的纺织原料。

④ 两型毛：也叫中间型毛。细度介于有髓毛和无髓毛之间，一般直径为 30 ~ 35 μm。工艺价值优于有髓毛。全部由两型毛组成的羊毛是线纺和工业用呢的优良原料。

（2）羊毛种类

根据羊毛的纤维组成，可分为：

① 细毛：这种羊毛由同一类型纤维——无髓毛组成。毛短，弯曲多而明显，纤维平均细度小于 25 μm，或品质支数不粗于 60 支。细毛的纺织价值最高，用于织造高级精纺和粗纺织品。细毛产于细毛羊和高等级杂种细毛羊。

② 半细毛：这种羊毛由细度稍粗的纤维组成，其纤维属于两型毛和粗绒毛（粗无髓毛）。组成半细毛的纤维，其粗细和长短差别也不大。外观弯曲较细毛纤维少，而纤维一般较细毛长。平均细度大于 25 μm 或品质支数在 58 支以下或更粗。半细毛的纺织价值亦较高，主要用于精梳、针织和工业用呢。半细毛产于半细毛羊品种和达到半细毛标准的杂种羊。

③ 粗毛：粗毛为混型毛，一般由无髓毛、两型毛和有髓毛组成。在有髓毛中往往还含有一些干毛和死毛。各类纤维的比例随品种和个体而不同。粗毛纺织性能较差，主要用于纺织地毯和制毡。这种羊毛产于粗毛羊和毛质改良尚差的低代杂种羊。

3. 羊毛的品质评定

羊毛品质评定包括以下几个方面：

（1）细度和长度

羊毛细度以纤维横切面直径的大小来表示，以 μm 为单位。毛纺工业上用“品质支数”表示羊毛的细度，是指 1 kg 洗净羊毛，每纺成 1 000 m 长的一段毛纱作为 1 支。羊毛愈细愈均匀，所纺的纱愈长，纱的品质也愈好。羊毛长度分自然长度和伸直长度两种，前者是指毛丛自底部到顶端的直线距离，后者是指单根纤维伸直时的长度。

细度和长度的测定分实验室和现场两种方法。实验室测定羊毛细度，多用仪器直接测定羊毛横断面的大小；现场则用肉眼判定品质支数的多少。实验室测定羊毛长度，多用厘米直尺测定拉直后（羊毛弯曲消失时）的单根纤维的长度，现场则测定毛被的厚度。

羊毛的细度和长度，因品种不同而有差别，但两者之间也有一定的相关性。又细又长的羊毛其纺织性能最好，制品也更佳。如细而长的羊毛可纺织成毛哔叽、凡尔丁一类上等精纺毛料；细度好而长度不够的羊毛只能纺织呢子一类的粗纺毛料；很粗的羊毛只能纺织地毯、提花毛毯或制毡等。

（2）强度和伸度

① 强度：羊毛的强度系指拉断羊毛所需的力。羊毛的强度与织品的结实性、耐用性有关，是羊毛的重要机械性能之一。羊毛的强度有两种表示方法：一是绝对强度，即拉断单根羊毛纤维所用的力，以 g 或 kg 来表示；二是相对强度，即拉断羊毛纤维时，在单位面积上所用的力，以 kg/mm^2 来表示。

由于利用结实羊毛所制成的织品经久耐用，故毛纺工业要求具有良好强度的羊毛。羊毛的绝对强度和细度有关，在各方面条件相同的情况下，羊毛的细度与其绝对强度成正比，即羊毛愈粗，绝对强度愈大。但有髓毛中髓层愈粗，其绝对强度愈差。

羊毛的强度决定其生产用途，如强度不够，一般不做精梳毛，或只能用作纬纱。

② 伸度：羊毛已经伸直后，还能继续拉长，在被拉长到断裂之前一刹那间伸长的长度与羊毛纤维伸直长度的百分比，称为羊毛的伸度。羊毛的伸度是决定毛织品结实程度的因素之一。用伸度较小的羊毛织造的织品做成衣服后，衣角及有皱褶的地方容易破损。

羊毛强度和伸度有一定的相关性，影响羊毛强度的因素也影响其伸度。羊毛强度和伸度是仅次于羊毛细度和长度的重要特性，对不同细度的羊毛纤维所要求的强度和伸度也不同。

（3）弹性：羊毛弹性是指使羊毛变形的外力一旦去掉后，羊毛能很快恢复原形的特性。如把一团羊毛捏紧使其体积变小，但手张开后，羊毛很快地会恢复原来的体积，这就是羊毛弹性的具体表现。由于这种特性，毛料衣服能长久保持平整挺括。

（4）匀度：羊毛匀度是指毛被中纤维粗细一致的程度。毛被或毛丛中纤维的粗细差异小就是匀度好，匀度好的羊毛所纺成的毛纱及其织品就均匀光洁和结实；越不匀的羊毛，其品质越差，纺织价值也越小。

（5）毛色：羊毛本身具有多种颜色，其中以纯白色为最好，因为白色羊毛可随意染成各种鲜艳的色彩。其他颜色的羊毛只能染成较深的颜色，且容易染花（深浅不匀），故价值低。

拓展阅读 8-3
山羊毛与山羊绒

四、羊皮

1. 羊皮生产概况

绵羊、山羊板皮和毛皮也是养羊业的重要产品。统计资料表明，2003 年我国绵羊、山羊板皮产量分别为 32.1 万 t 和 31.9 万 t，产量均居世界首位，分别占世界总产量的 20% 和 35%。世界上绵羊板皮的生产大国包括中国、澳大利亚、新西兰、白俄罗斯、英国、伊朗、土耳其等，山羊板皮的生产大国有中国、印度、巴基斯坦、孟加拉国、苏丹等。

虽然我国的绵羊、山羊板皮总产量居世界第一位，但 2003 年板皮的平均质量仅为 2.5 kg，与其他板皮生产大国的生产水平还存在较大的差距。经济价值高的绵羊、山羊板皮是中国传统出口商品，在国际市场上享有一定的声誉，出口量位居世界第一，占总贸易量的 45% 以上，绵羊、山羊板皮的进口也比较活跃。另外，中国还有宝贵的羔皮和裘皮山羊品种，济宁青山羊（羔皮）和中卫山羊（裘皮），生产的羔皮和裘皮品质上佳，在国际市场旺销。

2. 羔皮与裘皮

在我国比较寒冷的地区，羔皮和裘皮都是当地人民御寒的主要衣物。这些地区粗毛羊所产羔皮和裘皮的价值，并不低于羊毛。

（1）羔皮与裘皮的概念

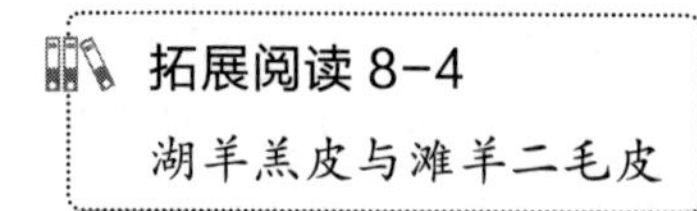

羔皮与裘皮主要根据羔羊宰杀时的年龄区分。羔皮通常是指在生后 1~3 天内宰杀的羔羊的毛皮，特点是毛短而稀、花案美观、皮板薄而轻，用以制作皮帽、皮领及翻毛大衣等。裘皮是指在 1 月龄左右宰杀的羔羊的毛皮，特点是毛长绒多、皮板厚实、保暖性好，主要用作御寒衣物。

（2）羔皮品质鉴定

鉴定羔皮品质主要看是否美观，以毛绒花案为主，皮板大小为辅。羔皮品质鉴定的主要依据如下：

① 花案卷曲：标准随品种而异，重在观察花案卷曲的式样是否合乎品种的特征。一般要求美丽、全面和对称（全面是指周身全有花案卷曲；对称是指毛皮前后和背线两边的图案卷曲均匀对称）。标准花案面积越大，其利用率越大，价值也越高。

② 毛绒空足：空是指毛绒比较稀疏，足是指绒毛比较紧密。一般来说，毛足比毛空好，但适中较为理想。毛绒空足与生产羔皮的季节有关，也与羔羊体质和生长发育等有关。

③ 颜色和光泽：一般毛被的颜色有白、黑、褐、花数种，其中以纯黑和纯白最受欢迎。光泽也很重要，病死羊的羔皮大都缺乏光泽。保管不好，颜色和光泽都会发生变化。鉴定时应仔细观察毛根部，白色羔皮毛根部分洁白光润。

④ 皮板质地：一般可分为 3 种情况：第一种是皮板良好，厚薄适中，经得起鞣制的处理；第二种是有轻微的伤残，鞣制以后虽仍有痕迹，但损失不大；第三种有严重伤残，经鞣制，皮板部分或整张被破坏。

⑤ 完整无缺：要求羔皮完整，因为羔皮任何部分都有利用价值，如头、尾、四肢等虽然毛卷不同，但各有一定的风格，集腋成裘，也可作制衣、褥的原料。

（3）裘皮品质鉴定　裘皮品质鉴定的主要依据是：

① 结实：凡皮板致密、柔韧有弹性的，则裘皮结实耐穿。

② 保暖：裘皮保暖力的强弱，首先取决于底绒的比例，底绒多的保暖力好；其次是毛密度和长度。

③ 轻软：裘皮笨重的原因是由于皮板过重，毛股过长，毛过密。为了减轻质量和降低硬度，加工时可适当削薄皮板，剪短毛股，梳去过密的毛，以达到轻裘的要求。

④ 擀毡性：裘皮擀毡，会失去保暖力和美观性，穿着也不舒服。因此在选择裘皮时，为了防止擀毡并兼顾轻暖的要求，除注意皮板厚薄外，还应考虑毛绒的适当比例。

⑤ 面积和伤残：羊皮张幅越大，利用价值越大，皮张伤残尽量少，尤其是主要部位应无伤残。

⑥ 美观：毛股的弯曲形状、颜色和光泽都与裘皮的美观有密切关系。我国一般以全黑或全白色、毛股弯曲多而整齐的裘皮为上品。

第四节　羊的饲养管理

一、羔羊培育

从出生至断奶（即哺乳期）的小羊称为羔羊，羔羊一般2～4月龄断奶。初生羔羊对外界环境的适应性差，饲养管理不当，会导致体质下降，容易感染疾病甚至死亡。为提高羔羊的成活率，培育健壮的成年羊，必须做到精心护理和饲养。

1. 哺乳期羔羊的生长发育特点

羔羊在哺乳阶段，心、肺、肝、胃等内脏器官迅速发育，特别是胃的发育最快。初生羔羊的胃缺乏分泌反射，待吸吮乳汁后，才刺激皱胃分泌胃液，从而初步具有消化功能；但前三胃仍然没有消化作用，也无微生物区系。初生羔羊2周后，开始选食草料，瘤胃中出现微生物，腮腺开始分泌唾液，对优质青干草具有一定的采食消化能力，开始反刍。待2月龄后羔羊即可消化大量青干草和部分精饲料。

2. 羔羊的饲养管理要点

（1）羔羊出生后1 h内必须喂上第一次初乳

新生羔羊胃肠空虚，胃壁和肠壁上无黏液，对细菌的抵抗力很弱。母羊产后1 h内初乳的抗病作用高于1 h后所产的初乳。因此，应尽早给羔羊喂初乳，增强羔羊对外界环境的抵抗力。

（2）要喂给羔羊足够的初乳

初乳是羔羊出生后不可替代的营养丰富的天然食品。母羊产后1～5 d的乳叫初乳。初乳呈黄色，浓稠，营养成分含量高于常乳；含有溶菌酶和抗体；酸度较高，对胃肠道有保护作用，同时刺激胃肠分泌消化酶，有利于营养物质的吸收。另外，初乳中大量的镁盐具有轻泻作用，可促使羔羊体内胎粪提早排出。因此，新生羔羊必须吃足初乳，才能降低发病率，提高成活率，保证良好的生长发育。羔羊的初乳期一般为5 d，不能间断，可以随母羊哺乳或用保姆羊哺乳，自由吸吮或一日4～6次。

（3）羔羊10日龄开始训练采食优质青干草

经过初乳期的羔羊即转入常乳哺乳阶段，用自然哺乳或人工哺乳的方法饲养，可以锻炼羔羊早吃草，促使瘤胃提早发育。

（4）羔羊30日龄后逐渐由喂奶向吃草过渡

为了使羔羊生长发育快，骨架大，胃肠发达，羔羊培育期间除喂足初乳和常乳外，还应尽快给羔羊吃草吃料。羔羊30日龄即可采食少量的优质精饲料，将粉碎的精饲料放在饲槽内，让羔羊边闻边吃，饲养人员也可适当引导。精饲料的喂量随羔羊日龄的增长而增加。待羔羊40日龄时每日可补饲80 g精饲料，90日龄时可补饲150～200 g精饲料，优质青干草可任其自由采食。羔羊达到 40 日龄后，应逐渐减少羊奶喂量，60 日龄的日喂奶量减至 0.75～0.5 kg，90 日龄减至 0.5～0.25 kg。

（5）90～120 日龄应以草料为主，减少鲜奶喂量或断奶

优质干草、青绿饲料及品质好的混合精饲料应作为 90 日龄以上羔羊日粮的主要成分。这个阶段是羔羊培育过程中的重要转折期。早期补饲优质干草，能促使羔羊提早反刍，尽早锻炼瘤胃机能，促进胃肠道充分发育。青绿饲料还能刺激羔羊唾液腺、胃腺、胰腺增加分泌，提高消化能力。用优质干草培育的羔羊胃肠发达、消化机能强、骨架大、体质好，所以提早补饲青干草非常重要。目前牧区养羊容易出现两种问题，一是吃奶少，断奶过早，不补饲，致使羔羊营养不良；另一种是吃奶时间过长，达 2 个月，致使羔羊不会吃草吃料，影响了羔羊胃肠道的发育，培育出的羔羊体躯短，采食量少，生产性能低下。

（6）羔羊哺乳期间一定要供给充足的水

哺乳期羊奶中的水分不能满足羔羊正常代谢需要，可往羊奶中加入 1/3 至 1/4 的温水，同时在圈内设置水槽，任其自由饮用净水。

3. 羔羊的早期断奶

早期断奶可以降低羔羊育肥的饲养成本。为让羔羊早日采食饲料，可在哺乳期采用减少喂奶量、缩短哺乳期的饲养方法，这样既节省了羔羊用奶，减少母羊消耗，又能降低饲养羔羊的成本，提高经济效益。羔羊一般可在 70～90 日龄时断奶，即羔羊 10 周龄、体重 9 kg 或每天至少采食 30 g 饲料时断奶。

二、育成羊的饲养管理

1. 育成羊（断奶后至配种前的羊）的生长发育特点

（1）生长发育速度快

育成羊全身各系统和组织均处于旺盛生长发育阶段，与骨骼生长发育密切的部位仍在继续增长，如体高、体长、胸宽、胸深增长迅速，头、腿、骨骼、肌肉发育也很快，体型产生明显的变化。

（2）瘤胃的发育更为迅速

6 月龄的育成羊，瘤胃迅速发育，容积增大，占胃总容积的 75% 以上，接近成年羊的容积比。

（3）生殖器官的变化

育成羊 6 月龄以后即可表现正常的发情，卵巢上出现成熟卵泡，达到性成熟。9 月龄左右时达到体成熟，可以配种。育成羊开始配种的体重应达到成年母羊体重的 60%～70%。

2. 育成羊的饲养管理要点

育成羊的饲养管理是否合理，对体型结构和生长发育速度等起着决定性作用。饲养不当会造成羊体过肥、过瘦或某一阶段生长发育受阻，出现腿长、体躯短、卷腹等不良体型。

（1）适当的精饲料营养水平

育成羊阶段仍须注意精饲料喂量，有优良豆科干草时，日粮中精饲料的粗蛋白质含量

提高到 15% 或 16%。混合精饲料中的能量水平为日粮能量的 70% 左右为宜，每日喂混合精饲料以 0.4 kg 为好，同时还需要注意矿物质如钙、磷和食盐的补给。此外，育成公羊由于生长发育比育成母羊快，所以精饲料需要量多于育成母羊。

（2）合理的饲喂方法和饲养方式

饲料类型对育成羊的体型和生长发育影响很大。优良的干草、充足的运动是培育育成羊的关键。给育成羊饲喂大量优质的粗饲料，可以促进其消化器官和体格的发育；充分运动可使其体壮胸宽、心肺发达、食欲旺盛、采食量大。

（3）适时配种

育成母羊一般可以在满 8 ~ 10 月龄后，体重达到 30 kg 以上时配种（配种体重因品种不同而异）。育成母羊发情不如成年母羊明显和规律，所以要加强试情和注意观察，以免漏配。8 月龄前的公羊一般不要采精或配种，公羊配种须在 10 月龄以后，体重达 40 kg 以上才可进行。

三、繁殖母羊的饲养管理

1. 繁殖母羊的特点

繁殖母羊根据生理状态一般可分为空怀期、妊娠期和泌乳期。空怀期母羊所需的营养最少，不增重，只需维持日粮。妊娠期的前三个月由于胎儿的生长发育较慢，需要的营养物质稍多于空怀期；但妊娠期后 2 个月，由于身体内分泌机能发生变化，胎儿的生长发育加快（羔羊初生重的 90% 都是在母羊妊娠后期增加的），因此营养需要量也随之增加。泌乳期要为羔羊提供鲜奶，以满足哺乳期羔羊生长发育的营养需要，可在维持营养需要的基础上，根据产奶量高低和产羔数多少给母羊增加一定量的营养物质，保证羔羊的生长发育。

2. 繁殖母羊的饲养管理要点

繁殖母羊日粮中饲草和精饲料比以 85%∶15% 为宜，防止过肥。体况好的母羊，在空怀期只给一般质量的青干草以保持体膘；钙的摄入量应适当限制，不宜采食钙含量过高的苜蓿干草，以免诱发产褥热。如以青贮玉米作为基础日粮，则每 50 kg 体重应供给 3 ~ 4 kg 青贮玉米，采食过多会造成母羊过肥。妊娠前期可在空怀期的基础上增加少量的精饲料，每只每日的精饲料喂量为 0.25 kg，妊娠后期至泌乳期每只每日的精饲料喂量为 0.45 ~ 0.55 kg。精饲料中的蛋白质水平一般为 15% ~ 18%。

四、种公羊的饲养管理

1. 种公羊的特点

种公羊的质量直接影响羊群的生产水平。种公羊的营养需要一般应维持在较高的水平，以保持其常年健康，精力充沛，维持中等以上的膘情；配种季节前后应加强营养，保持上等体况，使其性欲旺盛，配种能力强，精液品质好，充分发挥种公羊的种用作用。种公羊精液中除水分外，还包含白蛋白、球蛋白、核蛋白、黏液蛋白和硬蛋白，这些高质量的蛋白质，一部分必须直接来自饲料，因此种公羊日粮中应有足量的优质蛋白质、脂肪、维生素 A、维生素 E 和钙、磷等矿物质，要获得高质量的精液必须由日粮供给足量的营养物质。加强种公羊营养的同时，还应加强运动，控制与配母羊数，保证种公羊的体况良好，精液品质高。

绵羊、山羊属季节性发情动物，种公羊一年四季都有性欲，繁殖季节性欲比较旺盛，精液品质好。冬春季种公羊性欲减弱、食欲逐渐增强，这个阶段应有意识地加强种公羊饲养，使其体况恢复、精力充沛。夏季天气炎热，影响种公羊采食量；8 月下旬日照变短，配种季节来临，性欲随之旺盛，若营养不良，则很难完成秋季配种任务。配种期种公羊性欲强烈、食欲下降，很难补充身体消耗，只有尽早加强饲养，才能保证配种季节种公羊性欲旺盛、精液品质优良、体况良好、利用年限长。

2. 种公羊的饲养管理要点

根据种公羊的生理特点，饲养管理可分为配种期和非配种期两个阶段。

（1）配种期饲养

配种期公羊，精神处于兴奋状态，加之天气炎热，会出现不安心采食的情况。这个时期的饲养要特别精心，少给勤添，注意饲料的质量和适口性，必要时补充一些富含蛋白质的动物饲料，如鱼粉、鸡蛋等，以补偿配种期营养的大量消耗。

（2）非配种期饲养

非配种期的饲养是配种期的基础。非配种期若在放牧饲养条件下，应当适当补饲豆类精饲料。配种期以前的体重应比配种旺季增加 10% ~ 20%，否则难以完成配种任务。因此，在配种季节来临前 2 个月就应加强饲养，并逐渐过渡到高能量、高蛋白的饲养水平。

五、羊的放牧管理

放牧是山区、牧区对绵羊和山羊采用的最为普遍的饲养方式。其特点是：节省草料、劳力和设备，饲养成本最低。羊行走觅食，运动量较大（特别是山坡高陡的地区），使羊体得到锻炼而有益于健康；但放牧饲养所消耗的营养物质多，使饲养效果降低。牧草的利用率一般不到 50%，同时也受气候、季节等因素的影响，冬季放牧饲养常常得不偿失，草场条件较好的地方，羊终年放牧，补饲较少；南方的大多数山区、半山区、草山草坡也终年以放牧为主。合理的放牧，对提高羊只繁殖率有明显效果。放牧羊群的大小，应根据牧坡的地形、产草量及管理条件而定。在山高坡陡、地形复杂、产草量低的地方放牧，羊群应小一些，反之可大点。一般山区，成年羊可以 40 ~ 50 只为一群，分群时应考虑羊只年龄、健康状况和生理阶段等因素。例如可将育成羊、老羊、病弱羊、妊娠羊、哺乳羊分为一群，这些羊行走速度慢，对恶劣环境适应性差，营养条件要求高，宜在离羊棚较近、道路好走、地势较平、牧草丰盛、品质良好的地方放牧，切勿将公羊混入群中，减少不必要的麻烦。牧草条件好且地势较平坦的牧地，每群羊数量可达百只以上，牧工工人即可管理好。羔羊的集中育肥应以大群为主，这样可节省劳力增加规模经济效益。

1. 绵羊群放牧管理要点

绵羊嘴皮薄，嘴尖，上唇中央有一个纵沟，运动灵活，门牙锋利，能够采食大家畜吃不到的短矮草和山羊啃不上的细草。绵羊比其他家畜耐寒冷、耐粗放，尤其细毛羊品种更抗寒冷，适于常年放牧。绵羊由于毛长、毛细、体大，不适宜在灌木较多、比较陡的山上和树林中放牧，而适宜在平坦干燥的草原、平原、丘陵和灌木较少的山区放牧饲养。

春天跑青季节，绵羊放牧青草坡的时间应比山羊稍长一些，因为绵羊的采食量大，青草少时吃不饱。羊群在春季要多在阳坡晒太阳，以锻炼其耐热性。夏天，要选择阴凉少的牧坡放牧，多采用“满天星”的放牧队形。放牧时不要急走、远走，以免影响羊群安心吃草而吃不饱。天气炎热时绵羊扎堆是正常现象，往往越热扎堆越严重。卧晌时为防止绵羊扎堆，一个有效办法是在中午放牧，下午 2 点钟之后卧晌；另一个办法是将羊场最好选在干燥通风的山头、高岗。羊卧晌时，每隔半小时要哄羊起来活动。秋季，绵羊喜舔食粮食颗粒，喜欢吃草和落叶，很少损害幼树，所以这个季节适当多放一些茬地。

放牧绵羊时，放牧员最好手持鞭子，对调皮羊可用鞭抽，禁止用石头掷。由于绵羊性疲，没有山羊躲避石头的本领，最好掷土块。

2. 山羊群放牧管理要点

山羊四肢发达，和绵羊相比，更耐粗饲和适宜于山区放牧饲养。春天放牧时要注意尽量控制羊群追青、追茬，否则难以管理；要多放阴坡，使羊安心吃枯草，不消耗体力。夏天要选择向阳坡、近坡放牧，放牧时要慢行。雨后要控制羊少跑路，以免损伤蹄子而成跛行。秋季山羊喜欢吃低矮的乔灌木枝叶，在灌木林中放牧时要控制好前进方向和领头羊，以防丢失。

山羊的触觉和听觉反应比绵羊灵敏，放牧时可以用口令和掷土块相配合的方法管理羊群。要把土块掷在羊的身旁，而不要打中羊体，尤其不要打头顶，以免打伤。

3. 混群放牧管理要点

羊的头数少时，可以将公、母羊，大、小羊，或绵羊、山羊混群放牧。放牧混群羊时，既要照顾全面，也应根据羊群的具体情况给以特殊照顾。如羊群中怀胎母羊较多时，就要到近坡放牧。如果为抓膘而放牧，就要放远坡和茬地。如果羊群的组成主要是绵羊时，夏天就得早出牧晚归牧，中午多休息，以适应绵羊怕炎热的特点。

六、羊的养殖模式及管理技术

绵羊和山羊的养殖模式呈现多样化特点，包括从农户散养到企业规模化、集约化养殖的各种形式，养殖模式差异主要与自然条件、生产目的、投资规模、管理方式等因素有关。总体而言，规模化养殖是绵羊、山羊高效生产的主要模式。

1. 规模化养殖

规模化养殖是养羊业发展的必然趋势，也是市场经济发展的客观要求。规模化就是在科学养殖的基础上增加羊只群体数量，利用先进的科学技术和管理理念组织羊生产，达到增产增效的目的。规模化养殖对于养殖户乃至整个羊产业发展都有重大意义：①可有效利用优良羊品种资源。通过规模化养殖可以扩大群体并继续进行系统的育种工作，提高品种的利用率和生产水平，充分发挥优良优秀个体的生产潜能。②实现对饲料饲草资源的合理利用和生态环境保护。应用优良品种进行规模化羊只生产所带来的效益，不仅仅是反映在经济效益上，而且羊的舍饲饲养方式还可大大减小生态环境的压力，产生可观的生态效益。③大幅度提高羊的生产力和养殖户的劳动生产率。通过规模化养殖可以促使家庭养殖由分散经营向专业化方向发展，提高羊只的单产水平，同时生产管理的科学化也使劳动生产率大幅提高。④便于示范推广养羊生产新技术。规模化饲养方式对于新技术的采用，发挥养殖场具有丰富养羊经验、较强的商品生产意识和一定经营管理知识的技术人员的才能十分有利，对其他养殖户也有很好的示范带头作用；亦有利于先进养羊生产技术成果的推广示范，使养殖户从科学技术方面获得更大效益。

若要保证羊规模化养殖长期稳定发展，就必须对养殖过程中各个环节进行全方位的监控，各个细节都要有严格的质量控制标准。建立健全各种标准，是实现规模化饲养的先决条件。

（1）选择优良生态环境

生产场地附近生态环境良好是进行优质食品生产的前提，包括场地附近的大气质量、饮用水质量及土壤质量等。为避免可能的污染，场地必须远离产生污染的工矿企业。具体来讲，场区所在位置的大气、水质、土壤中有害物质应低于国家标准。

（2）保证饲料原料质量

饲草、饲料是发展羊产业的物质基础。因此，必须优先建立无公害饲草、饲料原料基地，要在保护利用好现有草原的同时，开发饲草、饲料基地。选择适宜的饲草、饲料品种，保证充足的饲草、饲料供应，加强饲草及饲料原料基地的管理。饲料原料除要达到感官标准和常规的检验标准外，其农药及铅、汞、镉、钼、氟等有毒元素和包括工业“三废”污染在内的残留量要控制在允许的范围内。严格执行国家有关饲料、兽药管理的规定，严禁在饲料中使用国家明令禁止、国际卫生组织禁止使用的药物，可遵循有效、限量、降低成本的原则，科学合理地使用无公害的饲料添加剂。例如，甜菜碱、蛋氨酸部分替代无机物；氨基酸螯合物替代常量矿物质；益生素与低聚寡糖类的协同作用替代抗生素等。使用饲用酶制剂既能提高饲料的消化率和利用率、生产性能，又能减少排泄物中氮、磷含量，保护水质和土壤免受污染。

（3）保证饮用水质量

除保证水源质量外，还要对饮用水定期进行检测，主要控制铅、砷、氟、铬等元素及致病性微生物等指标，从而保证饮用水的质量安全。

（4）加强养殖管理

良好的饲养管理是生产优良羊产品的重要环节。

① 选择优质羊品种，为保证产品的质量，要选用优秀的绵羊山羊品种，推广先进的改良技术及人工授精技术，做好品系繁育，以满足食品安全优质的要求。

② 坚持自繁自养，尽可能地避免疫病传入，采取安全饲养模式。

③ 采用阶段饲喂法，掌握不同阶段的饲养管理技术，为羔羊、青年羊和成年羊配置不同饲料，并根据生长阶段变化，及时更换饲料。

④ 推行以粪便无害化处理为中心的环境控制技术。羊场每天必须清理环境卫生，修建适当规模的粪肥堆放场，待发酵腐熟后还田或销售。

（5）防止疫病发生

疫病防治是规模化养殖的关键环节，因此，必须采取综合措施，保证羊只的身体健康。

① 贯彻综合性防疫措施，坚持以防为主，认真做好卫生防疫、定期消毒和疫苗免疫。

综合性防疫措施的核心是疫苗免疫，建立适合本地区的疫苗免疫制度和疫苗免疫程序，并且严格执行。

② 定期进行舍内外环境和用具消毒。选择高效低毒的消毒剂，每周对圈舍环境消毒一次、用具消毒两次。对产房更要注意彻底消毒。

2. 其他养殖模式

常见的其他养殖模式有 5 种，即公司养殖模式、养殖小区模式、专业合作社养殖模式、家庭牧场养殖模式和农户饲养模式。

（1）公司养殖模式

养殖场由公司投资建设，一般总占地 100 亩以上，建设现代化羊舍数栋，羊舍面积 5 000 m^2 以上，运动场 10 000 m^2 以上，干草库 2 000 m^2 以上，青贮塔、青贮窖装料能力 1 000 t 以上，配备有兽医室、配种室等。养殖场远离村庄和工业污染区，种植牧草，各羊舍之间通过绿化带隔离，形成羊在草中、草在场中、场在林中的优美环境。按照全产业链生产计划，同时配套饲料配送中心、粪污处理中心。各功能区布局科学、规划合理。

该模式养殖场采用高床饲养、颈枷控位、自动饮水、机械清粪、视频监控等先进生产工艺，实行分户承包、分户贮草、单元喂养、独立经营、单独核算的运行方式。

（2）养殖小区模式

养殖场一般占地 20 亩以上，设计存栏 500 只以上。养殖场分为生活区、生产区、辅助生产区、隔离区和粪污处理区。建成现代化半开放式羊舍若干栋（面积 2 000 m^2 以上），青贮窖 500 m^3 以上，配套消毒室、隔离舍、干草棚等生产设施。羊舍内通风设施与保温设施良好，设计规划先进，全方位视频监控，经营管理科学。一是采用大型运动场，实现了羊只的自由活动；二是采用宽饲喂通道，实现了机械化饲喂；三是采用高床饲养，实现了机械化清粪；四是采用监控监督，实现了生产过程全程监管。

小区实行“五统一分”的经营管理方式，即统一圈舍建设、统一品种引进、统一饲草供应、统一疫病防治、统一产品销售和分户饲养。

（3）专业合作社养殖模式

按照“合作社 + 基地 + 社员”的经营模式，将社员组织起来发展养羊产业，共同抵抗市场风险，推动羊产业向专业化方向发展。合作社下设羊养殖基地。该模式养殖场区占地 10 ~ 40 亩，分为生活区、生产区、辅助生产区、隔离区和粪污处理区，各功能区布局合理、划分明确。建设半开放式标准化羊舍数栋（面积 1 000 m^2），青贮窖 500 m^3 以上，配套干草棚、消毒更衣室等设施。入驻社员 4 户以上，存栏羊 200 只以上。基地羊场由合作社统一经营，社员共同参与管理，实行“六统一分”，即统一圈舍建设、统一品种引进、统一技术服务、统一饲草供应、统一疫病防治、统一产品销售、分户饲养的经营管理方式。对入驻社员免去相应的水、电费，且羊粪一般归社员所有。该模式抵御市场风险能力强，但需要社员有一定的合作经营精神，并在一定时期有相当的资本支撑。

（4）家庭牧场养殖模式

饲养管理以家庭成员为主，实行家庭经营，羊场出资 50 万元左右，场区占地 3 ~ 5 亩，种植牧草 5 ~ 10 亩，存栏羊 200 只左右。牧场内分设有生活区、生产区、辅助生产区和粪污区，各功能区布局科学、划分明确。建成高标准羊舍 300 m^2 以上、青贮窖 200 m^3 左右，配套消毒室、干草棚、生活用房及绿化美化设施等。场内实行高床饲养，圈舍设计采用科学的换气方式，留有进、排气孔，每天定时利用紫外线灯杀菌。该模式目前数量较多、效益相对稳定，具有一定的示范带动作用。

（5）农户饲养模式

适应于房前屋后地方宽敞的农户采用，这种饲养模式可以同时兼顾家庭劳作，一般作为家庭的附带产业，不专设固定劳动力。饲养规模一般为 10 ~ 30 只，羊舍固定设施投资一般为 3 000 元左右，配套建设沼气池、厕所、羊栏等。由于饲养数量少，饲草大多以田间杂草及风干秸秆为主，青贮饲草应用少，饲养管理相对粗放，饲料以玉米、麸皮为主，防疫及科学饲养需自行加强，饲草料一般准备不够充分。

3. 常用管理技术

（1）剪毛

目前，国外多采用机械剪毛法，机械剪毛速度快、质量高。手工剪毛每人每天只能剪 20 只羊左右，而机械剪毛每人每天能剪 50 只羊以上，熟练工人能剪 100 只羊，比手工剪毛工效高几倍。我国新疆、内蒙古等牧区，近几年已开始在部分地区实行机械剪毛法。大部分牧区仍全部采用传统的手工剪毛法。另外，近几年国外又发明一种化学脱毛法，即给每头羊口服环磷酰胺 24 mg，8 d 后毛自行脱落。但这种方法容易影响母羊的繁殖性能。

我国幅员辽阔，各地气候差异很大，给羊剪毛的适宜时间也不同。一般在天气即将转热，温度达 25℃以上时就可剪毛，北方牧区多在 5—6 月剪毛，农区在 4 月中旬至 5 月底剪毛，秋季剪毛一般在 9 月。

（2）去势

育肥羊去势，不但可以提高肉的品质（使肉质细嫩）、减少膻味，而且还可以使羊只性情温驯、便于管理、容易育肥。因此，凡不作种用的成年公羊或羔羊都要去势，一般可与断尾同时进行。小公羊的去势时间一般在出生后一个月内进行，过早去势不易操作，过晚则会流血过多。去势应选在晴天进行，这样可减少感染。常用的去势方法包括手术法、结扎法和提睾去势法等。

（3）绵羊断尾

由于绵羊尾膻味大、品质差，不受市场欢迎、价格低，及时将长瘦尾、长脂尾等绵羊的尾巴断掉，可使生长尾脂的一些营养物质转移为其他器官的脂肪或肌肉组织，加速肉羊的生长，改善羊肉品质。羔羊出生后 1 ~ 3 周内均可断尾，但以出生后 2 ~ 7 d 最为理想。断尾时间越晚、断尾时流血越多、伤口愈合越慢。断尾最好选择在晴天的早晨进行。目前羔羊断尾的方法包括胶筋断尾、烧烙断尾、快刀断尾三种。

（4）机器挤奶

机器挤奶一般采用不同规格的挤奶机。挤奶机的构造比较简单，配置 8 ~ 12 个挤奶杯，挤奶台距地面约 1 m，以挤奶员操作方便为宜。挤奶机的关键部件为挤奶杯，是根据羊的泌乳特点和乳头构造等设计的。奶山羊机器挤奶时挤奶速度很快，3 ~ 5 min 内即可完成，2 min 内的挤奶量大约为产奶量的 85 % 左右。目前使用的山羊挤奶机每小时可挤

100～200 只奶山羊。奶山羊乳房按摩结束后 30 s，套上挤奶杯进行挤奶。挤奶期间必须时刻关注每个奶杯的工作状况，以达到最佳出奶量。奶杯套入要正确，可避免吸入多余空气，预防乳房炎等疾病的发生。奶挤完后去掉乳头上的奶杯，奶杯脱去后，还有一些奶存留于乳头末端，如果让其自然干燥，很可能会增加微生物繁殖概率；最好方法是挤奶后乳头用消毒剂蘸洗或喷洗，如使用有机碘溶液。

（5）药浴

疥癣病是由疥螨和痒螨寄生在皮肤所引起的慢性寄生性皮肤病，山羊主要是疥螨。疥癣病对绵羊、山羊的危害很大，不仅造成被毛脱落，出血，而且影响生长速度，增加其他疾病的传染机会。药浴是治疗这类疾病的有效方法。药浴可选用 0.025%～0.03% 林丹乳油水溶液，或 0.05% 蝇毒磷乳剂水溶液或 0.5% 的敌百虫水溶液，不论使用何种药物配制药液，其浓度都要准确。

（6）编号

羊只的编号是养羊生产中不可缺少的环节，编号后可以记载血统、生长发育、生产性能等。临时编号一般多在出生后进行，永久编号在断奶或鉴定后进行，所采用的方法依羊群大小和饲养者的喜好而定。常用的标记方法有剪耳法、耳标法、墨刺法、涂号法和颈标法等。

（7）去角

去角可以防止争斗时羊只致伤，羔羊（尤其是山羊）去角可给饲养管理工作带来许多方便。去角时一般需要两人，其中一人保定羔羊（也可用保定箱），另一人进行去角操作。常用的去角方法有烙铁去角法、化学去角法和机械去角法三种。

（8）称重，捉羊、抱羊和导羊

① 称重：体重是衡量羊只生长发育的主要指标，应准确及时地进行。一般羔羊出生后，在被毛稍干而未吃初乳前就应称重，称为初生重。其他各龄羊的称重，均应在早晨空腹时进行。除初生重外，还应称量记录断奶重、配种前体重、周岁体重、2 岁体重、成年体重、产前和产后体重等，称重可结合育种工作选择进行。

② 捉羊、抱羊和导羊：羊的性情怯懦、胆子小，不易捕捉。为了避免捉羊时把毛拉掉或把腿扯伤，捉羊人应悄悄地走到羊背后，以两手迅速抓住羊的左右两肷窝的皮。抱羊是把羊捉住后人站立在羊的右侧，右手由羊两腿之间伸进托住胸部，左手先抓住左侧后腿飞节把羊抱起，再用胳膊从后外侧把羊抱紧。这样羊能紧贴人体，抱起来既省力，羊又不乱动。导羊就是使羊前进的方法，导羊人站立在羊的左侧，用左手托住羊的颈下部，用右手轻轻搔动羊的尾根，羊即前进。人也可站立在羊的右侧，导羊前进。

小　结

绵羊和山羊是人类驯化最早的动物之一，对恶劣的自然环境条件具有很强的适应能力，在长期的自然选择和人工选择过程中形成了独特的生物学特性，掌握这些特点有利于进行绵羊、山羊的科学饲养管理。

我国的养羊业历史悠久，绵羊、山羊的品种资源丰富，饲养有一定规模，2019 年存栏近 3.01 亿只。养羊业的产品种类丰富、品质独特，在国内外市场上享有很高的声誉。我国肉羊生产近年来发展十分迅速，年平均增长率10%以上，其他羊产品也都保持稳中有增的发展趋势。绵羊、山羊生产的规模化程度和产业化水平不断提高，养羊业已逐渐成为我国农业经济的重要组成部分。

进行高效绵羊、山羊生产的关键是在掌握管理技术的基础上做好各类羊的饲养工作，从而达到充分发挥羊只的生产潜力的目的。

复习思考题

1. 试述绵羊、山羊的生物学特性。
2. 简述羊肉的营养特点和羊肉品质评定方法。
3. 简述羊奶的营养价值特点。
4. 羊毛纤维类型主要有哪些？简述各类羊毛纤维的特点。
5. 羊毛品质评定的主要依据有哪些？
6. 什么是羔皮、裘皮和板皮？如何进行羔皮品质鉴定？
7. 羊的养殖模式有哪几种类型？如何做好羊的规模化养殖？
8. 简述主要的绵羊、山羊管理技术。
9. 浅谈羊产业的未来发展趋势。
10. 根据本章内容，论述如何提高养羊业的经济效益。

参考文献

[1] 崔中林. 奶山羊无公害养殖综合新技术 [M]. 北京：中国农业出版社，2003.
[2] 国家畜禽遗传资源委员会编委会. 中国畜禽遗传资源志：羊志 [M]. 北京：中国农业出版社，2011.
[3] 贾志海. 现代养羊生产 [M]. 北京：中国农业大学出版社，1999.
[4] 蒋英，张冀汉. 山羊 [M]. 北京：中国农业出版社，1985.
[5] 李志农. 中国养羊学 [M]. 北京：农业出版社，1993.
[6] 刘荫武，曹斌云. 应用奶山羊生产 [M]. 北京：中国轻工业出版社，1990.
[7] 罗军，王志云. 肉羊实用生产技术 [M]. 西安：陕西科学技术出版社，1998.
[8] 罗军. 奶山羊营养原理与饲料加工 [M]. 北京：中国农业出版社，2019.
[9] 马俪珍. 羊产品加工新技术 [M]. 2版. 北京：中国农业出版社，2013.
[10] 魏怀方，葛文华. 山羊及其产品加工 [M]. 北京：北京科学技术出版社，1990.
[11] 吴登俊. 规模化养羊新技术 [M]. 成都：四川科学技术出版社，2003.
[12] 张英杰. 羊生产学 [M]. 4版. 北京：中国农业出版社，2019.
[13] 赵有璋. 羊生产学 [M]. 3版. 北京：中国农业出版社，2011.
[14] 赵有璋. 中国养羊学 [M]. 北京：中国农业出版社，2013.

数字课程学习

◆ 视频　◆ 课件　◆ 拓展阅读　◆ 代表性品种图片

第 九 章

养兔生产

本章主要介绍兔的生物学特性、国内外主要兔种的优良特性和种质特征以及种兔生产的关键环节。重点应掌握母兔的发情鉴定和适时配种，胚胎和胎儿的生长发育规律；掌握哺乳母兔的饲养管理特点。了解仔兔和幼兔的生理特点，重点掌握如何提高仔兔和幼兔的育成率。掌握长毛兔及獭兔的饲养管理。

第一节 家兔的生物学特性

一、家兔的生活习性

1. 夜行性和嗜眠性

家兔保持着野生穴兔的昼寝夜行的习性。白天家兔表现得十分安静，除喂食时间外，常常闭目睡眠；夜间十分活跃，采食频繁。据测定，家兔在晚上采食的日粮和水占每日日粮和水采食量的75%左右，根据家兔的这一习性，一方面应该注意合理安排饲养日程，晚上喂给足够的夜草和饲料；另一方面，白天应该尽量不要妨碍兔的休息和睡眠。家兔在某些条件下容易进入困倦或睡眠状态，此时家兔痛觉减低或消失，这种特性称嗜眠性。

2. 胆小怕惊扰

家兔耳朵长大，听觉灵敏，经常竖耳听声响以便躲避敌害。家兔是一种胆小的动物，突然来的喧闹声、人和陌生动物都会使家兔惊慌，以至家兔到处奔跑，同时发出一种响亮的跺脚声，给同伴通风报信。在兔场中应避免一切产生惊慌的因素。同时，家兔的嗅觉非常灵敏，视觉却很迟钝。

3. 厌湿喜干燥

干燥和清洁的环境能保持家兔的健康，而潮湿不卫生的条件多为家兔生病的原因。

4. 群居性差

家兔群养，不论公母，同性别的成兔经常发生争斗和咬伤。特别是公兔之间或者是新组织的兔群，争斗和咬伤比较严重，在管理上应特别注意。

5. 穴居性

家兔仍然保持着其祖先野生穴兔打洞穴居的本领，在修建兔舍和选择不同的饲养方式时应予考虑。

6. 家兔有啮齿的行为

家兔有一对大门齿且不断生长，因此家兔在采食时需不断进行磨损。根据这一特性，在兔笼的设计上应做到笼内平整，不留棱角，以防家兔啃咬。同时在饲养上，如果经常供给软饲料，家兔就会啃咬兔笼以保持适当的齿长。为了防止出现这种情况，可以经常在兔笼内投放一些树枝等物品。

二、家兔的食性和消化特点

1. 家兔的食性

家兔以植物为食物，主要采食植物的根、茎、叶和种子。家兔的食草性这一特点对我国发展节粮性畜牧业有重大意义。家兔对食物的选择：家兔对饲料十分挑剔，在饲草中，它喜欢吃多叶性饲草；多汁饲料中喜欢吃胡萝卜、萝卜等；喜欢吃颗粒饲料。

2. 家兔的消化特点

家兔的消化道特点：兔的消化系统包括口腔、咽、食管、胃、小肠、大肠、肛门和肝、胰腺。家兔消化系统的一大特点是其盲肠容积特别大，十分发达，其中有许多微生物，具有反刍动物瘤胃的作用。盲肠的末端比较细的部位称为蚓突。在回肠和盲肠相接处膨大形成一个厚壁的圆囊，这就是家兔所特有的圆小囊（淋巴球囊），它以一个大孔开口于盲肠。盲肠中大量微生物的发酵作用，使家兔对粗纤维有较高的消化率，同时淋巴球囊具有机械作用、吸收作用和分泌作用。当经过回肠的食糜进入球囊时，球囊借助发达的肌肉组织加以压榨，经过消化的最终产物大量地被淋巴滤泡吸收。淋巴球囊还不断分泌碱性液体，以中和由于微生物生命活动所形成的有机酸，保持大肠中有利微生物繁殖的环境，有利于纤维素的消化。

家兔比较强的消化能力还表现在其肠道非常长，小肠和大肠的总长度是体长的 10 倍，因此家兔能吃进大量的饲草，从粗饲料中摄取大量的营养物质。

家兔的食粪特性：家兔有吃自己粪便的特性。家兔排泄有两种粪便，一种是硬的颗粒状粪便，在白天排出；一种是软的团状粪便（软粪），在夜间排出。软粪一经排出就直接从肛门处被家兔自己吃掉。软粪比正常粪便中所含的粗蛋白和水溶性维生素多。家兔能从所吃下的粪便中获得所需要的部分 B 族维生素和蛋白质，同时由于食物多次通过消化道的结果，使一些营养物质得到进一步的消化和吸收，从而提高了饲料利用率。

3. 家兔的营养需要

（1）家兔对能量的需要

据一些研究表明，母兔配合饲料中含 9.03 ~ 10.89 MJ/kg 消化能时才能保证较好的生产性能；生长兔配合饲料中含 12.14 MJ/kg 消化能可以满足快速生长的能量需要。

（2）家兔对脂肪的需要

兔的日粮中需要含有 2% ~ 5% 的脂肪。家兔体内的脂肪主要由饲料中糖类转化为脂肪酸后再合成，但家兔体内一般不能合成亚麻油酸、次亚麻油酸和花生油酸等不饱和脂肪酸，这三种必需脂肪酸必须从饲料中直接获得。在日粮中添加脂肪也可提高日粮的适口性。

（3）家兔对蛋白质的需要

蛋白质对家兔的生长、繁殖和生产有着非常重要的作用。据试验，生长兔、妊娠母兔和泌乳母兔的日粮中，蛋白质需要量分别以含粗蛋白质 16%、15%、17% 为宜。

（4）家兔对矿物质、维生素的需要

家兔所需要的矿物质有钙、磷、钾、钠、铜和锌等。家兔还需要各种维生素，需要量虽然不大，但对其生命活动有重要作用。

三、家兔的繁殖特性

1. 繁殖力强

家兔生长发育快，性成熟早，怀孕期短，每窝产仔多，一年能多次受孕产仔，并且产后不久即可配种受孕。

2. 刺激性排卵

家兔属于刺激性排卵动物，在母兔的卵巢内，经常有很多处于不同发育阶段的卵泡存在，随时都可排出，但必须受到性刺激（如公兔交配、母兔间的相互爬跨）才能排卵。

3. 双角子宫

家兔属于双子宫类型的动物，两个子宫颈共同开口于阴道。因此，家兔有“异期受孕”的现象，即两次排卵，在两个不同的时间受孕，并在不同时期产仔。

4. 公兔“夏季不育”现象

由于夏季（主要在7—8月）天气炎热潮湿，公兔出现食欲减退，体质瘦弱，内分泌系统紊乱，性机能降低，使受孕率下降的现象。故有人把公兔在夏季不易繁殖的现象称为公兔“夏季不育”。

5. 母兔“假孕”现象

有的母兔在受性刺激后排卵而未受精，往往出现已怀孕的假象，如不接受公兔交配、乳腺鼓胀、衔草垫窝等。

四、家兔的换毛特性

家兔由于季节、年龄、营养和疾病等原因，兔毛会发生脱落，并在原处长出新毛，这一过程称为换毛。

1. 年龄性换毛

这是家兔在不同的生长发育时期内正常换毛。一生中，家兔有两次年龄性换毛，第一次换毛为30～100日龄，第二次换毛为130～180日龄。

2. 季节性换毛

家兔进入成年以后，每年春季和秋季两次换毛。春季换毛在3—4月，秋季换毛在9—10月。这种季节性换毛与光照、温度、营养以及遗传等因素有关。春季，光照由短日照向长日照过渡，气温则由寒冷、温暖向炎热转变，而饲料中的干草逐渐为青绿饲料所代替，所以被毛生长较快，换毛期较短；秋季，由于光照从长日照向短日照过渡，气温则由炎热、凉爽向寒冷转变，青绿饲料逐渐变得粗老，加之皮肤毛囊代谢机能减弱，所以被毛生长较慢，换毛时间较长。季节性换毛是家兔对炎夏和寒冷季节本能的适应，为自身创造适宜的生存条件，并被逐渐遗传下来。

3. 不定期换毛

这种换毛在兔体上表现不明显，主要决定于毛球生理状态和营养情况，当个别毛纤维生长受阻时发生。这种换毛现象不受季节影响，可在全年任何时候出现，一般老年兔比幼年兔表现较明显。

4. 病理性换毛

当家兔患某些疾病时，或因长期营养不良使新陈代谢发生障碍，或因皮肤发生营养不良而发生全身或局部脱毛的现象称为病理性换毛。例如由于某种原因采食量连续下降，或出现非季节性突然高热以及其他应激，都可能发生病理性换毛。据报道，幼兔饲料饲喂过多容易导致病理性换毛。

第二节　家兔的类型和品种

一、家兔的品种分类

根据经济用途不同，家兔可分为肉用兔、皮用兔、毛用兔、兼用兔、实验用兔和观赏用兔等六大类型。肉用兔经济特性以产肉为主，主要表现皮薄骨细、体躯较宽、肌肉丰满、早期生长速度快、繁殖力强和屠宰率高等特点。毛用兔经济特性以产毛为主，毛长 5 cm 以上，毛密度大，产毛量高，每年可以采毛 4 ~ 5 次，绒毛多，粗毛少。皮用兔的经济特性以产皮为主，其被毛具有短、平、密、细、美、牢等特点。实验用兔的特点为白色被毛，耳大且血管明显，便于实验注射和采血，常见的实验用兔品种有日本大耳兔和新西兰白兔。观赏兔品种外貌比较奇特、体格较小、毛色多彩奇异，如荷兰兔、垂耳兔。

二、肉用兔品种

1. 新西兰兔

新西兰兔原产于美国，是近代以来世界最著名的肉兔品种之一，广泛分布于世界各地。该品种有白色、红色和黑色 3 个颜色变种，它们之间没有遗传关系，生产性能以白色品种最高。我国多次从美国及其他国家引进该品种，均为白色变种，生产性能表现良好。该品种外貌特征：被毛纯白，眼球呈粉红色，头宽圆而粗短，耳朵短小直立，颈肩结合良好，后躯发达，四肢健壮有力，脚毛丰厚，全身结构匀称，具有肉用品种的典型特征。生产性能：早期生长发育速度快，饲料利用率高，肉质好。成年体重 4.5 ~ 5.4 kg；屠宰率 52% ~ 55%；肉质细嫩，适应力强，较耐粗饲；繁殖率高，年产 5 胎以上，胎均产仔 7 ~ 9 只。新西兰兔在我国分布较广，其适应性和抗病力较强，饲料利用率和屠宰率高，性情温顺，易于饲养，特别是其耐频密繁殖、抗脚皮炎能力突出。

2. 加利福尼亚兔

加利福尼亚兔原产于美国加利福尼亚州，又称加州兔，是一个专门化的中型肉兔品种。我国多次从美国等国家引进，表现良好。加州兔被毛白色，但鼻端、两耳、四肢下部和尾为黑色，被人们称为“八点黑”。加州兔早期生长速度快，2 月龄重 1.8 ~ 2 kg、成年母兔重 3.5 ~ 4.5 kg、成年公兔重 3.5 ~ 4 kg；屠宰率 52% ~ 54%；肉质鲜嫩、适应性广、抗病力强、性情温顺、繁殖力强、泌乳力高、母性好、产仔均匀、发育良好。一般胎均产仔 7 ~ 8 只，年可产仔 6 胎。

加州兔的遗传性稳定，在国外多用其与新西兰兔杂交，其杂交后代 56 日龄体重 1.7 ~ 1.8 kg；早期生长速度快、早熟、抗病、繁殖力高、遗传性稳定等优点，使其深受各地养殖者的喜爱。

3. 比利时兔

比利时兔是英国育种家利用原产于比利时贝韦仑一带的野生穴兔改良而成的大型肉兔品种。该品种外貌特征：被毛为深褐、赤褐或浅褐色，体躯下部毛色灰白色，尾内侧呈黑色，外侧灰白色，眼睛黑色；两耳宽大直立，稍向两侧倾斜；头粗大，颊部突出，脑门宽圆，鼻梁隆起；体躯较长，四肢粗壮，后躯发育良好。生产性能：该品种属于大型肉兔品种，具有体形大、生长快、耐粗饲、适应性广、抗病力强等特点。成年体重：公兔 6.0 ~ 6.5 kg，母兔 5.5 ~ 6.0 kg，最高可达 7 ~ 9 kg。耐粗饲能力高于其他品种，适于农家粗放饲养。年产 4 ~ 5 胎，胎均产仔 7 ~ 8 只，泌乳力高，仔兔发育快。该兔引入我国后，适于农村饲养，受到农民的欢迎。

4. 弗朗德巨兔

起源于比利时北部弗朗德一带，广泛分布于欧洲各国，但长期误称为比利时兔，直至 20 世纪初，才正式定名为弗朗德巨兔。该兔是最早、最著名和体型最大的肉用型品种。该品种外貌特征：体型大，结构匀称，骨骼粗重，背部宽平；依毛色不同分为钢灰色、黑灰色、黑色、蓝色、白色、浅黄色和浅褐色 7 个品系；美国弗朗德巨兔多为钢灰色，体型稍小，背偏平，成年体重母兔 5.9 kg，公兔 6.4 kg；英国弗朗德巨兔成年母兔 5.9 kg，公兔 6.8 kg；法国弗朗德巨兔成年母兔 6.8 kg，公兔 7.7 kg。

三、毛用兔品种

1. 长毛兔

原称作安哥拉兔，起源于小亚细亚一带，其名字来自安哥拉城，即今日土耳其首都安卡拉。长毛兔有白、黑、栗、蓝、灰、黄等多种颜色，白色兔的眼为红色，有色兔的眼睛为黑色。白色兔毛有利染色，故饲养白色长毛兔最为普遍。

2. 德系安哥拉兔

德系安哥拉兔体型较大，肩宽，胸部宽深，背线平直，后躯丰满，结构匀称；头稍长，根据头毛情况可分为“一撮毛”和“狮子头”类型。德系安哥拉兔眼睛呈红色，两耳中等偏大、直立、呈 V 形；全身密被白色绒毛，毛丛结构及毛纤维的波浪形弯曲明显，不易缠结；被毛密度大，每平方厘米达 16 000 ~ 18 000 根；产毛量高，公兔年产毛量为 1 190 g，母兔为 1 406 g，最高者达 1 700 ~ 2 000 g，毛长 5.5 ~ 5.9 cm；年繁殖 3 ~ 4 胎，每胎产仔 6 ~ 7 只，配种受胎率为 53.6%。

3. 法系安哥拉兔

法系安哥拉兔全身被白色长毛，粗毛含量较高；额部、颊部及四肢下部均为短毛，耳宽长而被毛厚，耳尖无长毛或有一撮短毛，耳背密生短毛，俗称“光板”；被毛密度差，毛质较粗硬，头型稍尖。新法系安哥拉兔体型较大，体质健壮，面部稍长，耳长而薄，脚毛较少，胸部和背部发育良好，四肢强壮，肢势端正；体型较大，成年体重 3.5 ~ 4.6 kg，高者可达 5.5 kg，体长 43 ~ 46 cm，胸围 35 ~ 37 cm；公兔年产毛量为 900 g，母兔为 1 200 g，最高可达 1 300 ~ 1 400 g；被毛密度为每平方厘米 13 000 ~ 14 000 根，粗毛量为 13% ~ 20%，细毛细度为 14.9 ~ 15.7 μm，毛长 5.8 ~ 6.3 cm；年繁殖 4 ~ 5 胎，每胎产仔 6 ~ 8 只；平均奶头 4 对，多者 5 对；配种受胎率为 58.3%。

4. 中系安哥拉兔

中系安哥拉兔的毛纤维很细，粗毛含量少，年产毛约 370 g，少数可达 500 g；体型小，成年体重 2.5 ~ 3.5 kg；体稍长，胸部略狭，骨骼较细致；体质弱，但是产仔多，平均每窝产仔 7 ~ 8 只。该品种已不能适应生产的需要，亟待改良。

四、皮用兔品种

皮用兔品种统称为力克斯兔，俗称獭兔，又称为海狸力克斯兔或天鹅绒兔，由法国普通兔中出现的突变种培育而成。兔皮具有保温性能，且日晒不褪色、质地轻柔、十分美丽大方，具体地说可用“短、细、密、平、美、牢”来概括。所谓“短”是指毛纤维短。“细”是指绒毛纤维横切面直径小，粗毛量少，不突出毛被并富有弹性。“密”是指皮肤单位面积内着生的绒毛根数多，毛纤维直立，手感特别丰满。“平”是指毛纤维长短均匀，整齐划一，表面看起来十分平整。“美”是指毛色众多，色泽光润，绚烂多彩，显得特别优美。“牢”是指毛纤维与皮板的附着牢固，用手拔不易脱落。獭兔皮在兔毛皮中是最有价值的一种类型。近年来，我国先后从美国、德国和法国引进较多的力克斯兔，分别称为美系獭兔、德系獭兔和法系獭兔。

1. 美系獭兔

我国从美国多次引进美系獭兔。该兔头清秀，眼大而圆，耳中等长、直立，体躯稍长，肉明显；胸部较窄，腹部发达；背腰略呈弓形，较发达，肌肉丰满；共有 14 种毛色，如白色、黑色、蓝色、咖啡色、加利福尼亚色等，其中以白色为主；成年兔体重 3.5 ~ 4 kg，体长 45 ~ 50 cm，胸围 33 ~ 35 cm；繁殖力较强，每胎产仔 6 ~ 8 只，初生仔重 40 ~ 50 g；母性好，泌乳力强，40 日龄断奶个体重 400 ~ 500 g，5 ~ 6 月龄体重可达 2.5 kg。

2. 德系獭兔

1997 年北京万山公司从德国引进德系獭兔。该兔体型大，头大嘴圆，耳厚而大，被毛丰厚、平整、弹性好；全身结构匀称，四肢粗壮有力；成年兔体重 4.5 kg 左右，成年公兔体长 47.3 cm，母兔 48 cm；成年公兔胸围 31.1 cm，母兔 30.93 cm；每胎平均产仔 6.8 只，初生个体重 54.7 g，平均妊娠期为 32 d；早期生长速度较快，6 月龄平均体重可达 4.1 kg。

3. 法系獭兔

1998 年山东省荣成玉兔牧业公司从法国引进法系獭兔。该兔体型较大，头圆颈粗，嘴呈钝形，肉不明显，耳短而厚，呈“V”形上举；眉须弯曲，被毛浓密，平整度好，粗毛率低，毛纤维长 1.55 ~ 1.90 cm；毛色以白色、黑色和蓝色为主；体尺较长，胸宽深，背宽平，四肢粗壮；成年兔体重 4.5 kg，年产 4 ~ 6 窝，每胎平均产仔 7.16 只，初生个体重约 52 g；生长发育快，32 日龄断奶体重 640 g，3 月龄体重 2.3 kg，6 月龄体重 3.65 kg。

4. 亮兔

该兔皮毛表面光滑发亮，色泽鲜艳，有巧克力色、黑色、青铜色、蓝色、棕色、加利福尼亚兔色、红色、白色等 8 个品系；体型中等，背腰丰满，头中等，臀圆；成年兔体重 4 ~ 5 kg，出肉率 50%；繁殖力高，母兔 7 月龄、公兔 8 ~ 9 月龄可以配种，每年繁殖 4 ~ 5 窝，窝产仔 6 ~ 10 只；生长快，1 月龄体重可达 0.5 kg，3 ~ 4 月龄可达 2 ~ 2.5 kg；其被毛浓密，特别鲜艳光亮；枪毛比绒毛生长快且覆盖绒毛，长 2.2 ~ 3.2 cm；有较强的弹力，是美国最新饲养的皮用兔品种。

五、兼用兔品种

1. 中国白兔

中国白兔以白色（红眼）者居多。体型外貌：体型小，成兔体重2.0～2.5 kg，体长35～40 cm；全身结构紧凑而匀称，头清秀，嘴较尖、耳短小、直立，被毛洁白而紧密。生产性能：性成熟较早，3～4月龄就可用于繁殖，繁殖力较高；母性好，母兔有乳头5～6对，年产仔5～6胎，胎均产仔7～9只；适应性好，耐粗饲，抗病力强；皮板较厚、富有韧性，质地优良，但皮张面积较小；肉质鲜嫩，味美。

2. 青紫蓝兔

原产于法国，是优良的皮肉兼用兔品种，利用蓝色贝韦伦兔、嘎伦兔和喜马拉雅兔杂交选育而成。因其毛色跟南美洲的一种皮毛呈青紫色的珍贵毛皮动物毛丝鼠相似，所以取名为青紫蓝兔。该兔被毛浓密且具光泽，呈灰蓝色并夹杂黑色与白色的针毛；耳尖与尾背面黑色，眼圈与尾底白色，腹部淡灰到灰白色；每根绒毛纤维都分成五段颜色，自基部至毛尖的顺序依次为石盘蓝色（深灰色）、乳白色、珠灰色、白色和黑色；外貌匀称，头适中，颜面较长，嘴钝圆，耳中等、直立而稍向两侧倾斜，眼圆大，呈茶褐或蓝色，体质健壮，四肢粗大。

3. 日本白兔

又称日本大耳兔、大白兔，原产于日本。该兔体型较大而窄长，头偏小，两耳长大直立，耳根细，耳端略尖，形似柳叶，耳上血管网明显，适于注射与采血，是理想的实验研究用兔。额宽、面丰，颈粗，母兔颈下有肉髯，被毛纯白、浓密柔软，眼粉红，前肢较细，皮板面积较大、质地良好。

4. 太行山兔

又称虎皮黄兔、狐皮黄兔，原产于河北省井陉县一带，由河北农业大学在太行山中部浅山丘陵地区选育而成，属皮肉兼用型品种。太行山兔头清秀，脑门宽圆；耳型分大小两种：大体型兔耳壳宽大、直立，小体型兔耳壳直立、较短厚；体质紧凑结实，背腰宽平，后躯发育良好；四肢健壮，母兔有肉髯。该品种兔有两种毛色：一种为黄色，单根毛纤维根部为白色，中部黄色，尖部为红棕色，眼球棕褐色，眼圈白色，腹毛白色；另一种为稍带黑毛尖的黄色，在黄色被毛基础上，其背部、后躯、两耳上缘、鼻端及尾背部毛尖为黑色，这种黑色毛尖在4月龄前不明显，随着年龄增长而加深，眼球及触须为黑色。该品种兔耐粗饲，适应性和抗病力都较强。

第三节　家兔的产品

一、兔肉

1. 屠宰

（1）屠宰前准备

严格检疫：活兔屠宰前应进行严格健康检查，膘情好、健康无病的方可屠宰。

活兔体重要求及分类：屠宰活兔的体重应控制在 2.0 ~ 2.5 kg。将活兔按体重大小进行分级。

停食给足饮水：进场待屠宰的兔要求在屠宰前 12 ~ 24 h 停止喂饲料，采用自动饮水方式保证充足饮水，但宰杀前 2 ~ 4 h 停止饮水。

（2）活兔宰杀工艺流程

肉兔屠宰工艺流程为：活兔进场→分类→检疫→电击→放血→剥皮→去内脏→空压送风降温→分割包装→冷藏仓储。

（3）屠宰加工操作及注意事项

电击：采用 70 HZ、180 V 的高频电流对活兔进行电击，使其昏厥。其目的一是防止宰杀前处于饥饿状态的活兔剧烈挣扎，致使体内糖原含量下降，兔肉超极限 pH 增高、色泽暗，组织干燥紧密，品质下降；二是高频电流可在短时间内使组织深部温度高达 32℃以上，在短时间内达到极限 pH 和乳酸最大生成量，从而加速兔肉的成熟，改善了兔肉的品质。

放血、剥皮、去内脏：屠宰环境应根据生产规模及成本，选用环境温度 4℃且符合肉制品加工的卫生标准。放血应放干净，以免影响兔肉的色泽和品质。

2. 兔肉分割与整理

清除兔肉表面残留物：兔肉在分割前，应将兔肉表面的瘀血、粗血管、黑色素肉、全部淋巴结清除，否则会影响兔肉的质量。

兔肉的分割：是按兔肉胴体不同部位肉块的质量及对兔肉进行烤、卤、熏等后续加工要求，将兔肉分割为头、前腿、肋、后腿、脊背等，据此来评定价格及进行不同的加工。在生产实践中，兔肉分割的好坏直接影响利润的获取。

兔肉胴体剔骨及整理：根据成品加工的需求，将分割兔肉进行剔骨和整理。

3. 兔肉的冷藏与速冻

在低温条件下，兔肉组织内的酶受温度影响很大，其活力受到抑制；有害微生物活力受到抑制甚至死亡，进而达到冷藏或速冻的目的。兔肉的速冻方法：先将兔肉置于 −40℃、风速 3 m/s 的环境下，4 h 后兔肉降为 −20℃，兔肉冻结，然后在 −20℃的环境中保持兔肉为冻结状态。兔肉冻结过程时间太长，会导致肉中蛋白质、脂肪浓度增大，而冰晶体的挤压和增浓效应会导致兔肉品质下降。

拓展阅读 9-1
兔肉深加工

二、兔毛

合理采毛不仅可促进兔毛生长，而且可明显提高兔毛质量。

1. 梳毛

梳毛的目的是防止兔毛缠结，提高兔毛质量。一般仔兔断奶后即应开始梳毛，此后每隔 10 ~ 15 d 梳理 1 次。一般采用金属梳或木梳。梳毛顺序是先颈后及两肩，再梳背部、体侧、臀部、尾部及后肢，然后提起两耳及颈部皮肤梳理前胸、腹部、大腿两侧，最后整理额、颊及耳毛。

2. 剪毛

剪毛是采毛的主要方法，一般以每年剪 4 ~ 5 次为宜，养毛期为 90 d 的可获得特级毛，70 ~ 80 d 的可获得一级毛，60 d 的可获得二级毛。一般采用专用剪毛剪操作，剪毛顺序为背部中线→体侧→臀部→颈部→颌下→腹部→四肢→头部。

3. 拔毛

拔毛是一种重要的采毛方法。拔毛有利于提高优质毛比例，促进皮肤的代谢机能，加速兔毛生长。可分为拔长留短和全部拔光两种。前者适于寒冷或换毛季节，后者适于温暖季节。拔毛时应先用梳子梳理被毛，然后用左手固定兔子，用右手拇指将兔毛按压在食指上，均匀用力拔取一小撮一小撮的长毛，也可用拇指将长毛压在梳子上拔取小束长毛。

4. 兔毛的分级

兔毛分级根据“长、松、白、净”进行。凡不合标准的叫次毛。我国现行商品兔毛的收购标准，一般可分为 4 个正式等级（特级、一级、二级、三级）和 2 个等外级（等外一、等外二）。出口商品毛必须按出口标准进行加工，包括人工分选、拼配、开松、除杂和包装等环节。加工后的商品兔毛按批抽样检查，根据标准判定是否出口。

长毛兔兔毛按粗毛率可分为Ⅰ类（< 10%）和Ⅱ类（≥ 10%），按平均长度、短毛率、粗毛率和含杂率综合考虑可分为优级、一级、二级、三级四个等级。

5. 兔毛的包装与贮藏

为便于贮存和运输，对松散的兔毛必须进行合理的包装，包括：

① 布袋包装：用麻袋或布袋，装后及时封口并用绳子捆绑。

② 纸箱包装：箱内干净整洁，内层塑料膜包装密封，外层再用塑料袋或者麻袋包裹。

③ 扎包包装：机械打包，包装上印有商品名称、规格、质量、发货信息等。

兔毛易缠结、受潮、虫蛀；日晒之后又易变脆，保管的好坏将直接影响商品兔毛的质量。因此，要做到防潮、防晒、防蛀、防压，此外，保管兔毛还应注意防鼠、防尘。尘土污染兔毛后很难除净，会明显影响兔毛色泽，降低其品质。

三、兔皮

兔皮是一种常见制裘原料，分为毛皮和革皮两种。皮制品制作工艺和产品质量跟原料皮的结构特点密切相关。原料皮由皮毛和皮板组成，皮毛被丰密，平顺灵活，毛色光润；皮板细韧，鞣、染后可制作各色衣、帽等。特别是獭兔皮制成的皮革制品畅销国际市场。

1. 兔皮生皮的初步加工

兔皮质量主要取决于毛被和皮板。毛被品质指标包括：毛被的长度、密度和平整度，光泽、颜色和色调，粗细和弹性，强度和柔软度，成毡性，耐用系数。皮板品质指标包括：面积、厚度、强度。

家兔剥下的鲜皮未经鞣制以前称为生皮，对生皮的初步加工包括：

① 屠宰和剥皮：家兔宰杀后，应立即剥皮，剥下的皮应立即将其伸张。

② 清理：除去生皮上的加重物，如泥、粪和皮上未割尽的余肉和脂肪等。

③ 防腐：生皮内含有大量的水分、蛋白质和脂肪，很容易被细菌分解而腐败变质。目前常使用的防腐方法主要有干燥法和盐腌法两种。

④ 保管：对于防腐处理的兔皮，必须按等级、色泽、品种进行捆扎或装包分别存放。革用原料皮一般采用绳捆法包装，裘皮原料皮按等级、尺码大小分别打捆。所保管的兔皮要皮形正、平、洁净、无污染。库房中相对湿度为 50%～60%，最适温度为 10℃，最高不超过 30℃。在储藏过程中，每月应检查 2～3 次。

2. 兔皮鞣制

生兔皮必须经过一定的加工处理。兔的毛皮鞣制方法包括：铬鞣、铝鞣、铬铝结合鞣、甲醛鞣等，其过程一般分为准备工段、鞣制工段和整理工段。

① 准备工段：是指将原皮经过一系列机械的和化学的处理，使之变成可用于后续各种加工的状态。具体过程包括分路、初步加工、浸水、去肉、脱脂、酶软化、浸酸等主要工序。

② 鞣制工段：这一工段可使真皮纤维松散度达到一定程度的稳定性，使毛皮抗水抗热性提高，对微生物和化学药剂的抵抗力增加，干燥时真皮的黏结性及体积的收缩度减少，毛和真皮的结合变巩固。包括鞣液配制和鞣制等主要工序。

拓展阅读 9-2

整理工段工艺流程

③ 整理工段：将鞣制后的兔皮做进一步处理，包括水洗、加脂、干燥、整修等主要工序。

第四节　家兔的繁殖与饲养管理

一、家兔的繁殖

家兔的生殖过程与其他家畜基本相似，但也有其独特性。最主要的不同是家兔是一种刺激性排卵的动物，家兔虽然有性周期，但母兔不像大家畜那样有明显的发情期。家兔在某种条件的刺激（如公兔的交配、母兔的相互爬跨和药物）下，引起刺激性排卵，当处于休情期的母兔与性欲高的公兔接触时常常可以接受交配并能受胎，这一特性经常用于养兔生产中。

家兔的繁殖特性还表现在很强的繁殖力方面。不仅表现为每窝产仔数多、孕期短而年产窝数多，而且还表现为性成熟早和繁殖不受季节限制，可终年产仔。

1. 性成熟

初生仔兔生长发育到一定年龄，在公兔睾丸和母兔卵巢中能分别产生出有受精能力的精子和卵子时称性成熟。家兔的性成熟一般在出生后 3～5 月龄，一般母兔比公兔性成熟要早，初配年龄在性成熟后。

2. 发情周期

幼龄母兔发育到初情期之后，直到性机能衰退之前，在其卵巢中一次能成熟许多卵细胞，但这些卵细胞只有在母兔经公兔交配等刺激后隔 10 ~ 12 h 才能从卵巢中排出，这种现象称为刺激性排卵。如果不让母兔交配，则成熟的卵子在 10 ~ 16 d 后，在雌激素和孕激素的协同作用下逐渐萎缩、退化并被周围组织所吸收，此时新的卵细胞又开始成熟，这就是母兔的发情周期。一般母兔的发情周期为 8 ~ 15 d。母兔发情时会出现一系列发情行为，如活跃不安、爱跑跳、食欲减退等“闹圈”动作。

3. 家兔的配种

（1）家兔的初配年龄和使用年限

家兔的初配年龄不能过早，过早交配对自身的生长发育和后代的影响都较大；但也不能过晚，否则就会影响到兔场的经济效益。一般来说，母兔达 7 ~ 8 月龄、体重达 2.5 kg 以上，公兔达 9 ~ 10 月龄、体重 3 kg 以上即可开始交配。

每头公兔可固定轮流配母兔 8 ~ 10 只，公母兔的使用年限为 3 ~ 4 年。如果体质健壮，配种年限可相应延长。

（2）配种方法

配种方法有三种：自然交配、人工辅助交配和人工授精。主要采用人工辅助交配。

4. 妊娠及妊娠期

（1）妊娠及妊娠期

母兔的妊娠期平均为 30 ~ 31 d。但其妊娠的长短与家兔的品种、年龄、个体营养状况、健康水平以及胎儿的数量与发育情况等不同而各异。

（2）妊娠检查

养兔实践中，妊娠检查一般以摸胎法比较准确。具体方法：在母兔交配一周后进行，操作者左手抓住母兔耳朵，将母兔固定在桌面上，兔头朝向操作者胸部。操作者右手作“八”字形，自前向后轻轻沿腹壁后部两旁摸索。若腹部柔软如棉，则没有受胎；如摸到像花生米样（直径 8 ~ 10 mm）大小并能滑动的肉球，则是受胎征兆。

5. 分娩

胎儿在母体内发育成熟后，就要从母体中分娩出来。母兔在分娩时征状表现明显，临产前数小时开始衔草做巢，并将胸腹部毛用嘴拉下来，衔于产仔箱内铺好。母兔产出全部仔兔的时间只有 20 ~ 30 min。母兔边产仔边将仔兔的脐带咬断并将胞衣吃掉，同时舐干仔兔身上的血迹和黏液。分娩结束之后，母兔跳出营巢觅水，此时应及时满足母兔对水的需要，让母兔饮饱喝足，以免母兔因口渴一时找不到水喝，跑回箱内吃掉仔兔。

二、种公兔的饲养管理

饲养种公兔的目的是为了配种。种公兔应发育良好，体格健壮，性欲旺盛，才能完成繁重的配种任务，过肥或过瘦都不适用于配种。

1. 种公兔的饲养

种公兔饲养的好坏直接关系到配种能力，也关系到与之配种的母兔的后代好坏。种公兔的受精能力首先取决于精液的质量和数量，一般种公兔每次交配的射精量为 1 mL，每 1 mL 精液中含精子 700 万个，精液中除水分外大部分由蛋白质构成，而这些都是高质量的蛋白质，因此精液质量和数量与饲料中蛋白质的质量和数量有很大的关系。能量水平也是提高公兔配种能力的一个重要因素，能量水平过低，公兔会分解体脂、体蛋白质以满足配种需要和维持需要；能量水平过高，不仅浪费饲料，还会使其过肥，影响配种。维生素对精液品质也有显著的影响，如日粮中缺乏维生素A和维生素K，会则使得公兔精液品质下降，精液中畸形精子量增加。磷为核蛋白形成的要素，为制造精液所必需，同时还应注意钙的供给量。

对种公兔的饲料除注意到营养全面外，还应着眼于营养上的长期性。精液品质不佳的种公兔通过改善营养来提高其精液品质时，要长达20 d才能见效，因此对应使用的种公兔，务必在20 d前调整日粮，如果配种强度大，则相应提高其营养水平，使其配种能力加强。

种公兔的日粮以青绿饲料为主，夏季青绿饲料800～1 000 g/（只·日），混合精饲料30～50 g/（只·日）；冬季粗饲料200～500 g/（只·日），混合精饲料50～100 g/（只·日）。

2. 种公兔的管理

种公兔应一笼一兔，以防互相殴打，公母兔笼要保持较远距离，避免异性刺激，影响公兔性欲；应加强运动，长期不运动的公兔，身体不健壮，容易肥胖或四肢软弱，所以每天要放出笼运动1～2 h，并使其多晒太阳；配种时，应把母兔捉到种公兔笼内，不宜把种公兔捉到母兔笼中进行；配种次数一般以一天两次为宜，初配的青年种公兔以每天1次为宜，配种2天应休息1天，否则就会减少使用年限；在换毛期间不宜配种，因为在换毛期间营养消耗较多、体质较差，此时配种会影响兔体健康和受胎率。

三、母兔的饲养管理

1. 空怀配种母兔的饲养管理

母兔的空怀配种时期是指从仔兔断奶到再次配种怀孕的一段时期。由于上一个繁殖周期的繁重任务消耗了大量养分，种母兔身体比较瘦弱，需要多种营养物质来补偿和提高其健康水平，所以在这个时期要根据母兔的体况来具体安排其饲养方式。对体况不好的母兔，应加强营养，多喂优质的青绿饲料，并适当增补精饲料，使其迅速恢复种用体况，为下一个繁殖周期的到来作好准备；体况较好的母兔可以适当地降低营养水平。在配种前15 d，空怀配种母兔的日粮应换成怀孕母兔的日粮，使其具有更好的健康水平。空怀配种母兔应适当运动，多晒太阳、增强体质，同时保持兔体兔舍的清洁卫生。

2. 怀孕母兔的饲养管理

母兔从交配到分娩的一段时期叫怀孕期，长约一个月。在怀孕期间，母兔除维持本身生命活动外，还有胚胎、乳腺发育和子宫的增长代谢等方面都需消耗大量的营养物质。

（1）怀孕母兔的饲养

母兔在交配后4～5 d时进行怀孕检查，确认受胎后可转至怀孕母兔阶段。胎儿在母兔体内生长发育可分为两个时期，即胚胎前期（前18 d）和胎儿期（后12 d），约90%的胎儿质量是在胎儿期增长的。根据这个特点，对怀孕母兔要采取前低后高的饲养方式。怀孕后期除逐步增加优质青绿饲料外，须补充豆饼、花生饼、麸皮、骨粉等富含蛋白质、矿物质的饲料，直到临产前三天才减精饲料量，但多供青饲料。

（2）怀孕母兔的管理

中心工作是做好保胎工作，应保证胎儿正常生长发育，防止机械性流产；保持环境安静，禁止惊吓怀孕母兔，不能无故捕捉母兔，同时防止鼠、猫、狗等动物进入兔舍；怀孕母兔应单笼饲养，或至少 15 d 后单笼饲养；兔笼应干燥卫生；要保证饲料质量，忌喂霉烂、腐败、变质、冰冻或带有毒性的饲料，冬季给怀孕母兔饮用温水。

怀孕后期还应做好产前准备工作，如将消毒后的产仔箱放入母兔笼让其熟悉，便于衔草、拉毛做窝。产房要有专人负责，冬季室内要保温，夏季要防暑、防蚊。

3. 哺乳母兔的饲养管理

母兔从分娩到仔兔断奶的一段时期为哺乳期。哺乳期母兔每天可分泌 60～150 mL 乳汁，高产的母兔泌乳量可达 200～300 mL。兔奶中蛋白质含量为 13%～15%、脂肪含量为 12%～13%、无机盐含量为 2%，其营养成分比牛奶、羊奶高。哺乳母兔为了维持生命活动和分泌乳汁，每天都要消耗大量的营养物质，而这些营养物质又必须从饲料中获得。应加强哺乳母兔营养供应，不仅增加饲料量，而且饲料的质量也要好。哺乳母兔在夏季每只每天要喂给各种优质牧草 1 000～1 500 g，而且还要喂给配合饲料 50～100 g；冬季要喂给各种牧草和块根、块茎饲料 400 g，同时喂给配合饲料 50～100 g。另外由于兔奶中水分含量较高，必须供给充足清洁的饮水，以满足哺乳母兔产奶的要求。

哺乳母兔笼舍每天要清理，更换肮脏垫草，每次饲喂前其用具都要洗刷干净，保证其清洁卫生。另外要经常检查母兔的泌乳情况，对母兔的乳房、乳头也要经常检查，如发现乳房有硬块、乳头红肿要及时治疗，防止乳房炎的发生。

四、仔兔的饲养管理

从出生到断奶这段时间的兔称仔兔。仔兔在胚胎期是在稳定的母体内进行新陈代谢和生长发育的。仔兔出生后，环境发生了急剧变化，这一阶段的仔兔由于机体生长发育尚未完全，抵抗外界环境的调节机能还很差，适应能力弱，再加上仔兔的生长发育迅速（如生后一周内其体重就增加了一倍，出生后一个月体重为初生重的 10 倍），因此加强仔兔的饲养管理工作非常重要。要采取有效措施，保证其正常生长发育。仔兔的饲养管理可分为睡眠期和开眼期两个阶段。

1. 睡眠期

仔兔出生后至开眼的时间称为睡眠期，一般为出生至 12～15 d，这个时期饲养管理的要点如下。

（1）仔兔的饲养

睡眠期仔兔的饲养主要是要抓好早吃奶、吃足奶工作。在仔兔产生主动免疫之前，其免疫抗体是缺乏的，只能靠来自母体的免疫抗体保护其免受多种疾病的侵袭。仔兔体内免疫抗体的来源不是初乳，而是来自胎儿期母体通过胎盘直接传递给胎儿的 γ- 球蛋白，因此家兔的初乳没有其他动物那样重要。但初乳是仔兔初生时生长发育所需营养物质的直接来源且兔奶营养丰富，所以保证仔兔早吃奶、吃足奶是仔兔成活的关键，也是促使仔兔正常生长发育、体质健壮的保证。检查仔兔是否吃到足量的奶是仔兔饲养方面最重要的工作。仔兔吃饱奶后会安睡不动、腹部圆胀、肤色红润、被毛光亮；饥饿时，仔兔在窝内很不安静、到处乱爬、皮肤皱缩、腹部不胀大、肤色发暗、被毛枯燥无光，如用手触摸，仔兔头向上窜，吱吱嘶叫。仔兔在睡眠期，除吃奶外，全部时间都在睡觉休息。

在生产实践中，有些护仔性不强的母兔（特别是初产母兔）产仔后不会照顾仔兔，以至仔兔缺奶挨饿，甚至导致死亡。此时可采取强制哺乳法，方法是将母兔按在护仔箱内，将仔兔分别放在母兔的每个乳头旁、让仔兔自由吮吸，每天强制喂乳 4 ~ 5 次；经过 3 ~ 5 d，母兔就会自动喂乳。

拓展阅读 9-3
"吊乳"现象

（2）仔兔的管理

由于仔兔对外界的适应能力差、抵抗力低，因此在冬春寒冷季节要防冻，夏秋炎热季节要降温防蚊，平时要防鼠害、兽害。同时要做好清洁卫生工作，防止仔兔被铺盖的长毛缠住头、颈、足部等，引起死亡或伤残。

2. 开眼期

仔兔生后 12 d 左右开眼，从开眼到断奶这一段时间称为开眼期。开眼仔兔要经历出巢、补料、断奶等阶段，是养好仔兔的关键时期。仔兔开眼的迟早与生长发育有关，发育良好的开眼早。仔兔开眼后，会在巢箱内蹦跳，数日后可跳出巢箱，此时由于仔兔体重日渐增加，母兔的乳汁已不能满足仔兔生长需要，常追母兔吸吮乳汁，所以开眼期又称追乳期。这个时期的仔兔要经过一个从吃奶转变到吃植物性饲料的变化过程，因此重点应放在补料和断奶上。

（1）抓好仔兔的补料关

过好仔兔的补料关是促进仔兔健康生长的关键。肉用兔一般在 15 日龄；毛用兔在 18 日龄左右就开始试吃饲料，应喂少量易消化而又富有营养的饲料如豆浆、豆腐或嫩青草、青菜叶等，到生后 20 日，逐渐补喂少量精饲料，可喂些麦片、豆渣和麸皮等，以及少量的矿物质、抗生素和洋葱、橘叶等消炎杀菌、健胃药，以增强体质、减少疾病。仔兔胃小，消化力弱，但生长发育快，所以在喂料时应少喂多餐，逐渐增加。

（2）抓好仔兔的断奶

断奶时间要适宜，一般断奶的时间为 30 ~ 40 日龄，其中肉用兔 28 ~ 30 d，毛用兔 40 ~ 50 d。过早断奶，仔兔肠胃等消化系统还没有充分发育形成，对饲料的消化能力不强，生长发育会受影响。一般情况下，断奶越早，死亡率越高。但断奶过迟，仔兔长时间依靠母乳，消化道中各种消化酶形成缓慢，也使得仔兔生长受到影响，同时对母兔的健康和每年繁殖次数也有直接影响。断奶时间与仔兔的体重有关，中小型兔为 500 ~ 600 g，大型兔为 1 000 ~ 1 500 g，断奶可采取一次断奶法（适于同窝仔兔大小均匀时）和分期断奶法（适于同窝仔兔大小不均时，要先大后小）。

（3）抓好仔兔的管理

仔兔开眼时逐只检查，发现开眼不全的要帮助开眼，方法是用药棉蘸取温开水洗净封住眼睛的黏液；经常检查仔兔的健康状况，主要是看耳色，一般鲜红的为健康，暗色或深红的仔兔可能有病；保持兔笼舍的清洁卫生。

五、幼兔及育成兔的饲养管理

从断奶到 3 月龄的小兔称幼兔。幼兔生长发育快、抗病力差、死亡率高以及消化机能还较弱，因此对幼兔要加强饲养管理。幼兔应喂给体积小、易消化、营养丰富、适口性好、粗纤维含量低的饲料，精饲料应以麸皮、豆饼、玉米等配合而成的高蛋白质混合料。青绿饲料鲜嫩，饲喂次数要少喂多餐，青绿饲料一天三次，精饲料一天两次。断奶仔兔应饲养在温暖、清洁、干爽的地方。幼兔可笼养也可群养，笼养以 3～4 只、群养以 8～10 只为宜，要加强运动，同时防止互相争斗和兽类伤害仔兔等。

育成兔是指 3 月龄到初配前的未成年兔。育成兔的饲料以青粗饲料为主，适当补充矿物质饲料；在管理方面，应加强运动使其得到充分发育；必须将公母兔分开饲养，防止早配；对 4 月龄以上的育成兔公兔要进行选择；选择种用价值高，发育良好的作为种用，单笼饲养，凡不宜留种的公兔要及时去势采用群饲进行育肥。

六、长毛兔及獭兔的饲养管理

1. 长毛兔的饲养管理

（1）科学饲喂

长毛兔对饲料有一定的选择性，如喜食多叶饲料、带甜味的饲料，尤其爱吃胡萝卜和含硫饲料。条件许可的情况下，在日粮中添加些少量食糖、蚯蚓粉、植物油，更能增加其适口性。亦可在饲料中添加一些含硫氨基酸，如蛋氨酸、胱氨酸等。此外，应多喂一些含维生素 A 的青绿饲料，如紫云英、胡萝卜以及禾本科类牧草等，以保证兔毛生长所需要的营养物质，促使产毛。

（2）药浴助长

药浴可使兔毛生长加快，产毛量可提高 20% 以上，而且可使兔毛洁白光亮，松散而不易缠结，同时可防治疥螨病的发生，并能减轻其他皮肤病害。

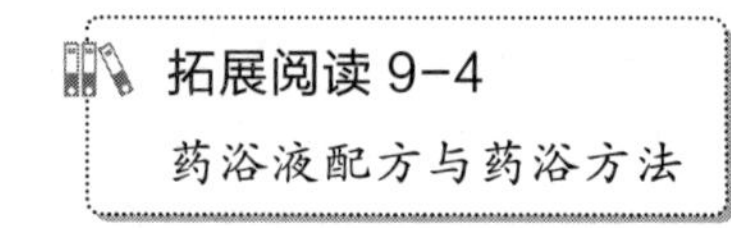

（3）多养育母兔

相同品种的母兔产毛量比公兔要高 30% 左右，并且毛质比公兔好。因此，在繁育仔兔时，在 10 d 内就把公兔隔开或除掉，好让母兔吃饱，以利发育快、疾病少。

（4）合理采毛

采毛的方法与技术直接关系到兔毛的产量与质量，应熟练地掌握采毛技术，以利长毛兔的健壮和促进长毛，提高兔毛的产量与质量。

（5）采毛后管理

应在饲料中添加适量的铜、锌等矿物质微量元素添加剂，可促进表皮细胞生长，还能增加兔毛弯曲度、坚韧性和弹性；剪毛后，可用老姜片蘸取 60 度白酒涂擦兔的全身，但不可擦嘴、鼻、眼，这样 5 天后就能使兔身遍布绒毛，而且比较整齐；每只兔可增喂 5～6 g 鲜韭菜，和浸泡的黄豆（大豆）每只每日喂 7～8 粒，可使兔毛长得快、被毛增多、毛色光润；每隔 3 d 左右用梳子梳毛一次，以促进皮肤血液循环和毛囊细胞活力，刺激皮层和加快新陈代谢，加速兔毛的生长，有利于提高毛的质量；适当增加兔子光照时间，也能提高兔毛的产量与质量；剪毛后用维生素 B_2 5 mL 作臂部肌肉注射，具有明显的催毛效果，一般能提早 10 天左右剪毛。

2. 獭兔的饲养管理

（1）种公兔饲养管理

种公兔必须养好。在配种期间，应在饲料中补充蛋白质营养和维生素 A、维生素 E，如豆荚、鱼粉及麦芽等，给量也要相应增加。如种公兔每天配种两次，饲料应比原来增加 25% 左右。每只种公兔固定配母兔 5～6 只。种公兔的使用年限为 3 年左右。对后备种公兔，到 3 月龄，应分单笼饲养。配种时尽量选配同毛色的公母兔，使后代色泽一致。

（2）母兔的饲养管理

母兔怀孕期是 30～31 天。母兔怀孕期间必须加强饲养管理。怀孕后要保持安静，不要随意捕捉或不正确地摸胎，不要喂霉烂变质饲料。怀孕母兔对营养的需要量相当于平时的 1.5 倍，要特别重视日粮蛋白质和矿物质的含量。临产前 3 天，精饲料要适当减少。将消毒过的巢箱放入母兔笼内，箱上铺软而短的稻草，产前母兔会衔草、拉毛作产褥，这就是分娩的预兆，应做好接产准备。母兔分娩后表现口渴，可喂给新鲜嫩草和淡盐水或米汤，同时取出巢箱，清除污草、血毛和死胎，换上清洁的垫草，铺成锅底状。母兔产后 3 天内，要逐渐增喂青绿饲料。母兔无奶可喂催乳片 2 片，连喂 3～4 d。也可用鲜蒲公英当饲料喂，或在饲料中拌入少量热猪油。奶水少的可多给一些多汁饲料和豆浆、米汤拌红糖。

（3）仔兔的饲养管理

仔兔免疫力差，巢箱要保持清洁卫生。防止仔兔掉到箱外。巢箱里的兔毛覆盖，应根据气温加以调节，避免过热过冷。仔兔开眼后食量增大，15 d 后可训练仔兔吃料，给一些易消化而又富于营养的混合饲料。

（4）幼兔的饲养管理

分笼饲养时，应按体重大小和健康状况调配，每笼一般是 3～5 只。喂幼兔的饲料，必须品质好，易消化，营养价值高，适口性好。喂料应随着月龄逐渐增加，少量多餐。要注意矿物质营养的补充，不能喂给水分高的青绿饲料。

拓展阅读 9-5

獭兔饲养管理注意事项

第五节　养兔生产发展概况 ⓔ

小　结

兔的生物学特性是在长期的自然选择和人工选择的条件下形成的，与兔的生产力具有密切的关系，是科学养兔的依据。种兔生产的关键性环节是配种、妊娠、分娩、哺乳和断奶，养好种公兔的关键性措施是加强饲养管理，而饲养种母兔的目的是提高母兔的繁殖力。仔兔和幼兔是发展养兔生产的物质基础，应尽量减少哺乳阶段和断奶阶段的死亡率，提高育成率。商品肉兔生产目的是用最少的投入、在尽可能短的时间内，生产出数量多、品质好、成本低、绿色的兔肉。

复习思考题

1. 根据家兔的食性和消化特点，试述在家兔饲料的配制和饲喂方法方面应注意哪些问题。
2. 根据家兔的繁殖特性，试述应如何开展家兔的配种工作。
3. 如何进行家兔的妊娠检查?
4. 如何做好家兔分娩前的准备工作?
5. 家兔的一般饲养管理原则是什么?
6. 试述如何做好不同类型阶段家兔的饲养管理工作。

参考文献

[1] 布拉斯，威斯曼.家兔营养[M].唐美良，译.2版.北京：中国农业出版社，2015.

[2] 高淑霞.肉兔标准化养殖技术[M].北京：中国科学技术出版社，2017.

[3] 谷子林，李新民.家兔标准化生产技术[M].北京：中国农业大学出版社，2003.

[4] 谷子林，秦应和，任克良.中国养兔学[M].北京：中国农业出版社，2013.

[5] 谷子林.肉兔无公害标准化养殖技术[M].石家庄：河北科学技术出版社，2006.

[6] 谷子林.獭兔标准化生产技术[M].北京：金盾出版社，2008.

[7] 谷子林.獭兔高效养殖教材[M].北京：金盾出版社，2012.

[8] 赖松家.养兔关键技术：修订版[M].成都：四川科学技术出版社，2008.

[9] 李福昌.兔生产学[M].北京：中国农业出版社，2009.

[10] 吕见涛.长毛兔养殖技术[M].北京：中国农业科学技术出版社，2018.

[11] 权凯.肉兔标准化生产技术[M].北京：金盾出版社，2009.

[12] 王永康.无公害肉兔标准化生产[M].北京：中国农业出版社，2006.

数字课程学习

◆ 视频　◆ 课件　◆ 拓展阅读　◆ 代表性品种图片

第十章

动物福利

本章主要介绍动物福利的概念、研究方法、法律法规和现代畜牧生产中猪、牛、家禽和羊的动物福利问题及其应对措施。通过学习，能够以发展的观点正确理解动物福利的概念，并掌握动物福利的研究方法，了解动物福利的法律法规和相关标准；在现代畜牧生产中，能正确理解追求生产效益和保障动物福利间的平衡关系，能够识别不同畜种和不同生产工艺中的动物福利问题并采取相应措施，避免片面追求生产效益而忽视动物福利，或片面强调动物福利而不顾生产效益等不科学行为。

第一节　动物福利的概念及意义

一、动物福利概念的演变

关爱动物的思想最初旨在维护动物的生存权利。在欧洲，很多学者都表现了关爱动物的思想。古希腊哲学家毕达哥拉斯倡导素食主义，并花钱从渔夫和捕鸟人手中买下猎物放生；普卢塔克主张人类只有在饥饿时才能吃肉。中世纪末期，欧洲社会发生了一系列重大变革，人们开始用新的哲学思想与科学工具来重构社会伦理学体系，导致欧洲动物伦理思想发生重大变化，开始反对虐待动物。英国政府分别在16世纪末和17世纪禁止了捕熊和斗鸡行为。1809年，有人在英国国会上提出禁止虐待动物的提案，但被否决。1822年，查理·马丁提出禁止虐待动物的法令在英国国会通过，这是世界上第一部与动物福利有关的法律，称为《马丁法令》(Martin Act)，在动物保护运动史上具有里程碑意义。此后，欧洲各国相继制定了反虐待动物法律。这些反虐待动物的观念和行动为动物福利奠定了最初的思想基础。

第二次世界大战以后，欧美经济快速发展，土地和劳动力成本增加，农场主为了得到更大的利益，畜牧生产向集约化演变。集约化养殖模式虽然提高了生产效率，但同时带来了一系列动物健康问题。1965年，英国政府为了回应社会诉求，委任布兰贝尔教授对农场动物的健康情况进行研究，并首次提出动物福利的概念，认为动物福利包括动物在生理上和精神上的康乐。根据研究结果，英国政府于1967年成立“农场动物福利咨询委员会”(farm animal welfare council，FAWC)(1979年改名为“农场动物福利委员会”)。该委员会提出动物应有“转身、弄干身体、起立、躺下和伸展四肢”的自由，这是动物福利早期的五大自由。美国学者修斯于1976年提出，农场动物的动物福利是“动物与其环境协调一致的精神和生理完全健康的状态”。之后，英国农场动物福利委员会将动物福利的五大自由进一步拓展为：不应承受饥渴；不应生活在不舒适环境下；不应遭受疼痛、损伤和疾病；不应遭受惊吓和精神打击；不应剥夺自然生活习性。该标准一直沿用至今。此外，其他一些研究动物福利的专家也从不同角度对动物福利进行了定义或解释。综合起来，动物福利是：动物与环境协调一致、动物心理和生理处于健康状态下以及维持这种状态的各种措施和条件，其基本标准是保障动物的上述五大自由。接着，动物福利的教育也随之兴起。1986年，英国剑桥大学兽医学院设立了动物福利教授席位；1990年，爱丁堡大学开设了动物福利硕士课程；1991年，学术期刊《动物福利》创刊；1995年，英国首次为职业兽医师开设动物福利学研究生课程。

我国动物福利的早期思想可以追溯到春秋时期之前。由于当时社会生产力水平低，人们的衣食住行主要来自大自然，古人意识到应正确处理人与动物间的关系。如《礼记·王制》中规定，诸侯无故不杀牛，大夫无故不杀羊，士无故不杀犬，庶人无故不杀不食珍。这些做法保障了动物的生存权利。春秋战国时期，就有了对动物的“仁爱”之心，孔子主张“仁”，不仅在政治上要求君主实施“仁政”，在动物也充分显示出“仁爱”的一面。孔子曾说：“古之王者，有务而拘领者矣，其政好生而恶杀焉，是以凤到列树，麟在郊野，鸟鹊之巢可俯而窥也。”这强调了对万物都要有仁爱之心。孟子曾说：“君子之于禽兽也，见其生，不忍见其死，闻其声，不忍食其肉”。这是从人的善良本性出发关爱动物、善待生灵。到秦汉时期，人们就懂得用法律手段来保护动物。《秦律》中写到对偷盗耕牛者必须判罪；造成马生长状况不良、大量死亡的官吏，要给严厉的处罚乃至治罪，对饲养好的给以奖励。到隋唐时期，政治相对稳定，经济空前繁荣，佛教开始流行，佛教要求人们“行善、修德，慈悲为怀，不杀生”，唐代僧徒都是吃素食、禁肉食。到了元朝和清朝，统治者为游牧民族，对马感情深厚，呵护备至。蒙古族对马的饲养和管理有丰富的经验。如关于马的饲料加工，提出“食有三刍”之说，即马的饲料分为三等，马食用的草必须经过细铡、去节、去土的工序；马的饮水主张“饮有三时”，还要求马不能整日奔波，要劳逸适度等。这种朴素的动物福利思想不仅体现在马上，在养鱼、牛等其他动物上也有表现。可见从古代开始，中国就有了动物福利思想，这一思想并非外来的，也不是西方的独创，而是人类共同拥有，是人类社会文明发展的重要标志。

但直到1996年，我国才第一次派代表参加关于动物福利的国际会议。此后认识逐步提高，在北京实验动物学会成立了动物替代法研究会。2002年，北京召开了“生命科学研究中的伦理问题讨论会”和“动物福利立法国际交流研讨会”，同年还派代表参加了在加拿大举行的“法定检验及动物福利国际研讨会”。2011年，中国兽医协会成立了“动物福利分会”。

二、动物福利的研究方法

动物福利既是一个社会学问题，同时也是一个自然科学问题。为了科学地理解、评价和保障动物福利，产生了一系列相关的研究方法。

由于动物福利以动物的感觉为基础，因此提高动物福利应该是尽量减少动物的负面感觉（如痛苦、挫折、恐惧、饥渴等），并提高相应的正面感觉（如舒适、满足、愉快等）。相关的研究方法主要有以下四类。

1. 偏好测试研究方法

给动物同时提供数种不同的生活环境或选择，如不同的地面、垫料、不同大小的栏圈、不同饲料等，动物可以自由出入于不同环境中，然后通过录像或人工观察动物，主要观察动物在不同环境中度过的时间及发生的行为（如站、坐、躺卧或嬉耍）。从理论上来讲，动物将选择自己喜欢的有利环境，回避其他环境条件。因此，提供动物所偏好的环境可以提高动物福利。但影响动物选择的因素很多，如动物年龄、以前的生活经历、一天的具体时间、不同气候及季节、周围的环境条件、动物目前正在发生的行为等，观察时间的长短和连续性也影响结果判断。因此，偏好测试非常容易出现错误。如观察猪是喜欢地面垫有稻草的栏位还是具混凝土地面的栏位时，如果天气较热，猪可能选择混凝土地面休息，而临近分娩的猪由于筑窝习性而倾向于稻草地面。为了保证偏好测试的准确性，设计试验时应尽量考虑到各种影响因素，并连续观察足够长的时间。另外，动物只能选择按照人类自己的观察与理解而提供的环境，也许所有的选择对动物来说都不是最佳的。

2．异常行为研究方法

布兰贝尔委员会认为动物行为学（ethology）是研究动物福利的关键手段。动物行为是动物福利指标中最容易观察的指标，能提供有关动物需求、偏好及机体内部状态的许多信息。如研究动物行为可以了解动物在经历愉快或不愉快感觉（如痛苦、挫折、不安、疾病等）时的常规表现。动物在野外自然状态下有特定的行为谱，大致可分为三类：①动物的必需行为；②动物只有在外部特定条件要求时（如危险）才需要的行为；③动物的非必需行为。动物在关养条件下不表达某些正常行为（行为缺失），这并不一定意味着动物的生活质量降低或动物福利降低。动物具有一定适应环境的能力，某些行为缺失可能是对环境的行为适应。另外，野外条件下的某些行为在关养条件下可能不再需要，如觅食行为、散热行为、进攻行为等。因此行为缺失对动物生活质量的影响与行为的功能及特征有关，但行为缺失可以为动物福利水平的降低提供预警与线索。异常行为可能是动物福利降低的指标，如行为规癖（stereotype），即没有明显功能的重复行为（咬栏、啄羽、咬尾、空嚼等），常与动物处于挫折及限制性不良环境有关，可能具有缓解焦虑的作用。

3．生理学研究方法

（1）应激研究

呼吸、心跳等临床生理学指标及血液中应激（stress）激素水平等内分泌学指标可以反映机体在受挫环境中的适应状态，能间接地反映机体的主观感觉。应激是机体在内部与外部环境因素的刺激下做出的非特异性反应。现今越来越多的学者对应激作负面解释，即应激是描述动物在环境因素刺激下其行为与生理能力都无法适应环境的状态。因此，应激指标（激素）增加则表示动物福利水平降低。急性应激反应常伴有可以观察到的行为反应，如动物保持高度警惕、准备战斗或逃跑等，而慢性应激反应的行为反应可能不明显，此时，检测应激激素水平能反映机体的受挫状态。

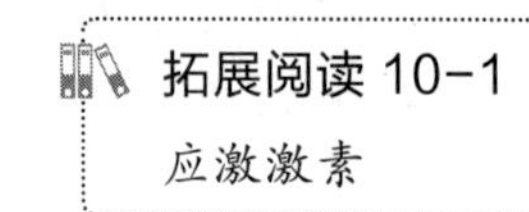

（2）以生物学功能为基础的研究方法

指分析动物的生理功能是否得以正常或满意发挥。疾病、伤害及营养不良都将使动物的生理功能降低。动物福利良好将表现为较高的生产性能，如高水平的生长、产奶、产蛋、繁殖等性能，生理与行为过程表现正常，最终体现为长寿、生理健康和精神愉悦。兽医流行病学、病理学、传染病学等学科的相关研究可以鉴定动物的疾病、损伤及其他健康威胁，动物生产学的研究可以鉴定动物的生长速度、繁殖率及其他生产指标是否正常，生理与行为学研究包括内分泌系统改变、免疫功能抑制及异常行为的产生。

4．以动物天性为基础的研究方法

通过评价动物是否能自由表现其大部分自然行为（natural behaviour）评价动物福利。提高动物福利应该将动物饲养在自然环境中，允许动物在阳光与新鲜空气下表现其自然行为。每种动物都有其固有的自然行为，如猪拱地、牛反刍等。相应的研究方法包括比较野外环境与舍饲环境下动物的行为表现，分析舍饲环境导致的动物行为缺失情况，以评价动物的福利状况；设计各种有利于自然行为表现的动物栏具，如设置有不同功能（如躺卧、玩耍、运动、采食等）的多区域栏，以允许动物在相应区域表现相应的自然行为，提高动物福利。

三、动物福利的意义

提倡动物福利的目的是追求动物与环境的和谐。良好动物福利下，动物不仅生活舒适，而且精神愉快，能表现出较高的生产性能，促进生产效益和经济效益的提高。因此，在规模化、集约化的现代畜牧业生产方式下，重视动物福利是降低规模化、集约化生产带来的健康风险的重要途径。对于实验动物，良好的动物福利有助于动物健康，从而保障试验研究的顺利进行，并提高试验结果的可靠性。

动物福利同时涉及国际贸易。欧盟、美国、加拿大等国家和地区都有动物福利方面的法律，世界贸易组织的规则中也有动物福利条款，制定了动物饲养、运输、屠宰等过程的动物福利标准，过于严格的标准可能成为畜禽产品出口的绿色壁垒。

动物福利也关系到人类健康。良好的动物福利有助于生产优质和健康的动物食品，而福利条件差的动物，轻者肉质降低，如出现品质较差的应激肉；重者因为动物体质降低、病原微生物增殖而发生感染性疾病。同时，善待动物是社会文明和进步的象征。伴侣动物的福利直接影响动物主人的身心健康。

此外，重视动物福利具有重要的生态学意义，有助于环境的可持续发展。人类和自然界的动植物以及其他资源构成了我们的生活环境。然而，近 40 年里，地球上动物灭绝的速度是自然灭绝的 100～1 000 倍。保障野生动物的福利首先就是保护野生动物的生存权，维护物种多样化，保护生态环境，防控重要疾病是野生动物的动物福利的重要方面。因此，动物福利既是动物康乐的需要，也是人类自身生存的需要。

第二节　动物福利法律法规

动物福利法是指为了确保动物免受虐待、疼痛、焦急、永久伤害和严重的忧伤而制定并强制实施的法规、法律等文件的总称。随着人类社会的进步和发展，虽然保护动物的概念已经日益深入人心，但完善动物福利立法，是切实保障动物福利的重要手段，不仅关系到动物康乐，还能促进人类健康、经济繁荣、生态和谐和社会进步。

一、动物福利的立法

1. 立法原则

（1）明确法律责任

法律应当明确损害动物福利的法律责任，加大对损害动物福利的威慑力和惩罚程度，增强动物福利的保护力度。为了更好地实施动物福利法，国家应当组建专门的动物福利实施机构。

（2）立法内容与社会发展相适应

立法既要借鉴国外先进经验，也要考虑到国家的现实情况。同样地，国家应当鼓励地方政府根据本地区的实际情况制定一些地方性法规，完善和健全动物福利法律体系。

（3）公众参与

动物福利法的实施有赖于社会大众的广泛参与。在制定动物福利法时，应听取民众意见和专家建议，在一些地区进行试行，观察实际效果，再对立法内容的不足之处进行完善修改。

2. 国内外动物福利立法

目前全球已有100多个国家和地区颁布了基于生态系统保护和强化伦理道德的动物福利法，其中英国、欧盟和美国在动物福利法律体系、法律原则及法律内容等方面走在世界前列，系统规定了动物福利的诸多内容及动物福利保护的实施条件；亚非拉地区一些经济相对落后的国家也制定了动物福利法，表明人们对动物福利的普遍重视。FAO和世界动物卫生组织（OIE）也将动物福利纳入其工作范围，如FAO联合动物福利组织制定动物福利规则，OIE在其《陆生动物卫生法典》中增加动物福利条款，成立了动物福利工作组，负责开展动物福利研究及标准制定。下面主要以英国、欧盟、美国和中国为例介绍动物福利立法。

（1）英国动物福利立法

英国是世界上首个进行动物福利立法实践的国家，也是动物福利标准最高的国家，有百余部与动物保护及福利相关的法律法规，立足于满足动物的物质和精神需求，形成了基本法 + 专门法的立法体系，分门别类地规定了农场动物、实验动物、娱乐动物、伴侣动物和野生动物的基本福利，确立了通过立法防止虐待动物的理念，建立了较完整的动物福利法律体系，并经多次修订和完善，相关法律内容全面，覆盖了多种动物，规定具体，可操作性强，保障了英国的动物福利。同时，在作为欧盟成员国时期，也遵守欧盟的相关动物福利立法。

英国在1596年制定关于纵狗斗熊的禁令，在1800年提出禁止纵容恶犬咬熊行为。1809年提出禁止虐待马、猪、牛、羊等家畜的法案，直到1822年通过《马丁法令》，正式开启英国动物福利立法的进程。1876年制定、1988年修订的《禁止残酷对待动物法》明确规范实验动物的福利，专门规范除医学情形外的实验动物活体解剖，是第一个规范动物实验的立法。1911年整合之前的多个动物福利规定，形成《动物保护法》，经多次修订，其立法制度和体系基本完备，成为现代英国动物福利法律框架的基础，是英国动物保护的基本法，也是许多国家和地区动物福利立法的模板，适用于各种脊椎动物和某些无脊椎动物。该法案明确规定虐待动物属犯罪行为，且如果动物所有者未能对动物采取合理的照顾和监督，使其遭受了痛苦，则认为动物所有者应承担责任。1949年英国通过《防止虐待动物法案》，将反虐待动物的范围扩大至所有动物，不再仅限于牲畜，且该法案对于动物运输的福利规定具有开创性意义。2006年，英国议会通过由英国环境、食品和乡村事务部引入的《动物福利法》，2007年生效，被喻为该国百年来最严厉的《动物福利法》，取代1911年的《动物保护法》，进一步规范了各类动物保护的福利法规，明确人类对动物负有照顾的责任，系统全面规定动物福利，是动物福利史上最具划时代意义的涉及动物福利的专门法律，标志着英国动物福利立法达到了一个新水平。

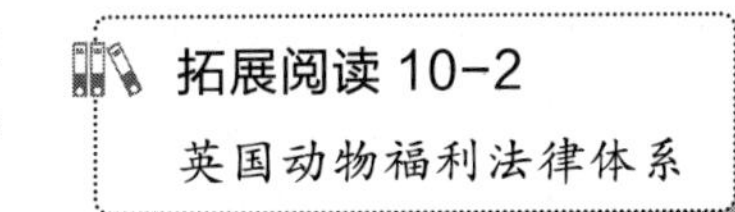

（2）欧盟动物福利立法

欧盟的动物福利立法主要以英国、德国、瑞典、丹麦、芬兰等国为代表，一般通过民间社会组织及其行动促进动物立法。至 20 世纪 80 年代，欧盟成员国基本上都已完成动物福利立法，欧盟也针对动物的不同处理制定公约，适用于欧盟整体，其立法体系和监管体系已趋完善，有详细的法律责任规定，对违法行为具有强烈的威慑作用。

继英国出台《马丁法令》后，法国在 1850 年通过了反虐待动物的《格拉蒙法案》。之后爱尔兰、德国、意大利、奥地利、比利时、荷兰等欧洲国家也相继出台反虐待动物的法案。挪威 1974 年颁布了《动物福利法》，规定人道屠宰内容，是欧洲具较强代表性的国家动物福利法。德国于 1974 年公布《动物福利法》，历经数次修订，目前是 2001 年的修订版，详细规定动物饲养和屠宰、手术、动物实验、动物繁殖和买卖、进口、运输等行为中违反动物福利的相关法律责任，并于 2002 年用宪法保障动物作为生命的存在权利，这是世界上首次以宪法形式保护动物福利的举措，是人类历史上第一次将动物福利提高至宪法高度，具有里程碑式的意义。欧盟各成员国中比较典型的动物福利保护基本法或者综合性法律还有瑞典 1988 年颁布、2002 年修订的《动物福利法》，明确人类应善待动物并保护其远离不必要的伤害和疾病，有非常严格的审批制度，监管人员和兽医作用大。另外，还有丹麦 1991 年颁布的《动物福利法》、葡萄牙 1995 年颁布的《保护动物法》等。

从 20 世纪 50 年代开始，欧盟制定了一系列动物保护公约。1950 年制定、2004 年修订《国际运输中保护动物的欧洲公约》，规范运输过程中动物的休息时间、饮食与饮水等保障措施。在家养动物方面，1976 年通过《保护农畜欧洲公约》，1978 年颁布《关于签署农畜动物保护欧洲公约的理事会决定》、1998 年颁布《关于保护农畜动物的理事会法令》、2000 年颁布《关于用于农业目的动物圈养空间检查最低要求的委员会决定》等，明确规定动物福利的五大自由，并要求欧盟各成员国必须根据农业动物的需要，提供相应的居住和饲养条件。在屠宰方面，1979 年制定《保护屠宰用动物欧洲公约》，要求各缔约国保证屠宰场的建造设计及设备符合规定，使动物免受不必要的刺激和痛苦的操作等。1992 年签署《农畜动物保护欧洲公约修订附加议定书》，拓展了《保护屠宰用动物欧洲公约》的实施范围，特别在生物技术的运用和屠宰方面增加了条款。1993 年，欧盟发布了《关于屠宰或宰杀时保护动物的理事会指令》，对屠宰的各环节都进行了明确的规定，并明确规定对屠宰过程中增加动物痛苦的行为要追究其法律责任。

拓展阅读 10-3
欧盟动物福利法律体系

（3）美国动物福利立法

美国第一个有关动物福利的法律是 1641 年制定的《马萨诸塞湾自由典则》，规定了反虐待动物条款，但由于不适应当时马萨诸塞湾的具体情况，很快在修订过程中被废除。1828 年颁布的《纽约立法》，禁止虐待动物，禁止恶意杀死或残害别人的马、牛或羊，开启了美国反虐待动物的立法。继英国和欧洲相继出台反虐待动物法案后，1859 年全美多个州颁布反残酷虐待动物的法令，纽约州于1866年在通过第一个反虐待动物的法案，即《禁止残酷对待动物法》，用于保护家养动物和野生动物，其保护范围高于《马丁法令》；1867年将动物概念扩充至“属于自己或他人的动物”，并列出虐待动物行为的清单，使美国在动物福利保护法上取得了飞跃发展，拉开了美国禁止虐待动物的序幕。此后其他州相继仿效并颁布相关法案，如今全美50个州均制定了反对虐待动物的法律。

美国第一部联邦动物福利法——《二十八小时法》于1873年正式颁布，规定所有通过铁路或水路运输动物须提供食物和水，并每24小时休息4小时，故称二十八小时法。1949年，明尼苏达州通过《走私牲畜待领处废除法令》，其他州纷纷效仿，该法案结束了人道组织和生物研究团体之间长达数十年的冲突。在屠宰方面，美国于1958年通过《联邦人道屠宰法案》，分别在1978年和2002年进行了修订，首次规定屠宰时必须人道对待动物，将动物痛苦减到最小，在捆绑、吊起和屠宰之前必须使动物处于无意识状态，避免对动物不必要的伤害，但该法案不包括鸟类（如家禽）。直到1991年，加利福尼亚州修订该州的《人道屠宰法案》，才将家禽包括在内。美国于1966年通过《实验动物福利法》，先后于1970年、1976年、1985年、1990年和2002年进行了大幅度修订，最终形成《动物福利法》，其初衷是管理实验室动物的照顾和使用，改善实验动物的福利，后经多次修改，将法律保护动物扩大到实验动物之外的其他动物，包括宠物、野生动物和经济动物，扩大了动物福利的覆盖范围；并将保护内容扩展至运输、销售、竞技等方面的动物福利，成为在研究、展览、运输、销售过程中规定如何对待动物的唯一一部联邦法律。美国农业部依据此法，制定了更具体的关于动物饲养的规定，如《动物福利条例》，规定了各种动物的饲养设施要求。至此，美国制定并完善了有关动物福利的三大联邦法律，即《动物福利法》《二十八小时法》和《人道屠宰法》。

除联邦法律外，美国各州也有关于农场动物福利的法律，比如1973年伊利诺伊州通过《人道照料动物的法律》，1991年加州修订《人道屠宰法》，2002年佛罗里达州《反动物虐待法》禁止除实验或治疗外的妊娠母猪限位栏饲养，2008年科罗拉多州修订《农场动物福利法》禁止母猪和小牛限位栏使用，2008年加利福尼亚州修订《健康与安全法典》禁止母猪和小牛限位栏及蛋鸡笼的使用，2012年加利福尼亚州通过法律禁止肥肝生产的填饲行为，2010年内布拉斯加州修订《动物行业法》限制猪和牛的限位栏饲养等。

拓展阅读 10-4

美国行业协会与动物福利规则

（4）中国动物福利立法

1908年，京师（今北京）外城巡警总厅颁布《管理大车规则》，规定“不准虐待牲口”。1934年颁布的《南京市禁止虐待动物施行细则》，界定了牛、马、狗、羊、鸡、鸭以及其他禽兽类等动物的虐待认定标准。我国香港地区在1935年制定《反对残酷对待动物的条例》和《屠宰场规例》，保护动物免受人类造成的痛苦和伤害，有效防止虐待性饲养和宰杀动物；1949年颁发《猫狗条例》，1967年新增条例禁止宠物猫狗的屠宰和销售。1997年香港回归后，修订《猫狗条例》，明确侵害宠物福利的责任。

从20世纪50年代到80年代，我国就颁布了多部有关野生动物的保护法规，如《关于珍稀动物保护办法》《关于积极保护和合理利用野生动物资源的指示》等和1989年颁布《中华人民共和国野生动物保护法》，后者是我国第一部正式以法律形式颁布的专门针对动物保护的法律，之后经多次修订，目前是2015年的版本。制定了配套的行政法规，如1991年《国家重点保护野生动物驯养繁殖许可证管理办法》、1992年《陆生野生动物保护实施条例》、1993年《水生野生动物保护实施条例》《关于禁止犀牛角和虎骨贸易的通知》等都涉及动物保护问题，其他有关规定散见于《森林法》《渔业法》和《海洋环境保护法》等法之中，但这些法律条款对动物保护的实施和意义不清晰，原则性强，缺乏可操作性，对残害动物的法律制裁不足。

在实验动物方面，我国1988年颁布《实验动物管理条例》，后经三次修订，修订稿增加了实验动物生存的基本生理和环境方面的动物福利内容，要求从事实验动物工作的人员必须爱护实验动物，不得戏弄或虐待动物。1998年颁布的《医学实验动物管理实施条例》，更加详细规范了实验动物应享有的福利。2004年修订的《北京市实验动物管理条例》在我国还首次以法规形式明确承认了“动物福利”，要求“从事实验动物工作的单位和个人，应当维护动物福利”，开启了我国动物福利立法的步伐，是划时代的进步。2006年重庆市通过《重庆市实验动物管理办法》，并于同年发布了《关于善待实验动物的指导性意见》，结束了我国没有专门制定动物福利法的历史。

拓展阅读 10-5
中国农场动物福利

二、动物福利的标准

虽然各国情况不一，不同动物所处环境不同，但各国的动物福利立法基本上都是围绕前述的“五大自由”（five freedom，5F）制定的，具体内容如下。

1. 享有免受饥渴的自由（freedom from hunger and thirst）

保证动物保持良好身体和心理健康所需要的饲料和饮水；

2. 享有生活舒适的自由（freedom from discomfort）

提供适当的圈舍或栖息场所，让动物能够得到足够的睡眠和良好的休息；

3. 享有免受痛苦、伤害和疾病的自由（freedom from pain，injury and disease）

保证动物免受不必要的疼痛，预防疾病，并对患病动物进行早期诊断和及时治疗；

4. 享有无恐惧和无忧虑生活的自由（freedom from fear and distress）

提供各种条件或采取相关措施，避免动物遭受各种精神痛苦和挫折；

5. 享有表达行为天性的自由（freedom to express normal behavior）

提供各种条件或采取相关措施，如提供足够的空间、适当的设施以及与同伴等，以满足动物表达自然行为习性的需求。

第三节　现代化畜牧生产中的动物福利 ⓔ

小　结

动物福利的概念几经演变，从起步阶段的“不吃不杀”，逐渐完善成保障动物与环境协调一致、动物心理和生理处于健康状态以及维持这种状态的各种措施和条件。动物福利既是一个社会学问题，同时也是一个自然科学问题，具有科学研究方法，如偏好测试研究法、异常行为研究法、生理学研究法、动物天性研究法等。提倡动物福利的目的是创造动物与环境的和谐，片面追求动物舒适愉快或片面追求生产性能和经济效益都不是真正意义上的动物福利。不少国家，尤其是发达国家都有动物福利立法，有些动物福利法涉及范围很广。现代畜牧生产中，不同动物种类以及不同生产工艺所关注的福利问题侧重有所不同，但基本标准都是最大限度地保障动物的五大自由。

复习思考题

1. 简述动物福利的概念。
2. 谈谈动物福利常用研究方法的优势和不足。
3. 谈谈动物福利立法的重要性。
4. 根据理解，谈谈动物福利为什么可能成为国际贸易中的绿色壁垒。
5. 从猪、家禽、牛、羊中任选一种，谈谈养殖中应当关注的动物福利重点及其相应的保障措施。

参考文献

[1] 郭磊，陈信，魏晓明，等. 蛋鸡福利化养殖模式运用进展［J］. 中国畜禽种业，2020，16（7）：184.

[2] 何柳青，曲湘勇，宋虎威. 蛋鸡传统笼养中的福利问题［J］. 养禽与禽病防治，2011（12）：16-18.

[3] 李俊营，陈红，姜润深. 肉鸡养殖福利的评价方法与影响因素研究进展［J］. 中国家禽，2019，41（24）：1-7.

[4] 陆承平. 动物保护概论［M］. 3 版. 北京：高等教育出版社，2009.

[5] 宋伟，罗永明. 中国古代动物福利思想刍议［J］. 大自然，2004，（6）：29-30.

[6] 张仔堃，滕乐帮，吕永艳，等. 奶牛福利化养殖［J］. 家畜生态学报，2020，41（6）：85-87.

[7] 赵涛. 福利化蛋鸡舍夏季环境参数测定与相关性研究［D］. 合肥：安徽农业大学，2019.

[8] 赵兴波. 动物保护学［M］. 北京：中国农业大学出版社，2011.

[9] CIBOROWSKA P，MICHALCZUK M，BIEN D. The effect of music on livestock：cattle，poultry and pigs［J］. Animals，2021，11（12）：3572.

[10] FRASER A F，BROOM D M. Farm Animal Behaviour and Welfare［M］.

Wallingford：CABI Publishing，2005.
[11] GEBHARDT-HENRICH S G，TOSCANO M J，WÜRBEL H. Use of aerial perches and perches on aviary tiers by broiler breeders [J]. Applied Animal Behaviour Science，2018 (203)：24–33.
[12] LIU L，QIN D，WANG X，et al. Effect of immune stress on growth performance and energy metabolism in broiler chickens [J]. Tropical Animal Health and Production，2015 (26)：194–203.
[13] MADER T L，HOLT S M，HAHN G L，et al. Feeding strategies for managing heat load in feedlot cattle [J]. Journal of Animal Science，2002，80 (9)：2373–2382.
[14] NITHIANANTHARAJAH J，HANNAN A. Enriched environments，experience-dependent plasticity and disorders of the nervous system [J]. Nature Reviews Neuroscience，2006 (7)：697–709.

数字课程学习

◆ 课件　　◆ 拓展阅读

郑重声明

高等教育出版社依法对本书享有专有出版权。任何未经许可的复制、销售行为均违反《中华人民共和国著作权法》，其行为人将承担相应的民事责任和行政责任；构成犯罪的，将被依法追究刑事责任。为了维护市场秩序，保护读者的合法权益，避免读者误用盗版书造成不良后果，我社将配合行政执法部门和司法机关对违法犯罪的单位和个人进行严厉打击。社会各界人士如发现上述侵权行为，希望及时举报，我社将奖励举报有功人员。

反盗版举报电话　(010)58581999　58582371

反盗版举报邮箱　dd@hep.com.cn

通信地址　北京市西城区德外大街4号　高等教育出版社法律事务部

邮政编码　100120

读者意见反馈

为收集对教材的意见建议，进一步完善教材编写并做好服务工作，读者可将对本教材的意见建议通过如下渠道反馈至我社。

咨询电话　400-810-0598

反馈邮箱　gjdzfwb@pub.hep.cn

通信地址　北京市朝阳区惠新东街4号富盛大厦1座　高等教育出版社总编辑办公室

邮政编码　100029

防伪查询说明

用户购书后刮开封底防伪涂层，使用手机微信等软件扫描二维码，会跳转至防伪查询网页，获得所购图书详细信息。

防伪客服电话　(010)58582300